친환경

카 에어컨 시스템

ECO-FRIENDLY CAR AIRCONDITIONING SYSTEM

구민사

저자약력 | 김찬원

現 한국폴리텍대학교 자동차과 교수

박영식

現 한국폴리텍대학교 자동차과 교수

김우영

現 한국폴리텍대학교 스마트전기자동차과 교수

친환경 카 에어컨 시스템

초판 인쇄 | 2023년 7월 20일
초판 발행 | 2023년 7월 25일

저 자 | 김찬원·박영식·김우영
발행인 | 조규백
발행처 | 도서출판 구민사
(07293) 서울특별시 영등포구 문래북로 116, 604호(문래동3가 46, 트리플렉스)
전화 | (02) 701-7421(~2)
팩스 | (02) 3273-9642
홈페이지 | www.kuhminsa.co.kr

신고번호 | 제2012-000055호 (1980년 2월 4일)
I S B N | 979-11-6875-249-8 93550

값 23,000원

PREFACE

머리말

미국 자동차의 대부 헨리 포드가 처음으로 4륜 자동차를 만든 1896년을 기점으로 미국 자동차 산업 1백 주년 기념을 맞아 자동차 산업 10대 업적을 발표한 바 있다. 이들 업적 중 1899년 미국의 패커드 형제가 자동차 회사를 설립하여 20세기 초반 고급차로 명성을 누렸던 패커드 승용차에 1940년 세계 최초로 에어컨을 장착한 것이 포함되어 있다.

당시 자동차 승차원의 쾌적성을 추구하던 자동차 엔지니어들에게는 일대 혁신적인 발명품이었으며 소비자들은 그 요술 같은 장치에 환호하였다. 하지만 가격이 비싸고 기대보다 성능이 떨어지는 등으로 크게 호응을 얻지 못하였다. 그 후 1954년 폰티악에서 엔진룸 내에 에어컨을 장착하는 새로운 시스템의 에어컨을 개발하여 큰 반응을 일으켰다.

필자가 30여 년 전 국내에서 처음으로 "자동차 에어컨"이란 자동차 전문 기술도서를 집필할 때만 하더라도 자동차 에어컨은 극히 고급 승용차만의 전유물이었으며 일반 승용차에는 한낱 꿈의 대상일 뿐이었다. 그러나 자동차가 점점 대중화, 보편화되면서 각종 안전장치와 편의 장치들이 차급에 관계없이 전 차종에 속속 장착되기 시작하였다.

오늘날 자동차 에어컨은 선택이 아닌 필수 장치가 되었으며 수동식에서 전자동식 에어컨으로 빠르게 발전되어 가고 있다. 특히 프레온 냉매의 오존층 파괴 등의 반환경 에어컨 시스템에서 친환경 시스템으로 한 차원 높은 기술을 요구하고 있다.

형후 자동차 에어컨은 종래의 단순한 쾌적성만을 목표로 하던 시대에서 지구온난화, 오존층 파괴 등의 문제를 극복하여 친환경, 고효율 에어컨을 장착하지 않으면 생산, 수출 등 국제 자동차 산업에서 생존하지 못할 것이다.

본서는 이러한 국제사회의 환경 대응에 부응하기 위해 냉방 사이클의 원리, 주요 에어컨 부품의 구조, 작동원리 그리고 전자동 에어컨 시스템 등 기존의 내용들을 보다 폭넓게 보완하였으며 친환경 에코 에어컨 시스템과 자동차 냉난방치의 열을 보다 효율적으로 관리하여 연비를 향상시키고 이산화탄소 배출량을 감소시키는 신개념 자동차 에어컨 히트 매니지먼트 기술 동향을 추가하였다.

돌이켜보면 30여 년 전 “자동차 에어컨” 이란 필자의 졸저가 수많은 개정, 증보를 거치면서 오늘에 이르게 된 것은 독자 여러분들의 아낌없는 격려와 애정의 덕분이라 생각하며 앞으로 더 연구하고 노력하여 보다 충실한 내용으로 보답할 것을 약속드립니다.

본서를 집필하는데 참고자료가 된 각종 문헌의 저자 제위께 깊이 감사드리며 이 책의 출판을 위해 적극적으로 도움을 주신 도서출판 구민사 조규백 대표님과 직원 여러분께 깊은 감사를 드립니다.

저자 씀

CONTENTS

차례

03 카 에어컨시스템

04 카 에어컨의 제어

05 카 에어컨의 구성부품

00 부 록

Chapter

01

자동차용 공기조화의 기초 원리

CHAPTER

01 자동차용 공기조화의 기초 원리

1. 공기조화의 개요

자동차용 공기조화(car air conditioning)란 운전자가 쾌적한 환경에서 운전하고 승차원도 보다 안락한 상태에서 여행할 수 있도록 차실 내 환경을 만드는 것이다. 여기서는 공기의 사용목적에 따라 공기의 상태를 조절하여 쾌적한 상태를 유지하는 공기조화의 기초 원리에 대하여 설명한다.

1.1. 차실내의 쾌적성

1.1.1. 환경과 쾌적성

쾌적성은 환경 4요소라 불리우는 온도, 습도, 기류 그리고 복사열에 따라 좌우된다. 온도가 높으면 덥게 느껴지지만 습도가 낮으면서 바람이 불면 쾌적하게 느껴지듯이 이들 4요소는 서로 조합하여 작용한다. 또 두꺼운 옷을 입었거나 운동량이 많으면 덥는 등 인간요인과 성별, 연령, 계절 등의 요인도 쾌적성에 많은 영향을 미친다.

이 외에 외부로부터 차실내로 불쾌한 냄새가 들어오거나 소음, 시인성(視認性) 불량 등의 심리적 요인도 쾌적성을 좌우한다.

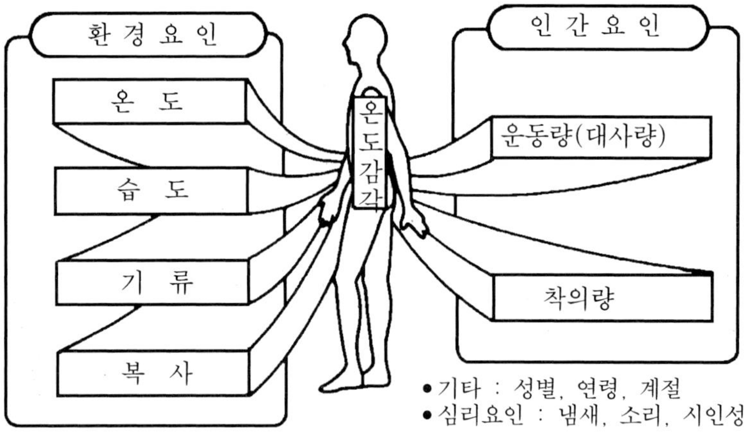

☑ 그림 1. 승차원의 쾌적성에 영향을 미치는 요인

이러한 쾌적성을 위해 카 에어컨이 목표로 하는 것은 매우 광범위하며 차실내의 공기 상태를 인공적으로 조절하기 위해 여러 가지의 기능이 필요하다.

① **온도조절** : 공기의 냉각. 가열

② **습도조절** : 공기의 제습

③ **기류조절** : 풍량(풍속),풍향

또 환경 4요소 중 복사열은 햇볕이 직접 닿아서 "덥다"라고 느끼거나 겨울철 유리창부근에는 "춥다"라고 느끼듯이 공기의 상태에 관계없이 이동하는 열을 말하며 승차원의 온도느낌에 강한 영향을 미친다.

자동차 에어컨에서는 복사열을 직접 조절하지는 않고 온도를 내리는 등으로 조절하는 게 일반적이다. 이밖에 승차원의 안전성 향상이나 심리적 요인에 의한 쾌적성을 향상시키는 수단으로서는 다음과 같다.

① **시인성 확보** : 프런트 윈도의 서리 또는 습기 제거

② **환기** : 차실내공기와 외부공기의 교체

③ **공기의 청정화** : 먼지, 연기, 세균, 악취제거

④ **정숙성** : 기기의 저소음화

1.1.2. 피부온도의 밸런스

인간의 쾌적성은 앞에서 설명한 바와 같이 환경요인, 인간요인 그리고 심리적요인에 의해 영향을 받지만 "덥다", "춥다"라고 하는 온도감각은 사람과 주위와의 열이동 밸런스에 의해 결정된다. 그림 2는 차실 내에 있는 승차원의 열 밸런스(heat balance)를 나타낸다.

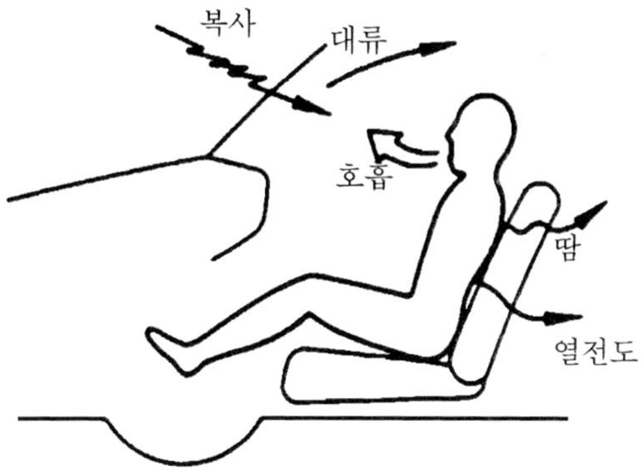

☑ 그림 2. 차실 내 승차원의 열 밸런스

[1] 인체에서 발생하는 열량

사람은 체내 신진대사나 운동에 의해 열을 발생한다. 평상시 성인은 80W,운전을 할 때는 가벼운 운동을 하는 것과 같기 때문에 150W 정도의 열을 발생한다.

[2] 주위와의 열이동

열이동은 호흡에 의한 것, 대류, 땀, 복사, 열전도가 있다. 특히 자동차는 복사열에 의한 영향이 대단히 크다. 또 승차원은 앉아 있기 때문에 등 뒤로 전도되는 열량도 약간 있다. 이들 열의 이동 밸런스는 승차원 개개인이 느끼는 피부온도의 차이에 따라 다르게 나타난다.

그림 3은 피검자 280명을 대상으로 사람의 온도감각과 온도의 관계를 나타낸 것이다. 온도는 온도감각의 요인이 되지만 온도감각은 하나의 요인만으로 나타내어지지 않는다. 이것에 대해 그림 4는 그림 3과 같은 데이터를 사람의 두부(頭部) 피부온도로 정리한 것이다.

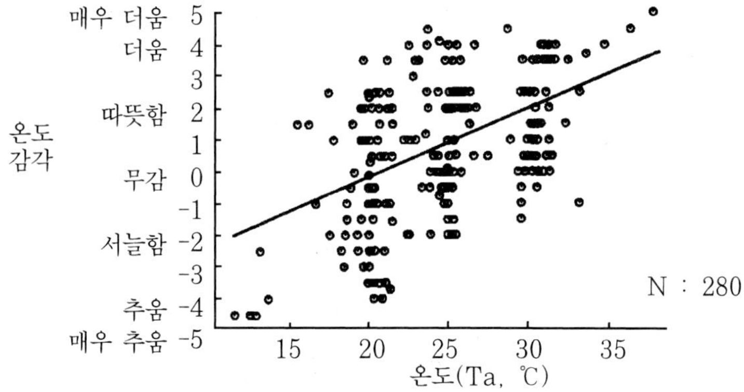

☑ 그림 3. 온도감각과 온도와의 관계

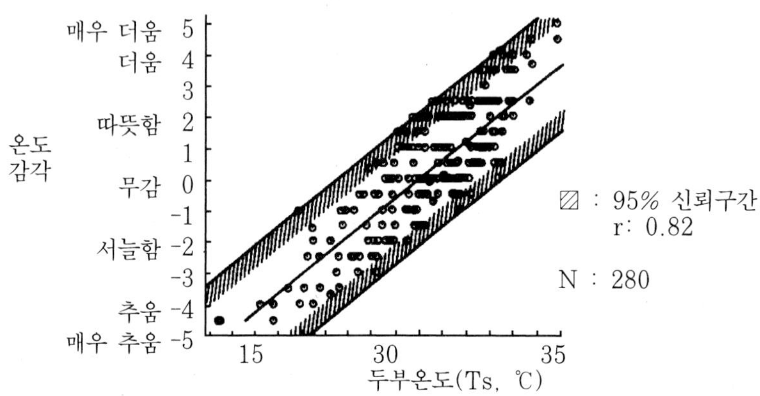

☑ 그림 4. 온도감각과 두부온도와의 관계

[3] 온열 감지표

사람의 온열감을 알기 위해서는 직접 피부온도를 검출하는 것이 가장 정확하지만 현재로서는 온도를 측정할 수 있는 검출기가 없다. 그러나 인간을 모델화하여 온감에 영향을 미치는 요인을 시뮬레이션 하여 구하는 지표가 몇 가지 제안되고 있다.

이 중에서 가장 일반적인 지표가 신표준 유효온도(Standard Effective Temperature, SET)이다. 여기서 SET란 1971년 Gagge에 의해 제안된 것으로 환경요인과 인간요인를 고려하여 사람이 통상 접하는 습도 50%, 무풍시 쾌적상태를 온도로 치환한 것이다.

(1) 풍속과 습도의 영향

그림 5, 6에 SET를 이용하여 풍속과 습도의 영향을 계산한 결과이다. 각각의 영향도를 쾌적온도인 소위 24SET로 보면 풍속이 0.2 → 1.0m/s의 상태로 변화하였을 때 2.5℃ 실온이 상승하는 공조와 등가이다. 또 습도는 80% R.H → 20% R.H (Relative Humidity)로 습도레벨이 내려가면 온도는 1.5℃ 상승한 것과 같은 등가의 공조상태가 된다.

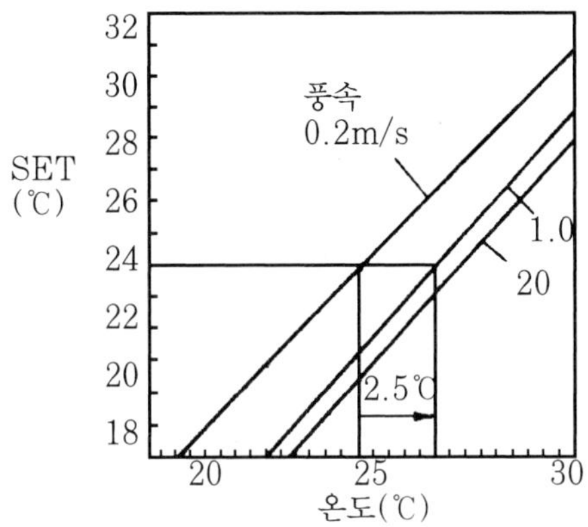

☑ 그림 5. 풍속의 영향

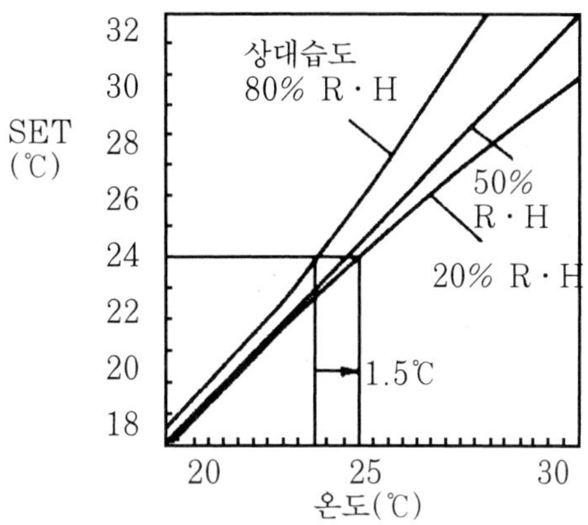

☑ 그림 6. 습도의 영향

(2) 복사열의 영향

자동차 실내는 일사의 영향을 강하게 받는다. 이러한 일사에 의한 더위를 방지하기 위해서는 공기의 온도를 내리든가 풍속을 증가시켜야 한다. 일반적으로 약간 흐린날(일사량 250W/m^2)은 SET로 보면 일사가 없을 때 보다 1.5℃ 내려야만 승차원의 온감상태를 유지할 수 있다. 맑은 날(일사량 약 700W/m^2)에는 일사가 없을 때보다 약 5℃ 내리지 않으면 동일한 온감상태를 유지할 수없을 정도로 복사열의 영향이 크다.

(3) 승차원의 쾌적 온도분포

그림 7은 하절기와 동절기 승차원의 쾌적 온도분포를 나타낸다. 여름철에는 23~26℃의 온도분포로 전신이 거의 일정해야 쾌적하며 겨울철에는 소위 머리는 차게, 발은 따뜻하게 라는 두한족열이라 하듯이 하반신과 상반신의 온도차가 5℃ 정도 있는 것이 쾌적하다

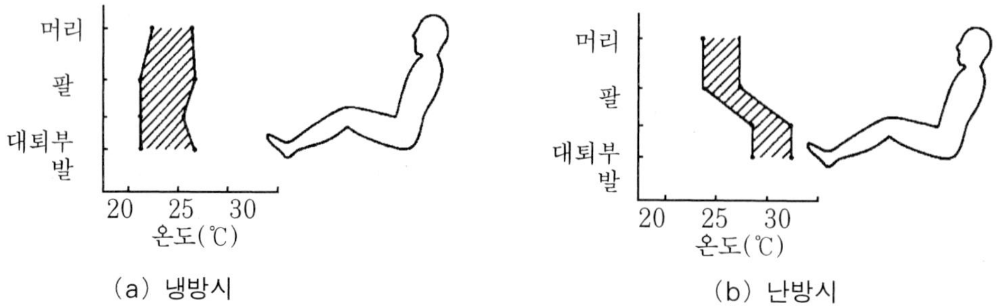

☑ 그림 7. 쾌적 온도분포

(4) 불쾌지수(DI : Discomfort Index)

자동차실내의 쾌적성을 나타내는 지표로는 사용되지 않지만 여름철의 기상 발표시 기온과 습도와 더불어 대단히 많이 사용하는 지표이다. 이것은 1959년 미기상국의 Bosen JF가 온도와 습도에 따라 인간의 쾌. 불쾌를 표시하는 방법을 제안한 것으로 체온(36.5℃)과 같은 기온에서 습도 100% R·H일 때 불쾌지수를 100으로 표시한 것이다.

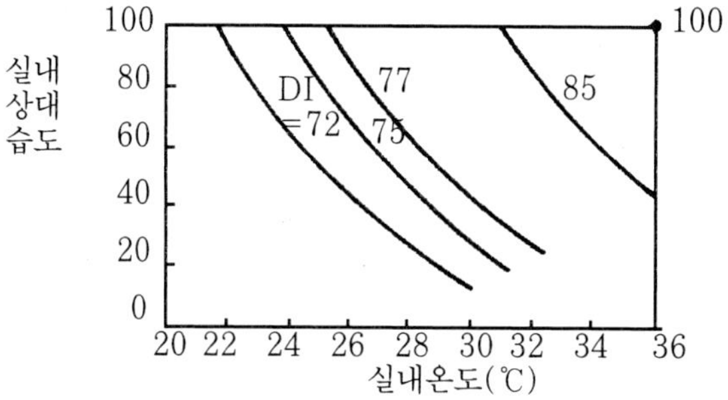

☑ 그림 8. 온도·습도와 불쾌지수

1.2. 습공기

1.2.1. 습공기

수증기를 전혀 포함하고 있지 않는 공기를 건공기라 하며 조금이라도 수증기를 포함하고 있는 공기를 습공기라 한다. 건공기 1kg에 포함되어 있는 수증기는 상온에서는 매우 작다. 예를 들면 25℃에서 수증기가 20g 정도이다.

그러나 수증기는 증발 및 응축잠열이 대단히 크기 때문에 공기조화를 고려할 때는 대단히 중요한 요인이 된다. 공기는 이상기체로 취급하기 때문에 압력은 공기중에 존재하는 분자의 수 N에 의해 결정된다. 대기중에 수증기분자(H_2O)가 혼입되면 체적을 일정하게 하였을 경우 압력이 상승하기 때문에 그림 9와 같이 체적을 증대시켜 대기압상태를 유지한다. 여기서 분자량이 공기는 29이고 수증기는 18이기 때문에 수증기가 혼입된 습공기가 건공기보다 가볍다.

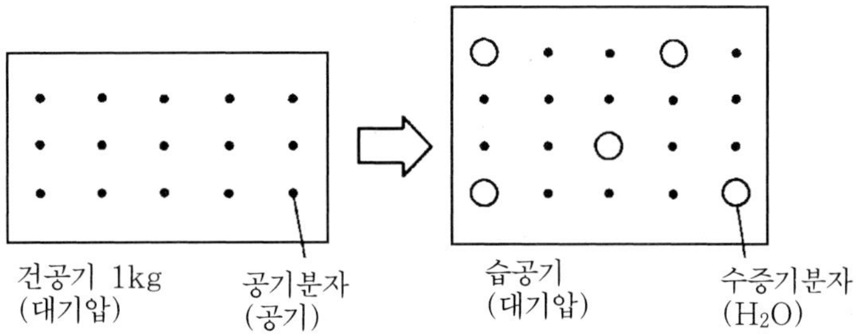

☑ 그림 9. 건공기와 습공기

그림 10은 습공기내의 수증기의 포화압력과 온도특성을 나타낸다. 이것은 대기중의 수증기의 분압이며 진공용기 내에 물을 넣었을 때 온도와 압력특성이 동일한 것과 같다. 즉, 물은 101.3kPa(1기압)에서 포화온도가 100℃이며 완전진공상태에서는 포화온도가 0℃이다.

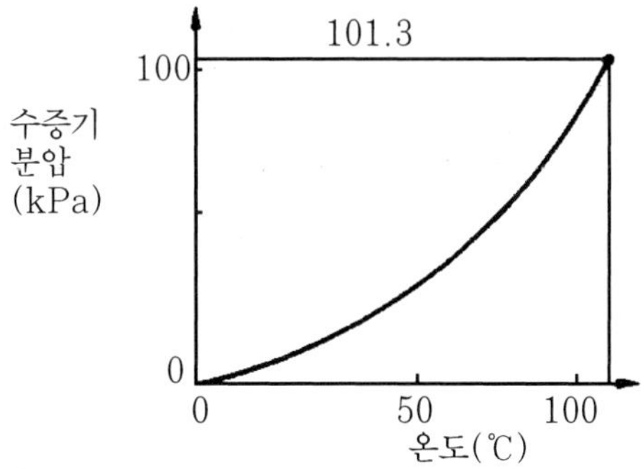

☑ 그림 10. 수증기 포화곡선

$$P_{H2O} + P_{air} = \text{대기압} \quad \cdots\cdots (1\text{-}1)$$

$$\frac{P_{H_2O}}{P_{air}} = \frac{N_{H_2O}}{N_{air}} = \frac{\text{질량}H_2O}{\text{질량}_{air}} \quad \cdots\cdots (1\text{-}2)$$

P_{H20} : 수증기분압
P_{air} : 공기분압

1.2.2. 습공기선도

습공기의 상태를 하나의 선도상에 나타낸 것을 습공기선도라 하며 그림 11은 일반적으로 사용되고 있는 습공기선도이다. 습공기선도는 그림 10의 수증기의 포화곡선에 공기의 물리적 상태를 여러 가지의 수치로 나타낸 것이다.

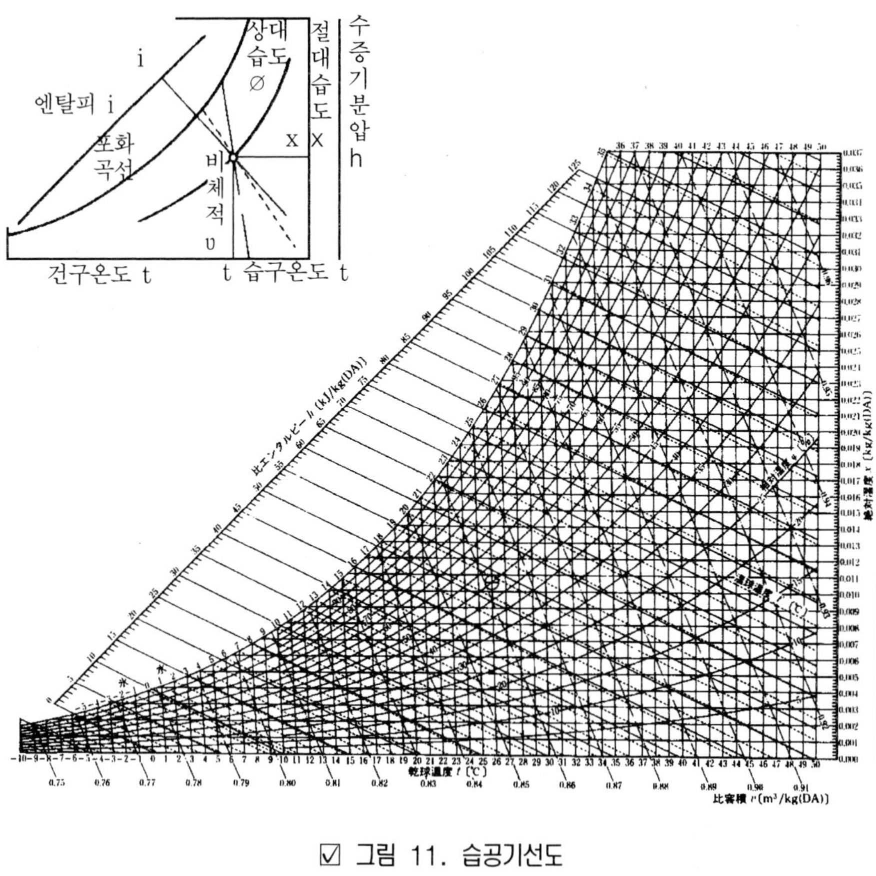

☑ 그림 11. 습공기선도

[1] 상대습도(∅ : % R.H)

통상 습도라 하면 상대습도를 말한다.100%R.H란 수증기분압이 포화압력으로 그 이상 수증기가 포함될 수 없는 상태를 의미한다. 또 50%R.H란 수증기분자가 포화시의 절반밖에 존재하지 않는 상태를 의미하며 수증기분압도 포화압력의 1/2이다. 공기선도상에서는 그림 12에 나타 낸바와 같이 포화수증기압력선에 대하여 단순비례하며 다음 식으로 나타낸다.

$$\varnothing = \frac{P_{H_2O}}{P_{H_2O'}} \times 100 \quad \cdots\cdots (1\text{-}3)$$

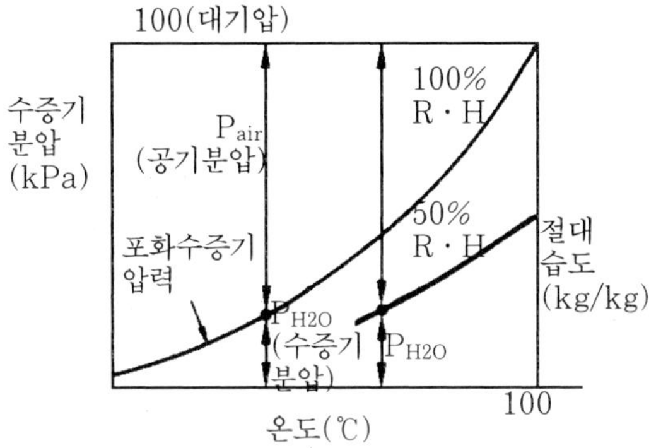

☑ 그림 12. 습공기 선도상의 상대습도

[2] 절대습도(χ : kg/kg′)

절대습도는 습공기선도에서 우측의 종축에 나타내고 있으며 PH_2O ∝질량 H_2O이기 때문에 건공기 1kg′당 H_2O 중량으로 표시된다. 상대습도 100%R · H 이하인 습공기는 물을 흡수할 수 있는 여유가 있다는 의미이고 또 물은 항상 공기중에 증발한다. 물의 증빌에 의해 온도가 내려가는 것을 이용하여 습도를 구한다.

그림 13과 같이 온도가 내려가면 수증기분압은 a→b로 상승하지만 포화압력 시점 즉 100%R · H에서 안정된다. 이때의 온도 t′를 온도 t, 습도 ∅%R · H일 때의 습구온도라 한다. 습도는 이 건구온도와 습구온도의 교점으로 구한다. 일반적으로 습구온도는 그림 14와 같이 습구온도계로 측정한다. 습구온도계는 물을 확실하게 증발하도록 5m/s 이상의 풍속을 유지하여야 한다.

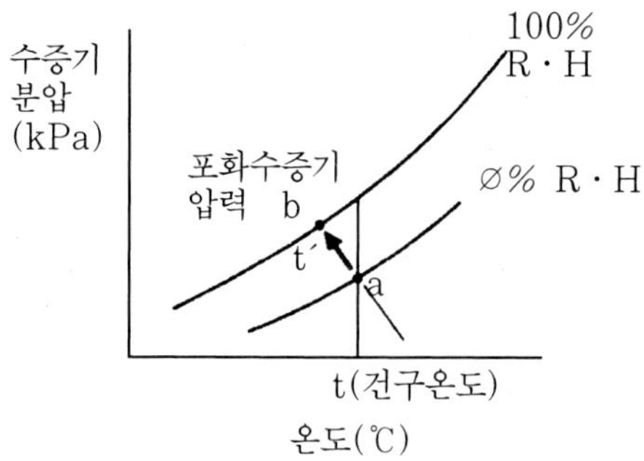

☑ 그림 13. 습도구하는 방법

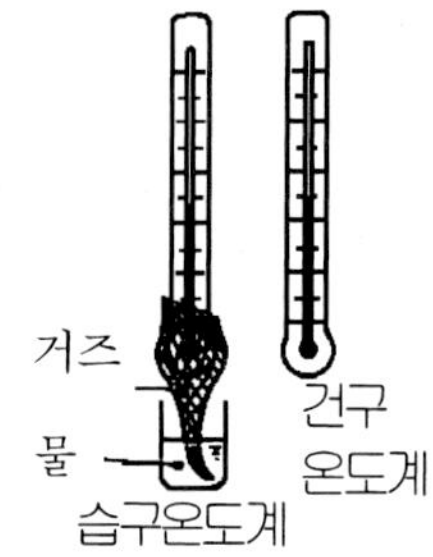

☑ 그림 14. 건구온도계

[3] 엔탈피(i : kJ/kg´)

공기가 가지고 있는 전열량을 엔탈피(enthalpy)라 하며 단위는 건공기 1kg´의 열량과 거기에 포함되어 있는 수증기의 열량과의 합계를 kJ로 나타낸다. 0℃ 건공기의 엔탈피를 0으로 하고 있다.

습공기선도상에서는 그림 15에 나타 낸바와 같이 좌측에서 위쪽으로 경사진 직선을 축으로 하여 여기에 등간격으로 눈금이 그어져 있으며 습구온도선과는 거의 평행하다. 이것은 앞에서도 설명한 바와 같이 물의 증발에 의해 증발열이 습공기전체의 온도를 저하시키기 때문이다.

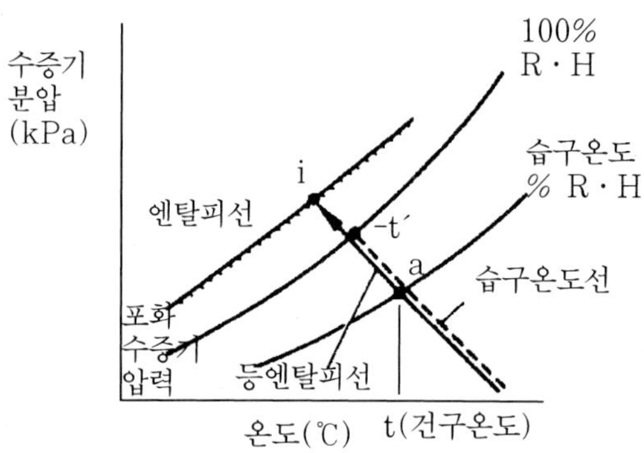

☑ 그림 15. 엔탈피 구하는 법

[4] 비체적(ν : m^3/kg′)

일반적으로 기체의 비체적은 그 기체 1kg이 차지하는 체적을 말하지만 습공기는 2개의 기체가 혼합되어 있기 때문에 절대습도를 표시하는 방법과 같이 건공기 1kg′당 습공기에 혼합되어 있는 수증기의 체적으로 표시한다.

습공기선도상에서는 그림 16과 같이 동일압력하에서는 기체는 온도가 높을수록 체적은 커진다. 또 공기중에 공기보다 가벼운 수증기가 유입되면 비체적은 커지기 때문에 등비체적선은 우측 아래로 된다.

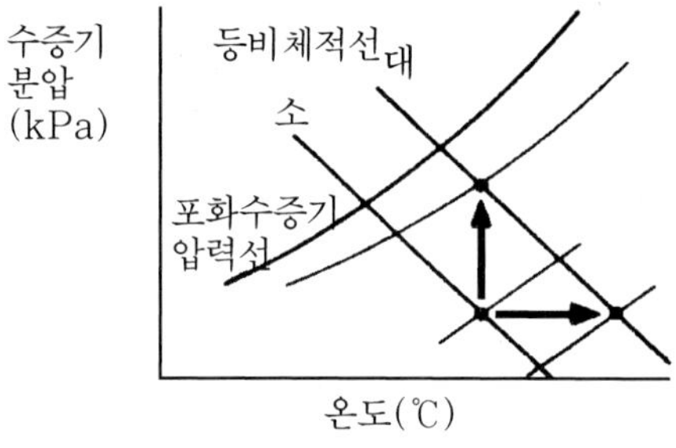

☑ 그림 16. 비체적 구하는 방법

[5] 노점온도(t″ : ℃)

습공기중에 있는 수증기와 동일량의 수증기를 가진 포화습공기(포화수증기압력)의 온도를 노점온도라 한다. 즉 이 온도보다 내려가면 습공기중에서는 수증기를 더 이상 포함할 수 없으며 물방울이 발생한다.

1.2.3. 습공기 선도 사용방법

습공기선도상에 표시되어 있는 모든 물리량은 “건공기 1kg′당”으로 치환해서 표시한 것이며 단위체적당 수치가 아님을 주의해야 한다. 따라서 선도를 이용해서 무언가를 구할 때는 반드시 제일 먼저 건공기의 중량을 구해야 한다.

[1] 쿨러(cooler : 냉각, 감습)

풍량 Ga는 일반적으로 체적유량(m^3/h)으로 나타낸다. 쿨러의 능력을 습공기선도를 이용하여 구하기 위해서는 우선 이 건공기의 유량(Ga′ : kg′/h)으로 환산한다.

여기서 환산에 적용할 비체적의 값은 어느 위치에서의 풍량을 측정할 것인가를 결정해야 한다. 여기서는 쿨러의 상류에서 측정한다고 하면 입구측의 비체적 v_1을 이용해야한다.

$$G_a'(kg'/h) = G_a(m^3/h)/v_1(m^3/kg') \quad \cdots\cdots (1\text{-}4)$$

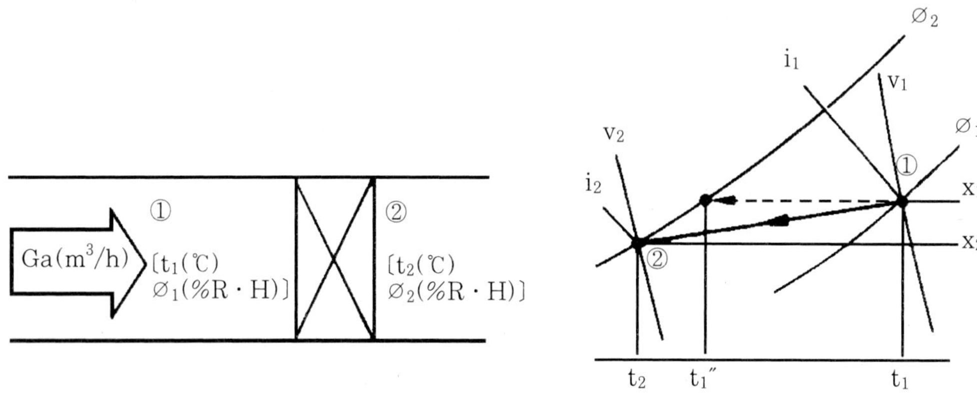

☑ 그림 17. 쿨러에 의한 냉각, 감습

다음에 그림 17에서와 같이 쿨러 전후의 엔탈피를 구하여 능력 Q_E를 구한다. 이 때 공기를 냉각시킬 때 일반적으로 노점온도이하까지 냉각시키기 때문에 감습이 이루어진다. ①의 공기는 노점온도 t″ 이하까지 냉각되어 왼쪽 아래로 변화하여 ②점으로 된다.

따라서 능력 Q_E는

$$Q_E(kJ/h) = G_a'(kg'/h) \times (i_1 - i_2)(kJ/h') \quad \cdots\cdots (1\text{-}5)$$

또 이 때 발생하는 제습량 W_E도 쿨러 전후의 절대습도차로부터 다음 식으로 구한다.

$$W_E(kg/h) = G_a'(kg'/h) \times (x_1 - x_2)(kg/kg') \quad \cdots\cdots (1\text{-}6)$$

[2] 히터(heater : 가열)

카 에어컨에서는 일반적으로 엔진냉각수에 의한 온수히터를 사용한다. 히터 코어(heat core)라 부르는 열교환기에 공기를 통과시켜 가열한다. 이때의 능력은 그림 18과 같이 쿨러와 같은 방법으로 히터 전후의 엔탈피차로 구한다.

히터 입구의 공기 ①을 가열하면 습도변화는 일어나지 않기 때문에 절대습도는 일정하게 ②로 변화한다.

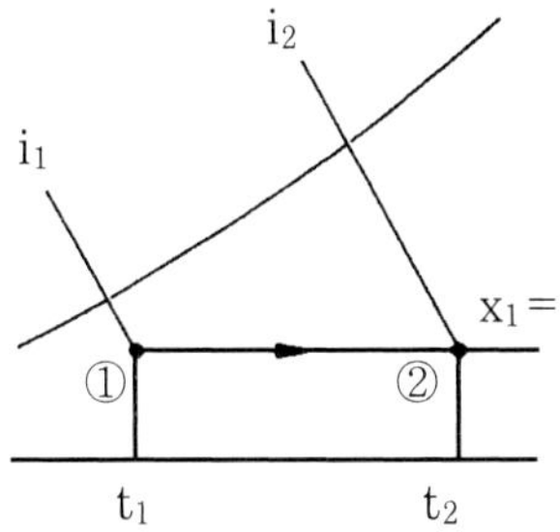

☑ 그림 18. 히터에 의한 가열

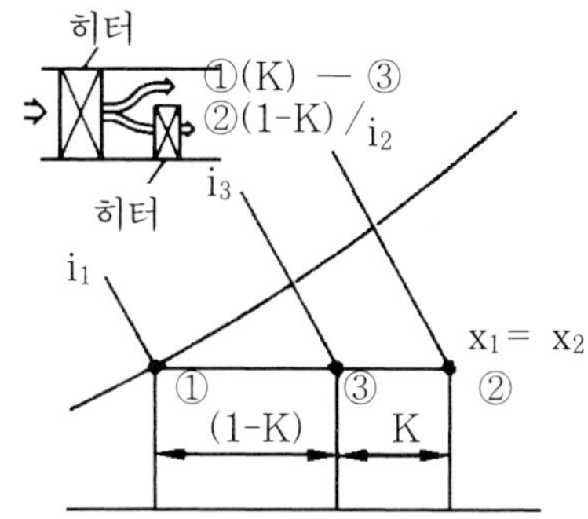

☑ 그림 19. 에어 믹스

[3] 에어믹스(air mix : 냉풍과 온풍의 혼합)

카 에어컨에서는 쿨러에서 만들어진 일부냉풍과 나머지 일부냉풍을 히터 코어로 통과시켜 만들어진 온풍과를 혼합시켜 희망하는 온도를 만든다. 이 때 습공기선도상에서의 작용은 그림 19와 같이 ①점의 냉풍량 K와 ②점의 온풍량(1-K)의 비율로 혼합할 경우 ①점과 ②점을 연결한 직선상에 (1-K)와 K의 비로 분할한 점이 혼합점 ③이 된다(②점의 온풍은 ①점의 냉풍을 가열하여 만든 것이기 때문에 가열항에서 설명한바와 같이 절대습도 일정선상에 있다).

[4] 유리창의 김서림 제거(defrost)

카 에어컨의 역할중 하나로서 운전시 안전확보를 위해 유리창의 김서림을 방지하는 기능이 있다. 이 유리창에 김이 서리는 현상은 다음과 같이 설명할 수 있다.

그림 20에서 차실내온도 t_1, 절대습도 x_1으로 하고 이때의 노점온도를 t_1'', 또 유리창의 표면온도를 t_2로 한다. ①점의 공기가 유리에 닿아 $t_2 < t_1''$의 경우 우선 노점온도 t_1''까지 냉각시킨 후 다시 t_2까지 냉각되어 $(x_1 - x_2)$분의 응축수가 유리창의 표면에 발생하고 이것이 유리창의 김서림이 된다. 이것을 방지하기 위해서는 ①점의 습도를 제습에 의해 내리든가 또는 ②점의 유리창에 온풍을 공급하여 온도를 올려 $t_2 > t_1''$로 해야 한다.

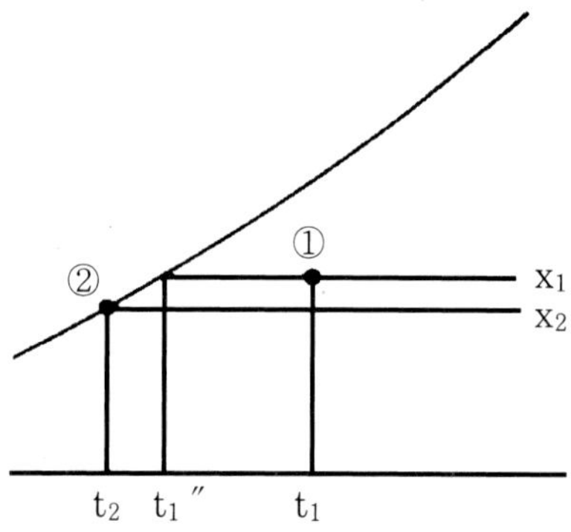

☑ 그림 20. 유리창의 김서림

[5] 가습냉각

저수지의 수면에서 불어오는 바람이 시원하게 느껴지는 것은 물의 증발에 의한 잠열이 주위의 온도를 저하시키기 때문이다. 예를 들면 30℃ 50%R.H의 공기에 초음파가습기로 물을 무화하여 공기와 함께 분출하면 21℃까지 냉각시킬 수 있다.이 방식은 밀폐된 공간에서는 즉시 습도가 100%R.H로 되어 냉각이 되지 않지만 그림 21과 같이 포크리프트와 같은 개방된 공간의 스폿(spot)냉각으로서 최근 실용화되고 있다.

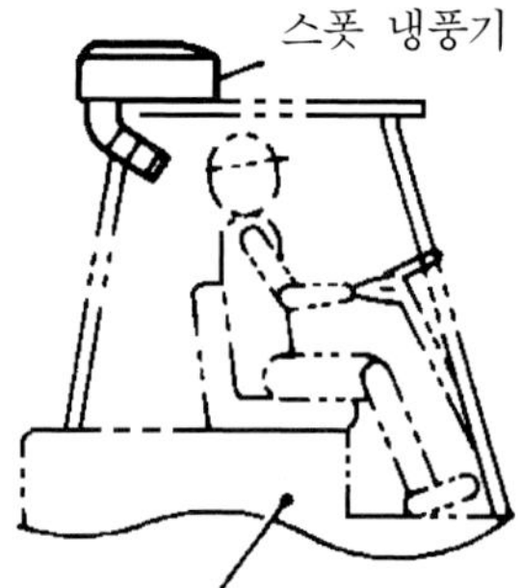

☑ 그림 21. 스폿 냉각의 예

1.2.4. 열부하와 필요성능

자동차 실내에는 항상 외부로부터 열의 출입이 일어난다. 예를 들면 하절기에는 열이 유입하고 반대로 동절기에는 외부로 방출된다. 자동차 외부와 차실 내 사이를 이동하는 열량의 합을 차량 열부하라 한다.

차량에 탑재된 공조기는 승차원이 쾌적하도록 컨트롤하는 역할을 한다. 쾌적한 환경조건을 만들어 내기까지의 시간과 최종적으로 안정된 차 실내온도는 공조기의 능력과 차량 열부하와의 밸런스에 의해 결정된다.

[1] 차량 열부하

차량의 열부하는 그림 22와 같이 크게 4가지로 나누어 생각할 수 있다.

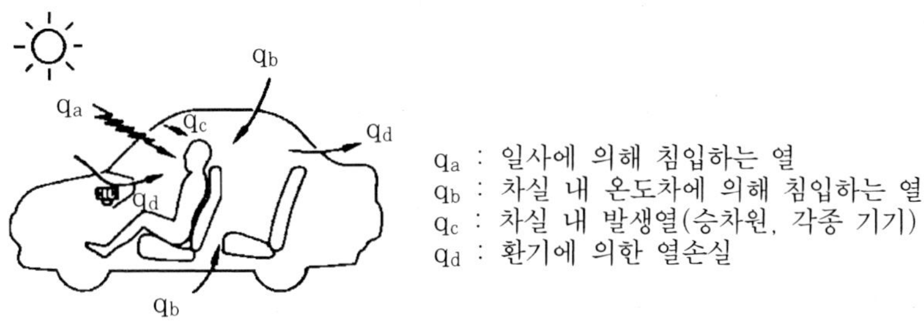

☑ 그림 22. 차량의 열부하

차량의 열부하 Q는

$$Q = q_a + q_b + q_c + q_d \quad \cdots\cdots (1\text{-}7)$$

로 표시된다.

냉방시에는 외부에서 차실내로 열이 침입하여 위 식의 Q는 정의 값이 되고 난방시에는 반대로 차실내의 열이 외부로 방출되어 부의 값이 되지만 각각 그 절대치를 냉방부하, 난방부하라 부른다.

또 이 열부하는 차실 내 온도에 따라 결정되지만 부하중에서 크게 영향을 미치는 것은 그림 23, 24와 같이 하절기에는 일사, 환기, 전열이 주류를 이루며 동절기에는 환기와 전열에 의한 부하의 비율이 크다.

냉방부하는 그림 23에 나타 낸바와 같이 내기모드에서는 환기에 의한 열손실 q_d분만큼 외기모드에 비해 작아진다. 또 차실내온도가 높을수록 온도차에 의한 침입열 q_d가 감소하여 냉방부하도 작아진다. 차실내온도가 약 65℃일 때 냉방부하는 0이 되지만 이때에는 차실내외 온도차에 의한 방열량 q_b(-)와 일사에 의해 침입한 열이 서로 합한 온도가 되어 여름철 한낮에 방치한 상태의 차량에 상당한다.

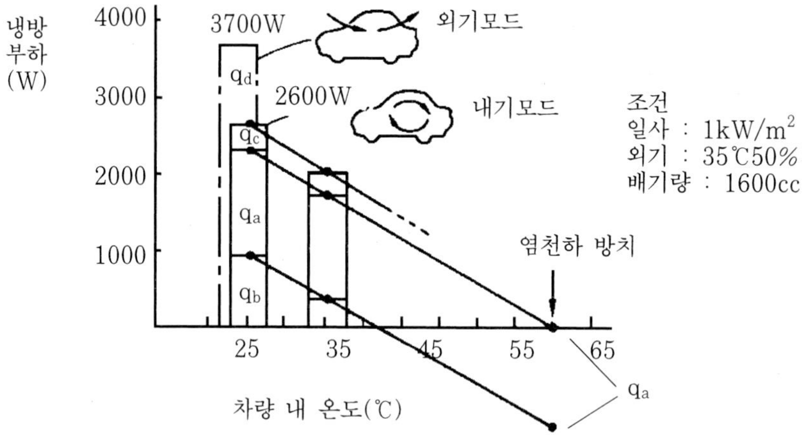

☑ 그림 23. 냉방부하

난방부하는 그림 24와 같이 통상 햇볕이 없을 때(일사는 난방열원이 된다)의 값을 이용한다. 난방부하는 차실내외의 온도차에 비례하며 일정한 차실내 온도를 유지하기 위해서는 외기온도가 낮을수록 커진다. 또 차실내의 발생열 q_c는 부(-)의 값이 되며 난방부하를 저감시킨다.

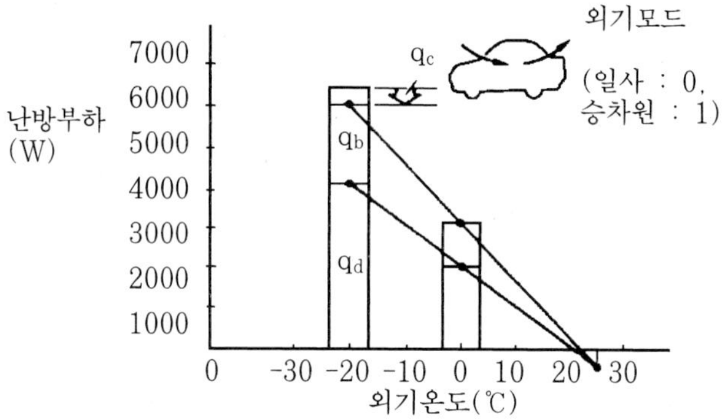

☑ 그림 24. 난방부하

[2] 필요성능

에어컨의 냉방능력은 그림 25와 같이 에바포레이터(증발기) 입구측의 공기상태 ①과 출구측의 공기상태 ②와의 차로 구한다.

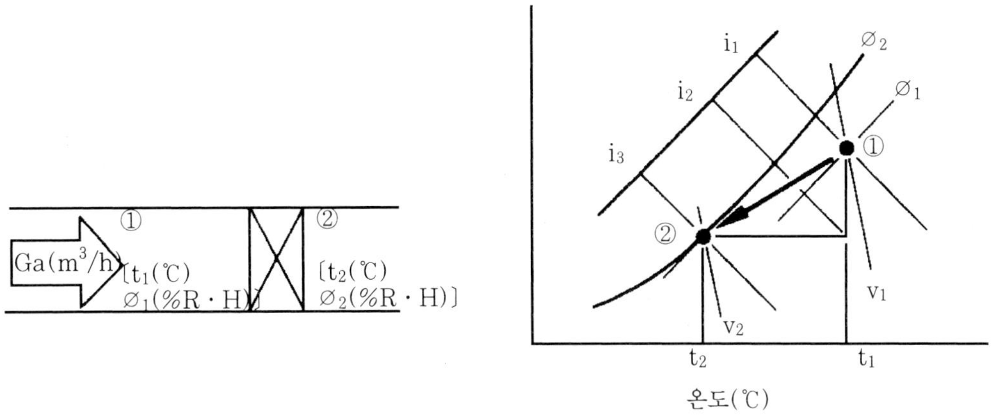

☑ 그림 25. 에바포레이터에서의 공기의 상태변화

이 능력을 습공기 선도를 이용하여 구하면 능력 Q_T는 공기의 습도를 내리기 위해 필요한 열량(잠열 Q_S)과 온도를 내리기 위해 필요한 열량(현열 Q_I)으로 나누어 생각할 수 있으며 다음 식으로 나타 낼 수 있다.

$$Q_T = \frac{G_a}{v_1} \times (i_1 - i_2) = Q_S + Q_L \quad \cdots\cdots (1\text{-}8)$$

Q_S : 현열(Sensitive Heat)
Q_L : 잠열(Latent Heat)

위 식에서 하절기를 기준으로 하면 입구온도 t_1이 낮을수록 또 입구습도 $\varnothing_1$이 낮을수록 능력은 작아진다. 따라서 차실 내를 순환하여 냉방을 하는 소위 내기모드에서는 차실 내온도와 습도가 높은 공조초기에는 냉방능력이 크게 된다. 이에 대해 외기도입으로 냉방을 할 경우에는 외기공기의 온도와 습도 레벨이 변하지 않는 한 냉방능력은 거의 일정하다.

여기서 냉방능력특성과 그림 23의 차량 열부하를 동시에 나타 내보면 그림 26과 같은 교점을 구할 수 있다.이 교점 P는 필요성능과 차량열부하가 밸런스를 이루는 점이며 그 때의 차실내 온도를 결정한다. 에어컨의 능력을 올리면 밸런스 점 P_1, P_2도 변하며 차실 내 온도는 내려간다.

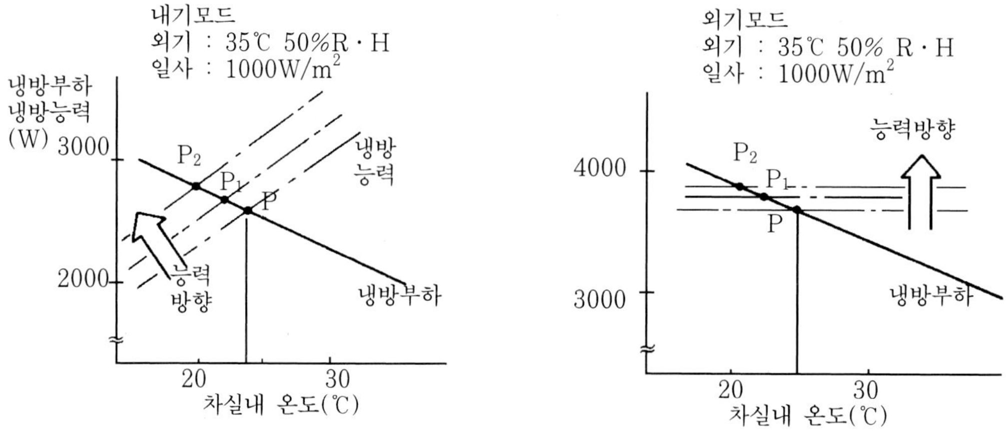

☑ 그림 26. 차량열부하와 냉방능력

현재의 카 에어컨은 여름한낮에 주차 후 시동시를 기준으로 최대의 능력을 발휘하도록 설계되어 있다. 동절기 난방은 통상 외기도입으로 운전하며 차량열부하와 난방능력의 밸런스는 그림 27과 같다. 또 이 경우에는 환기손실이 발생하기 때문에 그림 28과 같이 차실내온도가 가장 높은 최적의 풍량이 존재한다.

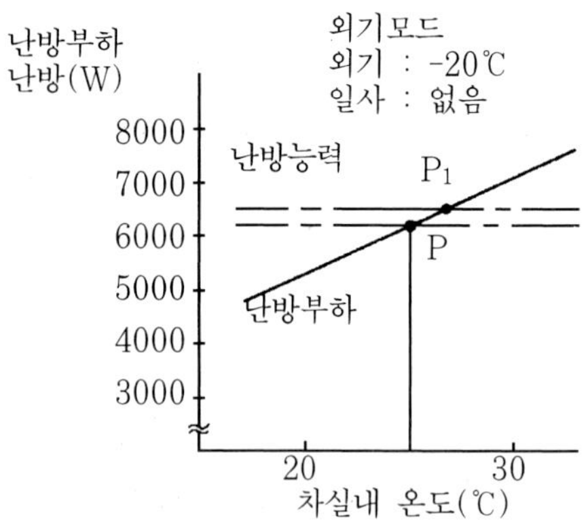

☑ 그림 27 차량열부하와 난방능력

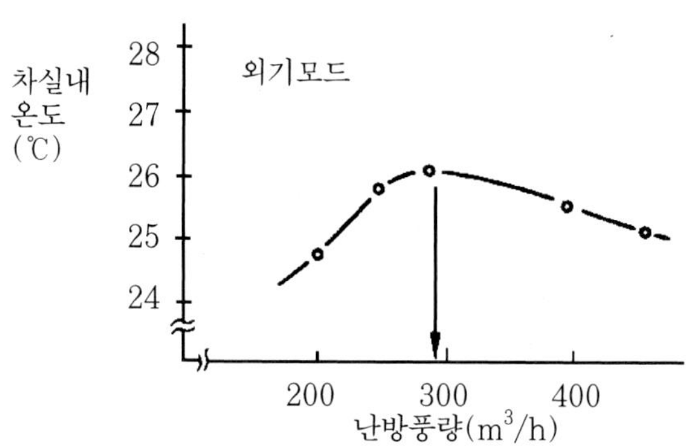

☑ 그림 28. 난방시 풍량과 차실내온도

2. 카 에어컨의 공기조화 시스템

자동차용 공조시스템의 전체 레이아웃을 그림 29에 나타낸다. 차실 내에 탑재되어 있는 HVAC(Heating, Ventilation, and Air-Conditioning) 유닛과 엔진 룸 내에 배치되어 있는 HVAC 유닛으로 구성되어 있으며 이들은 에바포레이터에 저온의 냉매를 공급하는 냉동사이클을 기본원리로 하고 있다.

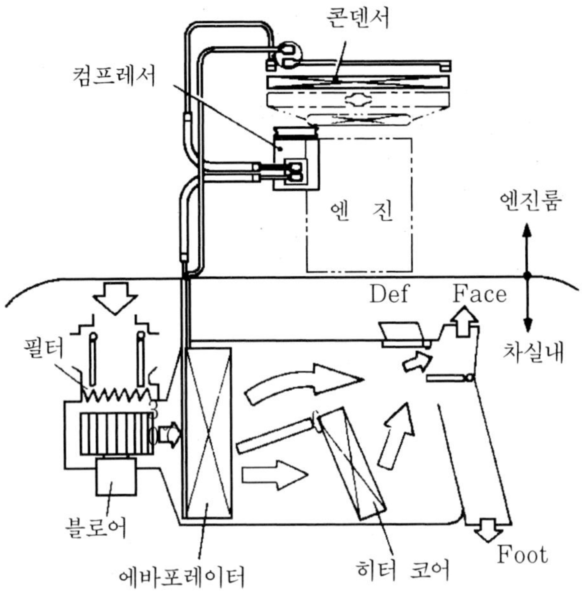

☑ 그림 29. 자동차용 공조시스템

이들 자동차용 공조시스템은 차실 내를 쾌적하게 하기 위해 다음과 같은 작동을 한다.

① 온도제어 ; 토출공기의 조절

② 내·외기절환 : 흡입공기 조절

③ 습도제어 : 증발기출구 온도제어에 의한 습도제어

④ 풍량제어 : 토출풍량의 조절

⑤ 배풍제어 : 토출구 변경

⑥ 제진(除塵)

2.1. 온도제어

자동차의 HVAC는 바람을 생성하는 블로어(blower), 저온냉매에 의해 냉풍을 생성하는 에바포레이터(evaporator) 그리고 엔진의 온수에 의해 온풍을 생성하는 히터 코어(heater core)가 있으며 승차원의 쾌적한 온도는 이 냉풍을 재가열하여 만들어 진다. 이러한 온도제어방식에는 에어 믹스(air mix)방식과 리히터(reheater)방식이 있으며 대체로 에어 믹스방식을 채택하고 있지만 유럽의 일부 고급승용차에서는 리히터방식을 채택하고 있다. 표 1에 2가지 방식의 구성도와 특징을 설명하고 있다.

[표 1] 온도제어방식의 구성과 특징

	구 성	특 징	
에어 믹스 방식	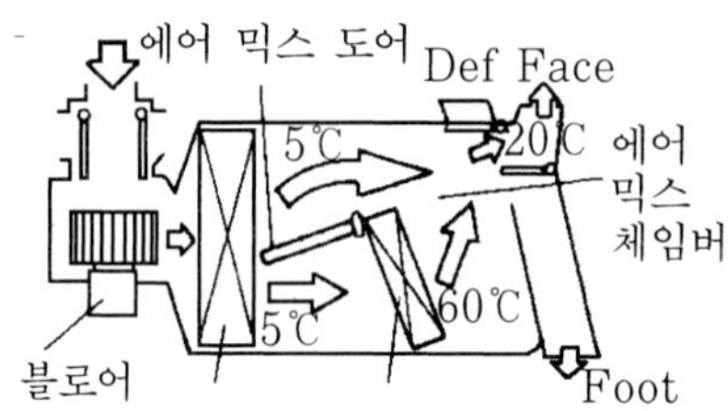	히터 코어에서 재가열한 풍량의 비율을 조정하는 에어 믹스 도어부와 냉온풍을 균일하게 혼합하는 에어 믹스 첌버부의 공간이 필요	리히터 방식에 비해 부품과 제어가 심플하여 코스트가 낮음.
리 히터 방식	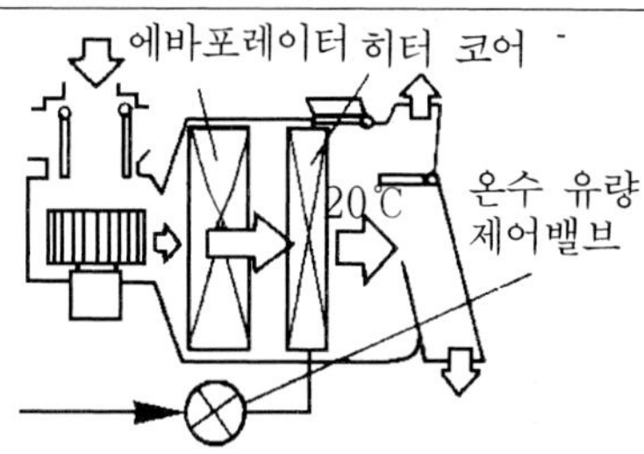	에어 믹스방식과 같은 구조가 필요 없기 때문에 소형화와 통풍저항이 적다.	복잡한 온수유량제어가 필요하다.

2.2. 내·외기 절환

송풍기 입구부분에 있는 내 · 외기 절환도어에 의해 그림 30과 같이 차실내의 공기를 순환시키는 내기모드(RECIRC)와 차실외의 공기를 들여오는 외기모드(FRESH) 또는 그 중간의 공조를 할 수 있다.

2.2.1. 내기모드

① 쿨 다운시 등 냉방부하가 클 때
② 시가지 등 외기 냄새가 심할 때

(a) 외기모드 (b) 내기모드

☑ 그림 30. 외기모드와 내기모드시의 차실내 공기의 유동

2.2.2. 외기모드

① 외부의 신선한 공기를 들여 올 때(환기)

② 난방시 유리창의 김서림을 방지할 때

2.3. 습도제어

외기모드시 습도 밸런스를 그림 31에 나타낸다.

건공기량 Ga′, 절대습도를 Xin로 하면 차실내로 들어오는 공기와 차실 외로 나가는 공기량은 같다. 또 차실 외로 나가는 절대습도는 차실내의 절대습도 x_r과 같다고 생각할 수 있기 때문에 승차원의 땀 흘림량을 Xm이라 하면 차실 내 습도는 다음 식으로 구할 수 있다.

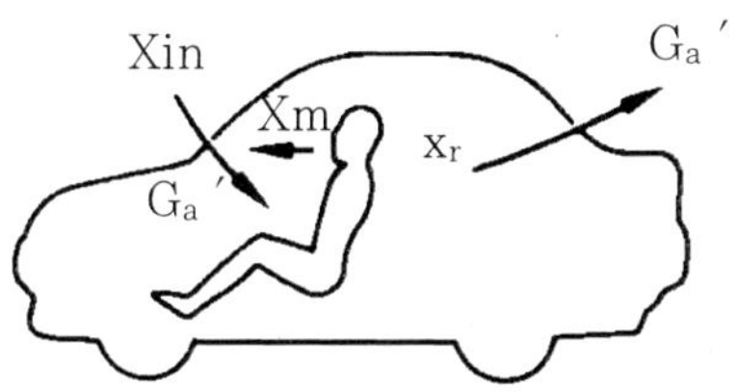

☑ 그림 31. 차실내 습도 밸런스

$$G_a' \times x_{in} + X_m = G_a' \times x_r \quad \cdots\cdots (1\text{-}9)$$

$$x_r = \frac{G_a' \times x_{in} \times X_m}{G_a'}$$

여기서 내기모드시에는 차실내외를 통과하는 공기량 Ga′는 자연환기만이기 때문에 에어컨을 작동시켜 차실내의 공기를 제습시키지 않으면 유리창에 김이 서린다.

그림 32에 에어컨 작동별 차실 내 밸런스 습도와 유리창의 김서림관계를 나타낸다. 햇칭라인(hatching line)은 김서림 한계습도를 나타내며 이것보다 습도가 높으면 유리창에 김이 서리고 이 라인보다 습도가 낮으면 유리창에 김이 서리지 않는다. 내기모드에서는 에어컨을 OFF로 하면 김서림 한계습도보다 고습도가 되어 유리창에 김이 서리기 때문에 이때는 에어컨을 켜서 제습할 필요가 있다.

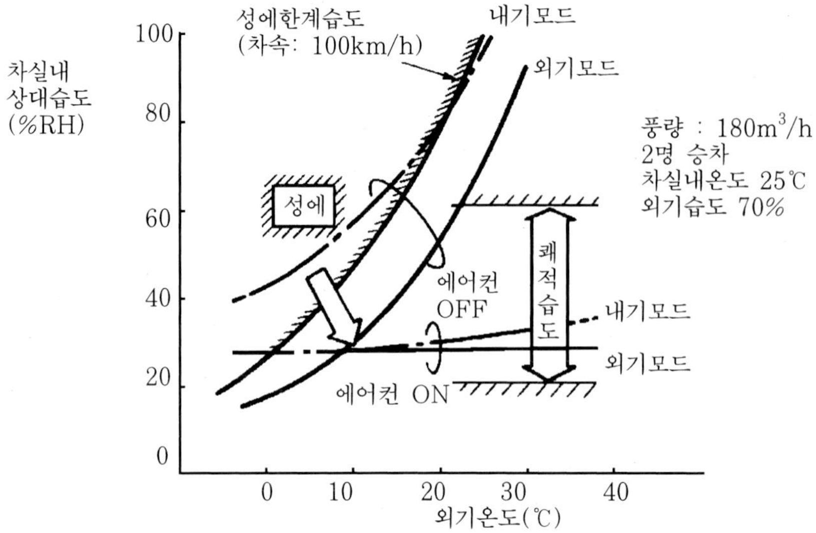

☑ 그림 32. 차실내 습도 밸런스

한편 외기모드에서는 에어컨을 OFF하드라도 유리창에 김이 서리지는 않지만 난방을 하기에는 좀 이른 어중간한 계절에는 차실내도 외기와 같이 습도가 높아 불쾌하기 때문에 에어컨으로 제습하여 쾌적성을 유지한다.

이와 같이 카 에어컨은 차실 내를 일정온도로 유지하며 김서림방지 등을 하므로서 쾌적성을 유지할 수 있다. 에어컨에서는 에바포레이터의 출구온도를 프로스트(frost : 서리 또는 김서림)되지 않는 한계인 0℃부근까지 내려 최대로 제습을 한 후 히터코어에서 재가열하여 최적온도로 유지하기 때문에 차실내의 습도는 약 30%까지 내릴 수 있다.

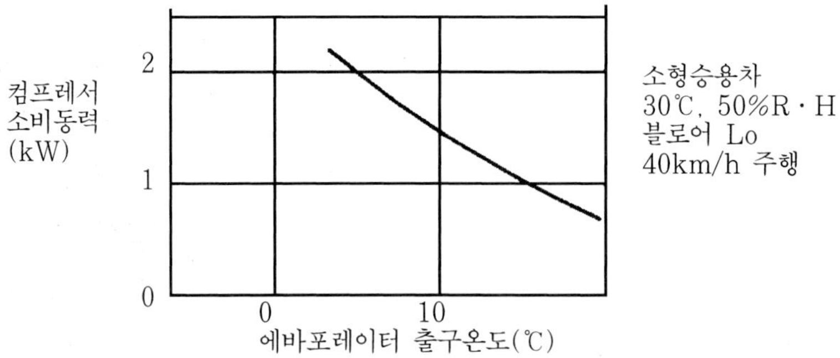

☑ 그림 33. 에바포레이터 출구온도와 소비동력의 관계

그림 33과 같이 에바포레이터 출구온도를 저하시킬수록 제습량은 많아지지만 그 만큼 컴프레서의 동력도 커지게 된다. 최근에는 필요이상으로 제습하지 않도록 유리창의 서리 제거가 필요한 동절기 이외에는 쾌적습도 상한인 60%를 초과하지 않는 범위까지 에바포레이터 출구온도를 높게 하여 동력절감을 도모하는 오토 이코노믹(auto economic)) 제어를 한다.

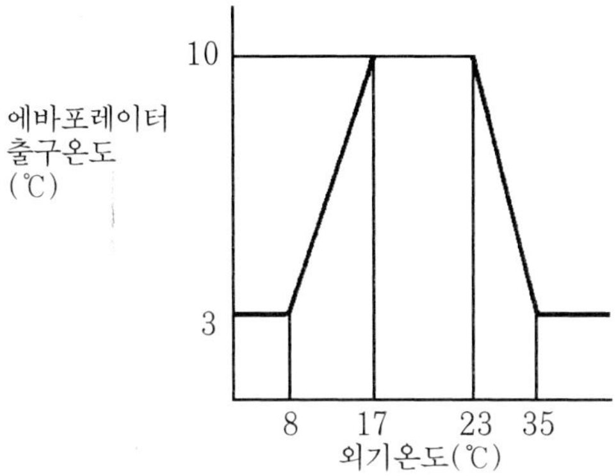

☑ 그림 34. 오토 이코노믹 제어

2.4. 풍량제어

풍량제어는 차량용공조장치의 펜 모터에 작용하는 전압에 의해 제어된다. 일반적으로 오토 에어컨의 경우 냉방 또는 난방 부하가 높아 쿨 다운(cool down) 또는 웜업(warm up) 초기에는 풍량이 많고 그 후 실내온도가 쾌적한 온도에 가까워짐에 따라 단계적으로 풍량을 감소시켜 간다.

실온이 안정된 상태에서는 풍량을 최소화하면서 쾌적한 온도가 유지되도록 제어한다. 그 외에도 일사량이 증가하거나 외기온도가 변화하였을 때 또 실온의 설정치를 변경하면 그 변화량에 따라 풍량을 제어한다.

3. 공기의 청정화

지금까지 설명한바와 같이 차실 내 환경을 쾌적하게 하는 환경요인(온도, 습도, 기류, 복사)은 에어컨시스템에서 제어한다. 그러나 쾌적성 요구는 더욱 높아 이 환경 4요인 외에 "공기의 청정화"가 대단히 중요한 요인이다.

3.1. 공기 청정화의 개요

공기의 청정화란 승차원의 심리적 요인에 의한 쾌적성을 향상시키는 수단이며 그 대상물질은 일반적으로 다음과 같다.

① 공기 중에 부유하는 꽃가루, 디젤매연, 담배연기 등의 고체상 또는 액체상 입자.

② 디젤자동차 뒤를 따라 주행시에나 고장주변을 주행할 때 느끼는 악취가스

③ 일산화탄소,오존,아황산가스,디젤배기중에 포함되어 있는 발암성 물질 등의 유해가스

④ 화농균과 같이 공기중에 부유하는 미생물

자동차는 이동체이기 때문에 외기로부터 도입되는 대상물질도 많고 그 종류도 매우 다양하다. 따라서 그 대응기술도 대단히 복잡하다. 여기서는 공기청정화의 기본기술로서 입자제거기술, 냄새 및 유해가스 제거기술에 대해서 설명하기로 한다.

3.2. 제진기술

차실 내를 오염시키는 분진은 외기로부터 침입하는 것과 차실 내에서 발생하는 것이 있다.

전자는 에어컨을 외기모드로 주행하고 있을 경우 꽃가루나 디젤 배기가스 중의 흑연 등이 있으며 후자는 승차원의 옷에서 발생하는 먼지나 담배연기 등이 있다. 이들 분진의 종류나 입자경은 그림 35에 나타 낸바와 같이 다양하고 그 대상입자에 따라 대응기술도 다르다. 자동차의 경우 탑재상의 제약과 대상입자의 크기(서브 미크론-수백 미크론)에 따라 일반적으로 전지 집진법 또는 여과법을 사용한다.

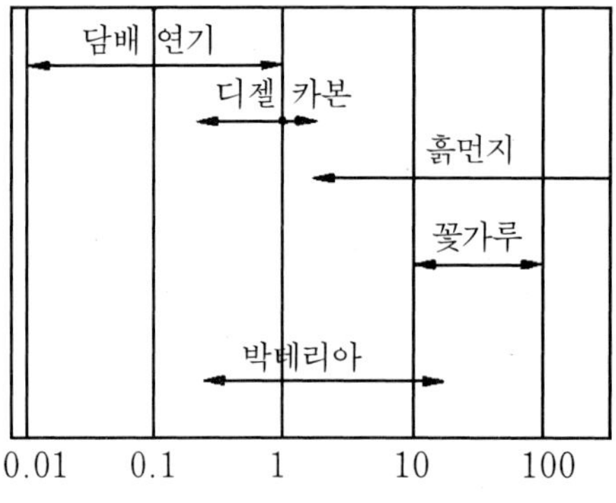

☑ 그림 35. 분진의 입자경 분포

3.2.1. 전기 집진법

코로나 방전시 발생하는 가속이온으로 그림 36과 같이 공기중의 분진이나 담배연기 등의 미세한 부유분진에 전하를 주어 전기적으로 포집하는 방식이다. 이 방식은 서브 미크론에서 수백 미크론의 미세한 입자에 대해서는 유효한 수단이다. 압력손실이 작은 이점이 있는 반면 고전압을 사용하기 때문에 안전성의 문제가 있고 또 고가인 것이 단점이다. 그림 37에 전기집진법의 원리를 이용한 정전식 공기청정기의 한 예를 나타낸다.

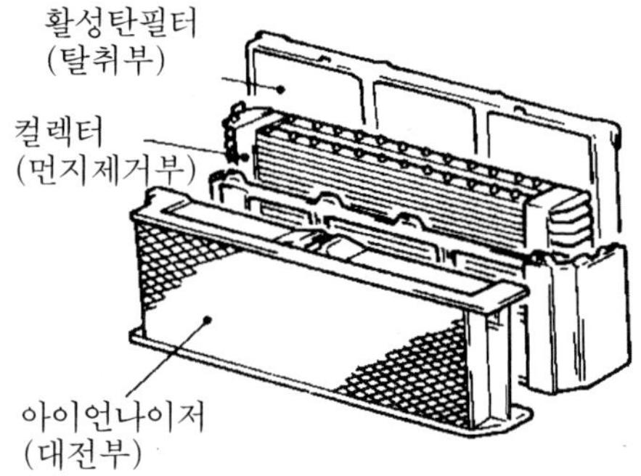

☑ 그림 36. 전기집진의 원리

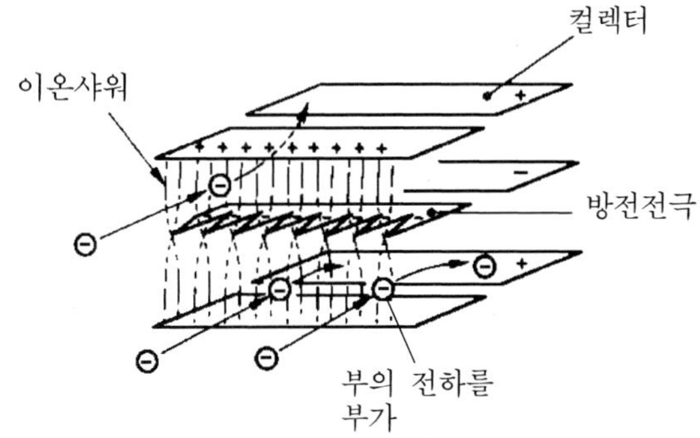

☑ 그림 37. 정전식 공기청정기

3.2.2. 여과법

[1] 기계적 포집

펄프를 원료로 한 여과지나 폴리에틸렌 섬유 등의 합성섬유로 구성된 부직포로 여과하는 방식이다. 면 먼지 등의 큰 먼지는 필터를 구성하는 섬유간극사이로 빨아들여 포집하지만 꽃가루와 같은 작은 입자는 입자가 섬유와 충돌 또는 접촉할 때 입자와 섬유 사이에 작용하는 분자간의 인력에 의해 포집한다.

따라서 포집효율을 올리기 위해서는 섬유의 간극을 좁게 할 필요가 있지만 너무 좁으면 전기저항이 커지기 때문에 에어컨 통풍로에 설치하는 데는 포집효율과 전지저항을 고려하여 사양을 결정하여야 한다.

[2] 전기적 포집

대기중에 떠다니는 분진은 마이너스 정전상태이다. 섬유가 대전화하면 전기적인 힘에 의해 흡인하기 때문에 섬유간의 거리가 멀다 해도 높은 제진효과를 기대할 수 있다. 이와 같은 개념에서 개발된 것이 그림 38에 나타낸 일렉트렛트 섬유이다.

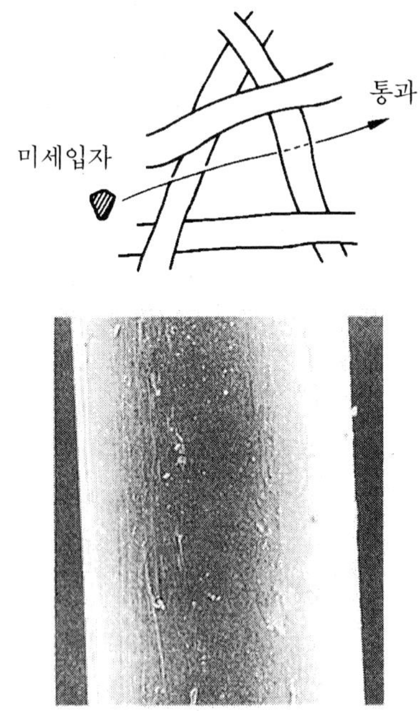

(a) 일반섬유

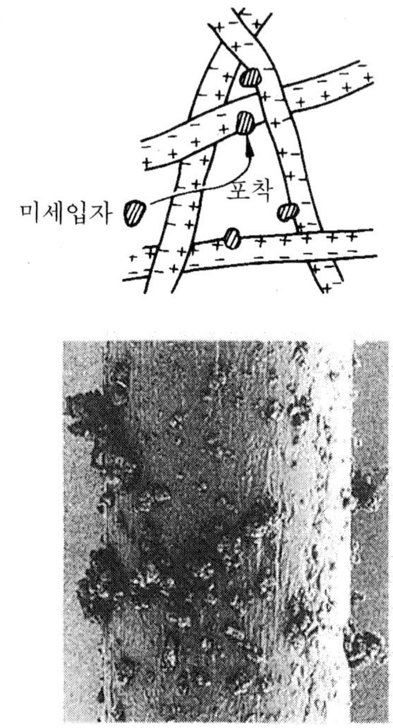

(b) 일렉트렛트 섬유

☑ 그림 38. 일렉트렛트 섬유와 포집 메카니즘

폴리프로필렌과 같은 유도체 재료인 부직포 시트는 고전압에 의해 분극하면 섬유표면이 플러스와 마이너스로 된다. 이와 같이 생산된 부직포는 전기저항이 낮으면서 높은 방진효과를 얻을 수 있기 때문에 많이 사용되고 있다.

[3] 가스 제거기술

가스제거에는 탈취(냄새 제거)가 목적인 경우와 유해가스 제거가 목적인 경우가 있다. 탈취는 그 취기가스를 느끼지 않도록 하는 방법으로서

① 감상적 소취 : 향료에 의한 냄새제거와 소취제에 의한 냄새 저감

② 화학탈취 : 오존 등에 의한 산화작용으로 냄새의 강도가 약한 가스로 변환

③ 흡착 : 활성탄, 제오라이드 등을 이용한 취기가스의 흡착제거

④ 생물탈취 : 토양세균으로 분해하여 냄새가 약한 가스로 변환

등의 방법이 있지만 자동차용으로는 구조가 간단한 흡착식을 주로 사용하고 있다.

흡착제로는 활성탄, 실리카겔, 제오라이드, 알루미나 등이 있으며 대상가스와 사용환경에 따라 적절하게 선택한다. 이 중 자동차용으로는 주로 활성탄을 사용한다. 활성탄은 미세한 세공으로 이루어 진 대단히 큰 비표면적(약 600~1600m^2/g)의 다공질체이다.

활성탄은 우수한 흡착제이긴 하지만 만능은 아니다. 톨루엔이나 벤젠같은 중성가스에는 유효하지만 SO_2와 같은 산성 가스나 암모니아와 같은 염기성 가스나 아세트알데히드와 같은 알데히드류의 가스나 CO, NO와 같은 저분자량 가스는 흡착능력이 많이 떨어진다.

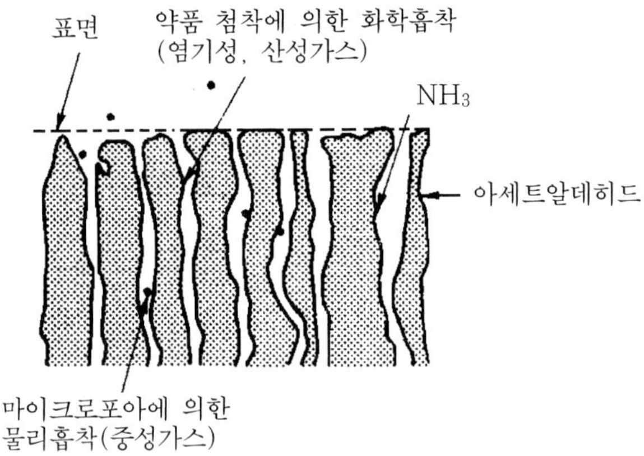

☑ 그림 39. 첨착형 활성탄

활성탄은 중성가스가 많은 유해가스는 유효하지만 중성가스 이외의 가스에는 효과가 적다. 따라서 이들 가스의 흡착성능을 향상시키기 위해 활성탄의 세공표면에 암모니아나 SO_2, 알데히드류 등의 가스와 반응하는 약제를 부착시켜 흡착성능을 향상시킨 첨착형 활성탄이 많이 사용되고 있다.

예를 들면 디젤배기가스의 주원인으로 알려져 있는 소위 아세트알데히드의 제거를 주목적으로 할 경우에는 아미노기(-NH_2)를 첨착하면 좋다. 또 최근에는 수명이 긴 광촉매를 이용한 가스분해기술이 주목을 받고 있다. 촉매로는 아나다제형 이산화 테탄이 사용되며 여기에 자외선을 비추어 활성화 시킨다. 이러한 가스분해기술은 가정용 공기청정기나 자동차용 공기청정기에 주로 사용된다.

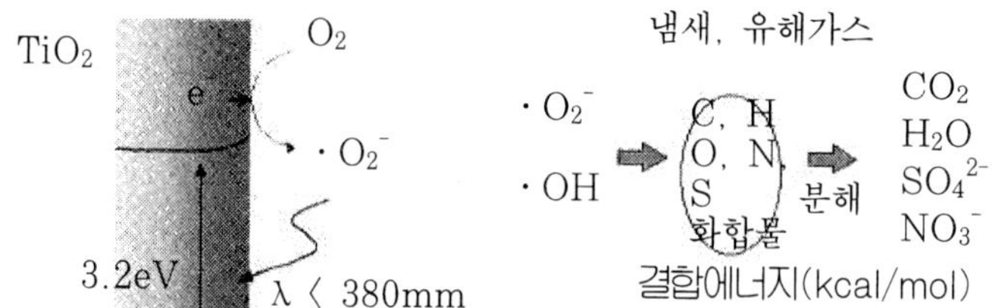

결합에너지(kcal/mol)

· OH	120
C—C	83
C—N	70
C—O	84
O—H	111
N—H	93

OH 에너지는 각종 결합에너지에 의해 커져서 각종 화합 결합을 절단한다.

TiO_2는 자외선을 흡수하여 전자와 정공 2개의 캐리어를 생성한다. 이 캐리어에 의해 촉매표면에 각각 수분과 산화, 환원반응을 일으켜 대단히 반응성이 우수한 OH와 O_2를 생성한다.

☑ 그림 40. 광촉매에 의한 가스분해

[4] 제품구성

여기까지 제진용 재료, 냄새제거, 유해가스 제거용 흡착제에 대하여 설명하였다. 그런데 이들 재료를 공기 청정화용 필터로 가공할 필요가 있다. 자동차용은 압력손실과 효율을 모두 만족하는 주름형 필터구조로 되어 있다.

그림 41은 현재 사용하고 있는 대표적인 필터이다.

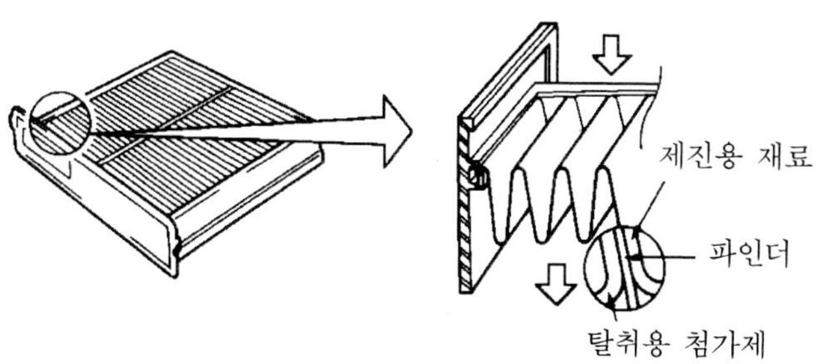

☑ 그림 41. 필터의 구성

(1) 에어 필터

그림 42는 자동차에 실제로 장착된 상태의 한 예를 나타낸다. 외기도입으로 인한 분진과 가스 등의 유입방지에 대한 요구가 높아지면서 거의 모든 차에 장착되고 있다.

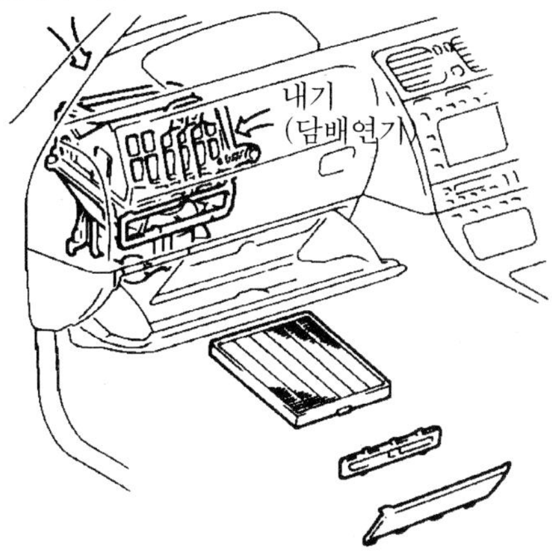

☑ 그림 42. 에어 필터 장착의 예

(2) 공기청정기(Air Purifier : A/P)

에어 퓨리파이어(공기청정기)는 차실내의 분진과 냄새 등을 제거하는 시스템이며 시내 주행 등 내기모드로 에어컨을 사용할 경우에 효과를 발휘하는 시스템이다. 시스템구성은 일부 예외를 제외하고는 블로워(송풍기능),필터(제진 및 탈취기능),스위치 그리고 제어부로 구성되어 있다.

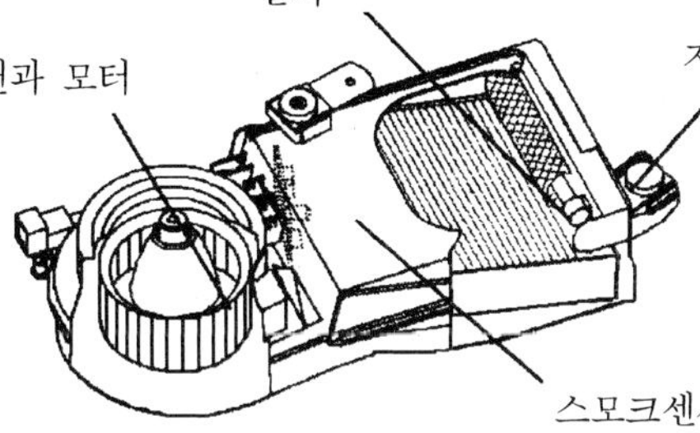

☑ 그림 43. 광촉매형 공기청정기의 예

빌트인 타입(built in type : 출고시 장착된 형)에서는 그림 43과 같이 차실내로 흡입 또는 토출하는 그릴과 에어 퓨리파이어 본체는 트렁크 룸내에 설치되어 있다. 또 그림 44와 같이 리어 대시 보드에 설치한 형과 천정에 설치한 형도 있다.

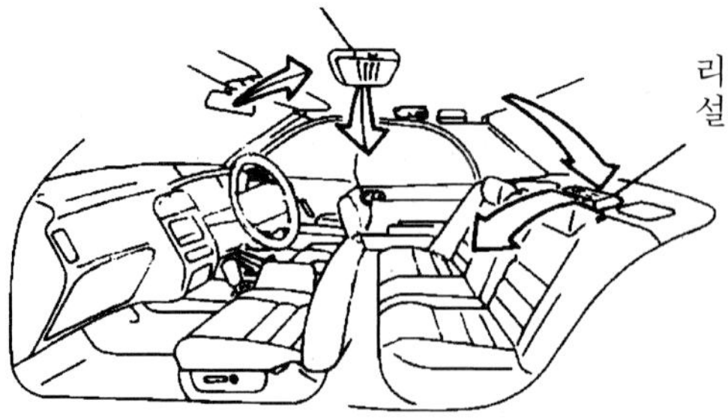

☑ 그림 44. 공기청정기 설치위치의 예

그림 45는 담배연기에 대한 청정효과를 테스트한 결과의 한 예를 나타낸다. 또 에어퓨리파이어 본체 내에 설치된 분진 센서에 의해 자동적으로 차실내의 공기 오염을 감지하여 블로워의 ON/OFF와 풍량을 절환하는 시스템도 보급되고 있다.

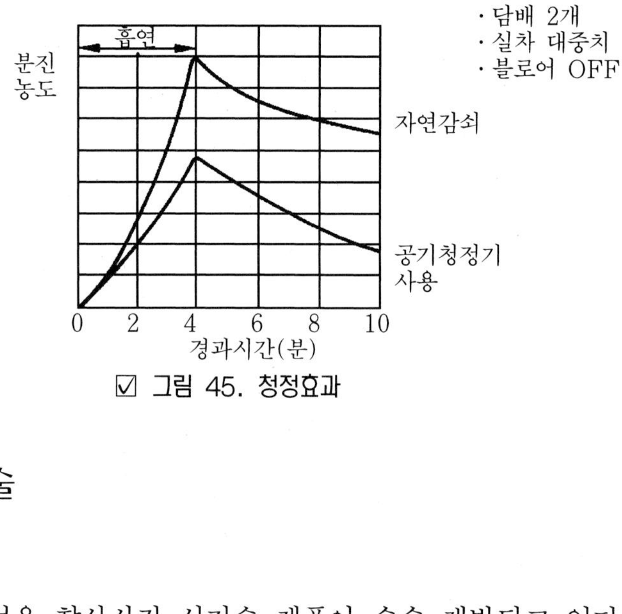

☑ 그림 45. 청정효과

3.3. 쾌적성 향상기술

3.3.1. 온열 쾌적성

자동차 에어컨의 쾌적성을 향상시킨 신기술 제품이 속속 개발되고 있다. 이들 에어컨시스템은 4석 독립온도 컨트롤 HVAC과 신경망 제어(neuro control) 등 고도의 기능을 이용하여 정밀하게 에어컨을 제어하기 때문에 1년 내내 쾌적한 운전이 가능하다. 그러나 승차직후시점부터 차실내 공기조화가 충분한 효과를 발휘하기 까지는 불쾌함을 느끼게 된다. 이를 개선하기 위해 개발된 공조시스템을 소개한다.

[1] 시트공조시스템

승차원이 차를 탄 직후에는 여름철에는 시트표면이 덥고 겨울철에는 차기 때문에 불쾌감을 느끼게 된다. 특히 여름철에는 시트표면의 열기와 승차원의 땀이 동시에 겹쳐지기 때문에 시트접촉면의 불쾌감은 승차원의 온열쾌적성을 크게 좌우한다.

이를 위해 종래 사용해 온 겨울철 시트표면을 전열선으로 따뜻하게 하는 시트 히터(seat heater)와 더불어 시트공조시스템이 확대 적용되고 있다. 이 시트공조에는 송풍방식과 펠치(peltier)소자를 이용한 냉풍방식이 있다. 여기서는 송풍방식 시트공조에 대하여 설명한다.

그림 46은 송풍방식 시트공조의 구조를 나타낸다. 시트 쿠션측과 백측에 각각 1개의 송풍기가 장착되어 있으며 패드내부에 통풍용 배풍구와 미세한 구멍이 시프표피에 설치되어 있다. 송풍기에 의해 흡입된 차실내의 공기는 패드내부를 거쳐 표피의 미세 구멍으로 나온다.

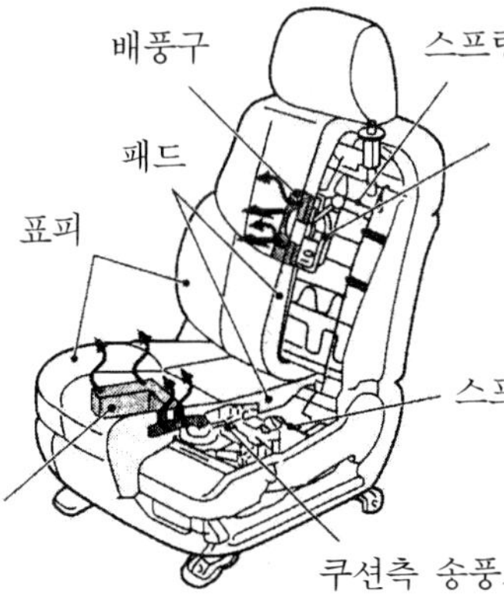

☑ 그림 46. 시트공조시스템의 구성 예

그림 47은 이러한 기류에 의해 한여름 주차 후 쿨다운시 시트표면의 온도저하효과를 나타낸다. 시트공조가 없는 경우에는 시트표면의 온도가 내려가지 않아 시트면이 체온보다 높은 온도를 유지한다. 반면 시트공조가 있는 경우에는 온도가 빠른 속도로 저하됨을 알 수 있다.

또한 시트온도 저감효과뿐만 아니라 승차원의 땀의 증발효과도 일어나 냉방효과는 더욱 커진다. 따라서 승차 후 십수분 정도 지나면 쾌적함을 느끼기 시작한다.

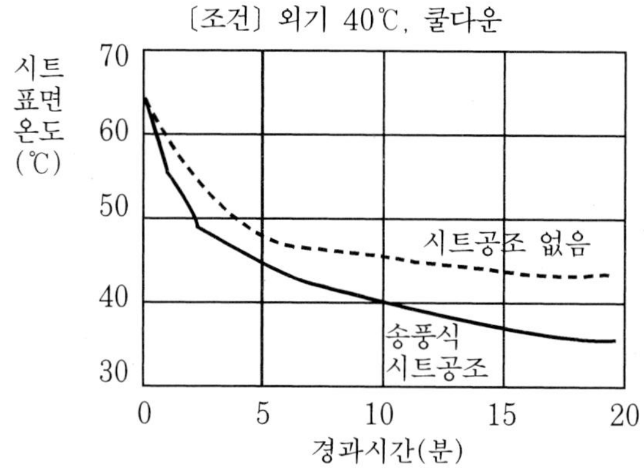

☑ 그림 47. 시트공조의 시트표면 온도저하 효과

[2] 매트릭스 IR센서 시스템

현재 에어컨 공조제어는 내기온센서, 외기온센서, 일사센서로 차실 및 승차원의 열부하를 추정하여 제어하고 있다. 그런데 각 시트의 승차원의 온열상태를 검지하여 피드백제어를 하면 승차원의 상태에 적합한 제어가 가능할 것이며 최근의 4석 독립컨트롤 에어컨기능이 더욱 확대될 것이다.

2006년부터 일부 고급수입차를 중심으로 적용된 1개의 센서로 차실내의 복수개소의 표면온도를 검지하는 매트릭스 IR센서(matrix IR sensor)를 이용하여 승차원의 상태를 피드백하는 시스템을 설명한다.

이 센서는 그림 48과 같이 실차의 천정에 부착하며 뒷좌석 좌우의 승차원과 시트 중앙부의 상하 2개소씩 모두 6개소의 표면온도를 검지한다.

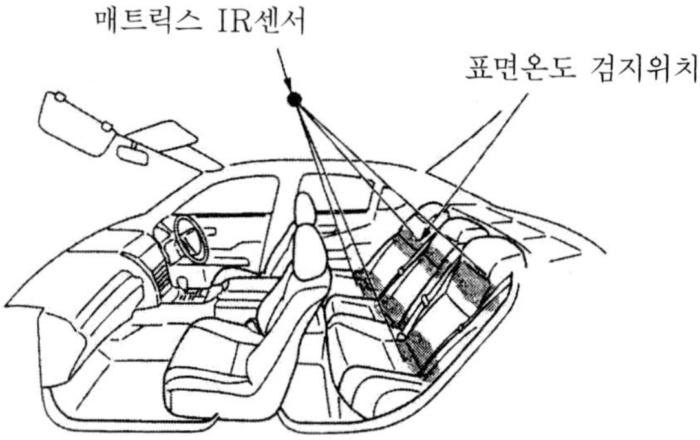

☑ 그림 48. 센서의 장착위치와 검지범위

승차원의 복장표면온도를 검지하기 때문에 피부온도와 같은 생태신호를 직접 피드백하지는 않지만 복장온도는 승차원의 상태와 승차원 주위의 공기온도, 풍속, 복사를 반영하기 때문에 지금까지의 제어에 비하면 보다 승차원의 온열감과 일치하는 제어를 할 수 있다.

승차원의 상태를 피드백하는 제어 중 가장 알기 쉬운 예로서 뒷좌석 승차원의 열 이력 제어가 있다. 그림 49와 같이 추운 겨울철 바깥에서 난방이 작동하고 있는 차실내로 승차하였을 경우 승차한 좌석만 강하게 난방을 하여 신속하게 따뜻하게 해준다.

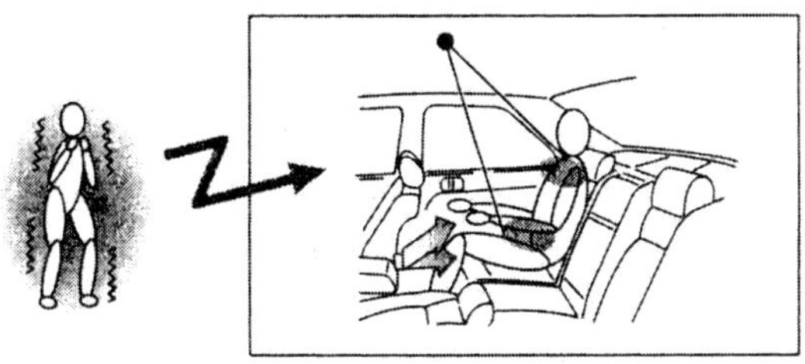

☑ 그림 49. 열 이력제어가 요구되는 장면의 예

그림 50에서 뒷좌석 승차원 승차시 승객이 온열적으로 쾌적한 상태에 도달할 때까지의 시간이 4분에서 2분으로 단축됨을 알 수 있다. 이와 같이 IR센서는 승차원의 상태에 따라 정밀한 제어를 할 수 있으며 4석 독립 컨트롤을 하는 공조와의 상승효과에 의해 쾌적성을 더욱 향상시킬 수 있다.

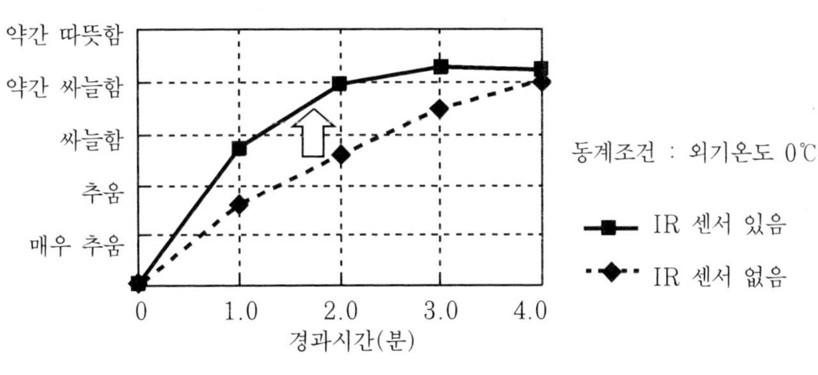

☑ 그림 50. 열 이력제어의 온열효과

[3] 적외선센서의 방식과 검지원리

적외선센서에는 여러 가지 종류가 있다. 온도분포 가시화와 측정용 서모 그라피(thermo graphy), 야간의 시인성향상용 적외선카메라, 조명의 자동점등을 위한 인감스위치 등이 있다.

자동차 공조용으로 사용하는 적외선센서는 서모파일(thermopile)방식으로 귀체온계나 전자레인지, 룸에어컨 등에 사용하고 있는 것과 같은 방식이다.

[표 2] 적외선센서의 원리와 용도

	검지원리	센서	용도
열형	열기전력효과	서모파일	적외선온도계
	초전효과	PZT 등	인감스위치
	열전대효과	bolometer	방사계
양자형	광기전력효과	포토다이오드 포토트랜지스터	적외선카메라, 조도계, 서모그라피
	광도전효과	CdS셀 등	서모그라피
	광전자방출효과	광전관	

서로 다른 2종류의 금속을 연결하여 접속점과 양단에 온도차를 주면 기전력이 발생한다. 이러한 특성을 이용한 것이 서모파일방식이며 그림 51에 기본구조를 나타낸다.

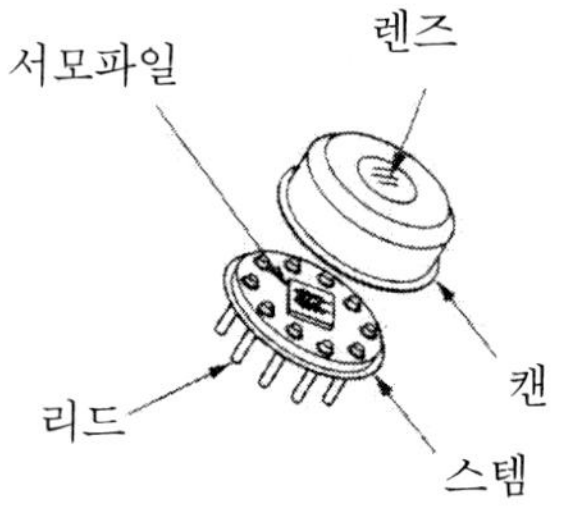

☑ 그림 51. 센서의 기본구조

서모파일 위에 2종류의 금속을 직렬로 지그재그로 연결하여 한쪽은 냉접점, 반대쪽은 온접점으로 한다. 측정 대상물로부터 방사된 적외선을 렌즈 등으로 온접점에 집중시키면 그 열에 의해 온접점의 온도가 상승하며 냉접점과의 사이에 온도차가 일어난다.

이 온도차에 의해 발생한 기전력의 크기로 대상물과 냉접점의 온도차를 산출하며 서미스터로 계측한 냉접점 온도와 병행하여 대상물의 온도를 검지한다.

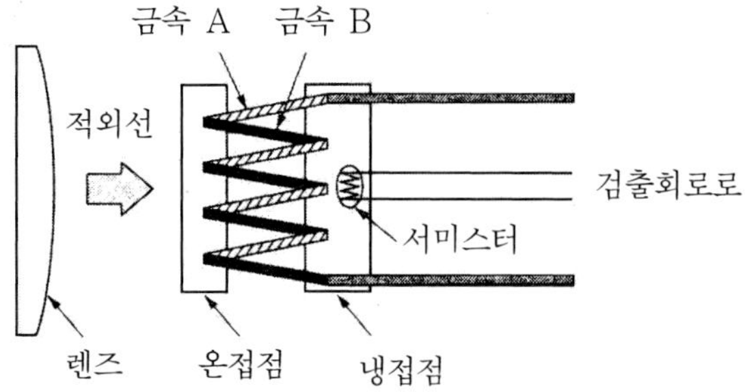

☑ 그림 52. 서모파일 적외선센서의 원리

3.3.2. 공기질 쾌적성

지금까지는 차실내의 쾌적성은 주로 얼마나 시원한지 또는 얼마나 따뜻한지의 온열감으로 판단하였지만 최근 쾌적성의 다양화에 따라 공기질이나 건강에 대한 요구가 점점 높아지고 있다. 이들 요구에 부응하기 위해 개발된 시스템은 다음과 같다.

[1] 꽃가루제거시스템

꽃가루알레르기 환자가 증가하면서 꽃가루 대응요구가 높아지고 있다. 최근 전국곳곳의 도로, 공원 등 조경사업이 활발히 추진되면서 겨울철 2~3개월을 제외하고 거의 1년 내내 꽃가루가 날리고 있다. 꽃가루를 포집할 수 있도록 개발된 〔꽃가루제거필터〕를 에어컨 통로에 설치하면 운전중 차실내로 꽃가루의 침입을 거의 방지할 수 있다.

그러나 승차원이 자동차에 승차할 때 승차원과 함께 도어로 진입하는 꽃가루까지 제거하는 방법은 없었다. 이를 위해 2005년 꽃가루제거시스템이 개발되었다. 꽃가루제거시스템은 꽃가루제거필터를 통과한 청정공기를 얼굴, 눈주위에 불어서 얼굴부분의 꽃가루농도를 저감시키는 방법이다.

통상 1월 하순경에 에어컨을 작동시키면 오토에어컨에서는 FOOT모드로 바람이 나오기 때문에 승차시 이미 차실내로 들어온 꽃가루는 꽃가루제거 필터를 통과한 청정공기와 혼합되어 있기 때문에 얼굴부분의 정화에 다소 시간이 걸린다.

그래서 꽃가루제거모드에서는

① 얼굴주위의 꽃가루를 신속하게 제거하기 위해 겨울철에도 FACE토출구에서 꽃가루제거필터로 정화한 공기가 토출되도록 한다.

② 차실내 전체의 꽃가루를 신속하게 필터로 보내기 위해서 내기모드로 하며 풍량을 업시킨다.

이렇게 하면 대체로 5~6분이 지나면 차실 내 전체는 매우 쾌적한 상태가 되며 또한 원래의 FOOT모드로 되돌아가서 얼굴부분의 냉풍으로 인한 불쾌감을 해소하게 된다. 또 외기온도 등을 고려하여 유리에 김서림 등이 생기지 않도록 정밀제어를 한다. 그림 53은 꽃가루제거모드에 의해 운전자의 얼굴을 30초 정도 정화하고 있음을 나타낸다.

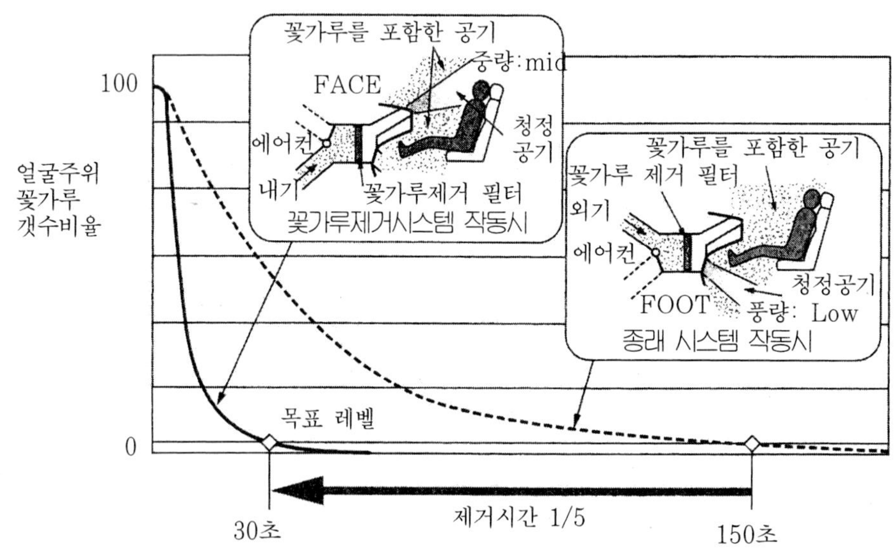

☑ 그림 53. 꽃가루 제거시간

[2] 제균시스템

차실내의 공간은 좁기 때문에 카 에어컨을 이용하면 효과적인 제균시스템이 가능하다. 따라서 병원급 수준의 균수와 환경을 제공할 수 있다.

그림 54는 제균시스템의 개요를 나타낸다. 차실 내에서 제균이온의 효과를 극대화하기 위해 에어컨 닥트 토출구에 발생기를 장착하였다. 제균시스템에서 생성된 활성산소는 에어컨의 송풍 공기를 따라 차실내로 들어와 부유균에 부착한다.

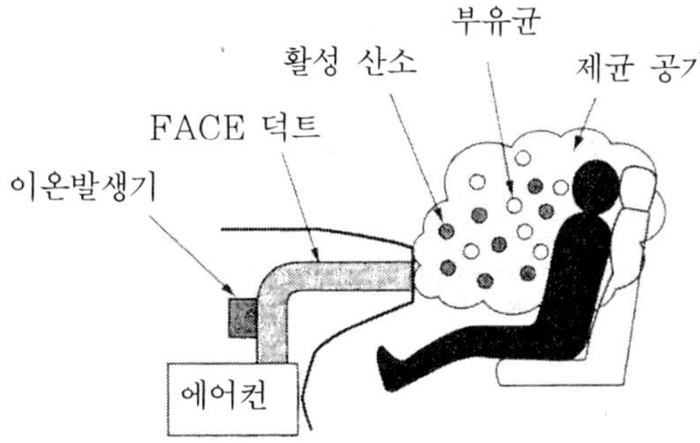

☑ 그림 54. 제균시스템

제균원리는 그림 55와 같이 활성산소가 부유균에 부착하면 강한 산화력에 의해 부유균 세포표면의 수소를 탈취하여 부유균을 불활성화 한다.

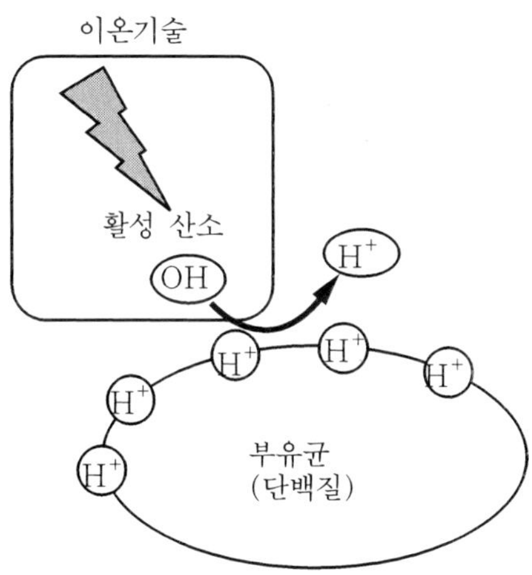

☑ 그림 55. 제균원리

그림 56에 제균시스템을 작동하였을 때 차실내의 곰팡이균 수의 변화를 나타낸다. 제균시스템 작동중 최소 2000개/cc 이상 농도의 이온을 발생시켰을 때 부유하고 있는 곰팡이균의 80%를 제거할 수 있다.

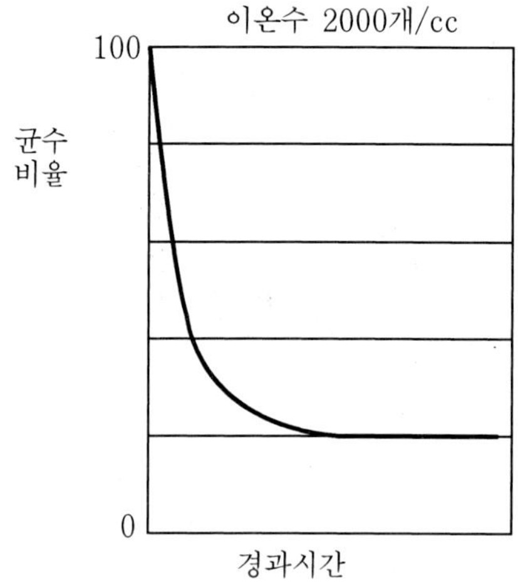

☑ 그림 56. 제균효과

[3] 산소 보충장치

산소 보충장치는 차실내 산소농도를 자연에 존재하는 산소농도로 유지하여 승차원에게 쾌적한 환경을 제공하는 시스템이다. 운전중 배기가스나 냄새가 차실내로 침입하는 경우를 자주 경험한다.

배기가스 등의 외기오염상태를 가스센서로 검지하여 자동으로 에어컨을 내기순환으로 작동시키는 오토 내·외기시스템도 있다. 또한 도로가 혼잡한 시가지 주행을 할 때 대부분 내기순환 모드로 운전한다.

그러나 외기의 침입을 차단해버리면 승차원이 산소를 소비하기 때문에 차실내의 산소농도는 저하된다. 이러한 차실내 산소농도저하를 보다 쾌적한 자연상태의 산소농도로 되돌려 주는 시스템이 산소보충장치이다.

그림 57은 작동 및 장착모형도이다. 산소보충장치는 기체분리 복합막을 사용하여 산소보충공기를 생성한다. 기체분리 복합막이란 분자가 막에 녹는 속도의 차이를 이용하여 기체를 분리시키는 막 즉, 산소 보충막은 공기를 구성하는 분자인 질소(N_2)보다 산소(O_2)의 막을 투과하는 속도가 빠르기 때문에 막을 투과한 공기는 투과하기 전의 공기보다 산소농도가 높아진다.

산소보충장치는 환기팬과 산소 보충막을 가진 유닛 그리고 펌프로 구성되어 있다. 환기팬에 의해 송출된 트렁크룸 내의 약 21% 산소농도의 공기는 산소 분리막 상류측 표면에 닿는다.

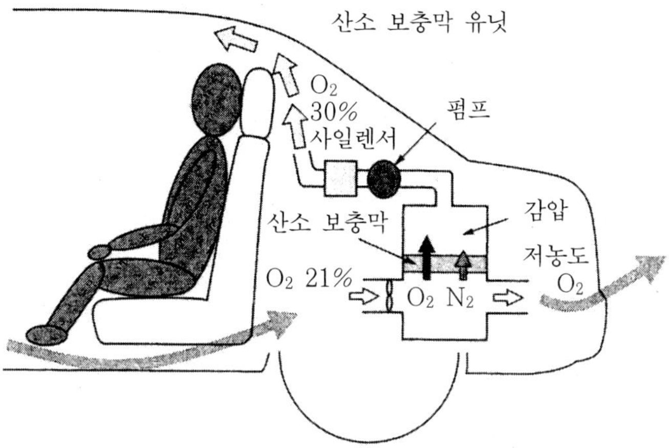

☑ 그림 57. 산소보충장치의 장착 모형도

펌프에 의해 산소 보충막 하류측을 수 10kPa로 감압하면 공기는 산소 보충막을 투과한다. 이 산소 보충막 하류측을 투과한 공기는 막을 투과면서 산소농도가 거의 30%까지 상승한다. 이렇게 산소 보충된 공기는 펌프에 의해 차실내로 공급되어 호흡에 의해 소비된 산소를 보충한다.

Chapter 02

냉방의 기초

1. 냉방의 기초 원리
2. 카 에어컨의 냉동 사이클

CHAPTER

02 냉방의 기초

1. 냉방의 기초 원리

1.1. 냉동기의 원리

1.1.1. 증기 압축식 냉동기

알콜을 피부에 바르면 차게 느껴지고 여름철 마당에 물을 뿌리면 시원하게 느껴진다. 이러한 현상은 알콜이나 물이 증발할 때 주위로부터 열을 빼앗기 때문이다. 즉, 액체가 기체로 변하는데는 열(증발잠열)이 필요하며 그 열을 빼앗긴 주위는 온도가 내려간다. 이러한 자연현상을 이용한 것이 냉동기이다.

그림 1과 같은 장치에서 상온에서도 대단히 증발하기 쉬운 암모니아와 같은 액체(냉매라 한다)를 넣은 코크가 부착된 용기가 있다. 이 코크를 열면 용기중의 액체는 주위로부터 열을 빼앗아 가스로서 방출된다.

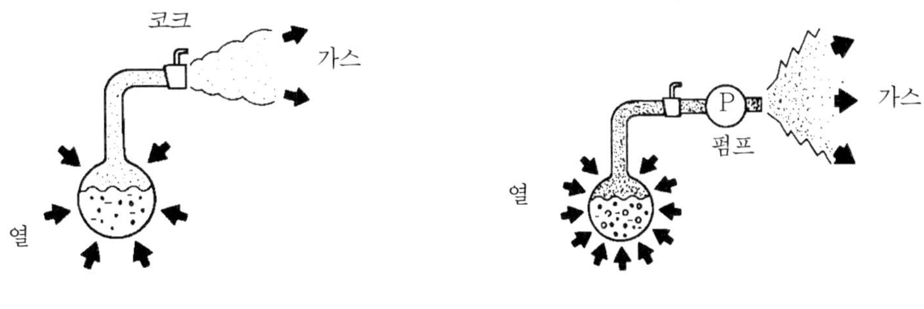

☑ 그림 1. 냉매의 증발

이때 용기 주위의 온도는 코크를 열기 전보다 차가워진다. 코크대신 펌프를 이용하여 용기내의 가스를 보다 많이 토출시키면 용기내의 압력은 내려가고 증발은 더욱 활발해져 주위의 온도를 더 많이 저하시킬 수 있다.

그러나 용기내의 냉매는 한정되어 있기 때문에 계속 증발하면 없어지므로 연속하여 냉방이나 냉동을 할 수는 없다. 그래서 고안된 것이 방출한 가스냉매를 액화하여 다시 용기내로 되돌려 재사용하는 것이다. 일단 증발한 가스냉매를 다시 액화(응축)시키는 데는 가스화할 때 주어진 증발잠열과 같은 양의 열(응축잠열)을 방출하여야 한다. 예를 들면 찬공기 등을 이용하여 기체냉매를 냉각시키면 응축되어 액체냉매가 된다. 이 액냉매를 용기에 다시 주입하면 연속적인 냉방을 할 수 있다.

그러나 냉각을 위해 찬공기가 항상 존재한다면 냉방을 할 필요가 없을 것이다. 차지 않은 공기로 냉매를 냉각 응축시켜 원래의 액냉매로 만들지 못하면 냉동기는 불가능하다.

그림 2와 같이 카 에어컨용 냉매인 HFC-134a를 밀봉하여 60℃의 분위기에 놓으면 냉매의 포화온도 특성에 의해 압력은 1.7MPa이 된다. 이 용기를 35℃의 공기로 냉각시키면 가스냉매가 응축되어 그 만큼 압력이 내려가서 35℃. 0.9MPa이 된다. 압축기로 가스를 압축하여 고온고압으로 하면 이와 같이 상온의 공기에서도 충분히 액화시킬 수 있다.

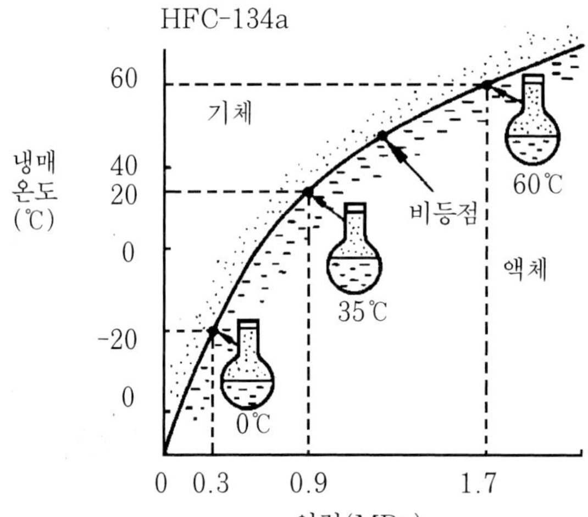

☑ 그림 2. 냉매의 압력-온도 특성

이 액냉매를 교축저항을 이용하여 감압시키면 0℃, 0.3MPa의 액냉매로 되며, 그림 3과 같이 연속적으로 액냉매를 만듦으로서 냉방이 가능하다. 교축에서의 냉매거동은 고온의 액냉매가 압력감소에 의해 냉매의 일부가 기화하며 기화한 양만큼 냉매 자신을 냉각시키기 때문에 저온의 액체로 증발기에 공급된다. 또 이 교축저항을 조정함으로서 냉방능력에 필요한 냉매유량을 제어한다.

이상과 같은 방식을 증기 압축식 냉동기라 부르며 그 구성은 다음과 같다.

① 가스냉매를 흡입 압축하는 컴프레서(compressor : 압축기)

② 고압의 가스냉매를 응축시키기 위해 주위공기(또는 물)를 이용하여 냉각시키는 열교환기인 콘덴서(condenser : 응축기)

③ 저온의 액냉매를 증발시켜 피 냉각물(공기)을 냉각시키는 열교환기인 에바포레이터(evaporator : 증발기)

④ 교축저항은 냉매유량을 제어할 수 있는 팽창밸브(expansion valve : 가변저항)형과 냉매 유량을 제어할 수 없는 오리피스 튜브(orifice tube : 고정저항)형이 있다.

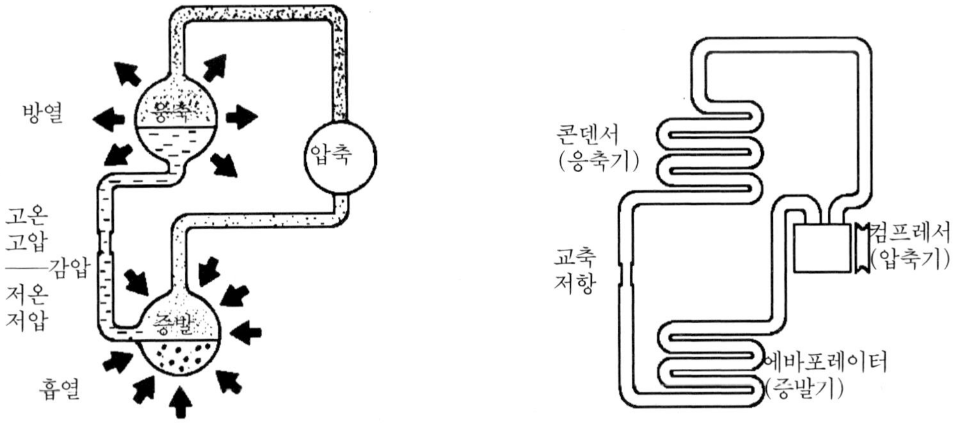

☑ 그림 3. 냉방의 원리

1.1.2. 흡수식 냉동기

기계적으로 흡입, 압축하는 압축기 대신에 냉매를 흡수하기 쉬운 성질을 가진 용액의 용해특성 즉, 저온일수록 냉매를 잘 녹이는 특성을 이용한 것을 흡수식 냉동기라 한다. 카 에어컨에는 사용되지 않지만 이런 원리의 냉동기도 있다는 것을 참고하기 바란다.

① 가스냉매의 압축 : 가열에 의해 용액중의 냉매를 증발시킨다.

② 가스냉매의 흡입 : 주위온도로 냉각하여 용액중에 가스냉매를 용해하여 흡입시킨다.

이 방식은 효율은 나쁘지만 압축기가 없어 소음. 진동이 없기 때문에 일부 대형 냉동기 등에서 사용되고 있다. 또 열에 의해 구동되기 때문에 배열을 이용할 수도 있다.

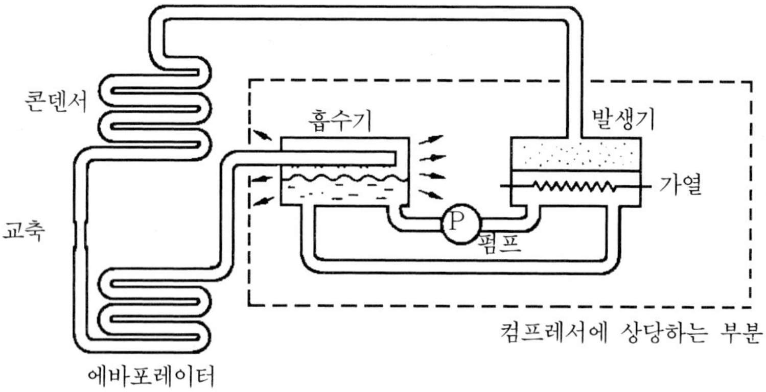

☑ 그림 4. 흡수식 냉동기의 원리

1.2. 냉매

1.2.1. 냉매의 정의

냉매(refrigerant)란 냉동에서 냉동효과를 얻기 위해 사용되는 물질을 말하는데 냉동사이클 중 열을 저온부에서 고온부로 운반하는 역할을 하며 냉매의 상태변화에 따라 1차 냉매와 2차 냉매로 나눈다.

[1] 1차 냉매

프레온, 암모니아 등의 냉매와 같이 저온부에서 열을 흡수하여 액체가 기체로 되고 이것을 압축기에서 압축하면 고온부에서 열을 방출하여 다시 액체로 되는 것과 같이 냉매가 상태변화를 일으킴으로써 열을 흡수하고 방출하는 역할을 한다.

[2] 2차 냉매

염화나트륨, 브라인(brine) 등과 같이 물질의 상태변화를 시키지 않고 냉동사이클 중에서 저온의 액체를 순환시켜 냉각시키고자 하는 물질과 접촉함으로써 냉각작용을 한다.

1.2.2. 냉매의 구비조건

냉매는 무엇보다 안전해야 하고 그 다음으로 효율적인 냉동능력을 발휘해야 하므로 물리적, 화학적으로 우수한 성질이 요구된다.

[1] 물리적 성질

(1) 증발압력이 저온에서 대기압 이상일 것

이상적인 증발압력은 대기압보다 약간 높은 것이 좋다. 만약 증발압력이 대기압보다 낮으면 냉동장치 내의 압력차에 의해 대기가 유입되어 배출압력이 상승하고 이로써 공기 중의 산소, 수분, 먼지 등의 이물질로 인하여 냉매, 압축기 오일을 열화, 산화시켜 결국 냉동능력이 떨어져 냉동장치의 수명을 단축시킨다.

(2) 응축압력은 되도록 낮을 것

응축압력이 높으면 압축기에서 많은 압축일을 필요로 하게 되어 압축기, 응축기, 배관, 호스 등을 견고한 내압구조로 제작하여야 하기 때문이다. 대기압 하에서 암모니아의 증발온도는 -30℃, HFC-134a도 -30℃로서 증발온도는 거의 비슷하나 표 1에서 보는 바와 같이 HFC-134a의 응축압력이 낮으므로 HFC-134a가 보다 우수한 냉매임을 알 수 있다.

[표 1] 응축압력

(kg/cm^2, 25℃)

HFC-134a	7.34
탄산가스	65.59
암모니아	10.23
프레온 12	6.64
메틸클로라이드	5.80
아황산가스	3.97

[표 2] 입계온도

(℃)

HFC-134a	101
아황산가스	157
메틸클로라이드	143
암모니아	133
프레온 12	111
탄산가스	31

(3) 임계온도는 상온보다 아주 높을 것

임계온도란 기체가 어떠한 압력에서도 액체로서 존재할 수 있는 최고온도이다. 바꾸어 말하면 임계점 이상의 온도에서는 압력을 아무리 가하여도 액화되지 않는다.

예를 들면 표 2의 탄산가스와 같이 임계온도가 31℃로 낮으면 응축기에서 온도가 약간만 높아도 냉매가스는 액화되지 못하고 기체로 존재하게 되므로 냉방기의 기능을 상실하게 된다. 따라서 이상적인 냉매는 사용온도 범위 내에서 반드시 액화되어야 한다.

(4) 응고온도가 낮을 것

응고온도는 냉방사이클 내에서 일어나는 최저 온도보다는 훨씬 낮아야 한다. 냉매가 높은 온도에서 응고하면 냉매로서의 사용이 불가능하게 되므로 응고온도는 낮은 것일수록 바람직하다. 예를 들면 HFC-134a는 응고온도가 -101℃이므로 -80℃의 저온까지 사용해도 된다.

(5) 증발잠열이 크고 액체의 비열이 작을 것

증발열이 큰 냉매일수록 그 성적계수는 카르노 냉동사이클에 가깝게 될 것이며 작은 양의 냉매량으로 큰 냉동효과를 얻을 수 있을 것이다. 아울러 액체의 비열이 크면 팽창밸브를 지나 액체의 온도가 떨어질 때 액체를 냉각시키기 위해서 증발하는 냉매량의 비율이 커져서 다량의 냉매증기가 발생한다.

[표 3] 응고점

(℃)

HFC-134a	-101
프레온 12	-158
메틸클로라이드	-98
탄산가스	-78.5
암모니아	-77.7
아황산가스	-73

[표 4] 증발잠열

(kcal/kg, 0℃)

HFC-134a	51.7
암모니아	309.64
메틸클로라이드	99.31
아황산가스	93.60
탄산가스	62.51
프레온 12	39.7

예를 들면 25℃의 액화암모니아를 팽창밸브로 팽창시켜서 -15℃로 온도를 강하시키면 약 14%의 냉매증기가 발생한다. 즉, 팽창밸브로 교축되어 저온도의 습증기로 변할 때 그 액체 부분을 저온도로 하기 위하여 증발열의 일부가 사용된다.

이러한 냉동능력이 없는 냉매증기가 증발기를 통과하게 되므로 전열작용을 방해한다.

(6) 비체적과 점도가 작을 것

비체적이 크면 압축기의 능력을 저하시키고 점도가 크면 유동저항이 증대하며, 특히 밸브를 통과할 때 유동저항이 커지기 때문에 압축기의 체적효율과 냉방능력이 감소한다.

(7) 냉매증기의 비열비는 작을 것

완전가스를 단열 압축할 때 그 전후의 절대온도 T와 압력 P사이는

$$\frac{T_2}{T_1} = \left(\frac{P_2}{P_1}\right)^{\frac{K-1}{K}} \qquad \cdots\cdots (2\text{-}1)$$

위 식이 성립되며 $k = C_p/C_v$(C_p : 정압비열, C_v : 정적비열)를 비열비라 한다. 비열비가 작으면 압축비를 크게 할 수 있으므로 1단 압축으로 충분하다. 또 비열비가 크면 압축 후의 온도가 상승하므로 압축기 내 윤활유의 변질을 초래하고 압축기를 소손시킬 가능성이 있다.

[표 5] 가스의 비열과 비열비

냉 매	정압비열 (Cp)	정정비열 (Cv)	비열비 (k= Cp/Cv)
HFC-134a	0.142	0.126	1.12
암모니아	0.508	0.300	1.69
아황산가스	0.155	0.124	1.25
메틸클로라이드	0.24	0.20	1.20
프레온 12	0.144	0.127	1.13

[2] 화학적 성질

(1) 안정성이 있을 것

냉매는 어떠한 사용온도 하에서도 분해되지 않고 결합이 양호해야 한다. 화학적으로 결합이 불안정하여 압축시 압력·온도 등에 의해서 분해되는 냉매는 사용중 냉매의 특성이 변질되고 냉방능력이 저하된다.

(2) 부식성이 없을 것

금속을 산화, 부식시키는 성질이 있으면 냉방장치가 부식되어 사용연수가 짧아지고 산화물질로 인해 냉방기의 운전에 장애를 초래한다.

(3) 인화성과 폭발성이 없을 것

인화성, 폭발성이 있으면 주택, 선박, 차량 등에서는 사용이 불가능할 것이다. 암모니아 같은 경우는 다소의 인화성, 폭발성이 있으므로 사용에 제한을 받는다. HFC-134a는 인화성, 폭발성이 없어서 지하 100m 정도의 깊은 광산갱도에서도 사용할 수 있다.

(4) 윤활유에 녹지 않을 것

냉매에 윤활유가 용해되면 증발온도가 상승하므로 보다 압력을 저하시켜야 냉매가 증발할 수 있다.

[3] 생물학적 특성

(1) 악취가 없을 것

만약 냉매가 누설될 경우 악취가 있는 냉매는 인체에 유해하지만 냉매가 전혀 없으면 누설여부를 알 수 없으므로 불편한 경우가 있다. 그러므로 간혹 무취의 냉매에 약간의 냄새가 있는 약품을 첨가하는 경우도 있다.

(2) 독성이 없을 것

인제에는 무해하고 누설되어도 냉방장치에 손상을 주어서는 안된다.

[4] 경제적 특성

(1) 가격이 저렴하고 구입이 용이할 것

냉매는 소모품이므로 가격이 싸야 한다. 암모니아의 경우는 가격이 싼 편이므로 대형 공업용 냉동장치에 많이 사용된다.

(2) 동일한 냉방능력에 대해서 소요 동력이 작을 것

소요 동력이 작기 위해서는 전열이 양호해야 하며, 응축기나 증발기의 형태를 작게할 수 있다.

1.2.3. 주요 냉매의 특성

증기압축식 냉동기에 사용되고 있는 중요한 냉매의 특성을 표 6에 나타낸다. 물과 비교하여 보면 냉매로서의 특성을 잘 알 수 있다. 비점이 대단히 저온이며 상온에서는 순간적으로 비등하여 주위로부터 열을 빼앗기 쉬운 물질이다. 비점이 낮은 냉매를 사용할수록 압력은 높아지지만 그 만큼 작은 컴프레서로도 충분하기 때문에 룸 에어컨에서는 HCFC-22를 사용한다.

[표 6] 주요 냉매의 특성

냉매	화학식	비점(1atm) ℃	압력(0℃) MPa	증발잠열(0℃) kJ/kg	비고
HCFC-22	$CHClF_2$	-40.75	0.50	205.3	고무열화
CFC-12	CCl_2F_2	-29.65	0.31	151.4	오존층 파괴
HFC-134a	CH_2FCF_3	-26.07	0.29	198.7	
참고(물)	H_2O	100.0	0.0006	2502.8	

그러나 카 에어컨에서는 엔진에 장착된 컴프레서의 진동을 흡수하기 위해 냉매배관을 고무호스로 하여야 함으로 고무를 열화시키지 않는 CFC-12를 사용하여 왔다. 그러나 최근 이것은 오존층을 파괴하기 때문에 열적으로는 거의 동등한 특성을 가진 HFC-134a로 대체되었다.

가정용 냉장고도 HFC-134a를 사용한다. 그 주된 이유는 가정용 냉장고는 냉동능력이 대단히 작기 때문에 룸 에어컨에 사용하는 HCFC-22를 사용하면 컴프레서의 용량이 너무 작게되어 곤란하다.

1.2.4. 냉매의 선정과 에어컨시스템의 대응

[1] 냉매의 선정

차량용 대체냉매는 다음과 같은 특성을 만족해야 한다.

① 오존층을 파괴하지 않을 것.

② 안전할 것(무독성, 불연성)

③ 시스템의 성능을 확보할 수 있을 것.

④ 제조가 용이하고 가격이 저렴할 것.

표 7은 대체냉매로서 검토대상에 올랐던 후보냉매를 열거하였다. 최종적으로는 신규물질인 HFC-134a가 선정되었다. 세계 프레온 메이커에서 독성시험계획 PAFT (Program for Alternative Fluoro carbon Toxcity Testing)에 의거 독성시험을 한 결과 인체에 영향이 없음을 확인하였다.

[표 7] 각종 냉매의 물리적 특성

냉매			ODP	독성	불연성	성능	총평
기존 냉매	단일	HFC-152a	O(0)	O	X	△	X
		HCFC-22	X(0.05)	O	O	X	X
	혼합	CFC-12+HFC-152a	X(0.74)	O	O	△	X
		HCFC-22+CFC-115	X(0.023)	O	O	△	X
신규 냉매	단일	HFC-134a	O(0)	O	O	△	O
	혼합	HCFC-22+HCFC-142b	X(0.023)	O	△	△	X
		HCFC-22+HFC-152a+HCFC-124	X(0.02)	?	△	△	X

※ ODP(Ozone Depletion Protential : 오존파괴지수)

[2] 신 냉매의 특성

종래의 프레온 R-12와 대체 프레온 HFC-134a의 열역학적 특성을 표 8에 나타내며 포화곡선을 그림 5에 나타낸다. 또 이들 특성의 차이로 발생하는 냉동사이클의 특성차를 몰리에 선도로 표시한 것이 그림 6이다.

[표 8] 냉매의 열역학적 특성 비교

냉매기호	HFC-134a	R-12
화학식	CH_2FCF_3	CCl_2F_2
분자식	102.03	120.91
최소 분자경	4.2Å	4.4Å
비등점(1atm에서)[℃]	-26.18	-29.79
응고점[℃]	-101	-155.0

냉매기호	HFC-134a	R-12
임계온도〔℃〕	101.15	111.8
임계압력〔kg/cm^2〕	41.43	42.06
임계밀도〔g/cc〕	0.511	0.558
포화 증기압(0℃에서)〔kg/cm^2〕 (60℃에서)〔kg/cm^2〕	2.98 17.11	3.15 15.51
증발잠열(0℃에서)〔kcal/kg〕 (60℃에서)〔kcal/kg〕	47.40 33.18	36.43 27.33
수분용해도(25℃에서)〔g/100g냉매〕	0.28	0.009
가연성	없음	없음
독성	T.B.D	없음
대기권 내 잔류시간(년)	8~11	98~150
효율(COP)	2.22	2.27
오존파괴지수(ODP)	0	1
미네랄 오일 용해성	불량함	우수함

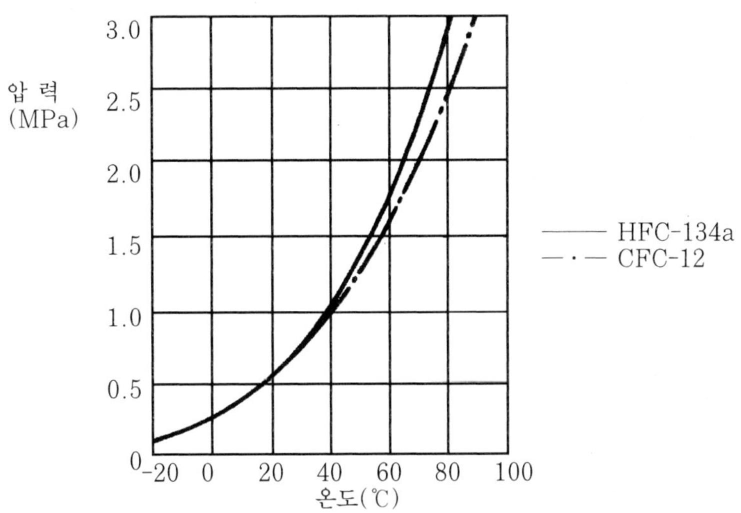

☑ 그림 5. 냉매의 포화압력곡선

HFC-134a는 증발잠열이 큰 만큼 냉매유량이 작아도 되지만 가스비체적이 크기 때문에 컴프레서는 거의 동일한 용량이 필요하다. HFC-134a는 R-12에 비해 고압측 압력이 다소 높기 때문에 컴프레서의 소비전력도 7% 정도 증가한다. 또 압력특성의 차로 인해 팽창밸브의 설정치나 압력스위치의 설정치 등도 변경해야 한다.

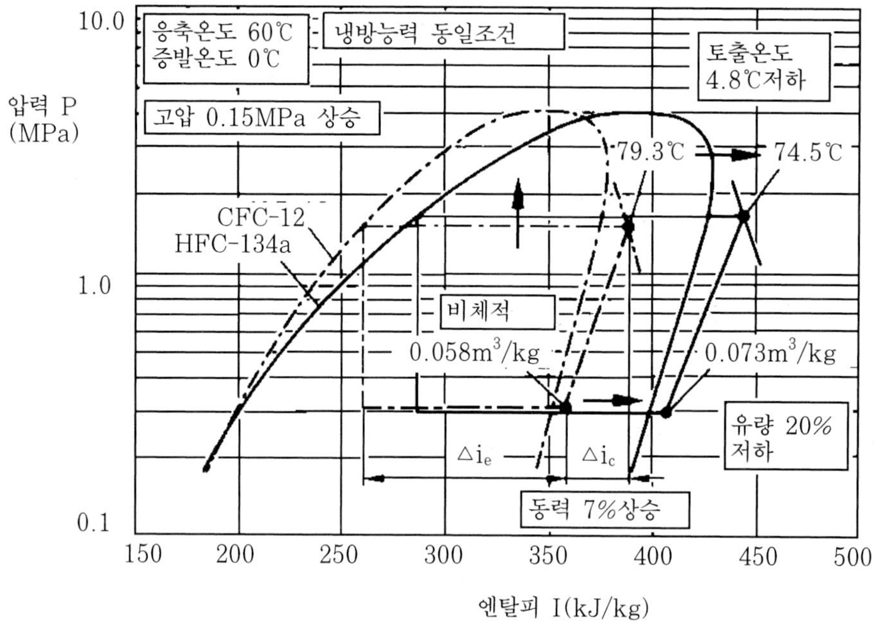

☑ 그림 6. 몰리에 선도상의 냉동사이클 특성차

HFC-134a는 R-12에 비해

① 종래의 컴프레서 오일(광물유)과 용해가 안된다.

② 수용해도(水溶解度)가 크다(수분을 잘 흡수한다)

③ seal재와 호스재질에 대한 팽윤성(澎潤性)과 투과성이 크다.

등의 성질을 가지고 있기 때문에 HFC-134a에 적합한 것을 선택해야 한다.

[3] 신냉매 적용으로 인한 변경내용

(1) 고압축 압력의 상승

표 9의 비교표에서 알 수 있듯이 0℃에서의 포화증기압은 거의 비슷하나 60℃에서의 포화증기압은 R-12보다 10~15% 높다. 이는 곧 R-12 냉매를 사용할 경우보다 고압측의 압력이 높다는 것을 의미한다. 즉, R-12와 신냉매 HFC-134a의 고·저압측 온도와 압력을 비교하면 아래와 같다.

[표 9] R-12와 HFC-134a의 고·저압측 온도와 압력 비교

냉매 \ 온도, 압력	저압측	고압측
R-12	0℃, 3.15kg/cm^2 G	60℃, 15.51kg/cm^2 G
HFC-134a	0℃, 2.98kg/cm^2 G	60℃, 17.11kg/cm^2 G

(2) 콘덴서의 변경

따라서 콘덴서의 작동압력이 크므로 유로저항이 증가하고 발열량이 감소하게 된다. 이런 문제를 해결하기 위해 R-12용 콘덴서는 서펜타인형(serpentine type)이었으나 패러렐 플로형(parallel flow type)으로 변경하여 방열능력을 향상시켰다.

(3) 컴프레서 오일의 변경

R-12용 냉동유인 미네랄계 오일은 HFC-134a와는 잘 혼합이 되지 않기(용해성) 때문에 폴리 알키렌 글리콜(PAG) 오일로 변경하였다.

(4) 호스 재질 변경

HFC-134a의 누출과 수분 침투를 방지하기 위해 호스 내부에 나일론 코팅을 하였다.

(5) 건조제의 변경

R-12의 건조제인 XH-5는 신냉매와 흡착성이 강하고, 또 PAG오일은 XH-5를 용해시키기 때문에 XH-9로 변경하였다.

(6) 고압 컷오프 스위치의 작동압력 변경

신냉매는 동일온도에서 토출압력이 높기 때문에 R-12의 27kg/cm^{2}에서 32kg/cm^{2}로 상향조정하였다.

[4] HFC-134a의 구성의미

화학식 CH2FCF3

HFC	—	1	3	4	a
⇓		⇓	⇓	⇓	⇓
Hydro Fluoro Carbon		탄소원자의 수 -1	수소원자의 수 +1	불소원자의 수	대칭성을 나타내는 기호

HFC-134　　　　HFC-134a

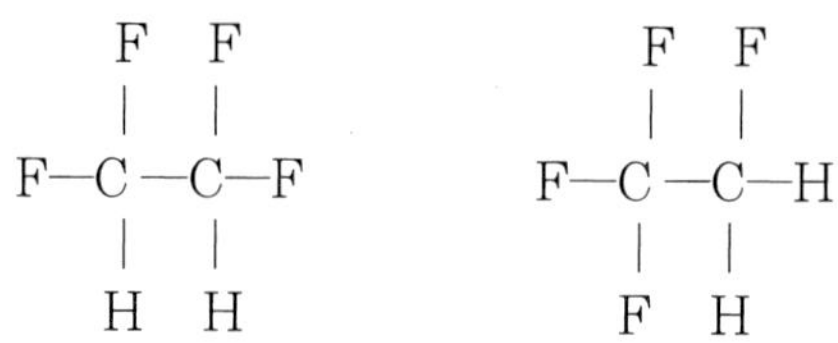

(대칭)　　　　(비대칭)

대칭성이 높은 것에서부터 첨자 없음 a, b, c의 순서

1.3. 몰리에 선도(mollier diagram)

냉매는 앞에서도 설명한바와 같이 냉동사이클을 순환하면서 단순히 온도가 올라가거나 내려가거나 하는 변화만를 하는 것이 아니라 액체가 되기도 하고 기체가 되기도 한다. 즉 온도 뿐만아니라 압력도 변화하는 복잡한 열역학적 변화를 한다. 이러한 열역학적 변화를 한눈에 알 수 있는 선도를 고안한 사람의 이름을 따서 몰리에 선도라 한다.

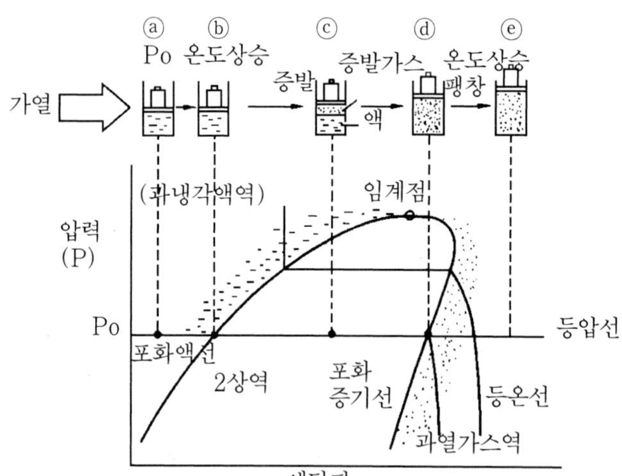

☑ 그림 7. 몰리에 선도의 기초

몰리에 선도의 구성을 그림 7에 나타낸다. 종축은 냉매의 압력이며 등압선은 평행선이 된다. 종축은 엔탈피 i이다. 엔탈피 i는 그 물질이 보유하고 있는 열적인 총 에너지이며 외부에서 냉매에 주어진 열량과 일량을 엔탈피 i의 변화량으로서 구할 수 있는 대단히 편리한 지표이다.

예를 들면 실린더 내에 액체를 넣어 어떤 일정 압력 Po인 상태에서 열을 가하면 그 액체의 온도는 상승하고 마침내 포화액 ⓑ가 된다. 더욱 가열을 하면 액체가 증발하여 가스화한다(ⓒ). 액체가 비등을 계속하는 동안 온도는 일정하다. 가열을 계속하면 이윽고 액체는 모두 기체로 되어 포화가스 ⓓ의 상태가 된다. 더욱 가열을 하면 기체의 온도는 상승하여 팽창한다.

여기서 Wkg의 냉매가 이와 같은 엔탈피 변화 Δi를 하였을 때의 열량 Q는

$$Q = \Delta i \times W \quad \cdots\cdots (2\text{-}2)$$

또 몰리에 선도에는 가열하였을 때 어느 영역에서 기체가 발생하는가를 알 수 있는 포화액선, 기체냉매를 냉각하였을 때 어느 영역에서 응축이 시작하는지를 알 수 있는 포화증기선이 그려져 있다.

포화액선의 좌측은 과냉각액을 가진 영역이며 포화증기선의 우측은 과열도를 가진 과열증기영역이다. 이 2개의 선 사이는 액체와 기체가 공존하는 습포화증기 영역이다. 이 영역의 온도와 압력의 관계는 그림 8의 포화압력온도 특성에 의해 결정된다. 더욱이 그림 8의 건도 x는 기체냉매의 비율을 표시하며 포화액은 x= 0이다. 중량으로 20%가 기체로 되면 x= 0.2이다.

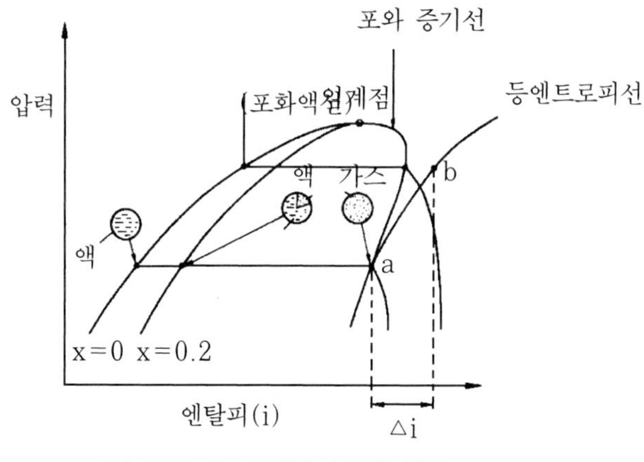

☑ 그림 8. 몰리에 선도의 기초

압축은 등엔트로피 선의 설명이 필요하다. 열의 출입이 없는 단열상태로서 마찰이 없는 이상적인 압축을 한다면 그림 8의 a→b인 엔트로피 S가 일정인 변화를 한다. 이 때 기체냉매에 주어진 단위중량당 일량은 몰리에 선도의 a와 b의 엔탈피 차 Δi(kJ/kg)로 나타내어진다. 그림 9는 HFC-134a의 몰리에 선도이다.

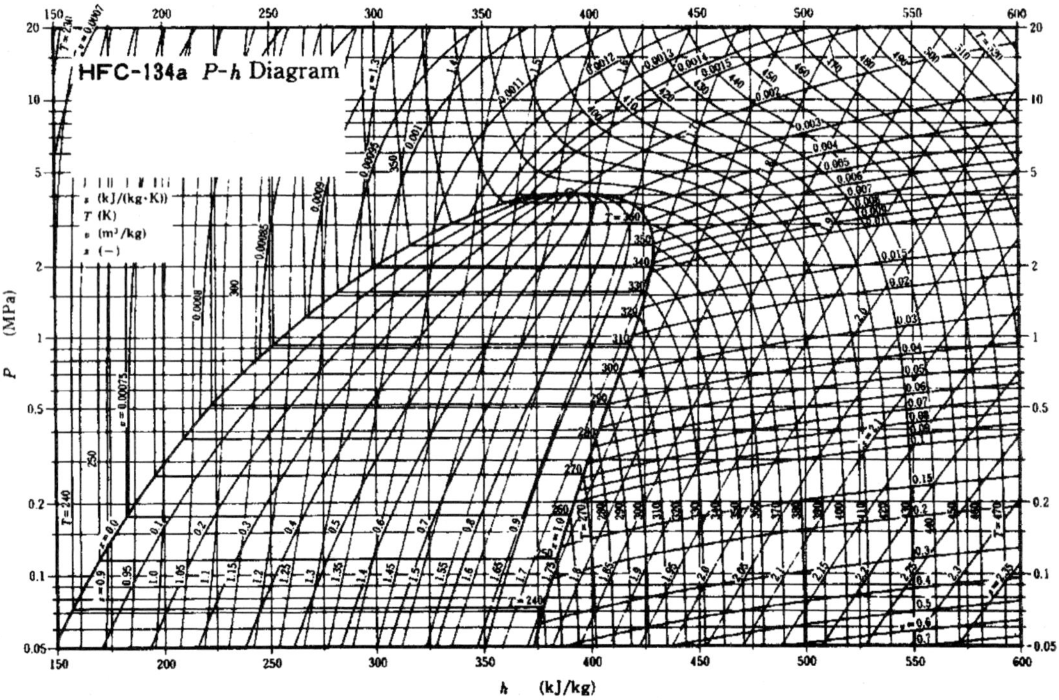

☑ 그림 9. HFC-134a 몰리에 선도

1.4. 냉동 사이클의 기본 작동

기본적인 냉동사이클의 거동은 몰리에 선도상에서 그림 10과 같다.

① 컴프레서는 에바포레이터에서 증발한 가스를 흡입 압축한다. 앞에서 설명한 바와 같이 이상적인 단열압축에서는 등엔트로피 압축이기 때문에 우측 위로 변화하는 a → b가 된다. 가스냉매는 컴프레서에 의해 일을 받는 만큼 압력도 엔탈피도 증가한다.

② 콘덴서에서는 압력일정으로 가스냉매가 냉각된다. 우선 과열증기가 냉각되어 건포화증기가 되며 더욱 냉각되면 습증기를 거쳐 과냉각액으로 응축되어 출구에서는 완전히 액화된다.

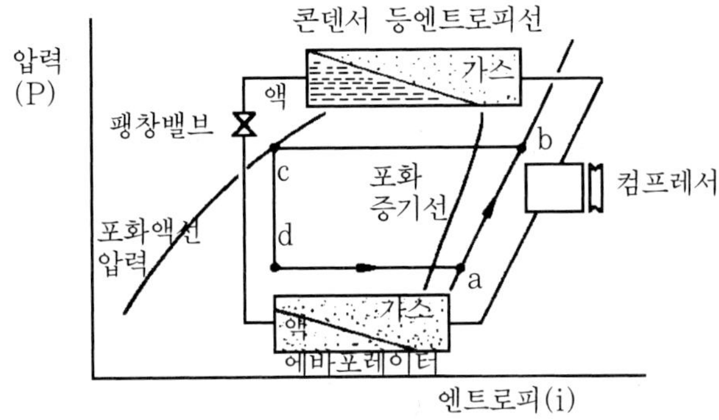

☑ 그림 10. 몰리에 선도상에서의 냉동 사이클

③ 팽창밸브의 교축에서는 열의 출입이 없기 때문에 엔탈피는 일정하며 c→d로 변화한다. 고온의 액냉매가 급격히 감압되면 감압후의 저압측에서는 저온의 포화온도가 되기 때문에 냉매자신이 증발하여 액냉매의 온도를 저하시키게 된다. 따라서 에바포레이터 입구 d점에서는 건도 x= 0.3~0.4(30~40%가 기체냉매)인 기액 2상이 된다.

④ 에바포레이터에서는 그 나머지 60~70%의 저온저압의 액맹매가 일정압력으로 주위로부터 열을 흡수하여 증발하며 출구에서는 거의 기체로 된다.

1.5. 몰리에 선도에서의 냉동능력과 동력

몰리에 선도에 나타 낸 포인트는 냉매의 단위중량당 상태이기 때문에 실제 자동차 에어컨의 냉동능력과 동력을 구하기 위해서는 얼마만큼의 냉매가 순환하는가를 알아야 한다. 그 양을 Gr(kg/h)라 하면 냉동능력 Qer는 에바포레이터가 외부로부터 열을 흡수하여 냉매의 엔탈피가 변화한 양이 되기 때문에

$$Q_{er} = (i_a - i_d)G_r \quad \cdots\cdots (2\text{-}3)$$

컴프레서 동력은 외부에서 가해진 일량이 냉매의 엔탈피 증가로 나타나기 때문에 동력 L은

$$L = (i_b - i_a)G_r \quad \cdots\cdots (2\text{-}4)$$

콘덴서의 방열량은 에바포레이터의 역으로 나타낸다.

$$Q_{er} = (i_b - i_c)G_r \quad \cdots\cdots (2\text{-}5)$$

당연히 에바포레이터에서 흡수한 열량과 컴프레서에서 가해진 일량이 콘덴서에서 방열한 양이 되기 때문에 다음 식과 같다.

$$Q_{er} = Q_{er} + L \quad \cdots\cdots (2\text{-}6)$$

여기서 에바포레이터에서 열을 흡수하기 위해 얼마만큼의 일이 소비되었는지를 나타내는 효율을 일반적으로 성적계수 COP(Coefficient of Performance)로 표시하며 얼마만큼의 일로 냉동능력 Qer를 얻었는가의 비율로 나타낸다.

$$COP = \frac{Q_{er}}{L} \quad \cdots\cdots (2\text{-}7)$$

1.6. 냉매 순환량 Gr의 산출

냉매 순환량 Gr는 컴프레서의 냉매 흡입체적 Vc(Mm^3/h)와 흡입냉매가스의 비체적 v_s (m^3/kg)에 의해 구하며 다음 식과 같다.

$$Q_r = \frac{V_c}{v_s} \ (kg/h) \quad \cdots\cdots (2\text{-}8)$$

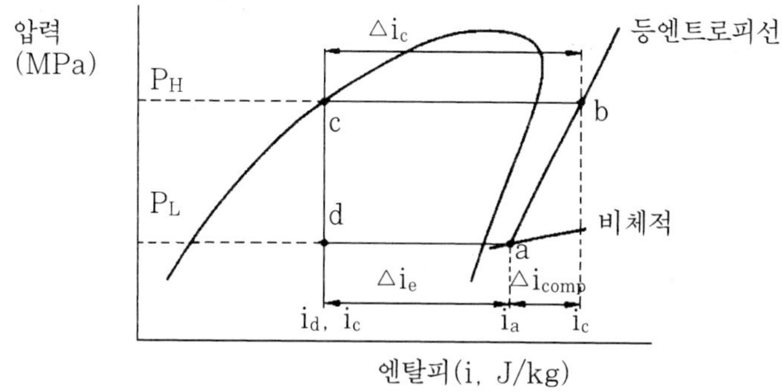

☑ 그림 11. 몰리에 선도에서의 냉방능력과 동력특성

여기서 컴프레서 흡입체적 Vc(m^3/h)는

$$V_c = \frac{V_1 \times N \times 60}{10^6} \times \eta_v \quad \cdots\cdots (2\text{-}9)$$

V_1 : 컴프레서 실린더 체적(cc)
N : 컴프레서 회전수(rpm)
ηv : 체적효율

1.7. 실제 냉동사이클의 몰리에 선도상의 거동

실제의 냉동사이클은 에바포레이터와 콘덴서의 압력이 일정하지 않고 냉매의 흐름이 있기 때문에 압력강하가 존재한다. 또 배관부에서도 압력강하가 일어난다. 한편 컴프레서에서도 흡입과 토출시 압력손실이 일어나며 기계마찰에 의해 냉매에 열이 가해지기도 하고 내부누설이 존재하기도 하는 등 대단히 복잡하다. 이러한 거동을 몰리에 선도에 나타내면 그림 12와 같다.

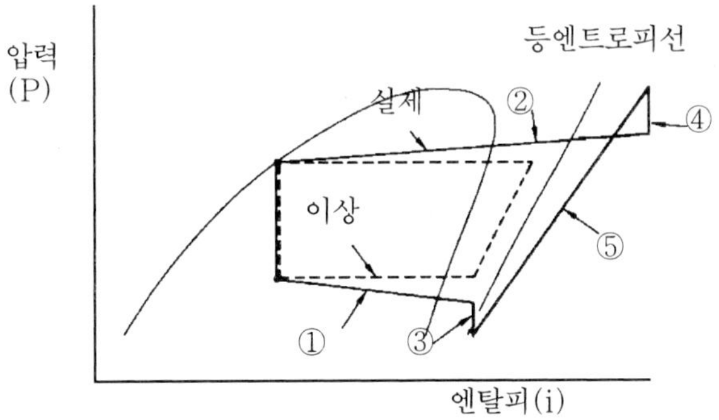

①, ② : 에바포레이터와 콘덴서는 냉매흐름에 의해 압력강하를 수반하면서 엔탈피가 증감한다.
③, ④ : 배관에 의한 압력강하는 열의 수수가 없기 때문에 엔탈피가 일정하다.
⑤ : 컴프레서의 압축은 엔트로피 일정이 아니라 열손실 발생량만큼 엔트로피는 증가하여 등엔트로피선보다 우측으로 경사진다.

상기 ①~⑤의 손실에 의해 실제의 성적계수 COP는 이상적인 성적계수의 0.5~0.7까지 저하한다. 주된 손실은 ⑤의 컴프레서에서 일어난다.

☑ 그림 12. 실제 냉동사이클의 몰리에 선도

2. 카 에어컨의 냉동사이클

카 에어컨의 냉동사이클은 회전수의 변동이 심한 엔진의 동력을 이용하여 컴프레서를 작동시키고 또 4계절 사용되기 때문에 사용 환경조건이 큰 변화에도 대응할 수 있는 구조로 되어 있다. 현재 카 에어컨의 냉동사이클은 리시버와 온도식 팽창밸브를 사용하고 있는 타입과 어큐뮬레이터와 오리피스 튜브를 사용하는 타입의 2종류가 있다.

2.1. 팽창밸브 시스템 사이클

2.1.1. 제어방법

냉동사이클의 성능을 최대한 발휘하기 위해서는 열교환기 출구를 최적의 상태로 제어할 필요가 있다. 즉, 다음과 같은 제어가 이루어져야 한다.

① 에바포레이터 출구는 냉매의 증발이 전량 이루어 질것.

② 콘덴서 출구는 냉매의 응축이 전량 이루어 질것.

[1] 에바포레이터 출구제어(온도식 팽창밸브)

그림 13과 같이 에바포레이터 출구에서 증발을 완료하며 약간의 과열가스가 되도록 출구온도 a′점을 피드백(feed back)하여 냉매유량을 제어하고 있다. 여기서 가스냉매에 과열도를 가지게 하면 에바포레이터 출구에서는 냉매온도가 상승하기 때문에 유리하다고는 할 수 없지만 피드백하기 위해서는 과열도가 필요하다. 온도식 팽창밸브의 특성상 과열도는 통상 5~10℃로 제어한다.

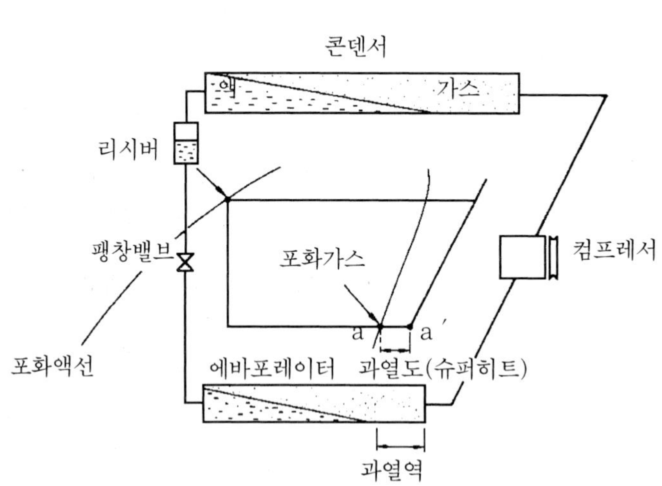

☑ 그림 13. 리시버와 온도식 팽창밸브의 제어점

[2] 콘덴서 출구온도(리시버)

그림 13과 같이 콘덴서 출구에서 전량 응축이 완료되도록 출구에 리시버를 설치하여 제어하고 있다.

[3] 냉방 사이클 내의 온도-압력의 변화

팽창밸브 시스템형에 있어서 사이클 중 냉매의 온도와 압력의 일반적인 변화는 그림 14, 15와 같다.

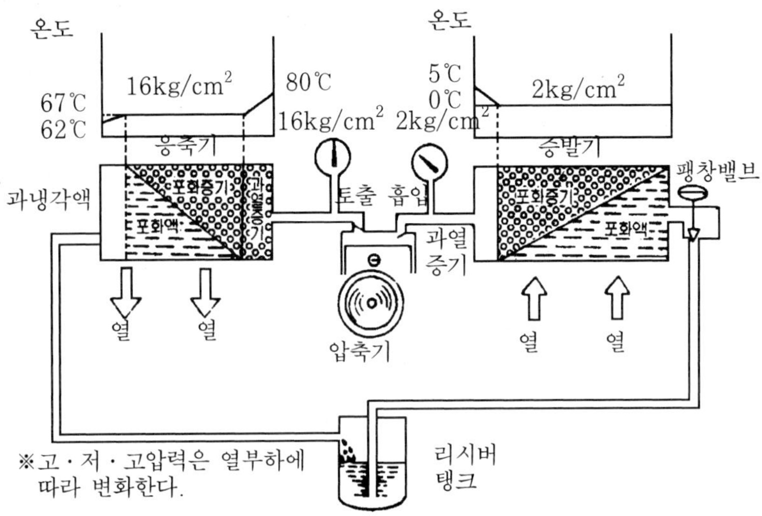

응축기

응축기로 들어온 과열증기는 응축기 핀을 통과하는 바람에 의해 냉각된다. 증기의 온도가 약 62℃까지 내려가면 액체로 되기 시작하여 응축기 출구부근에서는 전부 액체로 된다.

← **압축기**

압축기에서 저압(2kg/cm²), 저온(0℃)의 증기를 흡입하여 피스톤으로 압축하여 고압(16kg/cm²), 고온(80℃)의 과열증기로 압축한다.

← **증발기**

증발기 출구앞에서 액체냉매는 전부 증기로 되고 출구에서는 과열된다. 압력은 일정하지만 증기는 과열되므로 약 5℃ 상승한다.

리시버탱크

응축기에서 나온 액체냉매는 리시버 탱크에 들어와서 액체와 기체로 분리되어 액체만 팽창밸브로 보낸다. 또 열부하에 따라 액체냉매를 공급하기 위해 냉매를 저장한다.

→ **팽창밸브**

팽창밸브를 통과한 액체냉매는 저압(2kg/cm²), 저온(0℃)의 무상액이 된다.

→ **증발기**

증발기에 들어온 냉매는 외부에서 열을 흡수하여 증발하여 증기로 된다. 이때 압력과 온도는 일정하다.

☑ 그림 14. 팽창밸브 시스템형 냉매상태의 변화(1)

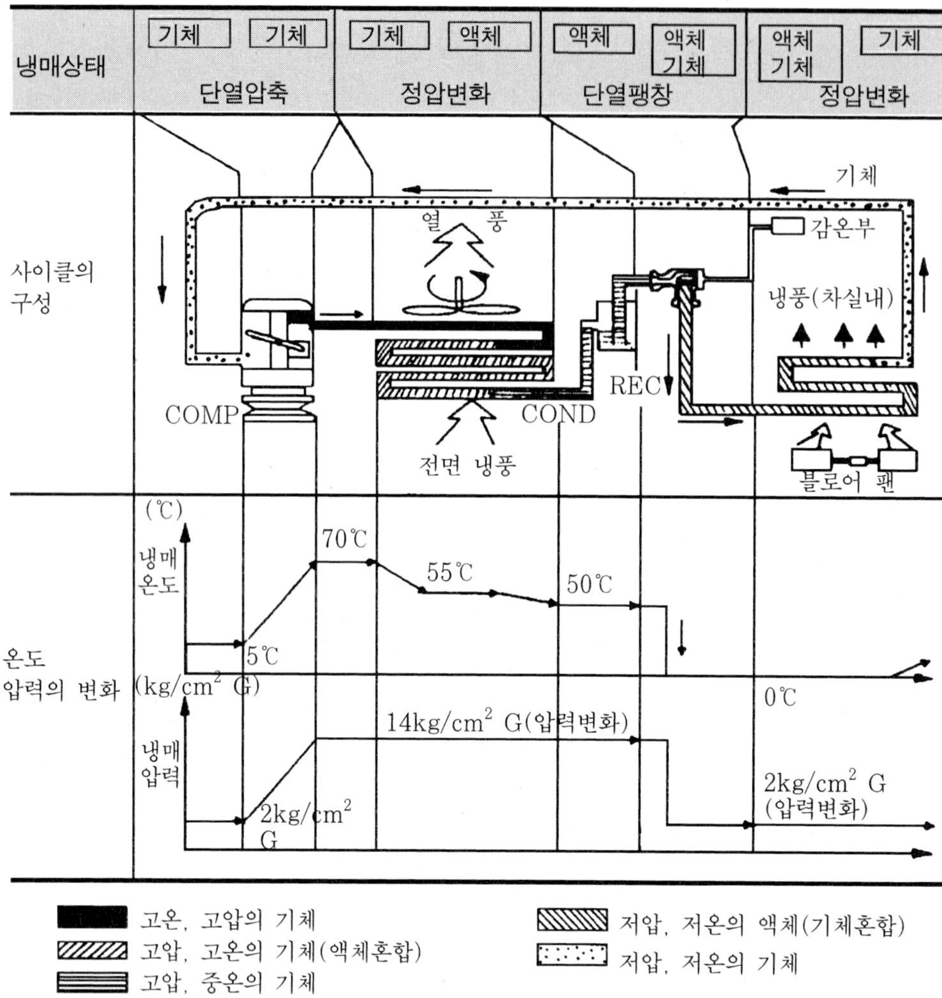

☑ 그림 15. 팽창밸브 시스템형 냉매상태의 변화(2)

2.1.2. 제어원리

[1] 온도식 팽창밸브에 의한 에바포레이터 출구 과열도의 제어

온도식 팽창밸브의 구조는 그림 16과 같다. 다이어프램 상부는 밀폐된 공간이며 작동가스가 봉입되어 있다. 냉동사이클의 냉매와 동일한 가스이며 카 에어컨에서는 HFC-134a가 봉입되어 있다. 여기에 케필라리 튜브(capillary tube)를 끼워 놓았으며 에바포레이터 출구에 있는 감온통부와 연결되어 있다. 감온통 내에는 기액공존의 포화상태 냉매가 들어 있다.

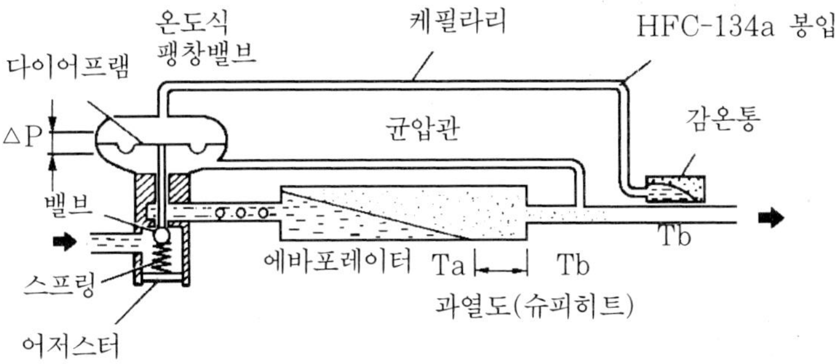

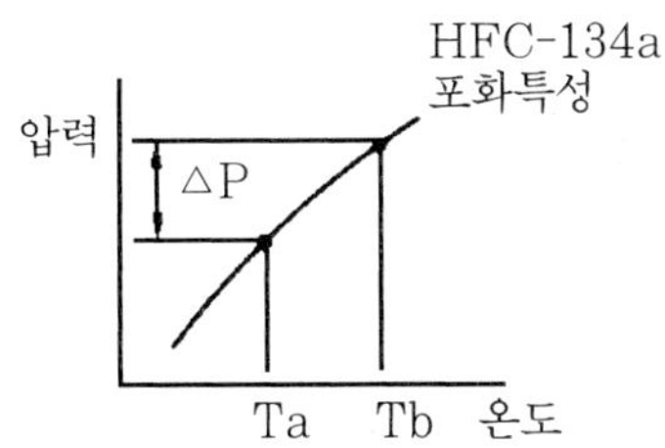

☑ 그림 16. 온도식 팽창밸브의 제어원리

따라서 감온통내 즉 다이어프램 상부의 압력은 온도 Tb의 포화압력이며 에바포레이터의 압력(온도 Ta의 포화압력)이 직접 작용하는 하부와 과열도(Tb-Ta)에 상당하는 압력차 ΔP가 발생한다. 이 압력 차 ΔP와 스프링 장력과의 평형에 의해 밸브의 개도가 결정된다.

여기서 제어의 구체적인 예를 들어 본다.

① 에바포레이터의 과열도가 상승(에바포레이터의 출구온도 Tb가 상승한다)하면 다이어프램 상부의 압력이 상승하여 다이어프램 하부로 변위를 일으켜 밸브를 열어 냉매유량을 증가시킨다. 따라서 과열도가 감소한다.

② 과열도가 감소하면 그 역의 작동을 하게 된다.

③ 엔진 회전수가 증가하면 컴프레서의 회전수도 증가하므로 냉매의 흡인력이 증가한다. 이 때문에 에바포레이터의 압력은 내려가고 다이어프램 하부의 압력도 저하하기 때문에 팽창밸브가 많이 열리게 되며 컴프레서의 흡인력과 평형을 이루는 만큼의 냉매유량이 증가하게 된다. 그 후 감온통이 적절한 과열도가 되도록 온도를 피드백하여 최적의 밸브개도를 제어한다.

[2] 리시버에 의한 콘덴서 출구의 제어

카 에어컨은 엔진회전수의 변동과 차량의 열부하 변동이 대단히 크다.

이에 따라 필요한 냉매량의 변동도 대단히 심하기 때문에 리시버는 여분의 냉매를 기액분리하여 저장하고 있으며 항상 액냉매만을 송출한다. 즉, 그림 17과 같이 리시버 내에는 정상이라면 항상 액면이 있으며 포화액과 포화가스가 공존하는 습포화증기 상태를 유지한다. 따라서 리시버내의 액냉매는 과냉각도가 거의 0℃이다.

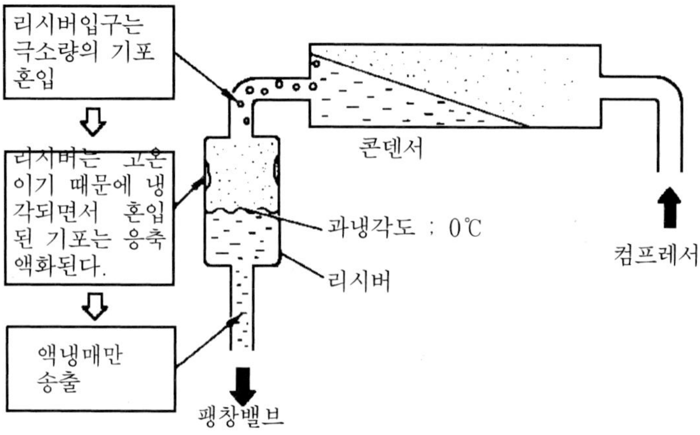

☑ 그림 17. 리시버내의 냉매거동

리시버의 제어는 다음과 같이 설명할 수 있다. 예를 들면 어떤 변동에 의해 콘덴서에서 가스냉매가 제대로 응축하지 못했을 경우 가스냉매는 그대로 리시버로 유입된다. 가스냉매가 유입된 양 만큼 리시버 내에는 액냉매의 양이 감소하기 때문에 액면이 내려가고, 그림 18(a)과 같이 그 만큼 액냉매가 콘덴서로 이동한다.

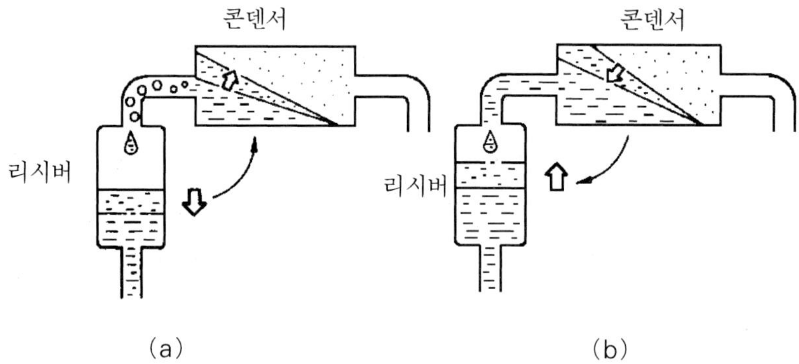

☑ 그림 18. 리시버내의 액면거동

반대로 콘덴서 출구에 액냉매가 존재하고 이것이 더욱 냉각되어 과냉각도를 가지게 되면 그림 17과 같이 콘덴서 출구에는 기포가 거의 없으며 가스냉매가 리시버에 보충되지 않기 때문에 그림 18(b)과 같이 리시버내의 가스는 냉각액화에 의해 감소하여 액면이 상승한다. 그래서 콘덴서 내의 과잉의 액냉매가 리시버로 이동한다. 이렇게 하여 가장 적절한 기액이 리시버에 유입되도록 제어된다.

[3] 냉동사이클의 밸런스

몰리에 선도상 열교환기 출구의 냉매상태(a, c)를 제어하는 것은 앞에서 설명하였다. 여기서는 고저압, 냉방능력의 밸런스 메카니즘에 의한 냉동사이클의 거동을 설명한다.

(1) 에바포레이터의 밸런스

에바포레이터의 공기측 냉방능력 Qea는 냉매온도 Ter과 흡입공기온도 Tea와의 차에 비례하며 식(2-10)으로 나타낸다. 이 식에 의해 냉매온도 Ter이 낮을수록 즉, 저압 압력이 낮을수록(a→a′) 냉방능력은 증가한다. 그러나 냉매측의 냉방능력 Qer는 저압 P_L이 낮으면 컴프레서가 흡입하는 냉매의 비체적이 커지기(v→v′) 때문에 냉매유량이 감소하여 식(2-11)과 같이 냉매측의 냉방능력은 감소한다.

이와 같이 저압의 저하에 대한 공기측과 냉매측의 냉방능력이 서로 반대의 경향을 나타낸다. 그래서 이들의 밸런스 점은 그림 19와 같이 Qea= Qer를 이루는 저압을 구하는 것이다.

- 공기측 냉방능력

$$Q_{ea} = \varnothing_e \cdot C_a \cdot G_{ea}(T_{ea} - T_{er}) \quad \cdots\cdots (2\text{-}10)$$

- 냉매측 냉방능력

$$Q_{ea} = \frac{V_c}{v_s}(i_a - i_d) \quad \cdots\cdots (2\text{-}11)$$

Φ_e : 에바포레이터 온도효율
C_a ; 공기비열
G_{ea} : 공기 중량풍량
T_{ea} : 흡입공기온도
T_{er}: 에바포레이터 냉매온도
V_c: 컴프레서 흡입량
v_s : 비체적
i_a: 에바포레이터 입구냉매 엔탈피
i_b : 에바포레이터 출구냉매 엔탈피

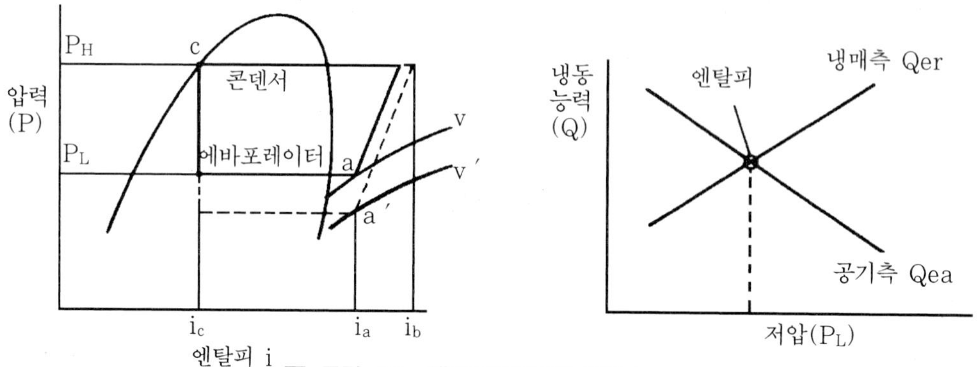

☑ 그림 19. 에바포레이터의 밸런스

(2) 콘덴서의 밸런스

콘덴서는 외기온도로 냉매를 냉각하여 응축시켜 가스냉매를 액냉매로 변환시키는 역할을 한다. 이것에 필요한 냉매응축능력 Qcr는 다음 식과 같다.

$$Q_{cr} = \frac{V_c}{\upsilon_s}(i_b - i_c) \quad \cdots\cdots (2\text{-}12)$$

한편 공기측 방열능력 Qca는 에바포레이터와 같다고 생각하여 다음 식과 같다.

$$Q_{ca} = \varnothing_c C_a \cdot G_{ca}(T_{cr} - T_{ca}) \quad \cdots\cdots (2\text{-}13)$$

여기서 에바포레이터와 다른 것은 압력(고압 P_H)이 변하여도 냉매유량의 변화는 작아 필요한 응축능력의 변화가 작다고 하는 것이다. 여기서 밸런스 점은 Qca= Qcr이 되는 고압으로 구한다.

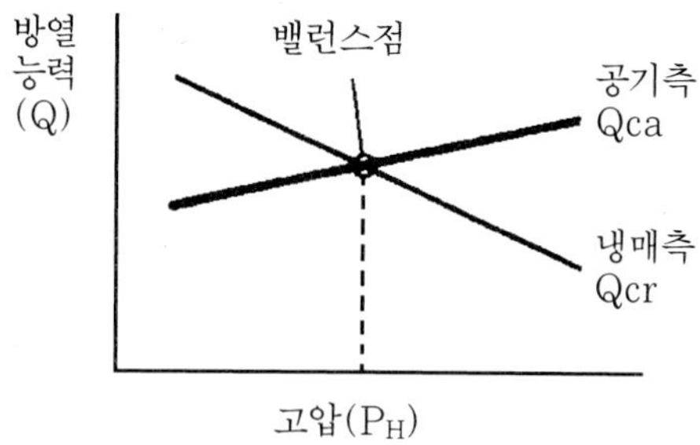

☑ 그림 20. 콘덴서의 밸런스

여기서 에바포레이터의 흡열성능은 즉 냉방능력은 에바포레이터가 공기로부터 열을 빼앗아 주위의 공기를 냉각시킬 경우 온도 뿐만아니라 공기중의 수분도 응축시키기 때문에 온도가 아닌 공기의 엔탈피(chapter 03에서 설명)를 기준으로 해야 하며 흡열성능(냉방능력) Qea는

$$Q_{ea} = \varnothing \cdot G_{ea} \cdot (i_a - i_r) \quad \cdots\cdots (2\text{-}14)$$

Φ : 엔탈피 기준온도 효율
G_{ea} : 에바포레이터 공기량(kg/h)
i_a : 입구공기 엔탈피(kJ/kg)
i_r : 냉매온도에 상당하는 포화공기 엔탈피(kJ/kg)

(3) 냉동사이클의 밸런스

에바포레이터의 밸런스는 앞에서 설명한바와 같이 냉매측 능력 Qer과 공기측 능력 Qea가 같아지도록 저압 P_L로 밸런스 한다. 여기서 냉매측 능력 Qer는 고압이 높을수록 감소하는 경향을 나타낸다. 이 때문에 그림 21과 같이 고압 a, b, c에 따라 밸런스하는 저압 P_L은 다르다. 이 a, b, c에 대해 콘덴서측의 능력으로 냉매측 Qcr과 공기측 Qca이 같아지는 압력을 구하여 그 때의 고압 P_H, 저압 P_L 그리고 냉방능력 Qea가 밸런스 하였을 때의 압력과 능력이 된다.

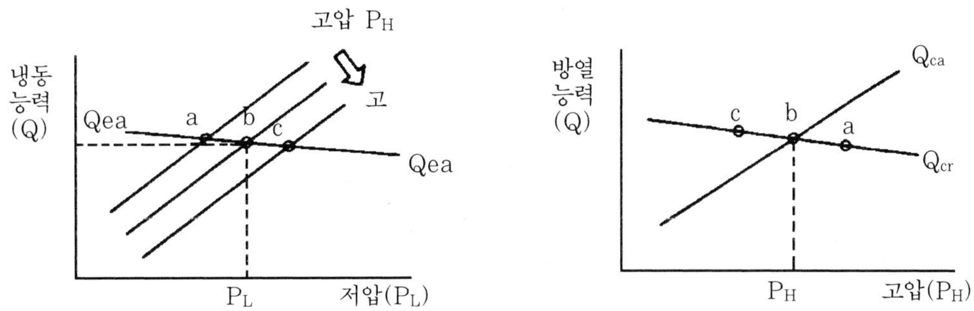

☑ 그림 21. 냉동사이클의 밸런스

(4) 외부 영향에 의한 변화

1) 에바포레이터의 풍량 변화

에바포레이터의 풍량을 증가시키면 식(10)에서도 알 수 있듯이 공기측의 냉방능력은 증가한다(Qea → Qea′).

이것에 균형을 이루도록 냉매측도 저압이 상승(P_L → P_L')하여 냉매유량이 증가하도록 밸런스점이 변한다. 또 냉매유량의 증가는 콘덴서에서 그만큼 많은 방열이 필요로 하며 냉매온도에 대응하는 고압이 상승하여 평형을 이룬다.

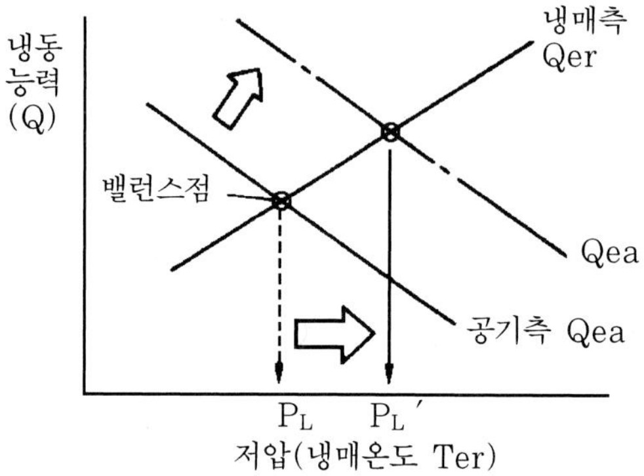

☑ 그림 22. 에바포레이터의 풍량변화에 의한 밸런스 변화

2) 콘덴서의 풍량 변화

콘덴서에 공급되는 공기량이 어떤 원인에 의해 감소하면 공기측의 방열능력이 저하(Qca → Q′ca)하기 때문에 그것을 보충하기 위해 냉매측의 능력 Qcr와 밸런스할 때 까지 고압이 상승한다.

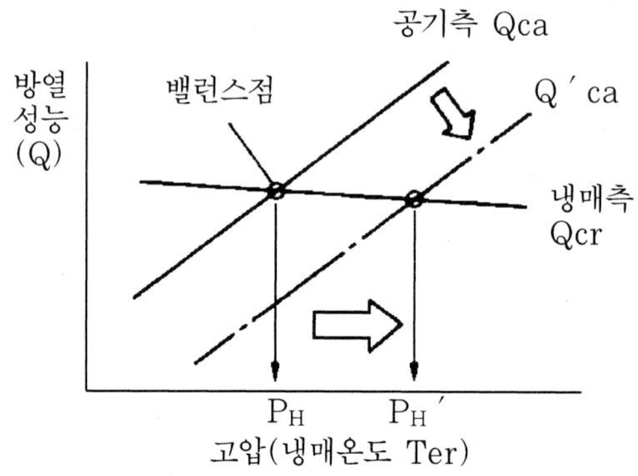

☑ 그림 23. 콘덴서측의 밸런스

3) 컴프레서의 회전수 변화

컴프레서의 회전수가 증가하면 냉매유량이 증가한다. 냉매측의 능력이 증가하기 때문에 공기측의 흡열능력을 확보하면 저압이 내려가고 콘덴서의 방열능력을 확보하면 고압이 상승하는 방향으로 밸런스 한다.

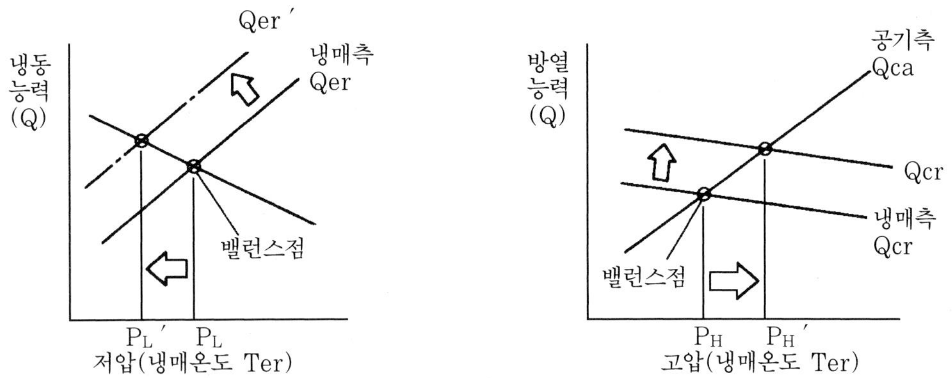

☑ 그림 24. 냉매유량이 변화하였을 때의 밸런스

(4) 고효율화의 방향

냉동사이클의 효율을 나타내는 지표로 성적계수 COP가 있으며 식(2-1, 2-2)에 의해 다음 식으로 나타낸다.

$$COP = \frac{Q_{er}}{L} = \frac{i_a - i_d}{i_b - i_a} \quad \cdots\cdots (2\text{-}15)$$

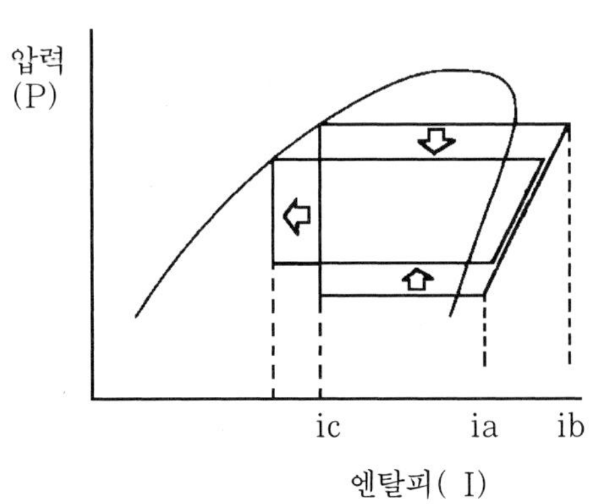

☑ 그림 25. 냉동 사이클의 고효율화의 방향

그림 25의 몰리에 선도에서도 알 수 있듯이 고압은 낮을수록 그리고 저압은 높을수록 효율은 좋아진다. 예를 들면 고압이 저하하면 컴프레서의 압축량도 저하하고 에바포레이터의 엔탈피 차(ia-id)도 증가하여 이중으로 COP가 증가하게 된다. 이 때문에 가장 간단하게 효율을 향상시키는 수단은 콘덴서 성능을 향상시키는 것이며 방열성능을 20% 향상시키면 10% 정도의 COP가 증가한다.

또 에바포레이터의 냉방성능을 증가시키는 수단으로서 엔탈피 차(ia-ic)를 크게 하기 위해 콘덴서 출구에서 적절한 과냉각이 되게 하는 방법이 있다. 구체적으로는 콘덴서 도중에 리시버를 설치하여 리시버 하류를 과냉각용 열교환기로 한 냉동사이클에서는 COP 10% 정도 증가한다.

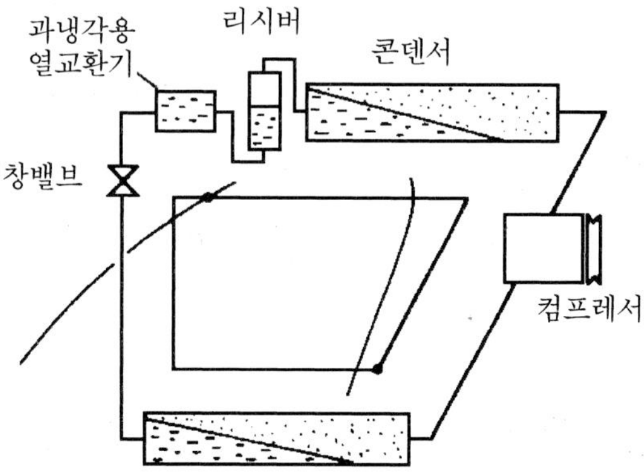

☑ 그림 26. 과냉각용 열교환기를 이용한 냉동사이클

마지막으로 냉동사이클을 순환하고 있는 오일에 대해 설명한다. 카 에어컨의 경우 컴프레서의 윤활을 위한 오일은 냉매와 함께 냉동사이클 내를 순환한다. 이 오일의 양은 냉매유량의 수%에 불과하지만 냉방능력의 저하를 초래하여 효율을 떨어뜨리고 있다. 이것은 다음의 4가지 이유에서 이다.

① 냉매와 벽면의 열전달을 차단시킨다.

② 오일이 냉매에 용해되어 냉매의 비점을 상승시킨다.

③ 오일 자체를 반복하여 고온과 저온으로 변환시킨다.

④ 냉매의 유동을 어렵게 하여 압력손실을 증대시킨다.

이들 오일의 영향을 감소시키는 것이 과제인데 그 중 하나의 방법으로서 그림 27과 같이 컴프레서로부터 나온 오일을 냉매와 분리하여 그대로 컴프레서로 되돌아가게 하는 오일 세퍼레이터가 있다.

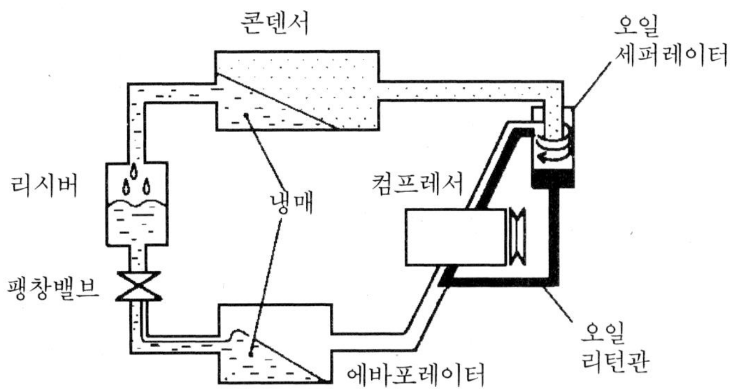

☑ 그림 27. 오일 세퍼레이터 장착 냉동사이클

현재로서는 컴프레서를 보호하는 것이 우선이기 때문에 외국의 냉동차에 일부 사용되고 있다.

(5) 냉방능력 제어

카 에어컨의 경우 작동되는 환경조건이 대단히 광범위하고 또 엔진의 회전수에 많은 영향을 받는다. 따라서 필요 이상의 고회전으로 운전될 수도 있기 때문에 냉방능력을 제어할 필요가 있다. 일반적으로 냉방능력은 식(2-1, 2-6, 2-7)에 의해 다음 식으로 나타낼 수 있다.

$$Q = \varnothing \frac{V_1 \times N \times 60 \times \eta_v}{10^6 \upsilon_s}(i_a - i_c) \quad \cdots\cdots (2\text{-}16)$$

Φ : 가동율

① **ON-OFF제어** : 컴프레서에 장착되어 있는 클러치를 ON/OFF하여 냉방능력을 컨트롤하는 방법으로 위 식의 가동율 ∅를 컨트롤한다.

② **STV제어** : 에바포레이터와 컴프레서사이에 STV(suction throttling valve)를 장착하여 그것을 교축하여 냉매유량을 컨트롤하는 방법으로 컴프레서의 흡입압력은 저하하고 비체적 v_s 는 크게되어 흡입유량이 감소한다.

③ **가변용량 컴프레서 제어** : 컴프레서 자체의 흡입체적 V_1. ηv를 컨트롤하는 방법이다.

일반적으로 ON/OFF제어가 주로 사용되고 있지만 고급차에는 온도변동이나 쇼크가 없는 STV제어 또는 가변용량 컴프레서 제어를 사용하고 있다.

2.2. 오리피스 튜브 시스템 사이클

2.2.1. 냉방 사이클 내의 온도-압력의 변화

오리피스 튜브 시스템 냉방사이클은 팽창밸브 시스템형의 리시버대신에 저압측인 에바포레이터 출구에 어큐뮬레이터를 설치하였으며 온도식 팽창밸브 대신에 밸브개도의 조정기능이 없는 오리피스 튜브를 사용한 시스템이다.

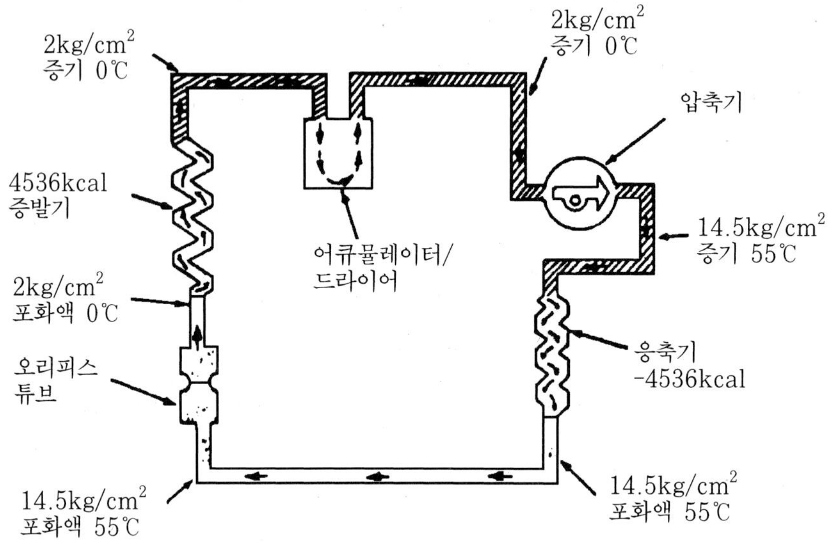

☑ 그림 28. 오리피스 시스템형 냉방사이클의 냉매상태 변화

2.2.2. 오리피스 튜브의 유량특성

어큐뮬레이터 내에는 항상 액면이 형성되어 있기 때문에 포화액과 포화가스가 존재하는 습포화증기 상태이며 이중 포화액은 증발시키고 포화가스만 컴프레서로 흡입된다.

따라서 몰리에 선도상 어큐뮬레이터 출구는 그림 29에 나타 낸바와 같이 건포화증기선상이 된다.

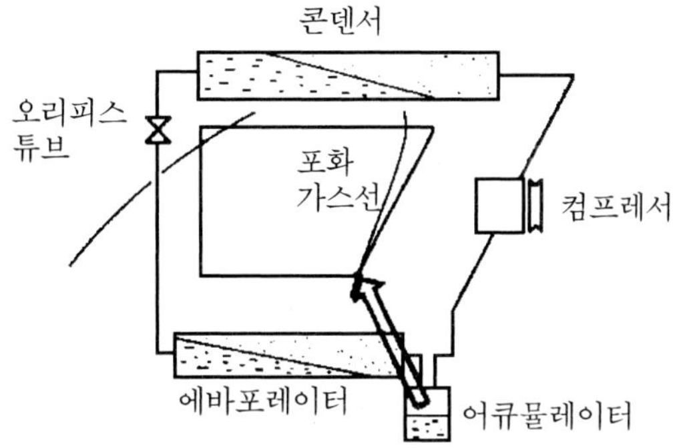

☑ 그림 29. 어큐뮬레이터를 이용한 냉동사이클

한편 콘덴서 출구는 리시버 탱크가 없기 때문에 프리한 상태가 되어 과냉각일 때도 있고 건도가 있는 습증기일 때도 있다. 이 변동에 따라 교축되어 냉매유량을 제어한다. 냉매유량이 많이 필요할 때는 사이클 밸런스상 과냉각도가 크게 되도록 제어한다.

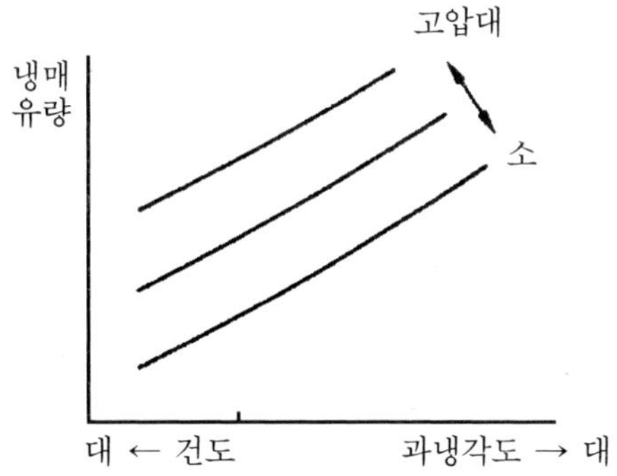

☑ 그림 30. 오리피스 튜브의 유량특성

Chapter

03

카 에어컨 시스템

1. 카 에어컨시스템의 구성
2. 카 에어컨 유닛의 종류
3. 블로어 유닛
4. 쿨러 유닛

CHAPTER

03 카 에어컨시스템

1. 카 에어컨시스템의 구성

카 에어컨의 에어컨 유닛(aircon unit)은 일반적으로 내・외기박스, 블로어, 에바포레이터 그리고 히터의 4가지 부품으로 구성되어 있다. 이러한 에어컨 유닛은 차종이나 차실 내 온도의 균일성 등을 고려하여 그 장착위치가 다르다. 에어컨 유닛의 장착위치에 따라 분류하면 다음과 같다.

1.1. 싱글 에어컨시스템(single aircon system)

1.1.1. 시스템의 구조

싱글 에어컨시스템의 에어컨 유닛은 차실내의 앞쪽에 있다.

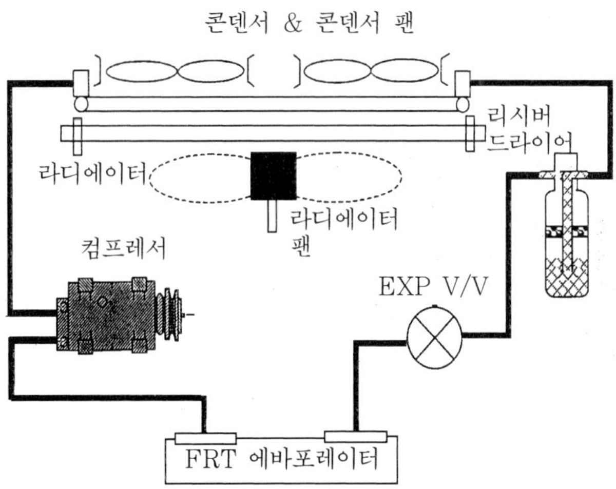

☑ 그림 1. 싱글 에어컨의 구성

1.1.2. 냉매의 흐름

싱글 에어컨시스템의 냉매 유동은 다음과 같다.

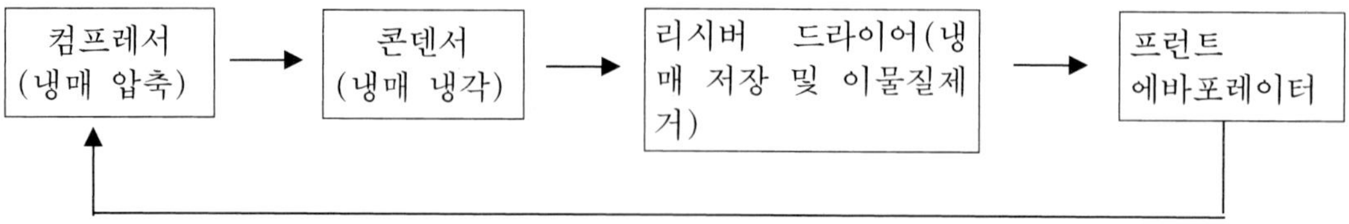

1. 2. 듀얼 에어컨시스템(dual aircon system)

1.2.1. 시스템의 구조

듀얼 에어컨시스템은 왜건(wagon)차량에 주로 장착되는 시스템이며 싱글 에어컨시스템에 리어 에어컨시스템을 추가하였다. 로프(roof)를 통하여 에어 닥트로 리어 에어컨 유닛에 연결되어 있다. 메인 콘덴서(main condenser) 외에 서브 콘덴서(sub condenser)를 추가하여 냉매의 냉각성능을 향상시키고 있다.

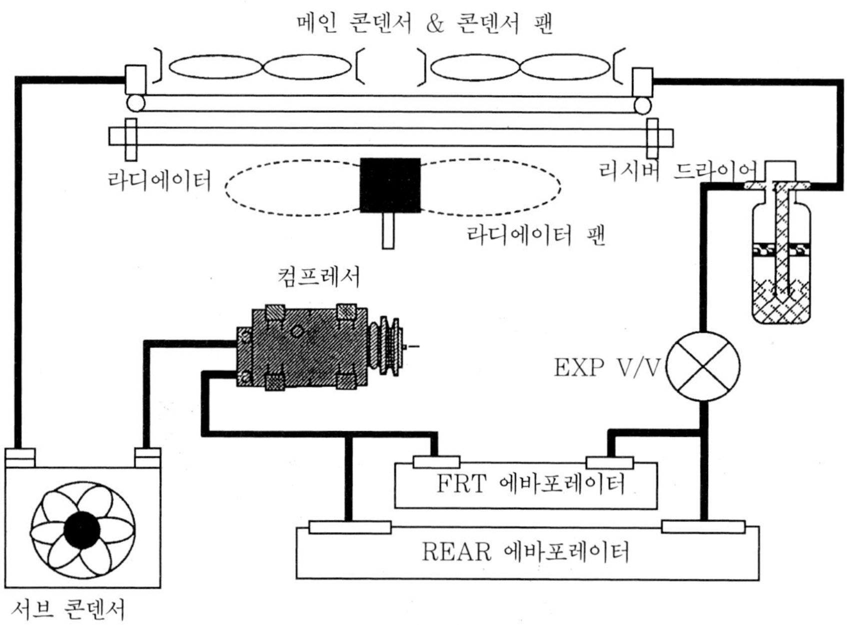

☑ 그림 2. 듀얼 에어컨의 구성

1.2.2. 냉매의 흐름

듀얼 에어컨시스템의 냉매 유동은 다음과 같다.

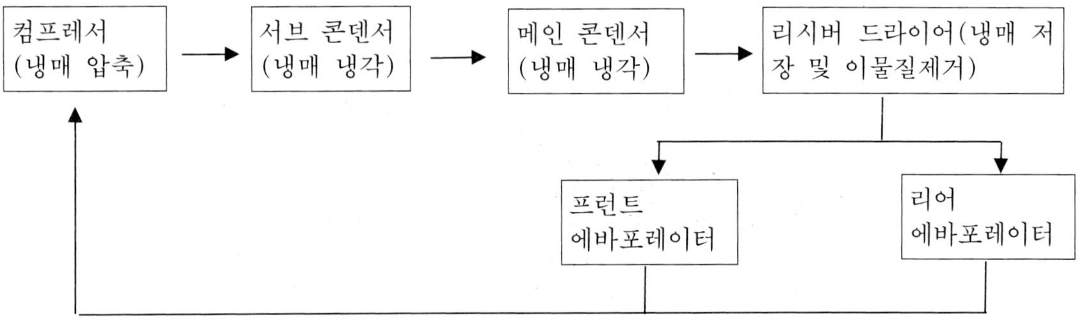

1.2.3. 리어 에어컨시스템

듀얼 에어컨시스템에서 리어 에어컨시스템의 구성에 따라 크게 2종류로 다시 나누어진다.

[1] 빌트 인 타입(built in type)

일반적으로 왜건 단축형 차량에 장착되고 있다.

① 리어 히터 컨트롤(RR heater control) : 리어 에어컨 ON/OFF와 리어 히터 작동을 동시에 컨트롤 하며 각 작동시 토출방향 선택용 노브와 블로어 스위치가 조합되어 있다.

② 리어 블로어 모터(RR blower motor) : 히터와 에어컨의 풍량을 동시에 컨트롤한다.

③ 솔레노이드 밸브(solenoid V/V) : 리어 에어컨 ON시 작동되며 리어 에바포레이터로 냉매를 공급시키는 마그넷 차단밸브이다.

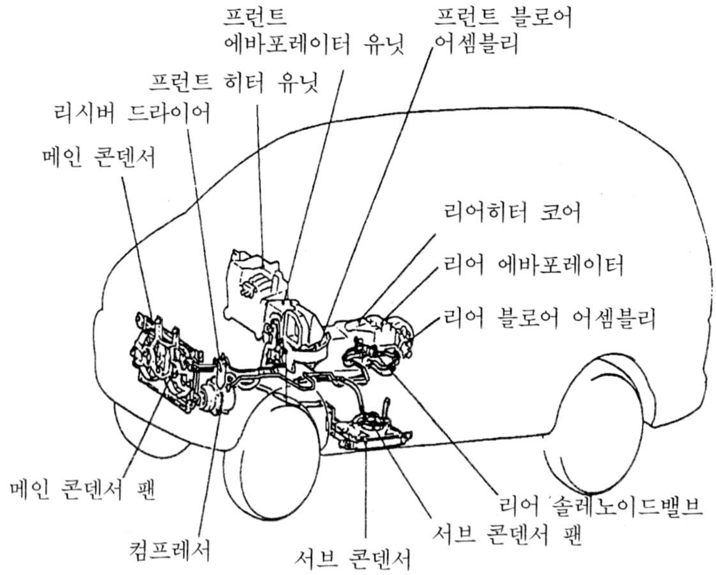

☑ 그림 3. 빌트 인 타입 에어컨시스템의 구성

[2] 오버 헤드 타입(over head type)

빌트 인 타입과 비교하면 리어 히터 유닛과 에바포레이터 유닛이 각각 독립적으로 장착되어 있다. 리어 히터 유닛에는 히터유닛과 블로어만 장착하여 리어 히터를 컨트롤하고 냉방은 루프에 장착되어 있는 에어컨 유닛에서 작동한다.

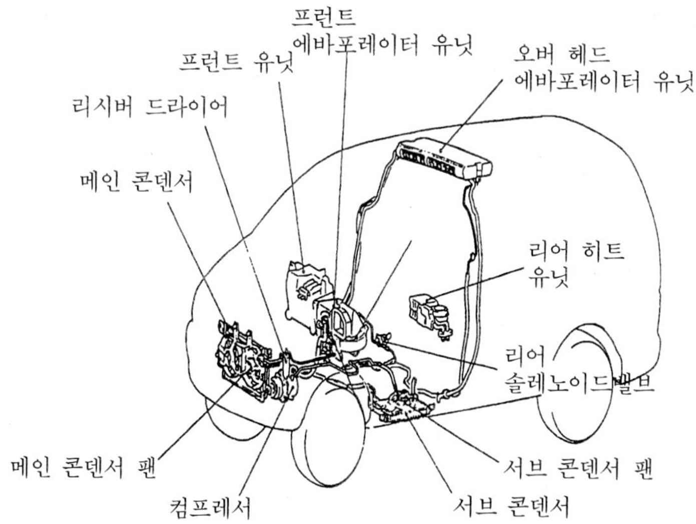

☑ 그림 4. 오버 헤드 타입 에어컨시스템의 구성

오버 헤드 에어컨 유닛은 리어 에바포레이터, 오버 헤드 블로어 그리고 리어 에어컨 ON/OFF스위치와 풍량 조절 노브로 구성되어 있다.

2. 카 에어컨 유닛의 종류

에어컨 유닛은 앞에서도 설명한바와 같이 내・외기박스, 블로어, 에바포레이터 그리고 히터로 구성되어 있으며 싱글 에어컨시스템인 경우 이들은 차량의 인스트루먼트 패널내에 탑재되어 있다. 내・외기 박스를 거쳐 블로어에 들어 온 공기는 에바포레이터에서 제습 냉각되고 히터부에서 재가열 된다. 에어컨 유닛은 이 재가열량을 조정하여 적절한 온도의 공기를 만들어 차실내로 보냄으로서 차실 내를 쾌적한 온습도가 되도록 한다.

현재의 카 에어컨은 에어컨 유닛의 주요부품인 내・외기박스, 블로어, 에바포레이터, 히터는 바람의 흐름에 대하여 직렬로 배치하고 있다. 그러나 실제 차량에 조립된 상태는 차량의 구조 등에 따라 여러 가지 종류가 있다. 표 1에 그 대표적인 예를 나타낸다.

[표 1] 에어컨 유닛의 종류

	배 열	유닛의 실예
횡치 I	내・외기박스 → 블로어 → 쿨 러 → 히 터 → 토출구	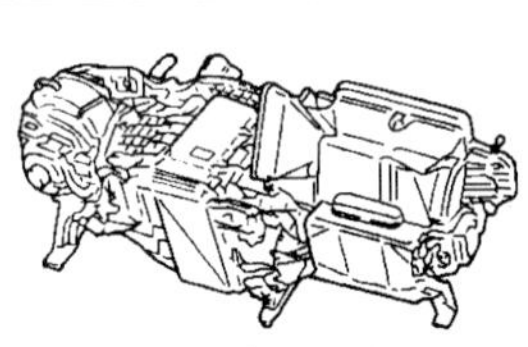
횡치 II	내・외기박스 → 쿨 러 → 블로어 → 히 터 → 토출구	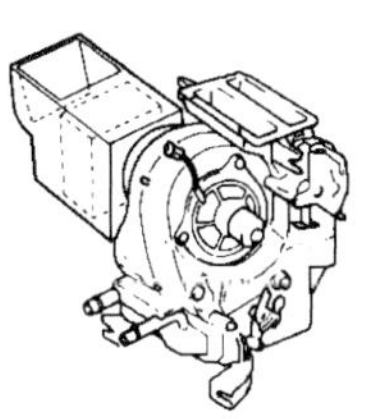

	배 열	유닛의 실예
완전 센터 배치	내·외기 박스 → 블로어 → 쿨 러 → 히 터 → 토출구	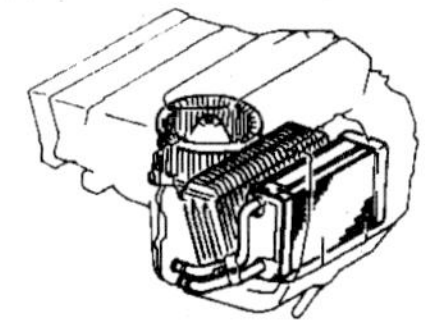
세미 센터 배치	내·외기 박스 → 블로어 → 쿨 러 → 히 터 → 토출구	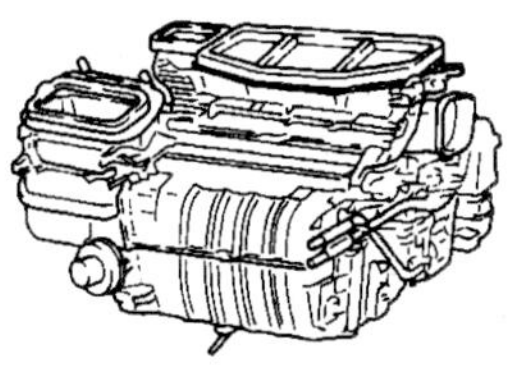

2.1. 횡치 레이아웃(Ⅰ)

가장 많이 적용되고 있는 레이아웃으로서 각 기능부가 개별유닛으로 되어 있다. 자동차 조수석 대시패널(dash panel)안에 배치한 형으로 차량전후의 스페이서를 최대한 활용한 것이 큰 장점이다.

그러나 바람이 유동하는 경로가 복잡하여 통풍저항이 크기 때문에 통로면적을 크게 해야 하는 결점이 있다. 실제로는 블로어, 에바포레이터, 히터의 3부품을 1개의 수지케이스에 넣어 일체로 되어 있다.

2.2. 횡치 레이아웃(Ⅱ)

횡치 레이아웃(Ⅰ)과 다른 점은 히터 유닛에 블로어를 조립하여 블로어를 에바포레이터와 히터 사이에 위치한 것이다. 이 타입은 컴팩트하기 때문에 경자동차에 주로 사용되며 블로어가 토출구 부근에 있어 그만큼 블로어 소음이 다른 레이아웃에 비해 큰 것이 결점이다.

2.3. 완전 센터 배치 레이아웃

대시 패널 밑의 자동차 중앙에 위치한 레이아웃으로 좌우대칭이기 때문에 좌핸들, 우핸들 자동차에 공통으로 사용할 수 있는 것이 장점이다.

자동차 전후 방향으로 블로어 유닛을 배치하기 때문에 전후방향의 공간활용 면에서는 결점이 있지만 바람의 유동경로가 심플하여 통로저항이 작고 조수석 대시보드 밑의 공간을 유효하게 활용할 수 있는 것이 장점이다.

2.4. 세미 센터 배치 레이아웃

완전센터배치 레이아웃의 단점인 블로어 유닛의 탑재성을 개선하여 블로어 유닛만 횡치로 탑재한 레이아웃이다. 횡치와 완전센터 배치의 장점은 살리고 단점은 개선한 레이아웃으로 최근 그 장착이 증가하고 있다.

3. 블로어 유닛(blower unit)

3.1. 송풍기의 원리

송풍기는 날개에 회전 에너지를 주어 바람으로 변환하는 기계이다. 송풍기의 날개형상과 바람의 발생원리 등에 따라 표 2와 같이 크게 3가지의 종류로 분류할 수 있다. 원심식 송풍기는 날개의 회전에 의해 반경방향으로 바람을 일으키는 것이고 축류식 송풍기는 날개의 회전에 의해 축방향으로 바람을 일으킨다.

[표 2] 송풍기의 방식

	원심식	축류식	관류식
외관	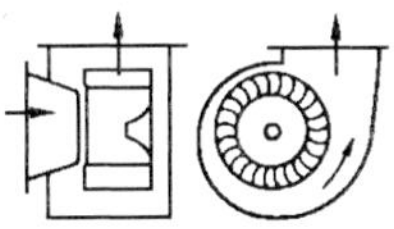	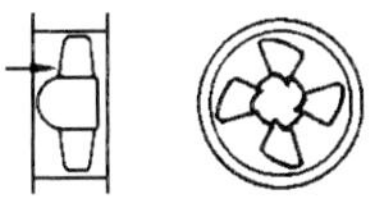	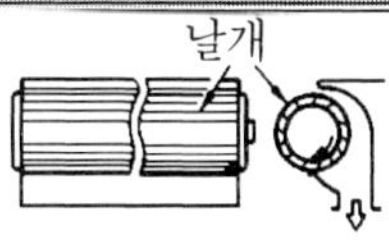
공기 유동	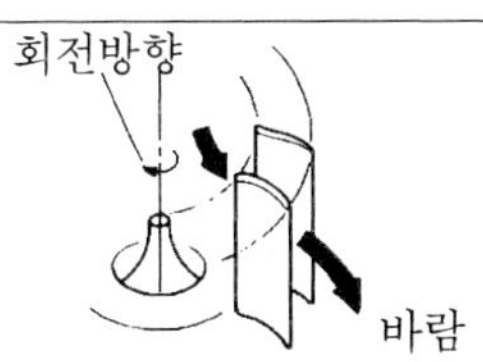	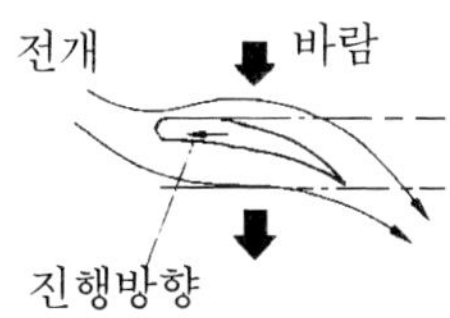	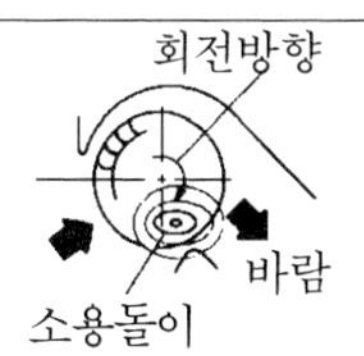
적용	① 카 에어컨용 실내 유닛 ② 업무용 천정쿨러	① 콘덴서용 팬 ② 가정용 선풍기	① 카 에어컨용 리어쿨러 ② 가정용 룸 쿨러

관류식 송풍기는 날개 끝의 스테이빌라이저 근방에 안정와류를 만들어 날개끝 내를 관류하는 바람을 발생시키는 특수한 흐름방법이다. 상기의 송풍기는 각각 다른 특성을 가지고 있기 때문에 그 특성에 적합한 통풍로를 선택하여야 한다. 선택을 잘 못하면 소정의 풍량과 압력을 얻을 수 없을 뿐만아니라 소음이나 진동, 모터 과열 등의 문제가 발생한다.

그림 5에 각 송풍기의 특성을 나타낸다. 콘덴서를 냉각하기 위해서는 넓은 면적에 많은 양의 바람이 필요하기 때문에 축류식 송풍기가 사용되고 있다. 왜건차의 뒷좌석 공조용 에바포레이터에는 루프부 등의 한정된 공간에 배치하기가 용이한 길이가 가늘고 두께가 얇은 관류송풍기를 많이 사용한다.

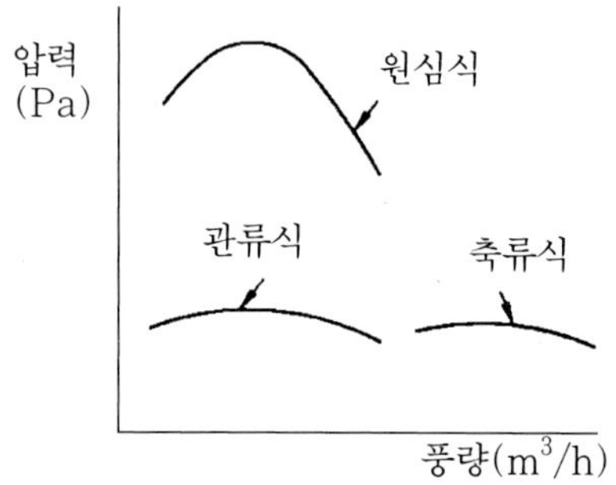

☑ 그림 5. 각 송풍기의 특성

그러나 차실내 전체를 커버하는 에어컨 유닛은 내부에 열교환기 등의 통풍저항이 높은 부품이 있고 또 단시간에 차실내를 시원하게 하거나 따뜻하게 하여야 하기 때문에 많은 양의 바람이 필요하다. 이 때문에 거의 원심식 송풍기를 사용하고 있다.

그림 6에 각각의 팬이 자동차 냉난방 시스템에 적용된 예를 나타낸다.

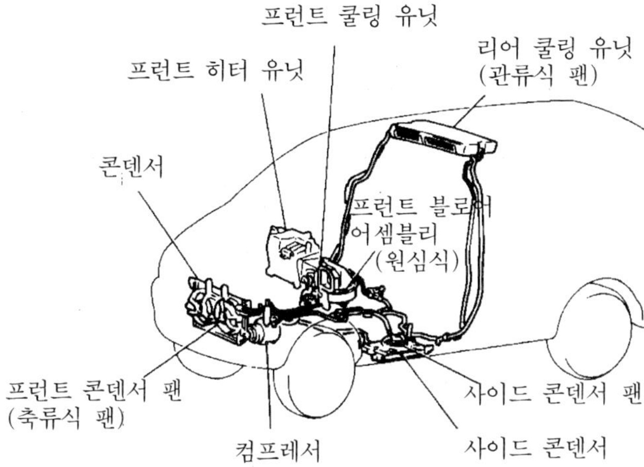

☑ 그림 6. 송풍기가 자동차에 적용된 예

3.2. 블로어의 구조

블로어는 일반적으로 내·외기 도입부, 송풍기 그리고 풍량제어부로 구성되어 있으며 그 기능은 차실내외의 공기를 선택적으로 도입하여 그것을 하류의 열교환기 즉 에바포레이터나 히터 코어로 보내는 역할을 한다. 그림 7에 블로어 유닛의 구조를 나타낸다.

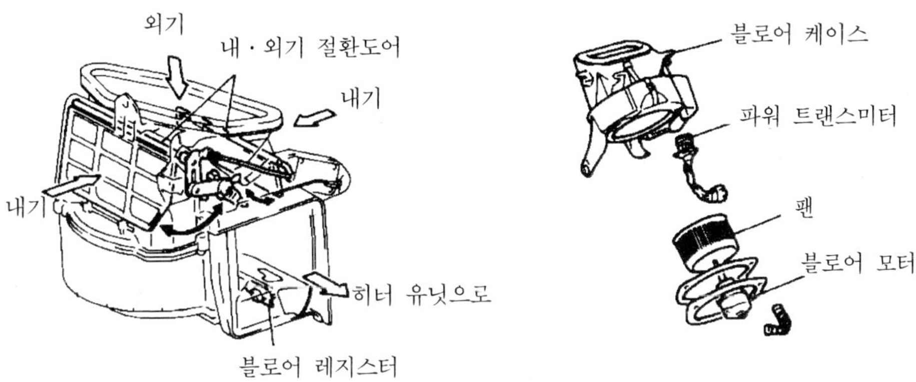

☑ 그림 7. 블로어 유닛의 구조

3.2.1. 내·외기 도입부

내·외기 도입부의 역할은 차실외의 공기를 도입(외기모드)하거나 차실내의 공기를 재순환(내기모드)시키는 기능을 하며 승차원의 선택에 따라 절환 할 수 있다.

외기 도입구는 차량 카울(cowl) 내의 덕트를 통해 외기에 연결되며 내기 도입구는 차 실내의 대시 패널 아래에 설치되어 있다. 내・외기 절환 도어는 내기모드시에는 외기측 개구를 닫고 외기모드시에는 내기측 개구를 닫도록 구성되어 있다. 내・외기 도어의 구동은 일반적으로 전기적으로 작동하는 것과 기계적으로 작동하는 것이 있다.

전자는 컨트롤 패널의 내・외기 스위치의 신호를 에어컨용 컴퓨터를 거쳐 서보 모터로 보낸다. 이 서보 모터가 블로어 케이스내의 링크시스템을 구동하여 내・외기 도어를 필요한 위치로 이동하는 기구로 되어 있다. 후자는 컨트롤 패널의 레버를 움직이면 링크 케이블을 거쳐 블로어 케이스의 링크시스템에 구동력으로서 전달되어 내・외기 도어를 작동시키는 기구이다.

3.2.2. 송풍부

블로어는 스크롤 케이싱(scroll casing), 팬 그리고 모터의 3부분으로 구성되어 있다. 스크롤 케이싱의 역할은 팬에서 만들어 진 바람을 방사상의 유동으로 정류하여 하나의 방향으로 유도하는 것이며 팬에서 형성된 동압(動壓)을 효율이 좋은 정압(靜壓)으로 변환하는 것이다. 그림 8은 스크롤의 일반적인 형상을 나타낸다.

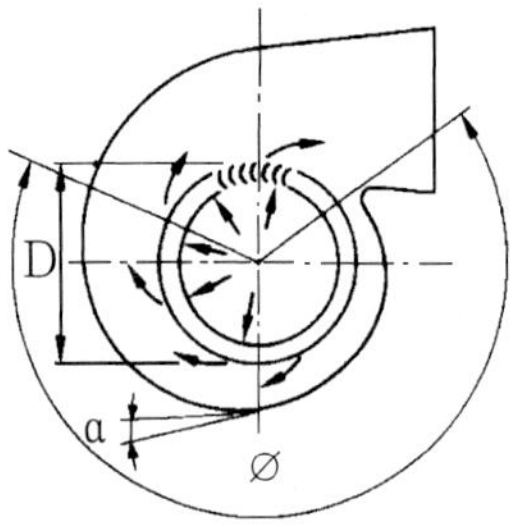

☑ 그림 8. 스크롤의 형상

앞에서도 설명한 바와 같이 카 에어컨에서는 원심식 블로어를 주로 사용한다고 하였다. 이것은 팬 외주에 설치된 날개끝의 입구와 출구의 원심력의 차를 이용하여 공기에 동압를 주는 형이다. 원심식 팬에는 그림 9와 같이 블레이드가 앞으로 향한 시로코(sirocco) 팬과 그림 10과 같이 블레이드가 뒤로 향한 터보팬이 있다. 카 에어컨에서는 필요 풍량과 통풍저항을 고려하여 시로코 팬을 주로 사용하고 있다.

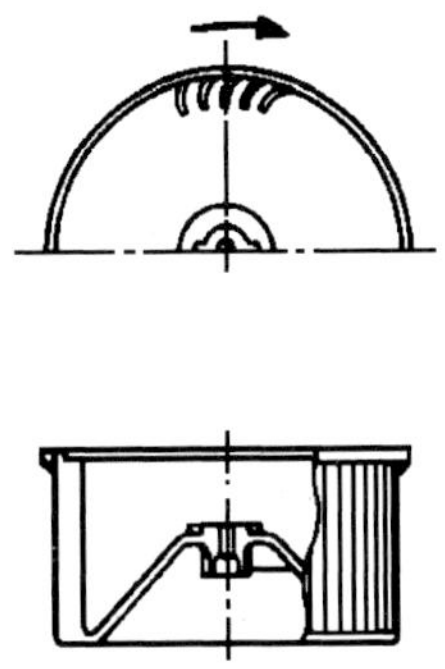

☑ 그림 9. 시로코 팬

☑ 그림 10. 터보 팬

3.2.3. 풍량 제어부

블로어의 송풍량은 모터에 가해지는 전압으로 제어한다. 이 풍량제어에 사용되는 기기는 모터 단자전압을 변경하는 역할 외에 이상발열방지의 역할도 한다. 블로어에 이물질이 들어가서 팬의 회전을 정지시키는 소위 모터 로크(motor lock) 현상이 일어나면 모터에 비정상적인 열이 발생한다.

이때 모터 로크 상태를 검지하여 모터로의 전류를 차단함으로서 위험한 상태를 미연에 방지한다. 이러한 기기에는 레지스터와 파워 트랜지스터 등이 있으며 상세한 것은 chapter 05에서 설명하겠다.

4. 쿨러 유닛(cooler unit)

쿨러부는 히터부의 위쪽에 설치하며 그 역할은 다음과 같다.

① 에바포레이터와 팽창밸브를 수납하며 공기의 통로를 형성한다.

② 공기를 세습. 냉각시킨다.

③ 제습에 의해 발생한 응축수를 모아 배출한다.

그림 11은 쿨러 유닛의 구조를 나타낸다. 수지케이스 내측에는 단열수지가 부착되어 있으며 에바포레이터는 이 안에 고정되어 있다. 단열수지의 역할은 에바포레이터가 케이스에 직접 접촉하여 케이스의 표면온도를 하강시킴으로 인해 케이스 외측에 빙결이 부착하여 실내로 물방울이 떨어지는 것을 방지한다.

케이스의 아래 부분은 에바포레이터 표면에 부착하여 아래로 떨어지는 응축수가 배출구로 스무스하게 흐르도록 되어 있다. 또 배출구에는 응축수를 바깥으로 배출되도록 고무호스가 끼워져 있다.

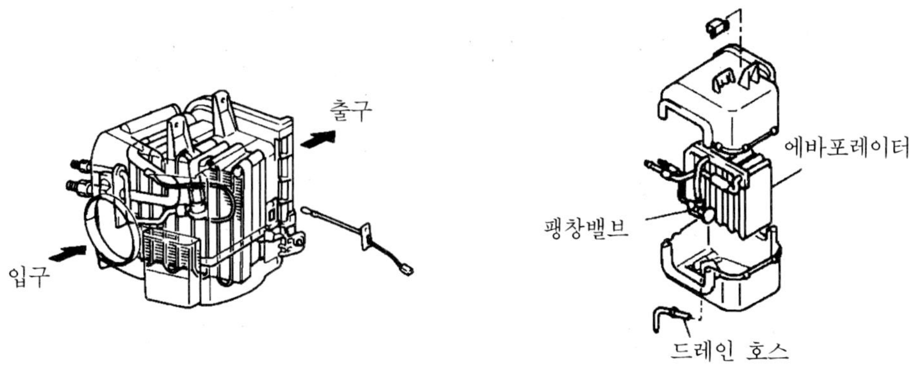

☑ 그림 11. 쿨러 유닛의 구조

에바포레이터 아래쪽에는 서미스터가 부착되어 있으며 이 서미스터는 공기온도를 전기저항으로 변환하며 에바포레이터 표면에 빙결을 방지하고 오토 에어컨에서는 보정제어를 하기 위한 공기온도센서이다. 에바포레이터와 팽창밸브의 장착은 사용하는 팽창밸브의 형에 따라 나누어진다.

그림 12는 그 장착상태를 나타내는 그림으로 감온부 외장형 팽창밸브와 감온부를 내장한 박스형 팽창밸브를 각각 나타낸다. 감온부 외장형 팽창밸브는 에바포레이터 출구 냉매의 과열도(super heat)를 제어하기 위해 에바포레이터 출구 배관의 표면온도를 검출하여 팽창밸브의 제어기구부에 피드백하도록 되어 있다. 그래서 이 부분은 주위 온도의 영향을 받지 않도록 단열재로 감싸져 있다.

이 단열재가 불충분하면 오작동의 원인이 된다. 박스형의 경우에는 에바포레이터 출구의 냉매 통로내에 감온부를 설치하여 냉매온도를 직접 검출할 수 있는 구조로 되어 있다. 따라서 장착구조가 대단히 간단하다.

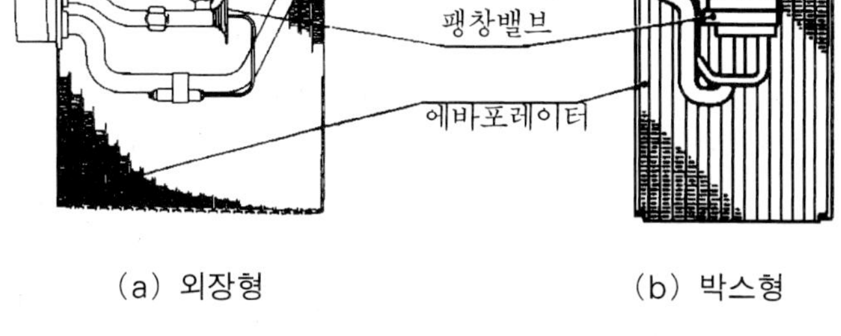

(a) 외장형　　(b) 박스형

☑ 그림 12. 에바포레이터와 팽창밸브의 장착상태

5. 히터 유닛

히터부의 역할은 다음과 같다.

① 에바포레이터를 통과한 공기를 재가열하여 승차원이 필요로 하는 온도의 공기로 제어하는 기능.

② 이것을 필요로 하는 토출구에서 적절한 비율로 송출하는 공기배분 기능.

그림 13은 카 에어컨 히터부의 외관을 나타낸다. 여기서는 대표적인 에어 믹스 방식(air mix type) 히터 유닛에 대하여 설명한다.

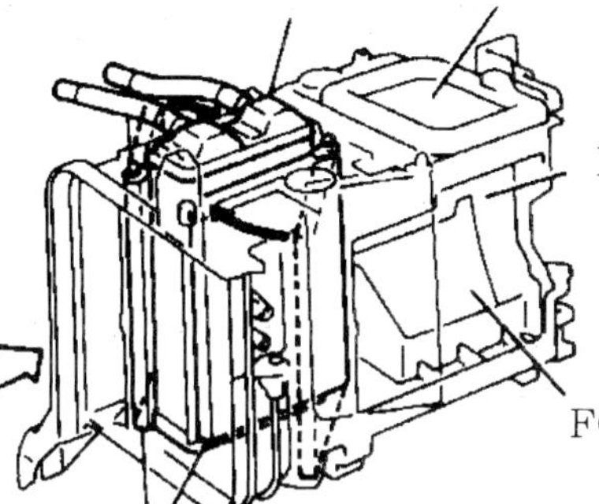

☑ 그림 13. 히터 유닛의 구조

5.1. 온도제어 기능

에바포레이터를 통과한 냉각공기 중 히터코어를 통하여 재가열할 공기의 양을 에어 믹스 도어의 개도로 조정한다. 재가열한 온풍과 히터 코어를 통과하지 않는 냉풍를 에어 믹스 채임버(air mix chamber)라는 혼합실에서 균일하게 섞는다.

그림 14의 에어 믹스 도어의 개도 Θ가 0도일 때 〔MAX-COOL〕, Θ가 최대일 때 〔MAX-HOT〕라 한다. 그래서 이 Θ의 값에 따라 혼합된 공기의 온도가 직선적으로 변화하도록 유닛을 설계하였다.

일반적으로 정밀도가 좋은 온도제어를 위해서는 에어 믹스 체임버를 되도록 크게 하면 좋다. 에어 믹스 체임버가 충분하지 않을 경우 냉풍과 온풍이 균일하게 혼합되도록 에어 가이드를 설치하는 경우도 있다. 에어 믹스 도어의 구동방법에는 내・외기 도어와 같이 서보 모터로 직접 또는 링크를 거쳐 작동시키는 전기적인 방법과 링크 케이블을 거쳐 작동시키는 기계적인 방법이 있다.

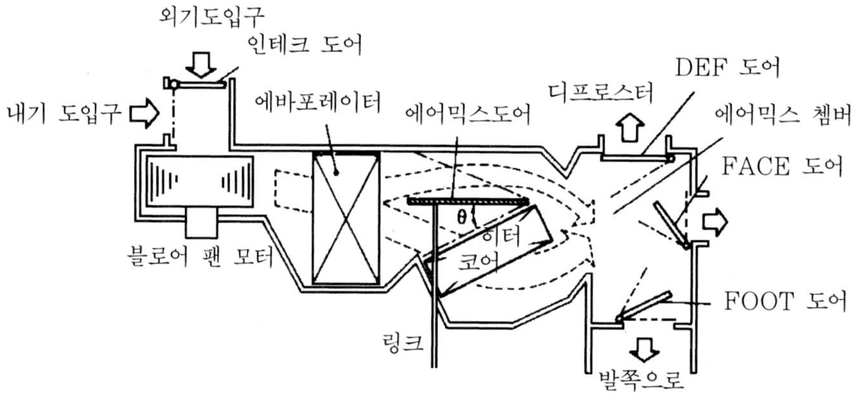

☑ 그림 14. 에어 믹스방식 구성도

그림 15는 실제의 온도 컨트롤 특성을 실측한 결과를 나타낸다. 그림의 A부분은 외기 온도가 높을 때 이용되는 영역이다. 그림의 B는 중간 시즌에 사용되는 영역으로 신체의 상반신에는 서늘한 바람을, 하반신에는 따뜻한 바람을 보내도록 조정된다. 또 그림의 C는 동절기에 주로 사용되는 영역이다.

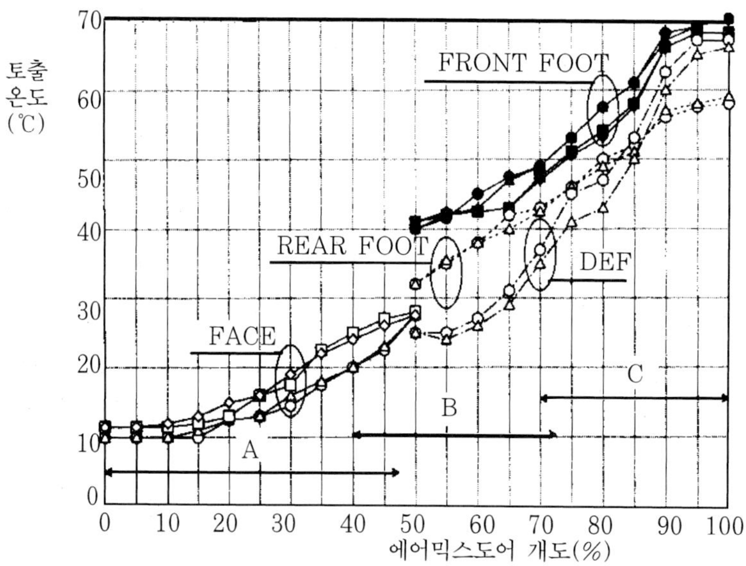

☑ 그림 15. 온도 컨트롤 특성의 실측 예

5.2. 벤틸레이션(ventilation)기능

히터 유닛의 또 하나의 중요한 역할은 〔온도가 조절된 공기를 그 온도에 적합한 토출구로 적절한 비율로 송출〕하는 것이다. 실제 차량에서는 그림 16에 나타 낸 바와 같이 여러 가지 토출구를 통해 공기조화된 바람이 나오도록 되어 있다. 이들 토출구는 대시 패널내의 통풍 덕트와 연결되어 있다.

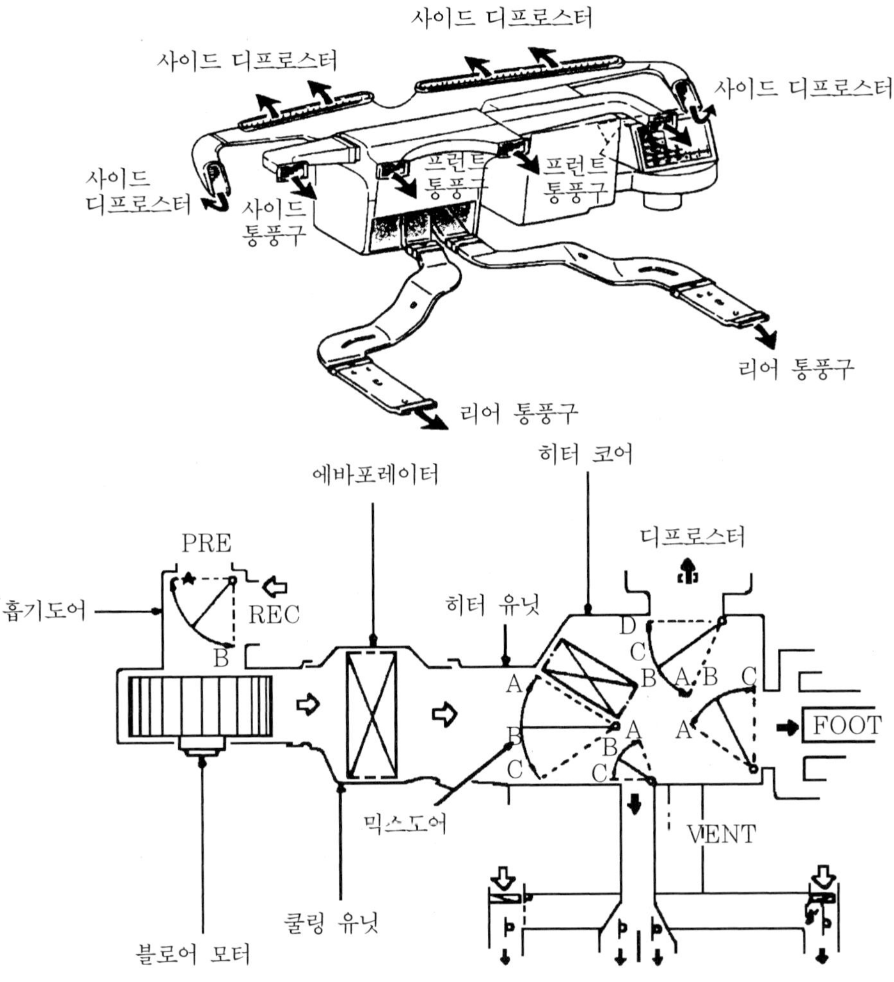

☑ 그림 16. 자동차 토출구의 예

그래서 히터부의 각 토출구에는 그것을 개폐하기 위한 모드 절환 도어가 있으며 그림 17에 나타낸 바와 같이 그 개도를 여러 가지 조합하여 승차원이 필요로 하는 풍량을 얻을 수 있다. 그래서 각각의 도어를 작동시키기 위한 기구를 모드 링크라 한다.

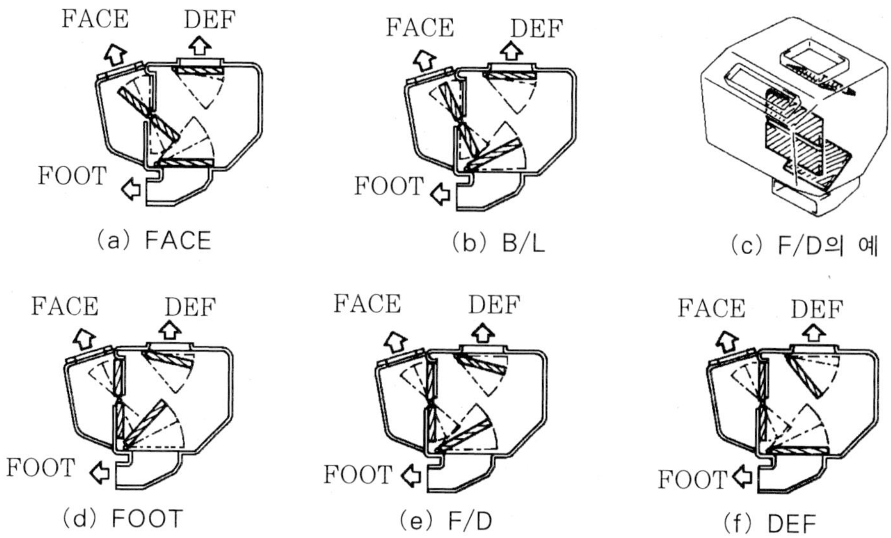

☑ 그림 17. 각 도어의 작동 패턴 예

그림 18은 각 도어에서 목표 풍량 배분을 얻기 위해 필요한 각 도어의 작동을 서보 모터의 스트로크에 대하여 나타 낸 것이다. 그림에서 모드 명칭이 기재되어 있는 영역은 그 범위에서 각각의 도어가 정지하면 목표로 하는 풍량배분을 얻을 수 있는 범위를 나타 낸다. 각 토출구에서 풍량배분을 결정하는 방법은 다음과 같다.

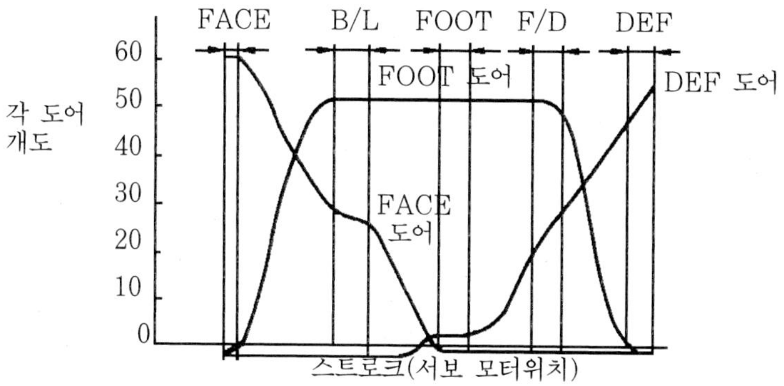

☑ 그림 18. 모드와 도어 개도

5.2.1. FACE모드

인스트루먼트 패널 전면의 토출구에서 토출하는 모드이며 실내공기를 환기시킬 때 사용한다. 이때 인스트루먼트의 각 토출구(일반적으로 4개)에는 균일하게 토출되도록 설계되어 있다.

만약 바닥 토출구로 공기가 누설되면 발이 춥고 디프로스터로 바람이 누설되면 프런트 윈도 바깥쪽에 성에가 발생하므로 누설이 일어나서는 안된다.

5.2.2. FOOT모드

이 모드에서는 차실 내 바닥쪽으로 70-80%, 디프로스터로 20~30%가 토출된다. 디프로스터로 바람을 토출하는 것은 겨울철 유리에 성애가 끼지 않도록 온풍의 일부를 유리창에 보내어 온도가 내려가지 않도록 하기 위해서다. 단, 디프로스터로 바람이 너무 많이 토출되면 얼굴쪽의 온도가 상승하여 불쾌감을 줄 수도 있다.

5.2.3. B/L(Bi-Level)모드

FACE모드와 FOOT모드의 혼합형 모드이며 각각 50%씩 토출하는 것이 일반적이다. 이 모드 역시 디프로스터로 바람이 누설되면 유리창에 성에가 발생하므로 누설이 있어서는 안된다.

5.2.4. DEF(defroster)모드

주로 겨울철 프런트 윈도에 성에를 제거할 때 사용하는 모드이며 온풍을 토출한다.

5.2.5. F/D(FOOT/DEF)모드

FOOT모드와 DEF모드의 혼합형으로 추운 지방에서 FOOT모드로 주행중 프런트 윈도에 성에가 끼었을 경우 사용하는 모드이다. FOOT와 DEF로 각각 50%씩 온풍이 토출된다. 표 3에 토출구 모드와 풍량 배분 비율을 나타낸다.

[표 3] 풍량 배분 예

토출구 / 모드	상토출구		하토출구		디프로스터
	센터	사이드	전석	후석	
FACE 냉방·환기	50	50	0	0	0
B/L 중간기	25	25	30	20	0
FOOT 난방	0	20	40	25	15
F/D 난방, 성애방지	0	20	25	15	40
DEF 서리, 성애제거	0	30	0	0	70

※ 지역·차량에 따라 값은 다르다.

5.3. 도어의 종류

에어 믹스 도어와 모드 절환 도어는 일반적으로 표 4와 같이 4종류가 있다. 대부분 판도어가 많지만 이 도어는 도어를 회전시키는 스페이서가 필요하기 때문에 최근에는 보다 스페이서가 작은 슬라이드 도어나 필름 도어가 개발되어 있다.

[표 4] 도어의 종류

명칭	판도어	필름도어	로터리도어	슬라이드도어
구성		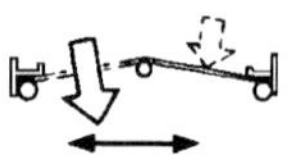		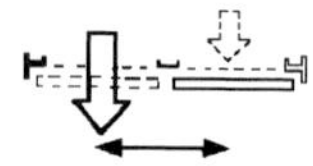 회전축 없음

그림 19는 필름 도어의 구조를 나타내며 그림 20은 유닛에 적용한 예를 나타낸다.

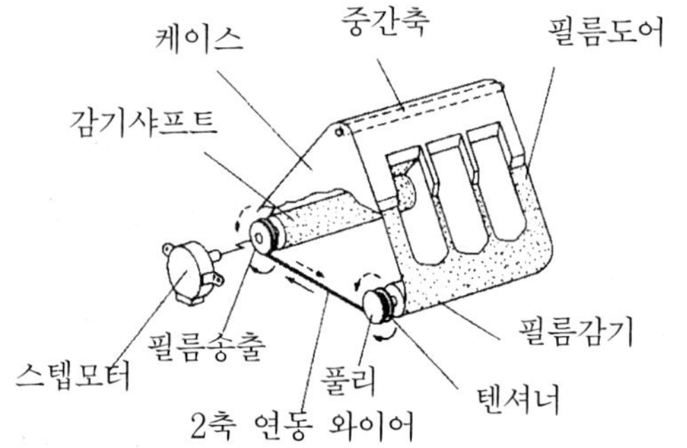

☑ 그림 19. 필름 도어의 구조

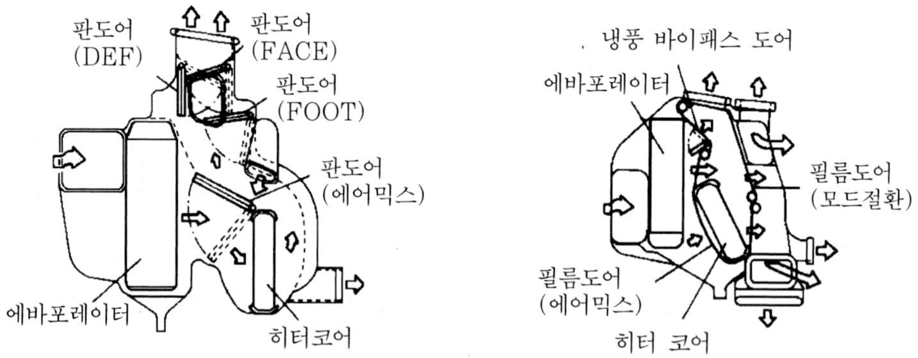

(a) 판도어형　　(b) 필름 도어형

☑ 그림 20. 판도어 유닛과 필름 도어 유닛의 비교

Chapter 04

카 에어컨의 제어

1. 카 에어컨의 기본제어
2. 차량 연동제어

CHAPTER

04 카 에어컨의 제어

1. 카 에어컨의 기본제어

카 에어컨이 그 기능을 충분히 발휘하고 차실내를 쾌적한 상태로 유지하기 위해서는 온도나 바람의 강도를 조절해야 하며, 조절된 바람은 승차원이 쾌적하게 느껴지도록 토출구를 절환 할 수 있어야 한다. 이들 제어방법들은 대부분 전기적인 방법에 의해 실현되고 있다. 여기서는 카 에어컨의 블로어 제어와 컴프레서 제어에 대한 기본적인 전기제어에 대하여 설명한다.

1.1. 블로어 제어(blower control)

블로어 제어는 에어컨 유닛의 구성부품인 블로어 모터의 회전수를 변환하는 것이다. 회전수를 제어하는 기기에는 블로어가 어떤 이유로 회전이 구속되었을 경우에 이상발열을 방지하는 기능도 있다. 이러한 제어방식에는 레지스터(저항)절환 방식, 파워 트랜지스터 전압제어방식 그리고 파워 트랜지스터 PWM 제어방식이 있다.

1.1.1. 레지스터(resister) 절환방식

이 방식은 풍량제어 기기의 가장 기본적인 방식으로 비교적 값이 싸며 풍량제어 단수는 3단 내지 4단이다. 그 구성은 모터 인가전압 변경용 니크롬선(전기저항)과 이상발열 방지용 온도 퓨즈로 되어 있다. 또 니크롬선이 발화물에 직접 접촉하지 않도록 니크롬선 부분은 세라믹재 등으로 주위를 감싸 놓았다. 그림 1은 레지스터 절환방식의 구조도와 전기회로도를 나타낸다.

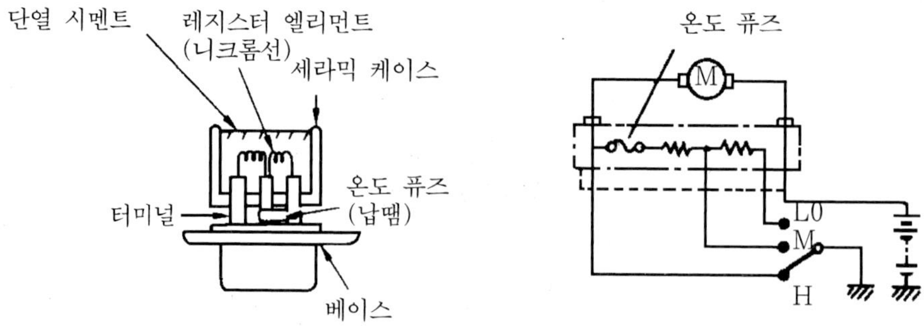

☑ 그림 1. 레지스터의 구조와 회로

1.1.2. 파워 트랜지스터 전압제어 방식

파워 트랜지스터는 모터로의 인가전압을 정밀하게 제어(예를 들면 32단)하는 것으로 현재 주류를 이루고 있는 풍량 제어기기이다. 최근에는 대풍량시 파워 트랜지스터에 의한 전압강하를 최소화하기 위해 MOS-FET의 사용이 증가하고 있다. 이상발열방지는 모터 로크시 온도퓨즈가 파워 트랜지스터의 열을 감지하여 용해되도록 되어 있다. 그림 2에 그 구조와 회로를 나타낸다.

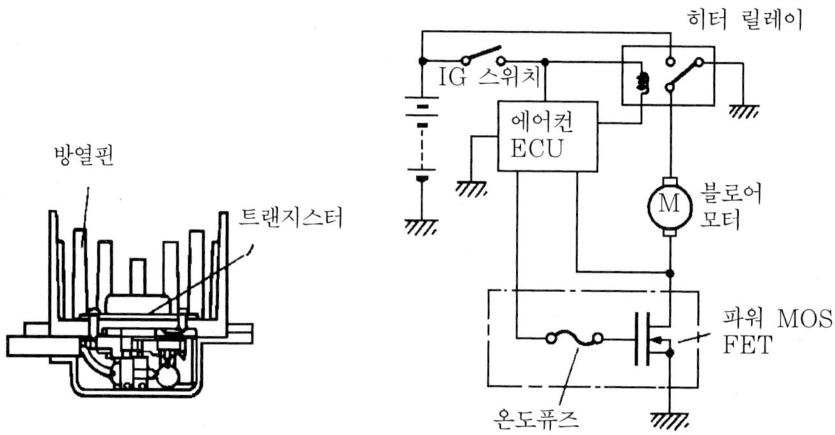

☑ 그림 2. 파워 트랜지스터의 구조와 회로

1.1.3. 파워 트랜지스터 PWM제어 방식

PWM(Pulse Width Modulation)제어는 MOS-FET를 사용하여 모터로의 전류를 듀티비(duty ratio)로 제어하는 방식이다.

그림 3은 그 회로구성을 나타낸다. 이 방식의 가장 큰 장점은 저항에 의한 전압제어가 아니기 때문에 열로 소멸되는 많은 전력을 없앨 수 있다. 이상발열방지 기능은 MOS-FET에 모터 로크시 전류를 감지하여 모터로의 전류를 회로적으로 차단시키도록 되어 있다.

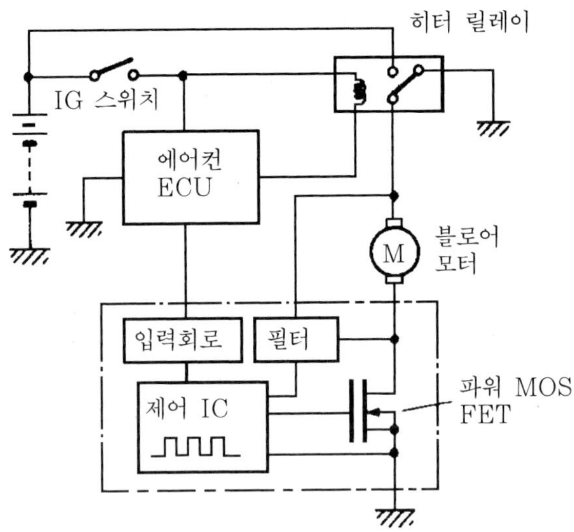

☑ 그림 3. PWM 회로제어

1.2. 컴프레서 제어(Compressor Control)

냉동사이클을 순환하는 냉매량을 제어하는 목적을 크게 나누면 ① 프로스트(frost : 성애, 결빙) 방지, ② 냉동사이클의 보호, ③ 차량 성능유지이다.

1.2.1. 프로스트 방지

냉방능력이 냉방부하를 초과하면 냉매 증발압력이 내려가서 에바포레이터 공기측의 표면온도가 빙점이하가 된다. 그래서 응축수가 빙결되어 에바포레이터 핀를 통과하는 공기의 흐름을 방해하여 냉방부하가 더욱 감소하고 증발압력이 내려가서 이윽고 에바포레이터 외관은 얼음으로 둘러 쌓여 공기의 흐름이 없는 현상에 이른다.

이와 같은 현상을 방지하기 위해 냉방능력을 제어하여 에바포레이터의 프로스트(증발기의 빙결)를 방지하는 기능이 설정되어 있다.

현재 카 에어컨에서는 이러한 제어방법으로서 ON/OFF제어, STV제어, 컴프레서 용량제어의 3종류가 있다. 이 중 STV제어와 컴프레서 제어는 chapter 5에서 설명하기로 하고 여기서는 ON/OFF제어에 대해서 설명하기로 한다. ON/OFF제어방식은 〔냉매증발온도가 0℃ 이하로 되면 컴프레서를 OFF시킨다〕라고 하는 것으로 가장 일반적인 프로스트 방지 방법이다.

실제로는 에바포레이터 하류의 공기온도를 서미스터로 검출하여 4℃까지 상승하면 다시 냉매를 공급하는 제어방식이다. 서미스터에는 온도응답이 늦어지기도 하고 냉동사이클의 지연도 있기 때문에 실제 거동은 그림 4와 같이 통상 최대 5℃ 정도의 토출 온도 변동이 발생한다.

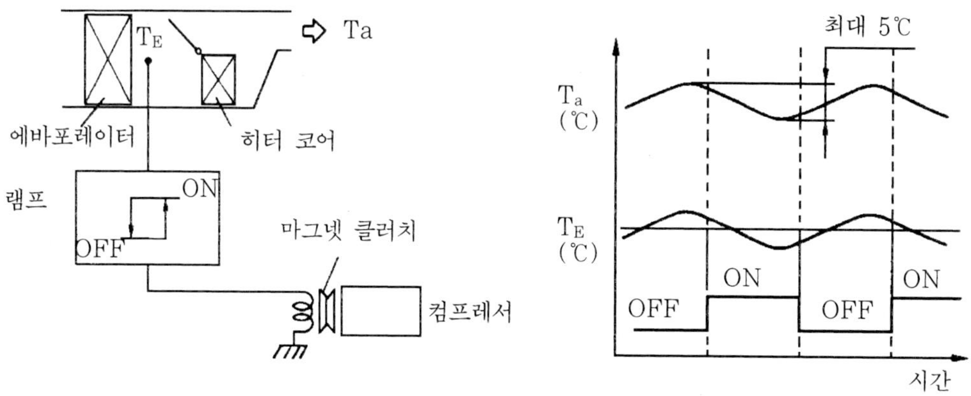

☑ 그림 4. ON/OFF 제어방식

1.2.2. 냉동사이클의 보호

냉동사이클을 보호하는 기능으로서는 이상 압력을 압력스위치로 검출하여 컴프레서를 정지시키는 안전스위치와 이상 압력이 되면 안전밸브를 열어 냉매를 대기로 방출시키는 안전밸브가 있다.

[1] 안전스위치

냉동사이클의 고압측압력을 압력스위치로 검출하여 컴프레서를 정지시켜 냉동사이클의 관련기기 고장을 미연에 방지한다. 냉매압력의 검출은 일반적으로 고압측의 리시버와 팽창밸브와의 사이에 압력스위치를 장착하여 검출한다.

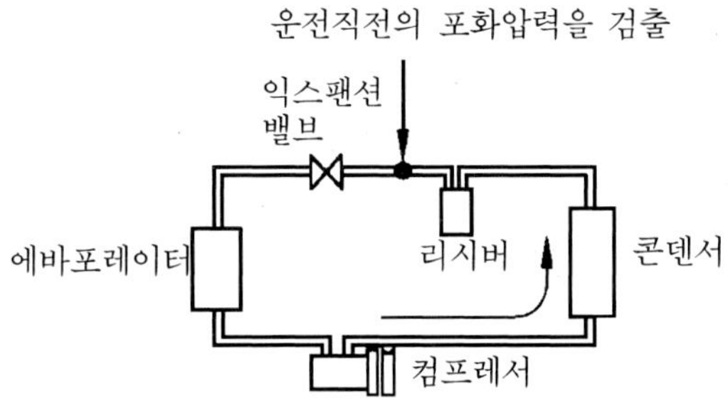

☑ 그림 5. 냉매압력의 검출점

(1) 이상고압의 검지

냉동사이클내의 고압측 압력이 비정상적으로 높아지면 기기의 고장 또는 파손을 초래한다. 고압을 검지하는 압력스위치는 일반적으로 3.19MPa(32kgf/cm^2) 이상이 되면 OFF되어 마그넷 스위치의 전원을 차단하여 컴프레서를 정지시킨다.

(2) 이상저압의 검지

1) 냉매부족의 검지

냉동사이클내의 냉매가 누설 등으로 인하여 냉매가 부족하거나 전혀 없는 상태에서 컴프레서를 구동시키면 컴프레서 오일의 윤활이 악화되어 소착을 일으킬 위험성이 있다. 그래서 냉매부족에 의한 운전직전의 냉매압력이 극히 낮을 경우 압력스위치를 OFF시켜 마그넷 스위치의 전원을 차단시킨다. 압력을 검출하는 위치로서는 운전전의 압력검지는 저압측이라도 가능하지만 운전직후에는 저압측 압력이 내려가 오작동이 일어나기 때문에 결과적으로 저압측에는 설치할 수 없고 고압측에 설치되어 있다.

에어컨을 작동시키지 않을 때는 냉동사이클 내에 적정량의 액냉매가 봉입되어 있을 경우 그 포화압력은 외기온도 25℃일 때 0.67MPa(6.8kgf/cm^2) 정도이다. 이 압력은 냉매가 누설되어 다소 부족하드라도 액냉매가 어느 정도 존재하는 한 동일온도일 때 0.67MPa의 포화압력을 나타낸다.

그러나 그림 6과 같이 냉매가 극히 부족하면 압력은 크게 떨어진다. 그래서 냉매의 포화압력 저하를 압력 스위치의 OFF신호로 검출하면 냉매부족을 검출할 수 있다.검출압력은 통상 0℃일 때의 냉매포화압력인 0.29MPa(3.0kgf/cm^2)의 값을 선택한다. 이 값은 외기온도 25℃일 때의 잔존 냉매량이 약 50g일 때의 압력이다.

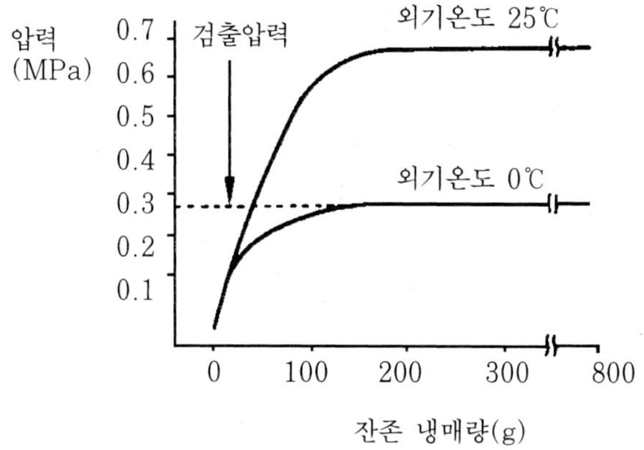

☑ 그림 6. 냉매잔존량과 압력의 관계

2) 외기온도의 검지

외기온도 0℃ 이하에서는 냉매가 적정량이드라도 압력 스위치가 OFF하여 컴프레서를 구동시키지 않는다. 0℃ 이하에서 컴프레서를 작동시키면 컴프레서가 너무 냉각되어 고압압력이 정상적으로 상승하지 않아 팽창밸브 교축부 전후에서 충분한 압력차가 발생하지 않기 때문에 냉매부족과 같은 현상이 발생한다.

3) 압력스위치의 구체적인 예

① 듀얼 압력 스위치(dual pressure switch) : 압력스위치는 이상고압과 저압을 하나의 스위치로 검지하는 듀얼 타입과 각각 단독으로 검지하는 타입이 있다. 여기서는 듀얼 타입의 구조에 대해서 설명한다. 그림 7(a), (b)에 그 구조와 작동을 나타낸다.

㉮ 냉매압력 저하시(OFF) : 〔냉매압력 〈 스프링의 힘〕으로 되어 스프링에 의해 플레이트가 위로 올라가 상측의 접점이 휘어져 열린 상태(OFF)가 된다.

㉯ 정상 작동시(ON) : 〔냉매압력 〉 스프링의 힘〕으로 되어 냉매압력에 의해 플레이트를 아래로 누르기 때문에 접점이 닫힌 상태(ON)가 된다.

㉰ 냉매압력 상승시(OFF) : 〔냉매압력 〉 쟁반스프링의 힘〕으로 되어 쟁반스프링이 휘어지기 때문에 핀을 아래로 눌러 하측 접점이 열린 상태(OFF)가 된다.

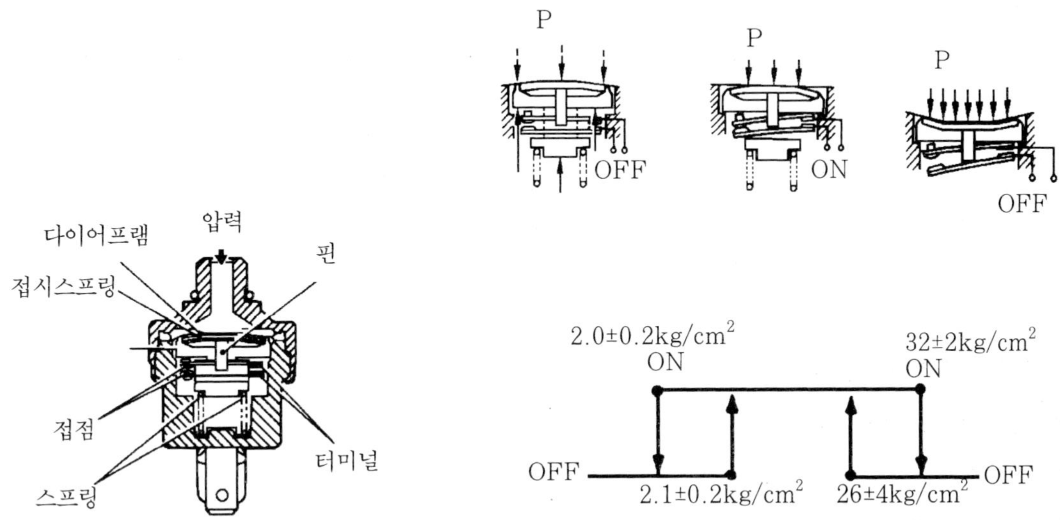

(a) 압력스위치의 구조 (b) 압력스위치의 작동

☑ 그림 7. 압력스위치

② 트리플 압력스위치(tripple pressure switch) : 트리플스위치는 듀얼 압력 스위치에 고압스위치와 동일한 역할을 하는 중간압력 스위치(middle pressure switch)를 추가한 것이다. 고압측 냉매압력이 상승하면 그림 8(a)의 구조에서 미들스위치가 ON되어 엔진 ECU로 작동신호가 입력되면 엔진 ECU는 라디에이터 펜 및 콘덴서 펜을 고속으로 작동시켜 냉매를 냉각시켜 압력상승을 방지한다.

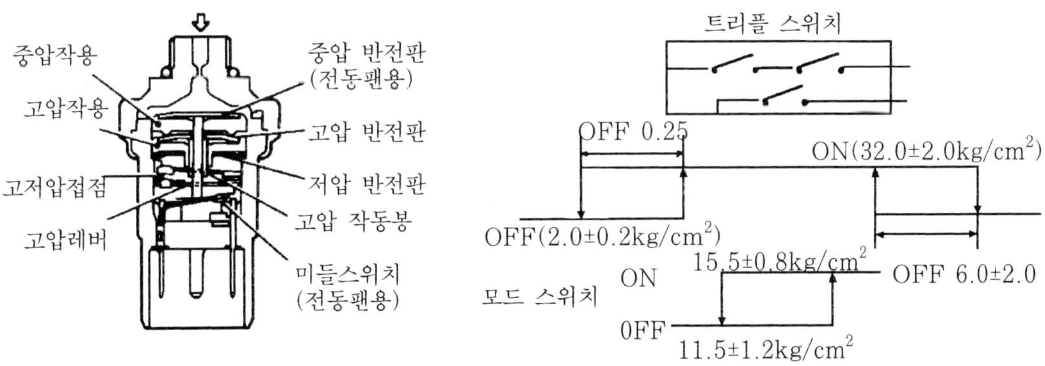

(a) 구조 (b) 작동압력

☑ 그림 8. 트리플 압력스위치

[2] 고압 안전밸브(high pressure safety valve)

압력스위치는 컴프레서의 작동을 정지시켜서 냉동사이클을 보호하는 역할을 하지만 안전밸브는 자동차가 화재 등으로 카 에어컨 전체가 고온으로 되었을 때 이상고압이 되지 않도록 설정압력 이상이 되면 냉매를 대기중으로 방출하여 이상고압을 방지하는 시스템이다.

(1) 릴리프밸브(relief valve)

냉매의 압력이 소정의 압력 이상이 되었을 때 밸브를 열어 압력을 저하시키는 밸브이며 일반적으로 컴프레서의 토출압력을 검출하도록 컴프레서 보디에 설치되어 있다. 그림 9와 같이 구조는 비교적 간단하며 스프링의 장력을 이용한 것이다. 작동압력은 스프링에 연결된 나사에 의해 조정할 수 있도록 되어 있다.

고압압력이 약 3.53MPa(36kgf/cm^2)이 되면 개방구로 냉매가 누출되기 시작하여 압력이 내려간다. 냉매가 방출되어 고압압력이 내려가면 스프링 힘이 압력보다 커지기 때문에 안전밸브는 닫힌다. 따라서 고압스위치와 같이 이상압력을 초래한 원인을 제거하면 냉동사이클은 자동적으로 정상운전을 하게 된다.

☑ 그림 9. 릴리프밸브의 구조와 장착위치

(2) 멜트 볼트(melt bolt)

리시버 보디에 설치되어 있는 멜트 볼트는 냉매온도가 일정 이상 상승하면 용해하여 냉매를 방출하는 밸브이며 가용전(可溶栓)이라고도 한다. 그림 10과 같이 본체에 매입된 Sn-Pb-Bi계 합금인 특수밴드가 고열에 의해 녹아 냉매를 방출하여 압력을 저하시킨다. 작동온도는 밴드의 조성이나 매입구조에 따라 영향을 받지만 일반적으로 90~100℃사이에 설정되어 있다.

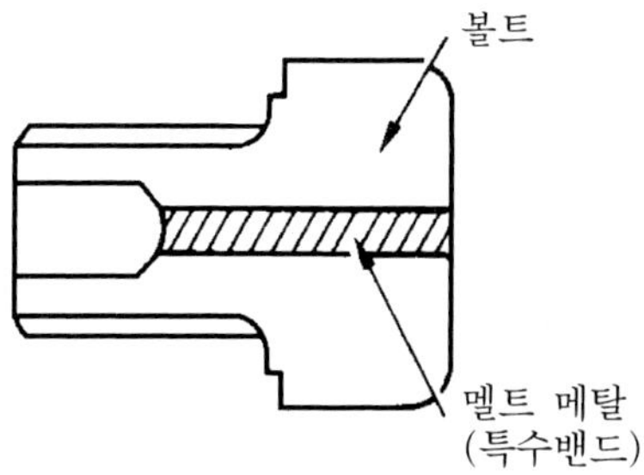

☑ 그림 10. 멜트볼트

이 장치는 위에 설명한 고압 스위치나 안전밸브와는 달리 일단 안전장치로서 작동하면 냉매가 전부 냉동사이클로부터 방출되기 때문에 냉방작용을 할 수 없다. 따라서 이상고압의 원인을 찾아서 정비한 후 신품 멜트볼트를 장착하여야 한다.

1.2.3. 차량 성능유지

컴프레서는 엔진의 구동력을 이용하여 작동시킨다. 그 만큼 엔진에는 부하가 걸리기 때문에 차량성능에 미치는 영향을 최소화하는 제어를 하도록 되어 있다.

[1] 가속 컷(cut) 제어

가속초기 특히 등판시 등 저가속시에는 차량을 가속하기 위해 많은 엔진출력을 필요로 한다. 이 엔진출력을 보다 효율이 좋게 가속으로 연결하면서 냉방성능을 유지할 목적으로 저차속에서 스로틀밸브 개도가 클 때는 수 초간 엔진 ECU는 마그넷 클러치를 OFF하여 동력전달을 차단시킨다.

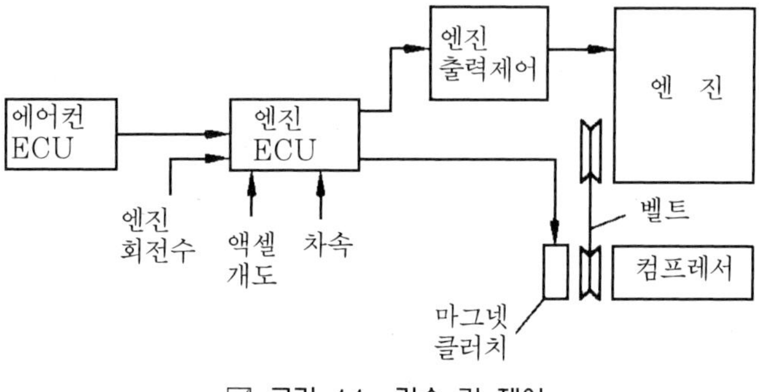

☑ 그림 11. 가속 컷 제어

[2] 저속회전시 컷 제어

아이들링시 엔진 rpm이 목표 회전수보다 너무 낮아 엔스토(ensto : engine stall)에 이르기 직전에 도달하였을 때 엔진 ECU는 마그넷 클러치를 순간적으로 OFF하여 동력전달을 차단시킨다.

[3] 벨트 로크 컨트롤러(Belt Lock Controller : BLC)

(1) 컴프레서 로크

통상의 에어컨 컴프레서 구동 전용벨트를 생략하여 그 만큼의 중량과 원가를 경감시킬 목적으로 팬벨트와 겸용하여 컴프레서를 구동시키고 있다.

컴프레서 구동용 벨트가 엔진의 크랭크샤프트 풀리와 직접 연결되어 있을 경우 어떤 이유로 컴프레서가 로크(lock)되면 벨트가 미끄러져 소음이나 연기가 발생하기도 하며 최악의 경우에 벨트가 끊어지면 알터네이트 등 다른 중요 부분의 구동도 정지되고 엔진 고장을 일으키게 하기도 한다.

(2) 작동원리

엔진회전수와 컴프레서의 회전부에 설치되어 있는 마그네틱 펄스식 픽업을 이용하여 컴프레서의 회전수를 검출하여 그 회전차를 에어컨 ECU에서 연산하여 로킹 여부를 판정한다. 컴프레서의 로크 판단은 엔진회전수와 컴프레서 회전수로부터 슬립율(slip ratio)을 계산하여 판정한다.

$$\text{슬립율} = \frac{\text{엔진 회전수} - \text{컴프레서 회전수}}{\text{엔진 회전수}} \times 100 \quad \cdots\cdots (4\text{-}1)$$

여기서 슬립율이 40% 미만이면 로크가 일어나지 않는다고 판단하고 그 이상이면 마그네틱 클러치로의 전류를 차단하여 벨트의 파단을 방지 한다. 로크 검출시스템은 그림 12와 같다.

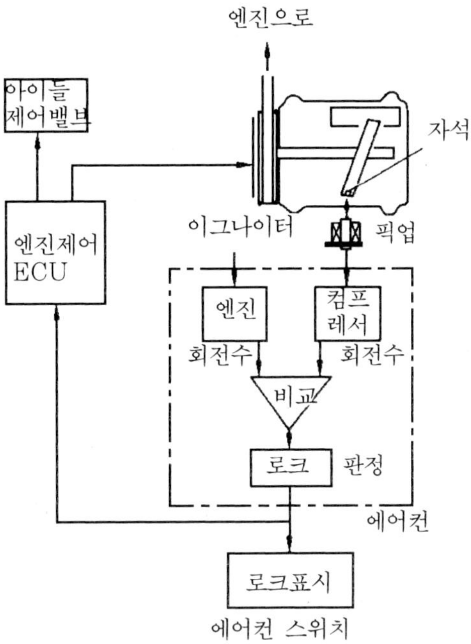

☑ 그림 12. 로크 검출시스템

2. 차량 연동제어

엔진에서 발생한 구동동력을 이용하여 작동하는 컴프레서는 그 구동동력의 크기에 따라 차량성능에 영향을 크게 미친다. 예를 들면 가속시에는 큰 엔진출력이 필요하기 때문에 컴프레서에 소요되는 동력은 되도록 작으면 좋다.

차량 연동제어는 이와 같은 관점에서 제어하는 것으로 A/C작동상태와 차량주행상태에 따라 쾌적한 차실내 공간을 유지함과 동시에 차량성능을 최대한 발휘하도록 효율적인 컴프레서를 제어하는 것이다.

2.1. 에어컨측 제어

2.1.1. 가속시 동력세이브 제어

자동차 발진가속과 추월 가속시에는 충분한 가속성을 얻기 위해 큰 엔진출력이 필요하다. 가속시 동력세이브 제어는 엔진출력을 보다 효율적으로 가속에 결부시키면서 동시에 공조성능도 달성하는 것을 목적으로 하는 제어이다.

발진시나 추월시에는 엑셀개도가 클 때의 수초동안은 가변용량 컴프레서의 용량을 작게 컨트롤하여 엔진에서 컴프레서로 공급되는 동력부담을 덜어준다.

구체적으로는 엔진 ECU에서 에어컨 ECU로 가속신호가 입력되면 에어컨 ECU는 그림 13과 같이 컴프레서의 용량출력을 작게하여 가속성을 향상시킨다. 이때 컴프레서용량의 감소량은 냉방부하에 따른 체감온도와 차이를 느끼지 않을 정도로 설정한다.

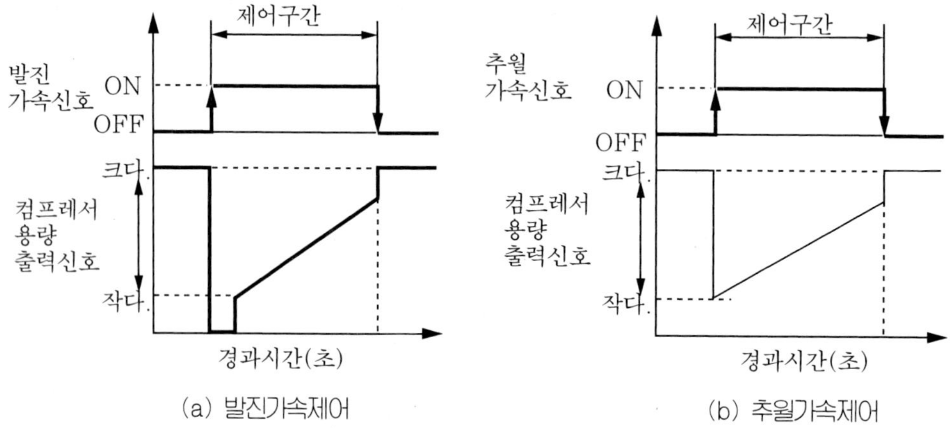

☑ 그림 13. 가속시 동력세이브 제어

2.1.2. 감속에너지 회수제어

자동차 감속시에는 엔진 퓨엘 컷시키기 때문에 엔진은 컴프레서를 구동하기 위한 동력을 발생시키지 않는다. 따라서 엔진은 타이어로부터의 회전력을 받아 회전하기 때문에 이 회전력을 이용하여 축냉하는 것이 감속시 에너지회수제어이다.

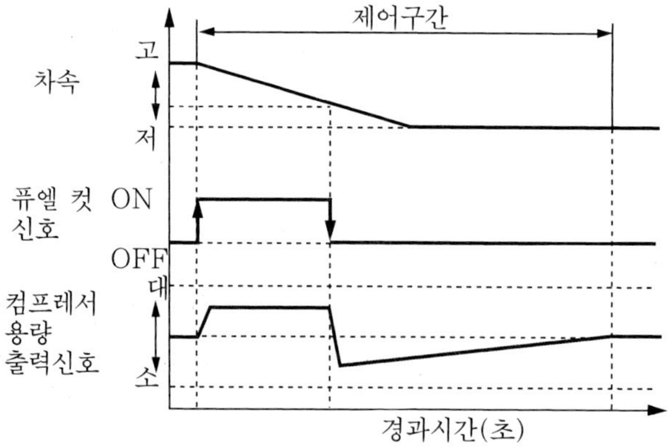

☑ 그림 14. 감속에너지 회수제어

그림 14와 같이 에어컨 ECU는 엔진 ECU로부터 퓨엘 컷 신호를 받으면 컴프레서 용량을 크게 하여 축냉을 개시한다. 그 후 퓨엘 컷 신호가 OFF되면 에어컨 ECU는 컴프레서 용량을 작게하며 그 후 서서히 용량을 크게 한다. 퓨엘 컷 신호가 OFF된 이 후에는 우선 축냉분을 사용하여 냉방을 하기 때문에 그 만큼의 컴프레서 구동동력은 세이브되어 연비를 향상시키게 된다.

2.1.3. 저회전시 동력 컷 제어

저회전시 동력 컷 제어는 급감속시 엔스토(ensto : engine stop)방지가 주된 제어이며 그림 15에 제어관계를 나타낸다. 급감속 아이들링시에는 실제의 엔진회전수가 목표 엔진회전수보다 낮다. 특히 엔스토에 이르기 직전의 저속 회전수까지 저하되면 엔진 ECU는 에어컨 ECU에 컴프레서 용량을 최소용량이 되도록 동력 컷 신호를 보내어 엔스토를 방지한다.

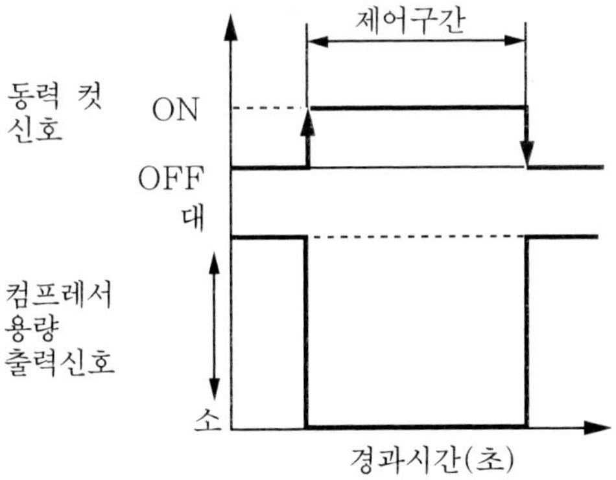

☑ 그림 15. 저회전시 동력 컷 제어

2.2. 엔진측 제어

2.2.1. 아이들업(idle up) 제어

아이들링시에는 엔진회전수가 낮기 때문에 자동차의 열부하가 높을 때는 냉방능력이 부족할 수 있다. 그래서 외기온도, 에바포레이터 출구온도, 차실 내 온도, 일사강도 등을 종합적으로 판단하여 에어컨 ECU에서 엔진 ECU로 아이들업의 목표회전수를 높게 설정하도록 요구한다. 엔진 ECU는 이 신호를 받으면 통상의 아이들 회전수보다 높은 엔진회전수가 되도록 제어한다.

2.2.2. 컴프레서 토크에 적합한 공기량제어

아이들링상태에서 엔진이 목표회전수를 유지하기 위해서는 각종 엔진 보조기기의 필요 동력을 추정하여 엔진의 공기량을 제어할 필요가 있다. 이를 위해 실제 작동하고 있는 가변용량 컴프레서의 토크를 추정하여 엔진 ECU에 컴프레서 토크신호를 보낸다. 이 신호를 기반으로 엔진 ECU는 컴프레서 구동에 적합한 공기량을 추가 보정하여 공기량을 제어한다.

고정용량 컴프레서의 경우 용량이 고정되어 있기 때문에 컴프레서 회전수로 산출 가능한 냉매유량과 검출된 토출압력센서의 출력으로 토크를 추정한다. 한편 가변용량 컴프레서는 가변용량 범위가 넓기 때문에 매우 정밀한 토크 추정이 필요하다. 따라서 기변시 컴프레서 용량의 측정은 어렵기 때문에 직접 센서로 검출한 냉매유량과 토출압력으로부터 토크를 추정한다.

Chapter 05

카 에어컨의 구성부품

1. 컴프레서
2 마그넷 클러치
3. 열교환기
4. 에바포레이터
5. 건조기
6. 냉매제어 부품
7. 배관
8. 전기제어 부품

CHAPTER

05 카 에어컨의 구성부품

1. 컴프레서(compressor)

카 에어컨용 컴프레서는 엔진에 의해 벨트와 클러치를 거쳐 구동력이 전달되며 에바포레이터에서 차실내의 열을 빼앗아 기화된 저온, 저압의 냉매가스를 흡입, 압축하여 고온, 고압의 가스를 콘덴서로 보내는 역할을 한다.

1.1. 기초 지식

그림 1에 대형 버스 등에 주로 사용되고 있는 컴프레서의 기본형인 왕복식의 구조를 나타낸다. 그림 2는 왕복식을 예로 이론압축선도를 나타낸다.

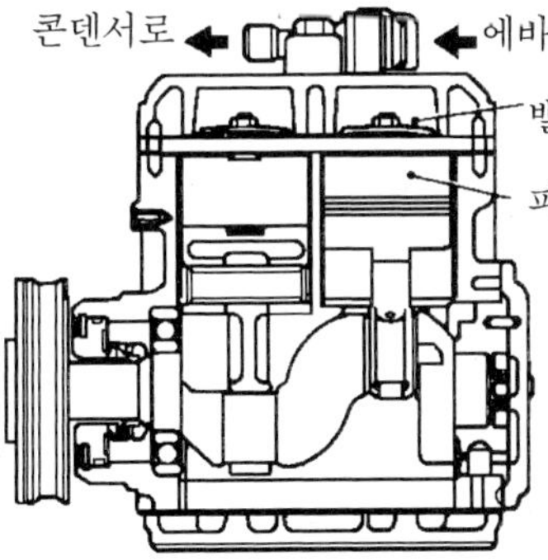

☑ 그림 1. 왕복식 컴프레서의 구조

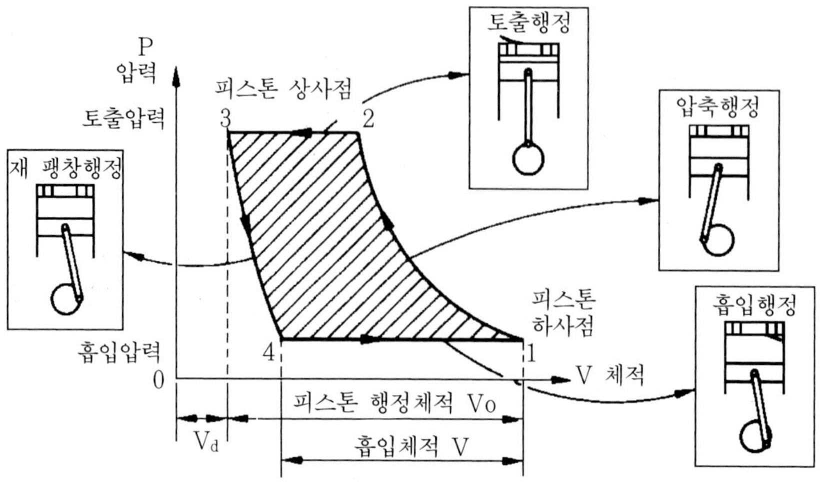

☑ 그림 2. 이론압축선도

① 1→2 ; 흡입압력 Ps의 냉매가스를 토출압력 Pd까지 압축하고

② 2→3 ; 이 냉매가스를 고압측으로 토출하면서 피스톤은 상사점 3에 이른다.

③ 3→4 : 피스톤 상사점 3에서 체적 Vd의 냉매가스를 4의 흡입압력 Ps까지 팽창한다.

④ 4→1 : 작동실이 흡입압력에 달하면 새로운 냉매가스를 흡입밸브를 통해 흡입한다.

여기서 흡입체적 V는 3→4의 재 팽창행정에 의해 피스톤 행정체적 Vo보다 작아진다. 실제로는 내부누설이나 흡입압력 손실의 영향이 있기 때문에 실제의 흡입체적 V′는 그림의 V보다 작은 값이 된다. V′와 Vo의 비를 체적효율이라 하며 다음 식으로 나타낸다.

$$\eta_v = \frac{V'}{V_o} \quad \cdots\cdots (5\text{-}1)$$

그림 3에 실제의 왕복식 컴프레서의 압축선도를 이론 선도와 비교한 것을 나타낸다. 이론압축동력 L_{th}(1, 2, 3, 4)에 비해 실제의 도시압축동력 L′(1′, 2′, 3′, 4′)은 그림에서와 같이 각 손실이 더해져 크게 된다.

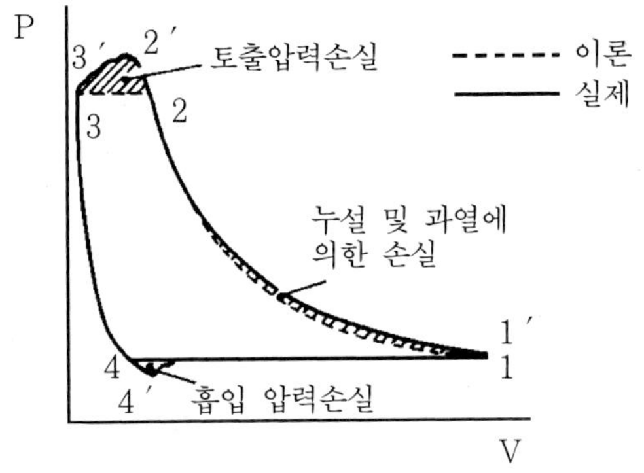

☑ 그림 3. 실제 압축선도(왕복식)

이 L_{th}와 L′의 비를 압축효율이라 하며 다음 식으로 나타낸다.

$$\eta_v = \frac{L_{th}}{L'} \quad \cdots\cdots (5\text{-}2)$$

여기서 이론압축동력 L_{th}는 단열압축이론에 의해 단열지수 κ를 사용하면 다음 식이 된다.

$$L_{th} = \frac{k}{k-1} P_s V \left\{ \left(\frac{P_d}{P_s} \right)^{\frac{(k-1)}{k}} - 1 \right\} \quad \cdots\cdots (5\text{-}3)$$

또 실제로 컴프레서에는 P-V선도상에 나타나지 않는 각부의 마찰에 의한 동력손실이 있기 때문에 소요동력 L은 도시압축동력 L′보다 더욱 커진다. 이 L과의 비를 기계효율이라 한다.

$$\eta_m = \frac{L'}{L} \quad \cdots\cdots (5\text{-}4)$$

따라서 식에서 실제의 소요 동력과 이론 동력의 관계는 다음 식과 같다.

$$L = \frac{L_{th}}{(\eta_c \cdot \eta_m)} \quad \cdots\cdots (5\text{-}5)$$

일반적인 운전조건에서는 η_c = 0.7~0.8, η_m = 0.8~0.9이다.

1.2. 종류와 특징

컴프레서를 분류하면 크게 용적형과 터보형으로 나눌 수 있지만 카 에어컨용으로는 거의 용적형이다. 용적형의 분류와 사용역사를 그림 4에 나타낸다. 현재는 사판형이 주류를 이루고 있지만 소형, 저소음의 요구에 따라 회전식도 많이 사용되고 있다. 또 동력절감, 쾌적성의 요구에 따라 가변 용량형 컴프레서도 많이 보급되고 있다.

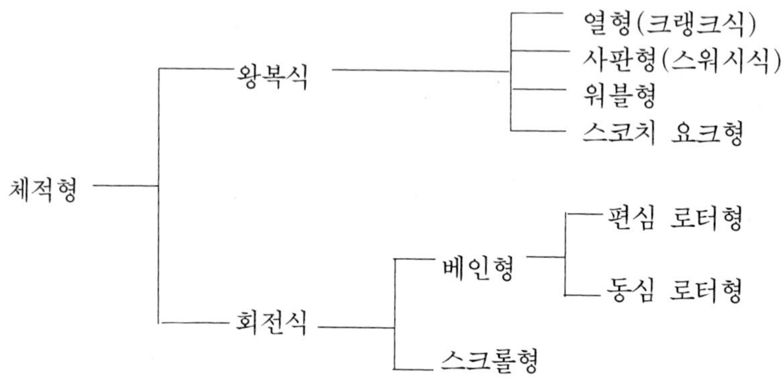

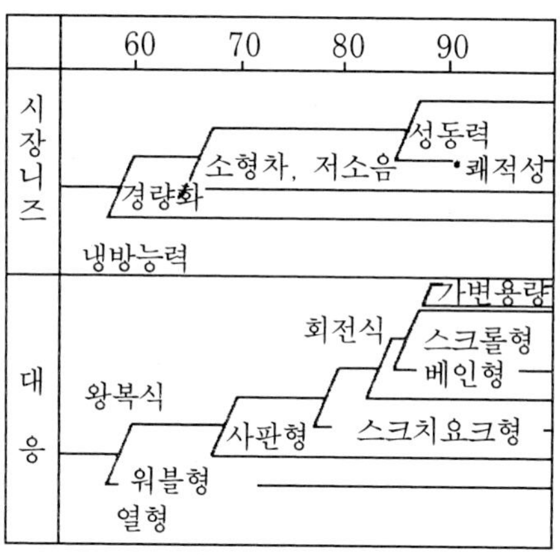

☑ 그림 4. 컴프레서의 종류와 기술동향

1.2.1. 왕복식 컴프레서

표 1에 왕복식의 대표적인 구조와 특징을 나타낸다. 그림 5는 왕복식에서 가장 많이 사용되고 있는 사판형(swash type)의 작동원리를 나타낸다.

열형의 크랭크축 대신에 구동축에 고정된 사판의 회전에 의해 사판위의 슈를 거쳐 피스톤이 왕복 작동한다. 피스톤 양측에 실린더 실이 있으며 피스톤 전후로 흡입 → 압축 → 토출을 한다.

[표 1] 왕복식 컴프레서의 구조와 특징

형 식 (대표 예)	구조	특징
열형 (크랭크식)	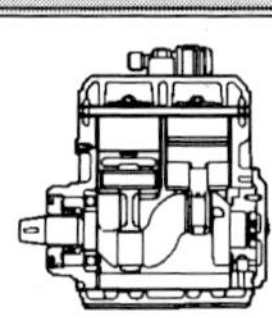	·크랭크, 커넥팅로드, 피스톤으로 구성되어 있으며 왕복식의 가장 기본적인 형식이다. ·신뢰성은 우수하지만 언밸런스가 크고 토크 변동도 크기 때문에 진동소음이 크다. ·고속회전에는 적합하지 않다.
사판형 (스워시식)	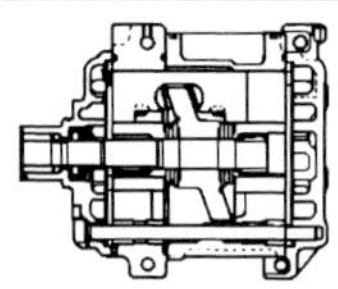	·샤프트 중앙에 고정된 사판의 회전에 의해 피스톤을 샤프트에 평행하게 작동시켜 압축한다. ·특성과 신뢰성이 있으며 종합적으로 밸런스를 갖춘 형식이다.
워블형	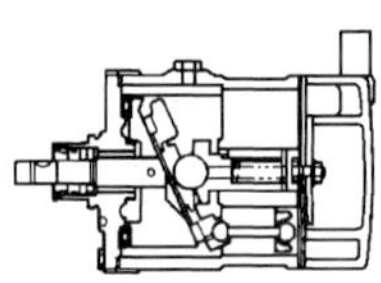	·양 사판형의 피스톤을 편측만 배치한 것이다. ·연속 가변용량(스트로크 가변)에 적합하며 가변제어성과 성연비가 우수하다. ·사판형에 비해 실린더수와 동적 밸런스 등이 불리하고 진동, 소음, 고속 내구성면에서 열악하다.
스코치 요크형	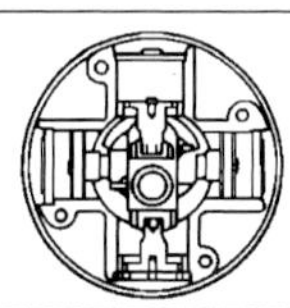	·크랭크샤프트와 직각인 피스톤을 왕복운동 시킨다. ·반경방향은 크지만 축방향은 짧게 할 수 있다.

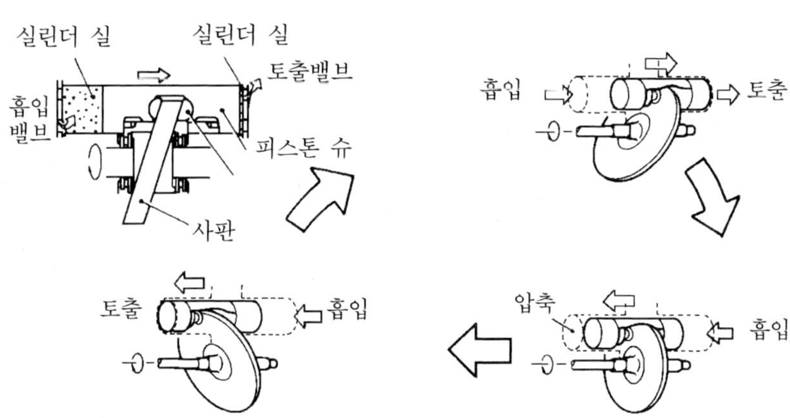

☑ 그림 5. 사판식 컴프레서의 작동원리

1.2.2. 회전식 컴프레서

표 2에 회전식의 대표적인 구조와 특징을 나타낸다.

[표 2] 회전식 컴프레서의 구조와 특징

형 식 (대표 예)		구 조	특 징
베인형	동심 로터형	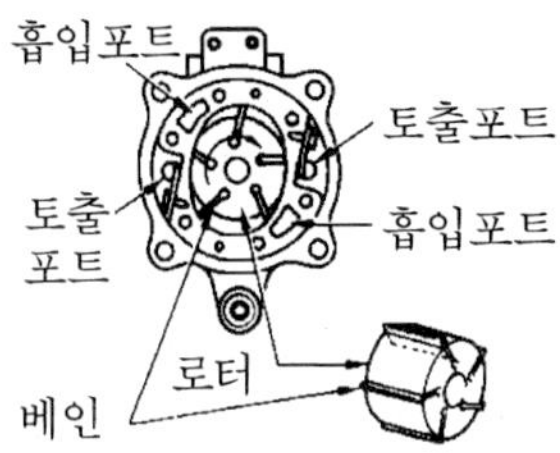	· 단면형상이 타원형인 실린더와 베인이 부착된 로터로 구성되어 있다. · 사판형에 비해 부품수가 적고 소형, 다기통화 할 수 있다. · 베인과 실린더사이에 미끄럼 저항이 크기 때문에 소비동력이 크다.
베인형	편심 로터형	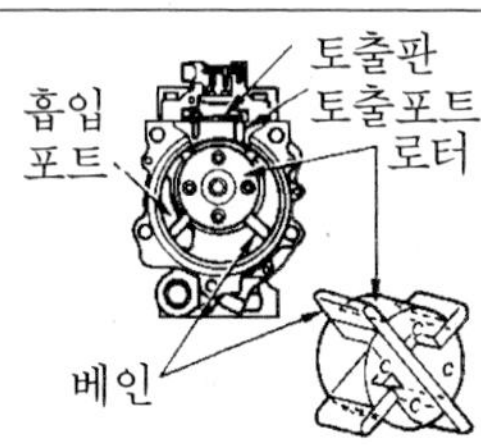	· 특수 프로필로 구성된 실린더와 편심로터 그리고 로터를 관통하는 2개의 직교하는 베인으로 구성되어 있다. · 베인과 실린더와의 마찰손실이 적고 소비마력당 냉방능력이 높다. · 베인의 이동량이 크고 소형화할 수 있다.
스크롤형		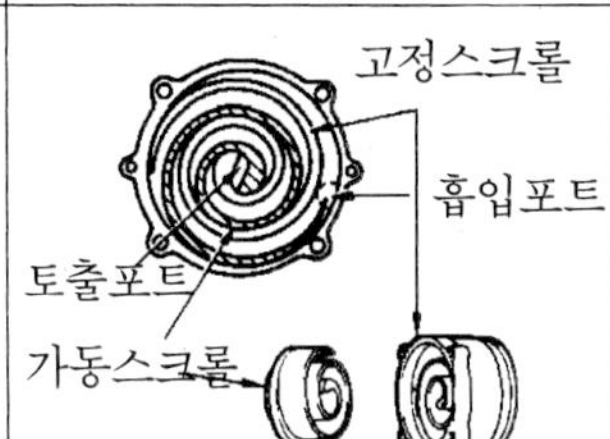	· 가동 스크롤과 고정 스크롤이 있으며 가동 스크롤을 선회운동시켜 흡입, 압축을 한다. · 압축이 완만하여 누설이 적고 효율이 높지만 몸체의 직경이 크다. · 부품수가 적고 소형경량화 할 수 있으나 가격이 다소 높다.

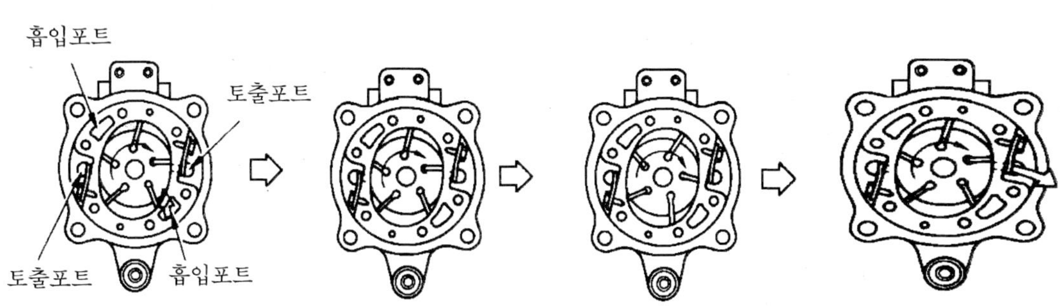

(a) 흡입　(b) 압축　(c) 토출　(d) 토출종료

☑ 그림 6. 동심 로터식 베인형의 작동원리

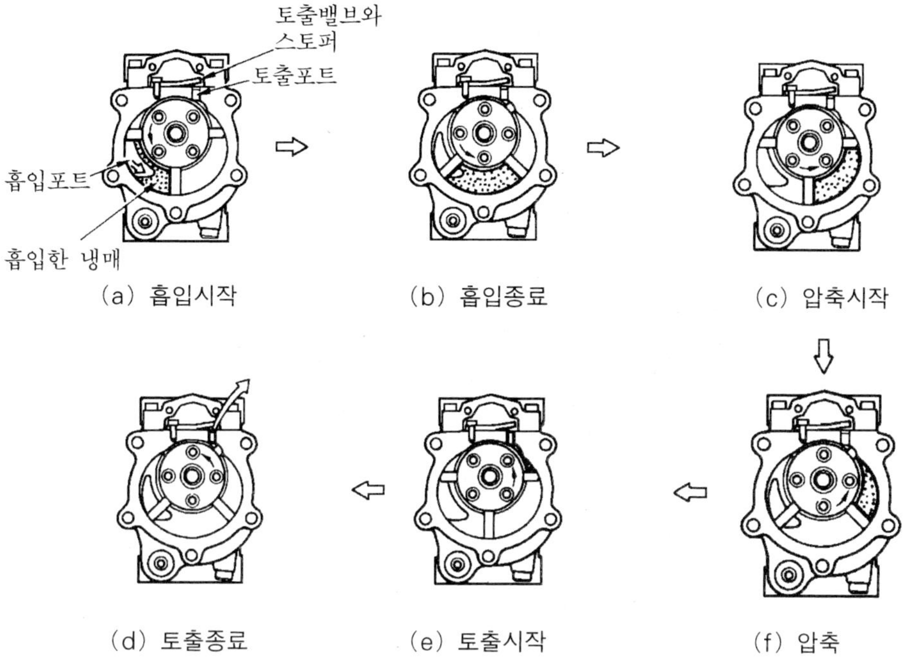

☑ 그림 7. 편심 로터식 베인형의 작동원리

베인형은 샤프트와 일체로 회전하는 로터와 베인 그리고 하우징내면 사이에 형성된 작동실의 체적이 증가와 감소를 반복하면서 냉매가스를 흡입. 압축. 토출한다. 스크롤형은 가동 스크롤과 고정 스크롤를 서로 맞물리게 하여 여러 개의 접촉점으로 초생달형의 작동실을 형성한다. 가동 스크롤를 공전운동시켜 작동실이 외주측에 의해 체적을 감소시키면서 내측으로 이동한다. 여러 개의 작동실에서 흡입. 압축. 토출이 동시에 이루어지며 압축된 냉매가스는 중앙에 있는 토출 포트로 배출된다.

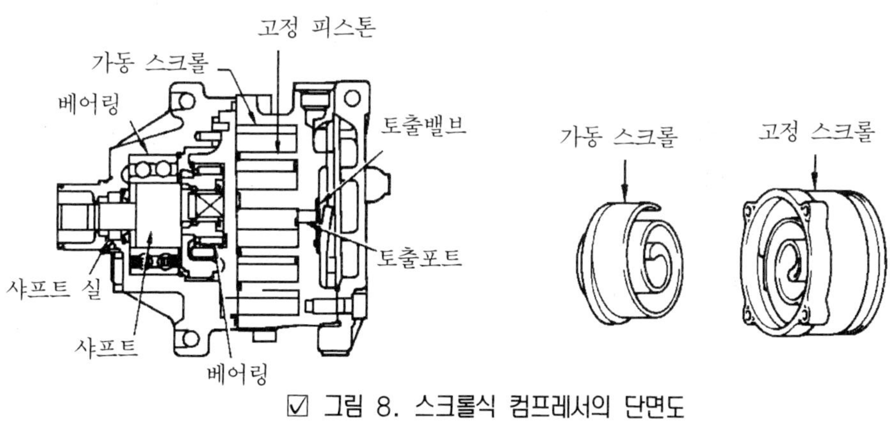

☑ 그림 8. 스크롤식 컴프레서의 단면도

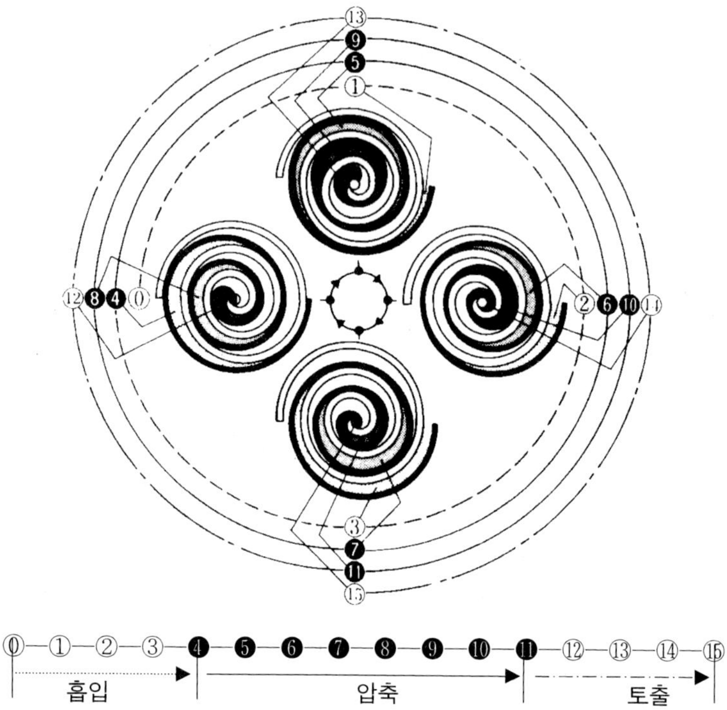

☑ 그림 9. 스크롤식 컴프레서의 작동원리

1.2.3. 가변용량 컴프레서

카 에어컨에 대한 소요동력의 절감요구와 컴프레서의 ON/OFF제어시 자동차실내 토출온도변화를 최소화 하고 쇼크를 저감시켜 쾌적성을 향시키기 위해서는 컴프레서의 가변용량화가 바람직하다.

[1] 가변용량방식

그림 10에 컴프레서 냉동능력의 인자와 능력을 가변하는 방법을 나타낸다. 카 에어컨용 컴프레서는 엔진의 동력으로 구동하기 때문에 가정용 에어컨과 같이 회전수를 임의로 변경할 수가 없다. 따라서 그림과 같이 회전수 이외의 방법인 행정체적, 체적효율, 실린더 수로 냉동능력을 제어하는 방법이 실용화되고 있다.

토출용량 = 행정체적 × 체적효율 × 실린더 수 × 회전수

- 행정체적 ⇩ 스트로크 가변
- 체적효율 ⇩ 흡입 냉방 능력 가변
- 실린더 수 ⇩ 실린더 수 가변

☑ 그림 10. 컴프레서의 냉방능력 가변방법

(1) 스트로크(stroke) 가변식

1) 스트로크 가변원리

왕복식의 사판형과 워블형 컴프레서의 사판 또는 워블 플레이트의 경사를 연속적으로 변화시키면 피스톤의 스트로크가 변화하며 따라서 연속적인 용량변화를 일으킬 수 있는 방식이다.

그림 11에 나타 낸바와 같이 크랭크 케이스 내압 Pc를 변화시켜 피스톤 전후에 작용하는 힘의 평형 변화로 사판의 경사를 연속적으로 변화시킨다.

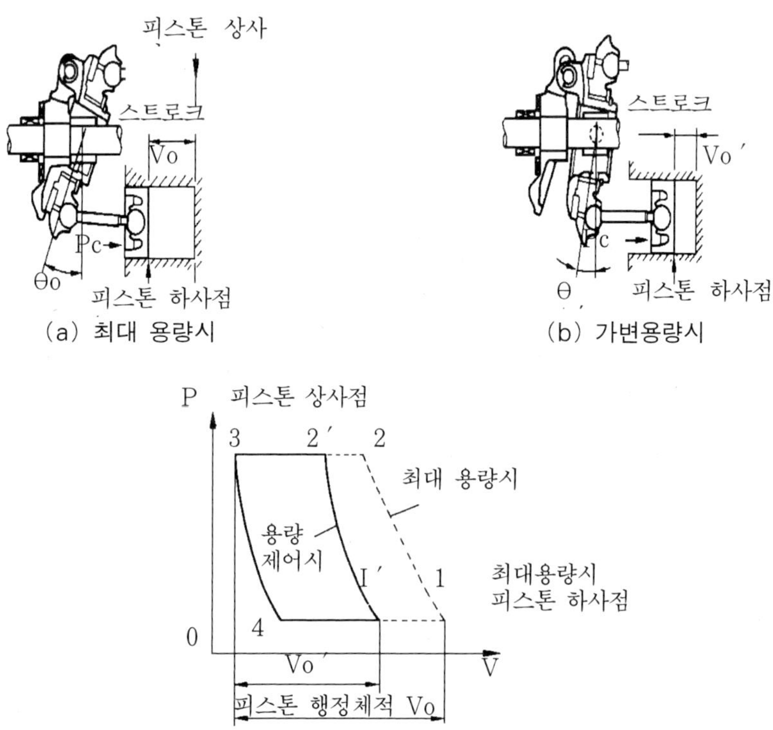

☑ 그림 11. 스트로크 가변원리

여기서 샤프트와 사판과의 접속부에 드라이브 러그와 러그 가이드 핀을 이용한 독특한 힌지기구를 이용하여 사판의 경사각도가 변화해도 피스톤의 상사점은 일정하도록 설정되어 있다.

그림의 P-V선도에서 나타 낸바와 같이 최대 용량시 피스톤의 하사점은 1이지만 가변용량시에는 스트로크가 감소하여 하사점은 1'가 된다. 따라서 피스톤 행정체적은 Vo에서 Vo'로 변화하여 냉동능력을 변화시킬 수 있다.

2) 스트로크 가변작동

여기서는 국산승용차에 주로 사용하고 있는 편사판식 V-5형(variable-5 cylinder type)가변 컴프레서의 작동원리에 대하여 설명한다. 그림 12는 V5형 편사판식 컴프레서의 구조를 나타낸다. 그림에서 피스톤은 컴프레서 샤프트가 회전할 때 유동판에 의하여 운동을 하고 압력에 따라 유동판의 각도를 변화시켜 피스톤의 행정을 조절하여 냉방부하에 따라 적절한 냉매 토출량을 제어한다. 그림 12의 구조에서 벨로즈는 금속판으로 된 자바라로 내부에 코일 스프링이 들어 있다.

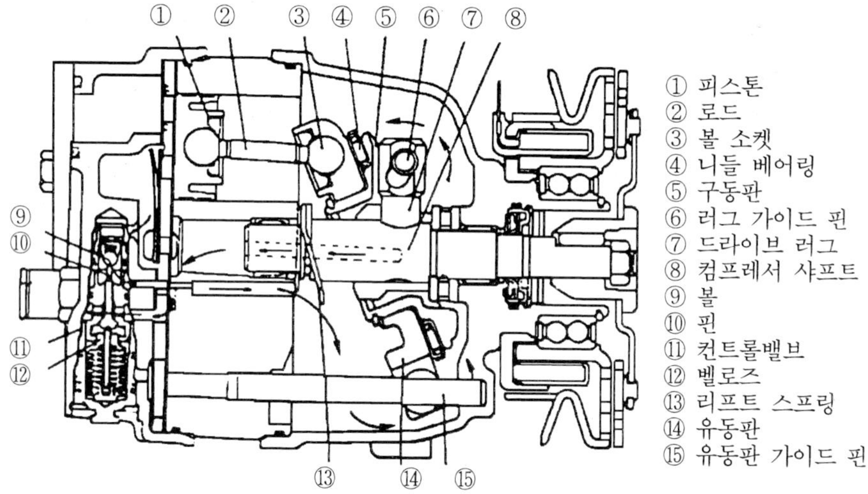

☑ 그림 12. V-5형 가변컴프레서의 구조

벨로즈 주위의 냉매압력과 스프링 장력과의 평형변화에 따라 그림 13과 같이 벨로즈 길이 ℓ이 변화한다. 즉, 벨로즈 주위의 냉매압력이 낮으면 벨로즈는 스프링장력에 의해 팽창하고 냉매압력이 높으면 스프링이 압축되어 벨로즈의 길이는 작아진다.

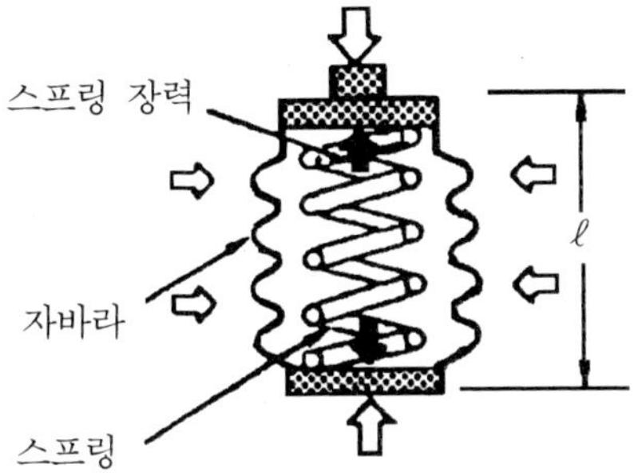

☑ 그림 13. 벨로즈의 작동

① 강한 냉방이 필요할 때 : 에바포레이터를 통과한 냉매가스가 차실내 열량을 많이 흡수하지 아니하여 냉방부하가 클경우(차실내가 더워 승차원이 에어컨을 좀더 세게 하였으면 할 때)에는 저압측 압력이 높다. 즉, 냉매의 포화압력이 높으면 포화온도가 높다는 것은 이미 열역학을 통해서 알고 있는 사실이다.

그림 14와 같이 흡입측의 압력상승으로 벨로즈는 수축하게 된다. 따라서 핀은 내려오고 저압측 밸브를 열어 저압측과 크랭크 케이스 내부가 서로 통하게 되어 크랭크 케이스 내의 압력은 저압측 압력과 같아진다. 한편 실린더 압력은 저압측 압력과 같거나 약간 높다.

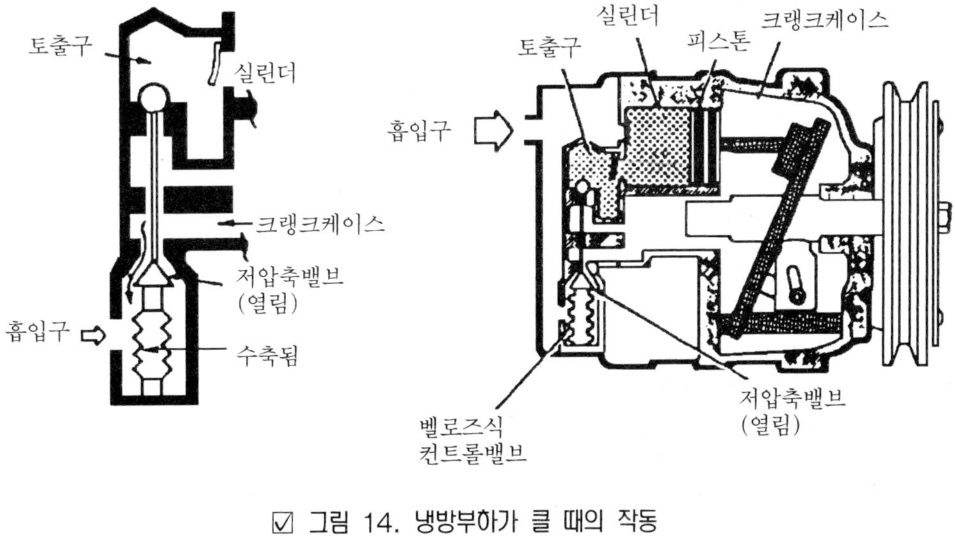

☑ 그림 14. 냉방부하가 클 때의 작동

따라서 피스톤 양측에 작용하는 압력, 즉 실린더 내의 압력은 크랭크 케이스의 압력보다 같거나 약간 높다. 때문에 냉매압력이 유동판의 경사각에 영향을 미치지 않으므로 유동판은 최대경사각이 되고 피스톤의 행정은 최대로 되어 냉매 토출량이 최대가 된다.

② **약한 냉방이 필요할 때** : 강한 냉방으로 주행중 다소 추운 느낌이 들어 약간 낮은 냉방을 필요로 할 때는 강한 냉방일 때의 흡입측 압력은 이미 낮은 상태이다. 왜냐하면 강한 냉방상태란 증발기 내 냉매의 포화온도가 낮다는 것을 의미하고 따라서 포화압력(흡입측 압력)이 낮다는 것을 의미한다.

흡입측 압력이 약 1.8kg/cm^{2}g 이하로 낮아지면 그림 15와 같이 벨로즈는 팽창하여 볼(고압측 밸브)은 위로 올라가 열리고 저압측 밸브는 닫힌다. 따라서 실린더에서 압축된 고압의 냉매가 크랭크 케이스로 유입되어 크랭크 케이스 내의 압력이 증가한다. 이로 인해 유동판은 최소 토출위치로 밀리어 유동판의 경사각이 작아진다. 따라서 피스톤행정이 감소하여 냉매 토출량이 감소한다. 그림 16은 가변 워블형의 구조를 나타낸다.

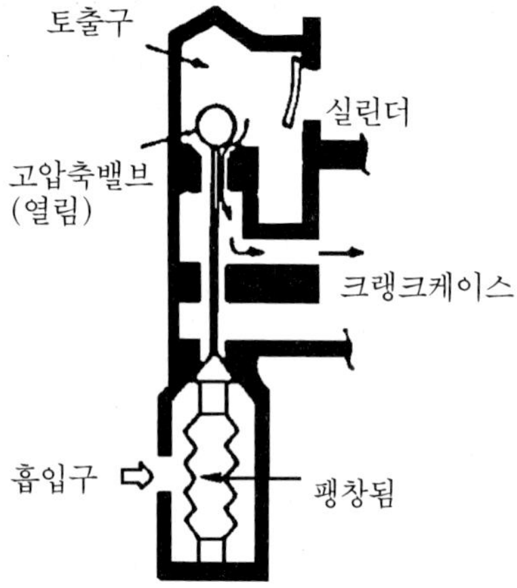

☑ 그림 15. 약한 냉방이 필요할 때의 작동

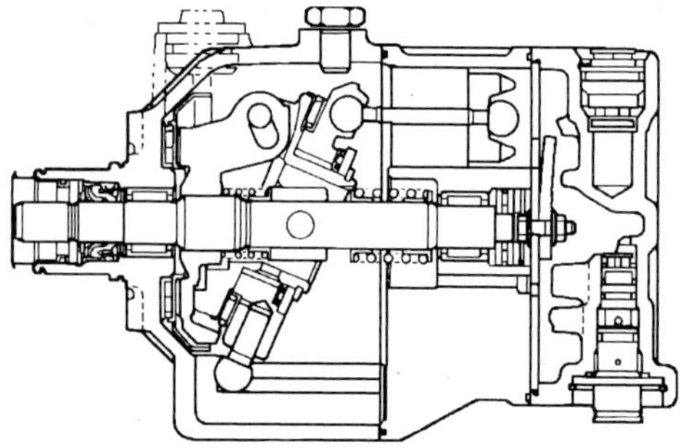

☑ 그림 16. 워블형 가변용량 컴프레서

(2) 흡입가스 바이패스(bypass) 방식

회전식 베인형 또는 스크롤형에서 사용되고 있는 방식으로 압축실에 설치되어 있는 바이패스 포트(bypass port)를 개폐하여 압축개시시의 용량을 연속적으로 변화시키는 방식이다.

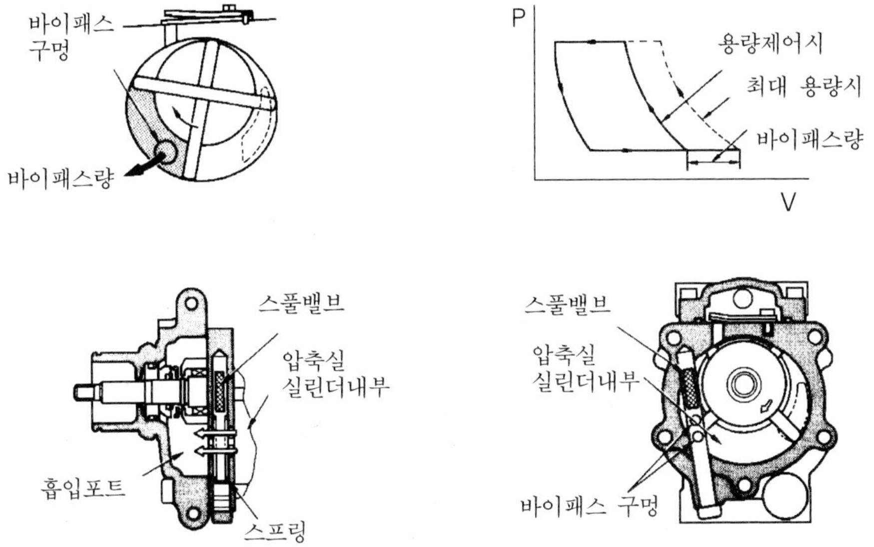

☑ 그림 17. 흡입가스 바이패스 가변식(베인형)의 작동원리

그림 17에 베인형의 가변용량 기구와 작동원리를 나타낸다. 프런트 사이드 하우징(front side housing)내에 스풀 밸브(spool valve),스프링 그리고 압축실에서 흡입실로 통하는 통로인 바이패스 포트가 설치되어 있다.

엔진 회전수가 상승하면 그만큼 컴프레서의 토출용량도 커지지만 흡입압력의 저하를 레귤레이터에서 검지하여 흡입압력이 내려가면 스풀 밸브를 위로 눌러 바이패스 포트를 열어 냉매를 그림의 화살표와 같이 압축실에서 흡입실로 되돌리므로서 토출용량을 제어한다. 그림의 P-V선도에 나타 낸 바와 같이 바이패스 양에 따라 실선의 P-V선도로 되어 냉방능력을 변화시킬 수 있다.

(3) 실린더수 가변식

1) 사판형 컴프레서의 구조와 가변원리

그림 18에 가변식 사판형 컴프레서의 구조를 나타낸다. 10기통의 사판형 컴프레서의 리어측에 솔레노이드밸브를 설치하여 솔레노이드밸브의 ON/OFF에 따라 리어측 5기통의 흡입측과 토출측의 통로를 개폐한다.

그림 19와 같이 솔레노이드밸브를 ON하면 리어측 흡입측과 토출측의 통로가 열리어 압축불능 상태가 된다.

따라서 컴프레서의 능력을 100%(솔레노이드밸브 OFF, 10기통 작동)과 50%(솔레노이드밸브 ON, 5기통 작동)의 2단계로 절환 할 수 있다.

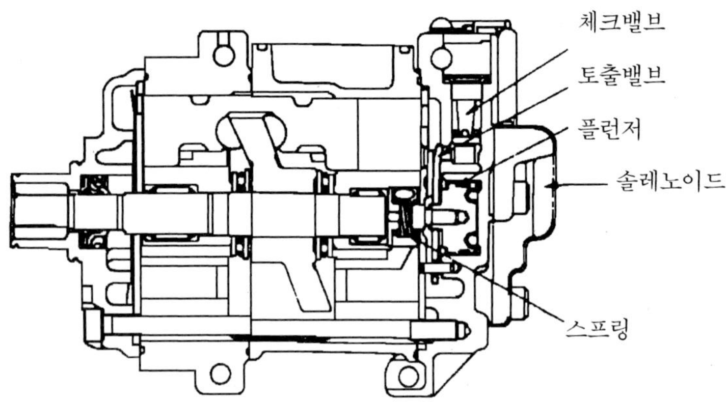

☑ 그림 18. 가변식 사판형 컴프레서의 구조

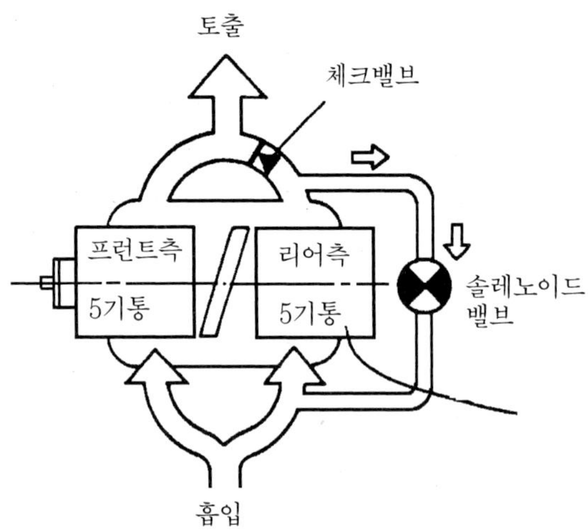

☑ 그림 19. 사판형 컴프레서의 가변원리

2) 사판형 컴프레서의 가변작동

① 100% 운전시 작동(저압배관부의 온도가 높을 경우) : 저압배관부에 설치되어 있는 서모스위치는 배관의 표면온도를 검출하여 릴레이를 거쳐 솔레노이드밸브에 전류의 통전여부를 결정한다.

저압 배관부의 온도가 높을 경우 서모 스위치는 OFF되며 따라서 릴레이도 OFF되어 솔레노이드 코일에 전류가 흐르지 않아 밸브는 저압측을 닫고 고압 바이패스 통로를 열어 플런저 뒷면으로 고압가스가 들어온다. 플런저는 스프링장력을 이기고 고압토출밸브를 밸브 플레이트로 누르기 때문에 각 실린더 모두 압축작용을 한다. 압력에 의해 위로 이동되어 있는 체크밸브에 의해 리어측에는 고압가스가 발생하고 프런트측의 고압과 함께 콘덴서로 보내진다.

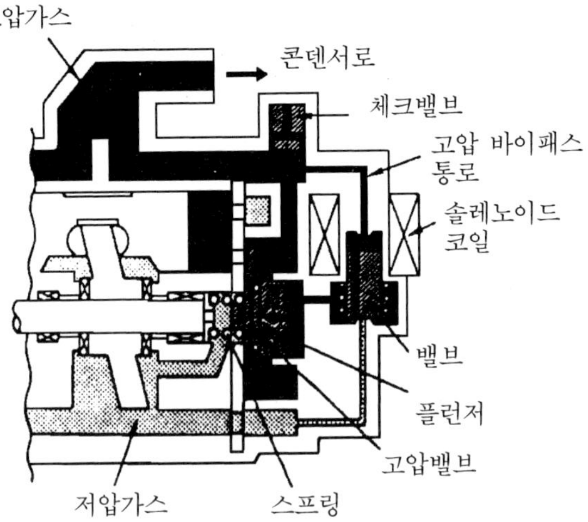

☑ 그림 20. 100% 운전시 작동

② 50% 운전시 작동(저압배관부의 온도가 낮을 경우) : 저압 배관부의 온도가 낮을 경우 서모 스위치는 ON되어 솔레노이드 코일에 전류가 흐르면 밸브는 흡인되어 저압측을 열고 고압 바이패스 통로를 닫는다. 플런저 뒷면에는 고압가스의 압력이 작용하지 않기 때문에 플런저는 스프링에 눌리어 고압 토출밸브를 밸브 플레이트로부터 떨어지게 한다.

이때 리어측 실린더 각각의 토출 포트는 열려 있기 때문에 리어측 5기통은 압축작용을 할 수 없게 된다. 체크밸브는 리어측이 압축작용을 하지 않기 때문에 프런트측과의 압력차로 인하여 내려간다. 따라서 리어측의 토출통로를 닫아 고압가스의 역류를 방지한다. 이와 같이 리어측은 저압으로 되고 프런트측만 압축작용을 하여 50% 용량이 된다.

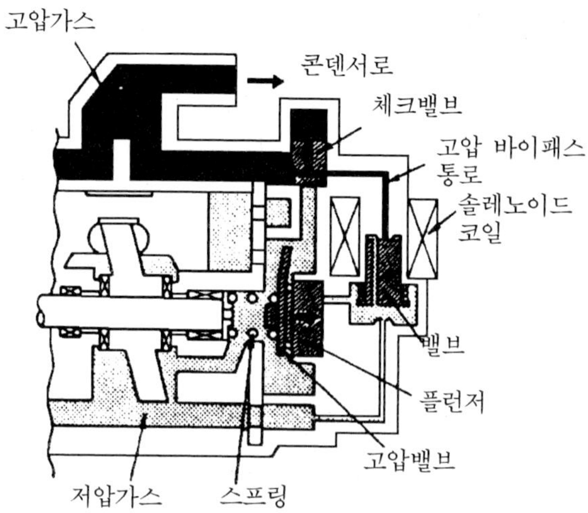

☑ 그림 21. 50% 운전시 작동

③ 이코노미 제어(economy control) : 앞에서도 설명하였지만 에바포레이터를 통과하는 공기에는 수분이 포함되어 있기 때문에 에바포레이터 핀의 온도가 통상 3℃ 이하가 되면 프로스트 현상을 일으킨다.

따라서 에어컨 통상모드일 때는 에바포레이터 출구의 온도가 3℃ 이하일 때는 에어컨의 작동을 OFF시키고 3~5℃일 때는 50% 작동을 하며 5℃ 이상일 때는 100% 운전을 한다. 또 이코노모드일 때는 50%작동을 하며 10℃ 이하에서 에어컨 작동을 OFF시키고 11℃ 이상에서 ON시켜 과잉냉방에 의한 동력손실을 최소화하여 경제적인 운전을 도모하고 있다.

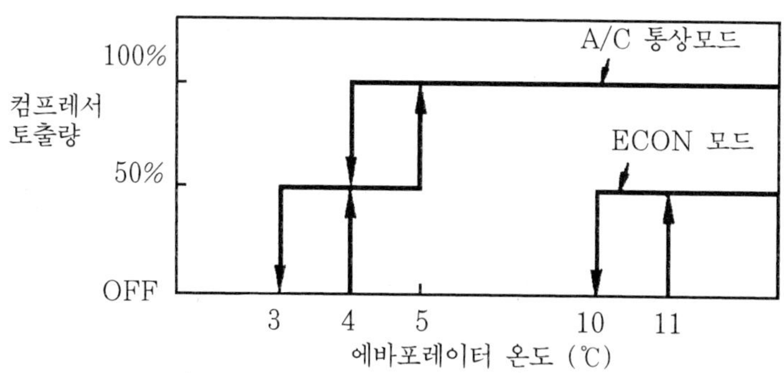

☑ 그림 22. 가변용량 컴프레서의 절환제어

[2] 가변용량 제어

실제 에어컨에서 용량을 변화시키는 제어방법은 컴프레서의 흡입압력을 이용하여 컴프레서 본체의 밸브로 제어하는 내부가변제어방식과 여러 가지 센서를 이용하여 필요한 정도를 연산하여 전기신호로 외부에서 제어하는 외부가변제어방식의 2가지가 있다.

(1) 내부 가변제어

냉방부하가 내려감에 따라 컴프레서의 흡입압력 Ps가 저하하지만 에바포레이터가 프로스트(frost)하지 않도록 즉, 성에가 끼지 않도록 압력이 일정 이하로 내려가지 않게 제어할 필요가 있다.

그림 23은 워블형 스트로크 가변식 컴프레서의 내부가변제어의 예를 나타낸다. 예를 들면 냉방부하가 내려가서 흡입압력 Ps가 설정압력보다 낮으면 벨로즈는 늘어나 밸브를 아래쪽으로 작동시키면 제어압력 Pc는 Pd에 근접하는 값이 된다. 이때는 Pc로 제어되어 있는 사판각도가 작아지며 이에 따라 피스톤 스트로크도 작아지며 흡입압력 Ps를 설정압력으로 제어한다. 이러한 제어로 에바포레이터의 토출온도를 일정하게 유지할 수 있다.

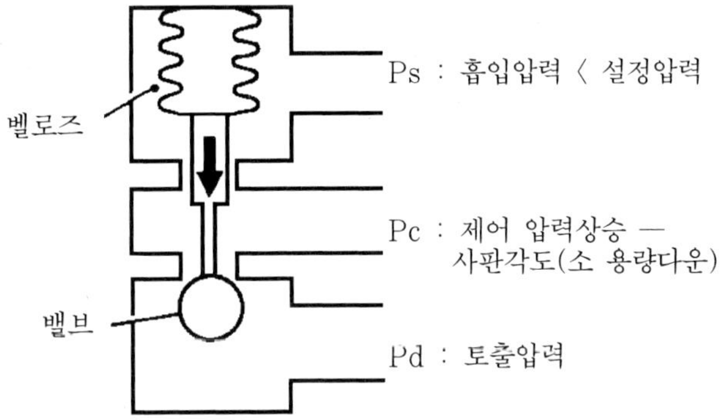

☑ 그림 23. 내부제어(사판형)의 예

(2) 외부 가변제어

내부 가변제어는 에바포레이터가 프로스트하지 않도록 토출 공기온도를 0℃ 정도로 유지하도록 흡입압력을 제어하지만 외부가변제어에서는 설정압력을 외부에서 자유롭게 변경할 수 있기 때문에 에바포레이터 토출온도를 상황에 따라 변경할 수 있다.

그림 24는 각 센서의 신호를 근거로 필요한 컴프레서 용량을 구하고 이것에 맞추어 솔레노이드밸브를 ON/OFF하여 내부가변제어와 같은 제어압 Pc를 만들어 컴프레서의 용량을 제어한다. 센서신호에 따라 용량을 작게할 필요가 있을 때는 솔레노이드밸브의 개폐시간을 길게하여 Pc를 상승시키고, 용량을 크게할 필요가 있을 때는 반대로 솔레노이드밸브의 개폐시기를 단축하여 Pc를 저하시키다.

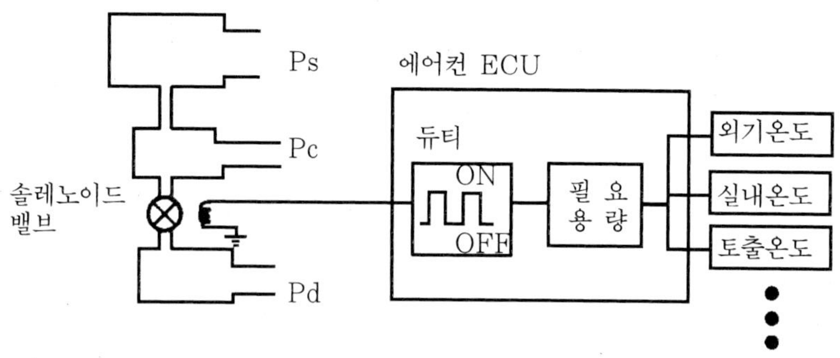

☑ 그림 24. 외부제어의 예

[3] 가변용량 컴프레서의 이점

(1) 동력성능 향상

고정 토출식 컴프레서에 비하면 냉매 토출량이 냉방부하에 따라 적절하게 제어되므로 컴프레서 구동에 의한 마력손실이 적다. 따라서 자동차의 가속성능, 등판성능, 연비성능 등이 우수하다.

(2) 쾌적성 향상

고정 토출식은 냉방부하에 따라 마그네틱 클러치의 ON/OFF에 의한 단속제어를 하지만 가변 토출식은 유동판에 의한 연속제어를 하기 때문에 자동차 실내의 온도가 비교적 안정되어 있다.

(3) 주행성 향상

고정 토출식은 마그네틱 클러치의 ON/OFF에 의한 제어를 하기 때문에 컴프레서 ON일 때와 OFF일 때 엔진의 토크 변동이 크다. 그러나 가변 토출식은 이러한 토크 변동이 작기 때문에 주행성이 좋다.

(4) 정숙성 향상

가변 토출식은 마그네틱 클러치의 ON/OFF로 인한 소음이 없으며 냉방부하가 작을 때는 컴프레서의 소요일이 작기 때문에 그만큼 컴프레서의 작동음이 감소한다.

1.2.4. 윤활

카 에어컨용 컴프레서는 냉매와 함께 사이클 내를 순환하는 오일로 윤활을 한다. 즉, 냉매와 함께 흡입측에 의해 컴프레서로 되돌아오는 오일이 컴프레서 내부의 각 접촉부와 작동실을 유동한다. 또 작동실내에서는 실내의 간극을 실링(sealing)하여 냉매가스의 누설을 방지하는 역할도 한다.

오일의 양은 윤활을 위해서는 많을수록 좋지만 냉매와 함께 순환화는 오일은 냉방성능에는 마이너스 작용을 하기 때문에 적절한 오일량을 선정하여야 한다. 일반적으로 오일 순환율은 3～7% 정도가 봉입되어 있다.

오일 순환율 = 오일의 중량유량/(냉매+오일의 중량유량)

또 윤활과 실링의 기능을 보다 효과적으로 하기 위해 그림 25의 베인형과 같이 컴프레서 내부 토출측에 오일 세퍼레이터를 설치하여 토출가스에 혼입되어 있는 오일을 분리한 후 토출압력을 이용하여 작동실측으로 압송하는 것도 있다. 일반적으로 카 에어컨용은 소형 경량화를 위해 오일팬이 없지만 그림 26과 같이 오일팬과 오일펌프를 장착한 예도 있다.

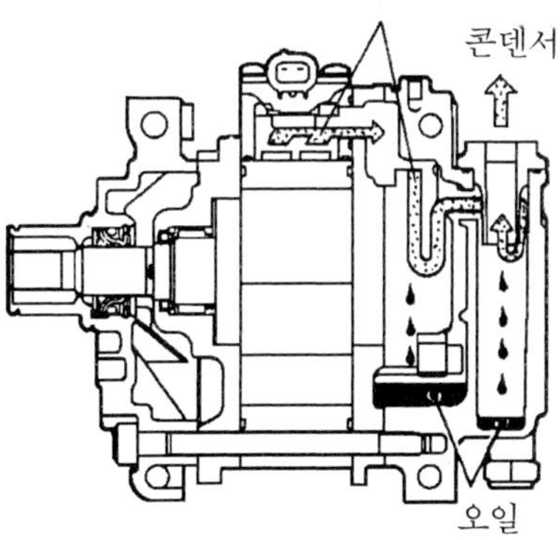

☑ 그림 25. 오일 세퍼레이터의 예(베인형)

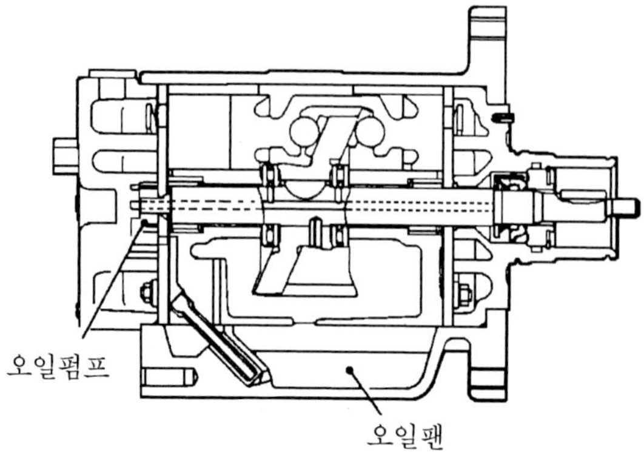

☑ 그림 26. 오일 팬과 오일 펌프를 장착한 예(사판형)

카 에어컨 컴프레서용 냉동오일은 다음과 같은 기본특성이 요구된다.

① 적절한 점도를 가질 것.

② 인화점이 높을 것.

③ 유동점이 낮을 것.

④ 산화안정성이 우수할 것.

⑤ O링, 고무호스 등 유기재에 영향이 적을 것.

⑥ 유막강도가 클 것.

⑦ 수분이 적을 것.

⑧ 냉매와 화학반응을 일으키지 않을 것.

⑨ 냉매와의 용해성이 우수할 것.

⑩ 소포성(消泡性)이 우수할 것.

에어컨 컴프레서의 형식에 따라 오일이 지정되어 있으며 이 지정된 오일을 정해진 양만큼 사용해야 한다.

1.2.5. 전동 컴프레서

그림 27은 하이브리드 자동차용 전동 컴프레서의 구조를 나타낸다. 전동 컴프레서의 기본구성은 룸 에어컨의 컴프레서와 동일하다. 다만 자동차 장착에 적합하도록 횡치를 하며 경량화를 위해 하우징은 알루미늄으로 되어 있다.

컴프레서의 압축방식은 모터 구동토크가 타 컴프레서의 토크에 비해 상대적으로 작고 진동이나 소음면에서 우수한 스크롤 타입이다. 또한 구동모터는 효율이 우수한 브러시레스(bruch less) DC(영구자석형 동기) 모터로 되어 있다.

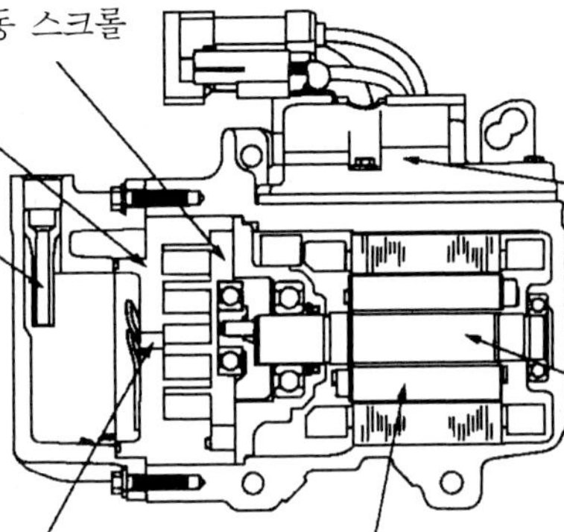

☑ 그림 27. 전동 컴프레서의 구조

또한 그림 27에 나타 낸 전동 컴프레서는 탑재성 향상을 위해 인버터를 일체화하였으며 인버터부의 IGBT(Insulated Gate Bipolar Transistor)는 냉매에 의해 냉각하는 방식을 채택하였다. 또 모터부와 컴프레서 하우징사이는 절연을 해야 하기 때문에 윤활오일은 절연성이 매우 높은 POE(polyolester)계통을 사용하고 있다.

1.2.6. 컴프레서의 로크(lock) 보호 메카니즘

오일의 역할은 앞에서도 설명한 바와 같이 냉매의 충전량 부족, 누설 등에 의해 냉매가 부족한 상태에서 컴프레서를 작동시키면 컴프레서로 되돌아오는 오일의 양이 부족하여 컴프레서 내부의 윤활이 불량하게 되고 토출가스의 온도가 상승한다. 그 결과 컴프레서의 소착, 로크라는 고장에 이르게 된다. 또 이외 로크의 원인으로서는 외부에서 침투한 이물질이 마찰부분에 끼어들어 윤활불량을 일으킨다.

이와 같은 컴프레서의 소착, 로크는 자동차 주행에 중대한 영향을 미치기 때문에 여러가지 보호 메카니즘이 채택되고 있다. 대표적인 보호기구로서 온도스위치를 그림 28에 나타내고 로크 센서를 그림 29에 나타낸다. 온도스위치는 냉매부족 운전시 토출가스의 이상 고온을 검지하여 마그넷 클러치 신호를 차단하여 컴프레서의 작동을 정지시켜 소착과 로크를 방지한다.

또 로크 센서는 컴프레서의 회전유무를 검출하는 센서로서 로크 센서 신호에 따라 에어컨 ECU 또는 엔진 ECU에서 로크 판정을 하며 로크 판정시 마그넷 클러치 신호를 차단하여 벨트의 파손에 의한 주행불능을 미리 방지한다.

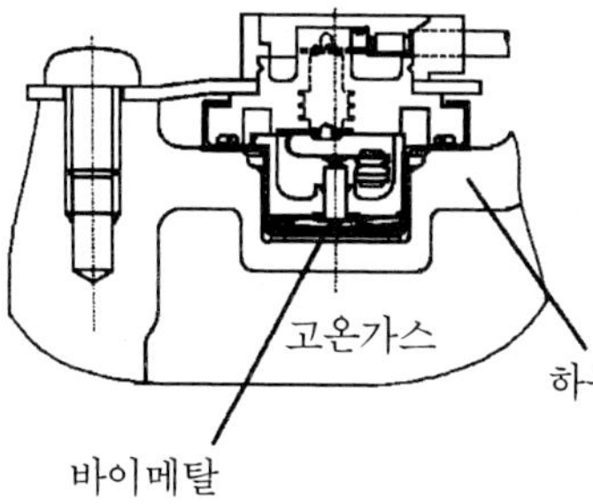

☑ 그림 28. 바이메탈식 온도스위치

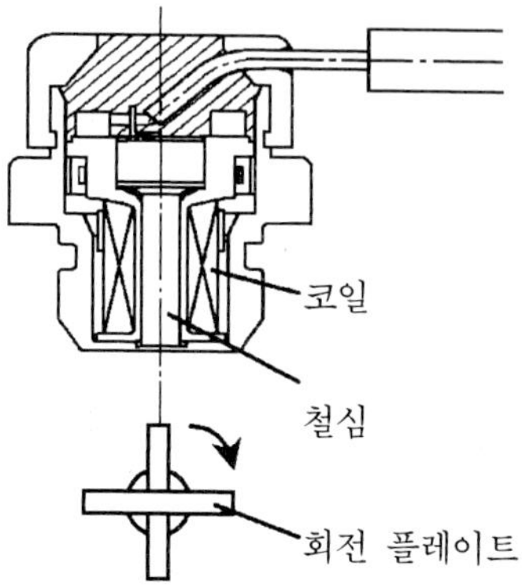

☑ 그림 29. 솔레노이드식 로크센서

2. 마그넷클러치(magnet clutch)

2.1. 마그넷클러치의 기능

마그넷클러치는 엔진과 컴프레서 사이의 기계적인 연결을 제어하는 장치이다. 카 에어컨용 클러치로 주로 사용되고 있는 것은 그림 30과 같이 건식마찰면방식의 건식단판클러치이며 그 기능과 특징은 다음과 같다.

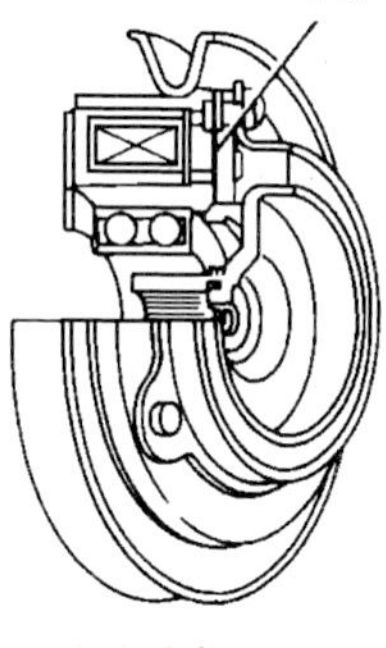

☑ 그림 30. 건식단판 클러치의 구조와 단면도

2.1.1. 기능

① 엔진과 컴프레서 사이의 토크 전달 및 차단.

② 풀리 직경의 선정에 따른 컴프레서 회전수의 조정.

③ 컴프레서 작동시 충격완화와 정상회전시 토크 변동흡수.

④ 컴프레서 정지시 아이들 풀리로서의 작동

2.1.2. 특징

① 구조가 간단하여 소형, 경량이다.
② 응답성이 빨라 공전토크가 작다.
③ 고속회전에서도 작동이 가능하다.
④ 탈착이 용이하며 메인테넌스가 쉽다.

2.2. 마그넷클러치의 작동원리

그림 31은 마그넷클러치의 작동원리를 나타낸다. 스위치를 넣으면 코일에 전기가 흐르며 발생한 자력에 의해 철편이 강하게 흡인되어 흡착된다. 철편에 해당하는 것이 클러치판이다.

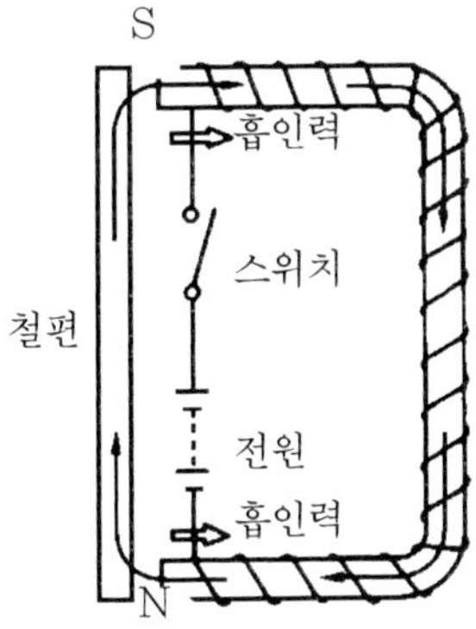

☑ 그림 31. 작동원리

그림 32는 실제 마그넷클러치의 작동을 나타낸다. 스테이터 코일에 전류가 통하면 점선으로 표시한 것과 같이 자속이 발생하여 스테이터, 로터, 클러치판사이에 전기회로가 형성되어 클러치판이 로터에 흡인되어 컴프레서가 회전작동을 한다.

통전을 차단하면 자속이 소멸되어 클러치판은 흡인력을 상실하여 로터로부터 이탈하여 컴프레서로의 동력전달은 정지된다. 클러치판을 로터로부터 이탈시키는 방법으로서 종래에는 그림과 같이 판스프링이 사용되었지만 최근에는 클러치판과 로터가 흡착할 때 발생하는 소음을 저감시키기 위해 고무의 탄성력을 이용하고 있다.

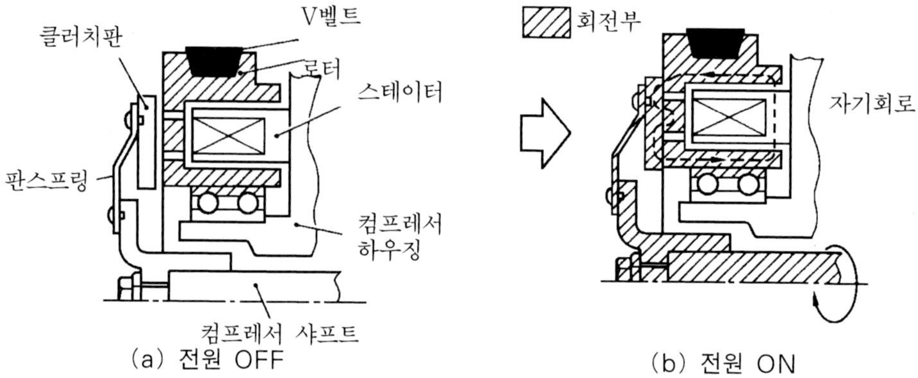

☑ 그림 32. 마그넷클러치의 작동

2.3. 마그넷클러치의 구조

그림 33은 실제 마그넷클러치의 구조를 나타낸다. 스테이터,로터 그리고 허브의 3 주요부품으로 구성되어 있다. 스테이터는 컴프레서의 프런트 하우징에 서클립 등으로 고정되어 있으며 내장된 여자코일에 의해 로터에 허브를 흡인하는 전자력을 발생시킨다. 로터는 베어링과 풀리에 연결되어 엔진이 구동을 하면 항상 회전하며 엔진의 크랭크 풀리에서 벨트를 거쳐 구동력을 허브로 전달한다.

풀리는 종래에는 싱글 V벨트를 사용하였으나 전달력을 증가시키기 위해 최근에는 그림과 같은 폴리V벨트용 풀리를 사용한다. 허브는 로터로부터의 구동력을 키를 거쳐 컴프레서로 전달한다.

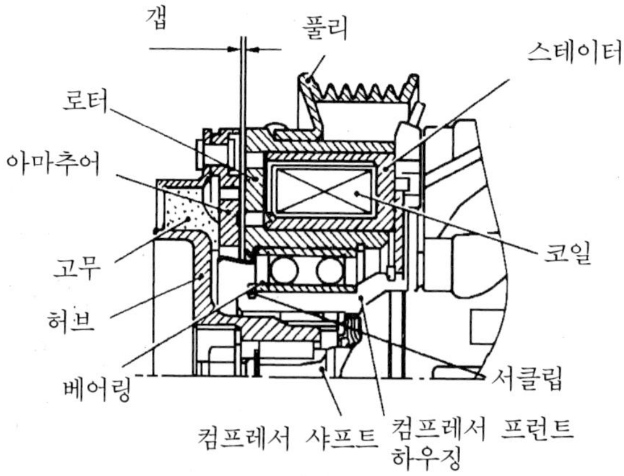

☑ 그림 33. 마그넷클러치의 구조

2.4. 전달토크

전달토크는 클러치의 중요특성중 하나이다. 전달토크에 의해 엔진측의 구동력을 부하측인 컴프레서로 전달한다. 전달토크의 크기는 컴프레서 구동시 컴프레서 토크로 결정된다. 따라서 〔클러치 전달 토크 ≥ 컴프레서 토크〕가 되도록 구동력이 컴프레서에 전달되어야 한다. 건식 단판클러치에서 전달토크식은 다음 식과 같다.

$$T = \mu . F . R \quad \cdots\cdots (5\text{-}6)$$

T : 전달토크(Nm)　　μ : 마찰계수
F : 축방향의 흡인력(N)　　R : 마찰면의 유효평균반경

〔클러치 전달 토크 〈 컴프레서 토크〕가 되면 미끄러지는 현상이 발생하여 구동력이 전달되지 않으며 경우에 따라서는 마찰열에 의해 소부현상이 발생하기 때문에 전달토크 T는 컴프레서의 특성을 충분히 파악하여 결정해야 한다.

2.5. 기술동향

소형, 경량화 추세에 따라 다음 2가지의 방식이 제품화되어 장착되고 있다.

2.5.1. 마찰재 클러치

전달 토크식의 마찰계수 μ을 증가시키기 위해 로터에 마찰재를 붙였으며 마찰재는 논-아스베스토(non-asbestos)계를 사용하고 있다. 종래의 연강-연강의 마찰계수는 0.2~0.3이었으나 마찰재의 마찰계수는 0.4~0.6이므로 클러치 중량당 전달토크 효율이 30~40% 향상되었다.

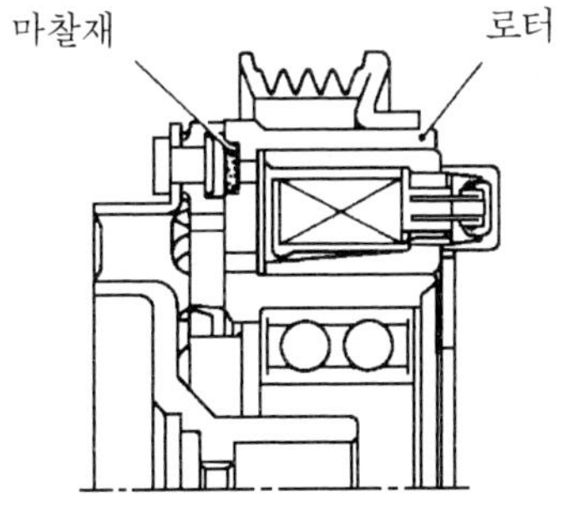

☑ 그림 34. 마찰재 클러치

2.5.2. 비자성체 클러치

전달 토크식의 흡인력 F를 증가시키는 방법으로서 로터에 비자성체 구리링(copper ring)을 접합한 것이다. 이렇게 하면 누설되는 자속을 차단할 수 있기 때문에 전달토크를 10~20% 향상시킬 수 있다.

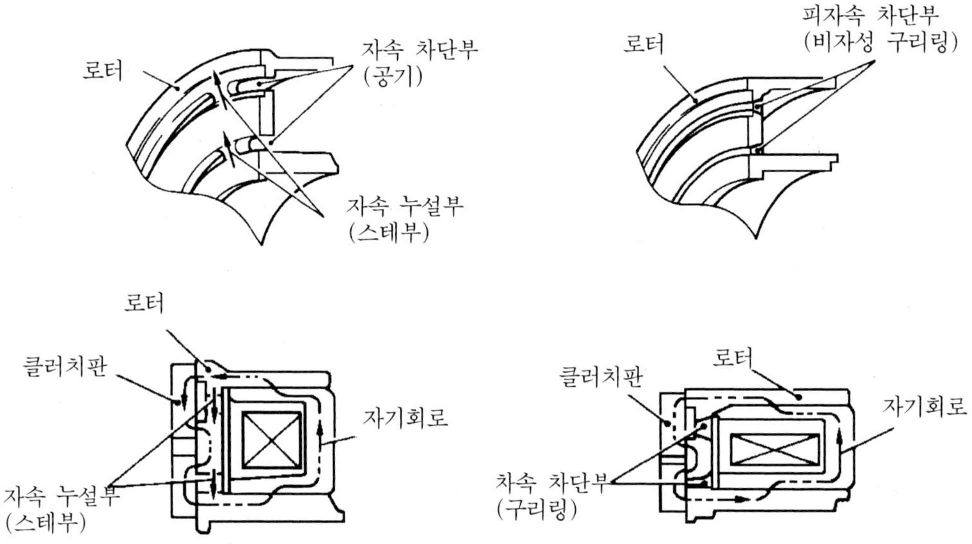

(a) 통상 클러치 (b) 비자성체 클러치

☑ 그림 35. 비자성 클러치의 구조

2.5.3. 클러치레스 풀리(clutchless pully)

앞에서 설명한 바와 같이 가변용량 컴프레서는 연비향상, 동력절감, 가속성 향상 그리고 ON/OFF 쇼크 저감의 이점 때문에 많이 장착되고 있다. 가변용량 컴프레서는 일반적으로 편사판 구조에서는 0%~100%까지 연속적으로 용량을 변화시킬 수 있기 때문에 마그넷 클러치의 단속기구는 필요 없다.

그러나 컴프레서의 토크 변동을 흡수하기 위한 댐퍼기구와 컴프레서가 만일 로크하였을 때 벨트를 보호하기 위해 리미터(limiter)기구가 새로이 필요하다. 이것이 클러치 레스 풀리이다. 구조적으로도 단속기능이 없기 때문에 마그넷클러치에 비해 간단하며 코스트가 절감된다. 여기서는 일반 금속제 풀리와 비교하여 ▲50% 이상의 경량화를 달성한 최신기술의 수지 클러치 레스 풀리에 대해 소개한다.

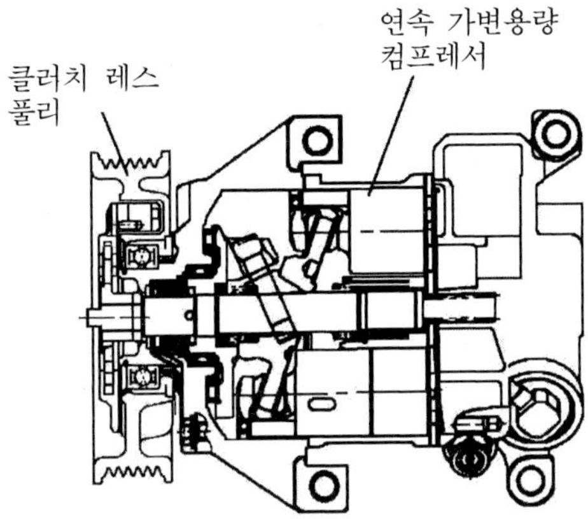

☑ 그림 36. 연속 가변용량 컴프레서의 클러치 레스 풀리

그림 36에 마그넷클러치와 풀리의 경량화 추세를 나타낸다. 수지 클러치 레스 풀리는 현행 마그넷클러치와 비교하면 ▲70%(1200g → 400g)라는 압도적인 경량화를 달성하였다.

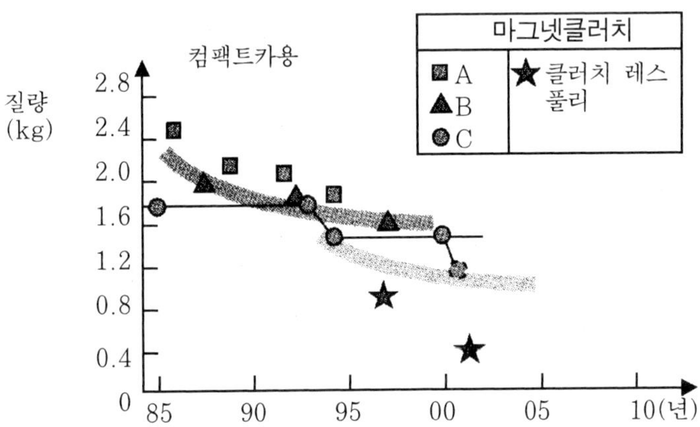

☑ 그림 37. 풀리의 경량화 추세

그림 38은 그 구조를 나타낸다. 클러치 레스 풀리는 베어링을 내장하고 있으며 베어링을 거쳐 엔진으로부터의 동력을 받는 풀리와 컴프레서에 동력을 전달하는 결합부인 허브 그리고 이 2부품을 연결하는 댐퍼의 3부품으로 구성되어 있다. 풀리부와 허브부에 대해 설명하면 우선 풀리부는 내열성, 내마모성이 우수한 수지재료이며 베어링을 내장하고 있다.

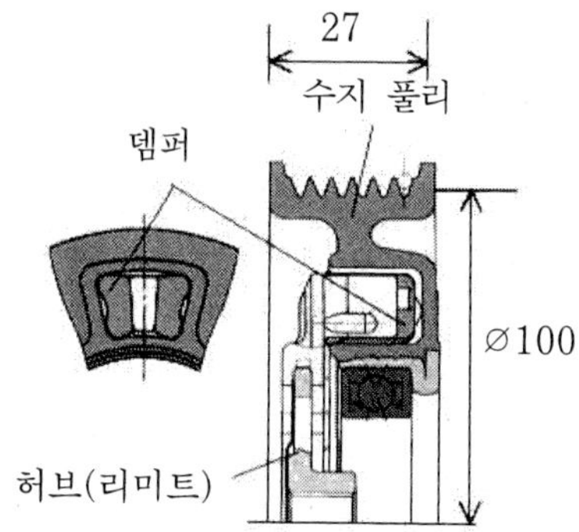

☑ 그림 38. 수지 클러치 레스 풀리

다음에 리미터에 대해 설명하면 컴프레서가 만일 로크하였을 때 벨트를 보호하기 위해 리미터가 있기 때문에 1회용이면 무난하다. 특히 컴프레서의 로크는 거의 일어나지 않기 때문에 가능한 간단한 구조일 것이 요망된다.

이를 위해 2가지 방법이 있는데 ① 댐핑 고무를 리미터로 겸용하여 큰 토크가 전달되면 고무가 마멸하도록 하는 구조 ② 리미터 부분과 댐퍼 부분을 분리 독립시켜 리미터 부분에 금속을 이용하여 과부하가 걸리면 리미터부가 파손되어 벨트를 보호하는 것이 있다. 그 기능을 그림 39에 나타낸다.

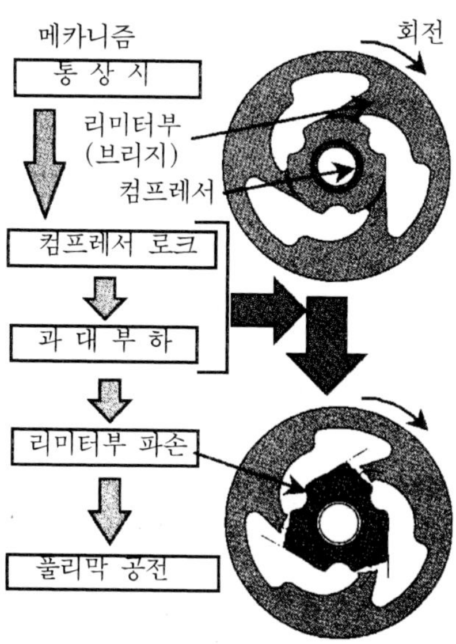

☑ 그림 39. 리미터 기구

최근에는 엔진 주위의 벨트 레이아웃이 간소화되어 모든 보조기기가 1개의 벨트로 구동되기 때문에 벨트의 신뢰성은 그 어느 때보다 대단히 중요시되고 있다.

그림 40은 리미터의 특성을 나타낸다. 횡축은 시간을, 종축은 차단토크를 나타내며 설계영역은 상한은 벨트 미끄러짐, 하한은 컴프레서 최대부하로 결정할 수 있다. 고무 리미터 방식과 비교하면 금속 리미터 방식은 컴프레서가 로크하면 순간적으로 리미터가 작동한다. 따라서 로크에 의한 벨트의 미끄러짐 외의 2차 고장은 확실하게 피할 수 있다.

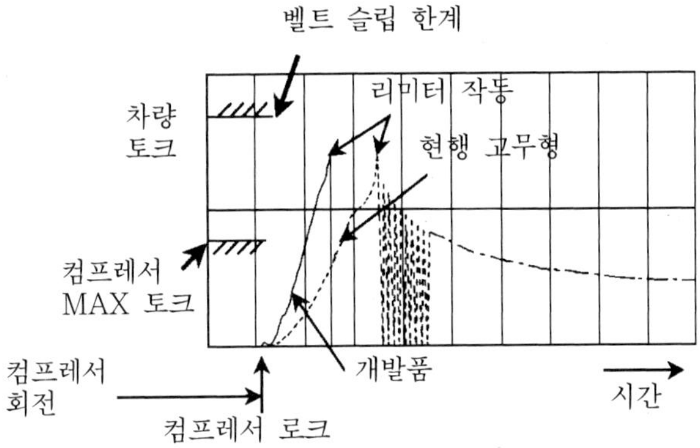

☑ 그림 40. 리미터 특성

3. 열교환기

카 에어컨의 열교환기에는 콘덴서, 에바포레이터 그리고 히터 코어가 있다. 이들 열교환기는 냉매 또는 엔진냉각수와 공기와의 열교환을 목적으로 하며 냉매를 냉각시키거나 열교환기를 통과하는 공기를 냉각시키기거나 가열시키는 역할을 한다.

3.1. 기초 지식

그림 41은 온도 T_h(℃)의 고온유체로부터 온도 Tc(℃)의 저온유체로 관벽을 통과하는 열이동의 개념도를 나타낸다. 이때 열량 Q(W)는 다음 식으로 정의된다.

$$Q = KA(T_h - T_c) \qquad (5\text{-}7)$$

$$\frac{1}{KA} = \frac{1}{h_h A} + \frac{L}{\lambda A} + \frac{1}{h_c A} \qquad (5\text{-}8)$$

K : 열통과율(W/cm^2)
h : 연전달율(W/m^2 ℃)
첨자 : h 고온측,
λ : 열전도율(W/cm^2)
A : 전열면적(m^2)
c : 저온측

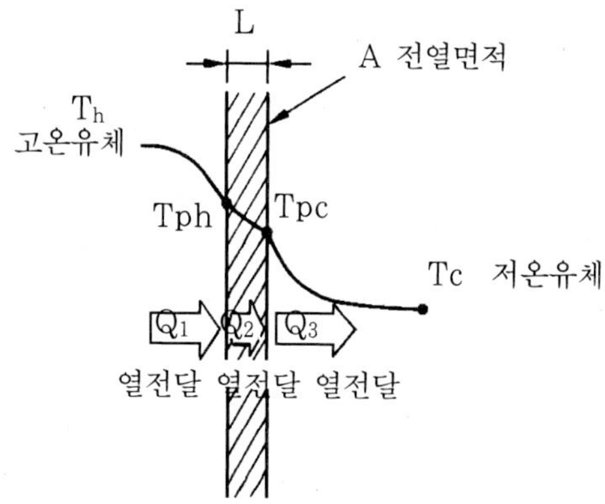

☑ 그림 41. 관벽을 통과하는 열이동

식 (5-8)의 증명

$$Q_1 = h_h A(T_h - T_{ph}) \rightarrow Q_1/h_h A = T_h - T_{ph} \quad \cdots\cdots (5\text{-}9)$$

$$Q_2 = \lambda/L \cdot A(T_{ph} - T_{pc}) \rightarrow Q_2 L/\lambda A = T_{ph} - T_{pc} \quad \cdots\cdots (5\text{-}10)$$

$$Q_3 = h_c A(T_{pc} - T_c) \rightarrow Q_3/h_c A = T_{pc} - T_c \quad \cdots\cdots (5\text{-}11)$$

$Q = Q_1 + Q_2 = Q_3$이기 때문에 식 (5.9)+(5.10)+(5.11)로 하면 식 (5-7), (5-8)이 유도된다. 식 (5-7)에서 열량 Q를 전류 I, 온도차 (T_h-Tc)를 전위차 V, 열저항(1/KA)을 전기저항 R과 대응하여 생각할 수 있으며 식 (5-8)은 고온측의 유체로부터 저온측의 유체로 열이 전달될 때의 열 저항의 합이 된다.

또 식 (5-8)의 제 2항은 열교환기의 관벽의 두께가 대단히 얇기 때문에 이 열 저항은 다른 2개에 비해 그 값이 작아 무시할 수 있다.제 1항과 제 3항의 열 저항이 전체의 열저항을 결정하지만 공기의 열 전달율 h는 냉매 또는 냉각수의 열 전달율에 비해 1~2 정도 작기 때문에 공기측의 열 저항을 작게하기 위해 여러 가지 연구가 진행되고 있다.

그림 42는 그 실례를 나타내는 것으로 공기측의 전열면적을 증가시키기 위해 코루게이트형으로 가공한 핀을 튜브에 접착하고 있다. 또 핀에 루버를 붙여 그림과 같이 공기가 흐르면 루버 하나하나의 열전달이 증가하여 공기측 전체의 열전달율을 향상시키는 예이다. 이 루버의 각도와 피치 또 핀의 높이와 피치 그리고 길이는 열교환기의 용도에 맞게 각각 최적의 값을 선정하여야 한다.

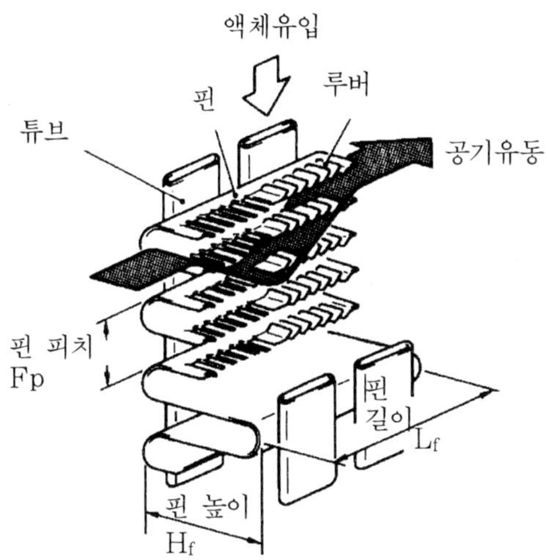

☑ 그림 42. 공기측 방열 핀의 예

3.2. 열교환기의 특징

표 3에 콘덴서, 에바포레이터 그리고 히터 코어의 대표적인 구조와 주요 특징을 나타낸다.

[표 3] 각 열교환기의 주요 특징 비교

		콘덴서	에바포레이터	히터코어
형식		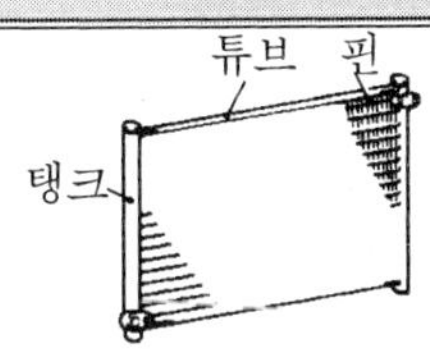		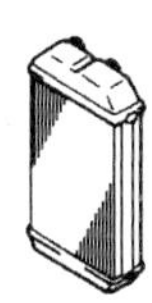
관내	유체	냉매(HFC-134a)		온수(LLC)
	순환수단	컴프레서		워터펌프
	관내압력	~3.6MPa	~1.1MPa	~0.1MPa
관외	사용공기온도	-5~50℃	-5~60℃	-40℃~40℃
	송풍수단	냉각팬 + 차속풍	블로어	
탑재위치		· 차량최전방부(라디에이터 전방) · 프레임에 직접 장착 또는 라디에이터와 공동장착	에어컨 유닛 내부	에어컨 유닛 내부

	콘덴서	에바포레이터	히터코어
송풍수단	1. 전면면적을 되도록 크게 하고 코어 두께를 얇게 하여 방열성능을 크게 한다. 2. 관내압력이 높기 때문에 탱크형 튜브는 내압구조로 되어 있다.	1. 열교환기를 통과하여 토출되는 공기온도가 중요하며 풍량과 온도의 조절에 따라 냉각정도가 결정된다. 2. 제습작용을 위해 코어 표면에는 응축된 수분이 유동하기 쉽도록 되어 있다.	1. 에바포레이터와 같이 토출된 공기온도는 풍량과 온도조절에 따라 가열정도가 결정된다. 2. 관내에는 온수가 흐르기 때문에 라디에이터와 거의 같은 설계로 되어 있다.

3. 3. 콘덴서

3.3.1. 기 능

콘덴서는 컴프레서에서 유입된 고온, 고압의 냉매가스를 냉각하여 응축액화시키는 열교환기이다. 이 때 콘덴서에서 방출하는 열량은 에바포레이터에서 흡수한 열량과 컴프레서의 압축에 의해 주어진 열량과의 합이다. 카 에어컨시스템에 사용되는 콘덴서는 일반적으로 라디에이터 전면에 장착되며 외기에 의해 냉각시킨다.

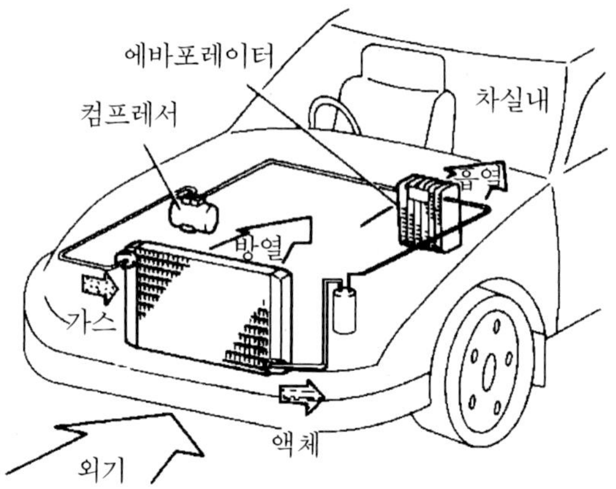

☑ 그림 43. 콘덴서의 기능

3.3.2. 종류와 구조

표 4에 대표적인 콘덴서의 종류와 구조 그리고 특징을 나타낸다. 유럽에서 개발된 플레이트 핀 형은 기계적인 접합을 하기 때문에 설비비가 적게 들어가지만 성능이 좀 떨어지기 때문에 외형이 크다. 코루게이트 핀을 사용하는 서펜타인형은 비교적 제작이 용이하기 때문에 최근까지 많이 사용되었다.

그러나 소형이면서 고성능인 페러렐 플로(parallel flow : PF)형의 출현으로 주류는 PF형으로 바뀌었다. 이 PF형은 콘덴서로 들어온 냉매가 입구측 탱크에서 여러 개의 튜브를 거쳐 토출측 탱크로 유동하기 때문에 멀티 플로(multi-flow : MF)형이라 한다.

[표 4] 콘덴서의 종류와 구조

형식	플레이트핀형	코루게이트핀형	
		서펜타인형	페러렐 플로(PF)형
형상 (대표예)	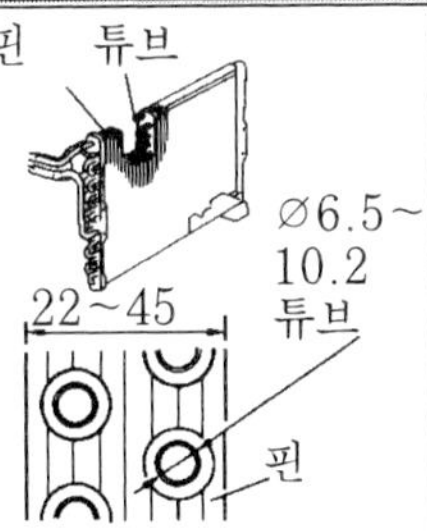	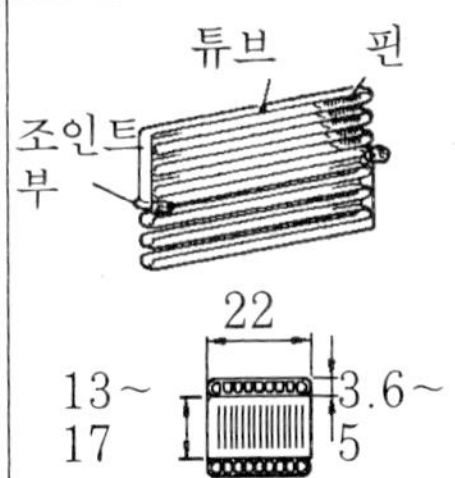	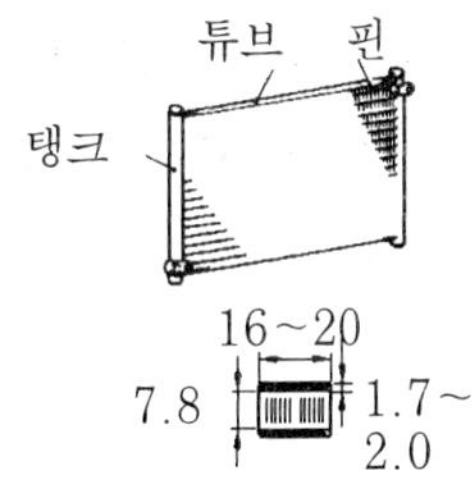
제조법	핀에 튜브를 삽입한 후 튜브를 확장하여 기계적으로 접합한다.	튜브를 "S"자 모양으로 꾸부려 그 사이에 핀을 넣어 접합한다.	핀과 튜브를 적층하여 접합한다.
특징	납땜을 하지 않아 설비비는 싸지만 핀과 튜브는 확장접합을 하기 때문에 성능은 떨어지고 외형은 크다.	조인트부의 튜브개수에 따라 2패스,3패스로 하여 저항을 줄여 최적의 성능을 얻을 수 있다. 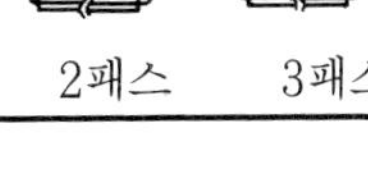	· 여러 개의 튜브에 냉매가 동시에 흐르기 때문에 유동저항이 감소하는 만큼 얇은 튜브를 사용할 수 있으며 그 만큼 핀을 많이 사용할 수 있다. · 탱크내에 분리판을 넣어 최적의 패스를 설정할 수 있다(U턴과 S턴을 나타낸다).

3.3.3. 장착

콘덴서는 앞에서도 설명하였지만 라디에이터 전면에 장착되어 있으며 차체에 고무 마운트을 끼워 고정되어 있다. 그림 44는 콘덴서용 냉각팬을 콘덴서에 고정하여 일체로 차체에 조립되어 있는 예이다. 콘덴서 냉각용 팬은 라디에이터 냉각용 팬과 공용으로 한 것도 있고 콘덴서 전용 팬으로 되어 있는 것도 있다.

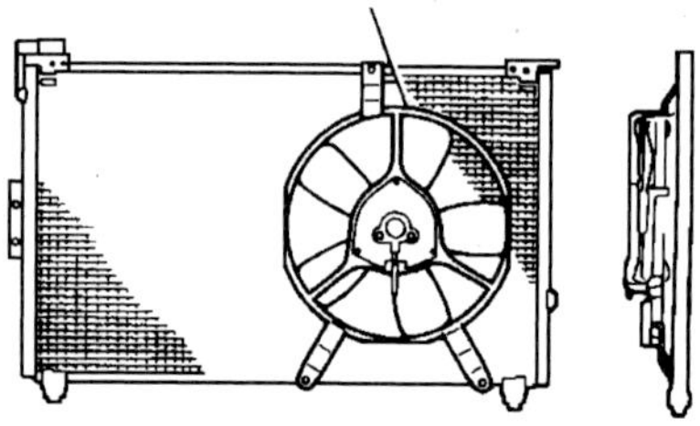

☑ 그림 44. 냉각팬 일체형 콘덴서

그림 45는 콘덴서와 라디에이터의 배열을 나타낸다. 페러렐(parallel)배열은 콘덴서와 라디에이터 모두 컴팩트하게 할 수 있지만 엔진의 고출력화와 에어컨의 고성능화에 따라 콘덴서와 라디에이터의 외형이 커야하기 때문에 시리즈(series)배열을 많이 사용한다.

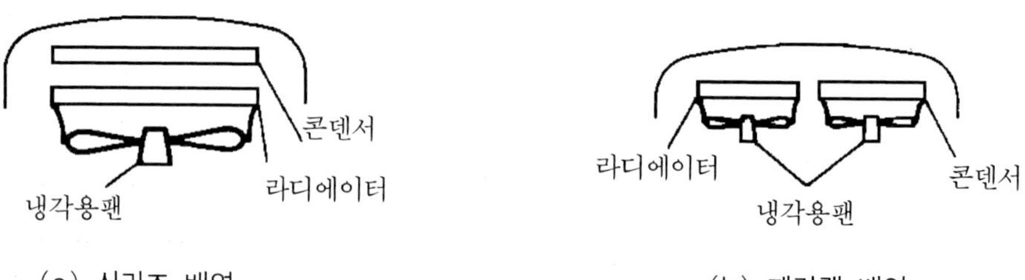

☑ 그림 45. 콘덴서와 라디에이터의 배열

에어컨의 장착이 거의 보편화된 최근에는 콘덴서의 냉각과 라디에이터의 냉각을 동시에 고려하고, 생산라인에서 조립도 동시에 이루어지도록 〔쿨링 모듈(cooling module)〕화가 일반화되고 있다. 그림 46은 그 한 예로 라디에이터에 콘덴서를 고정한 예이다.

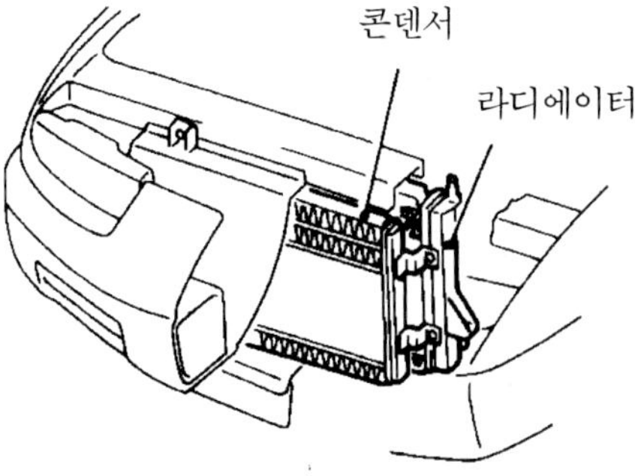

☑ 그림 46. 라디에이터에 고정된 콘덴서

3.3.4. 풍량제어

그림 47에 콘덴서와 라디에이터의 시리즈 배열에서 전동팬 배열의 예와 냉매압력 스위치의 ON/OFF관계를 나타낸다. 냉각팬은 그림의 예와 같은 전동팬 외에 엔진과 직결되어 있는 커플링 팬(coupling fan)과 유압구동모터에 의해 작동되는 팬도 있다. 압력스위치는 통상 콘덴서 출구압력을 검지하며 냉매압력과 수온 둘중 어느 하나를 우선하여 팬을 작동시킨다.

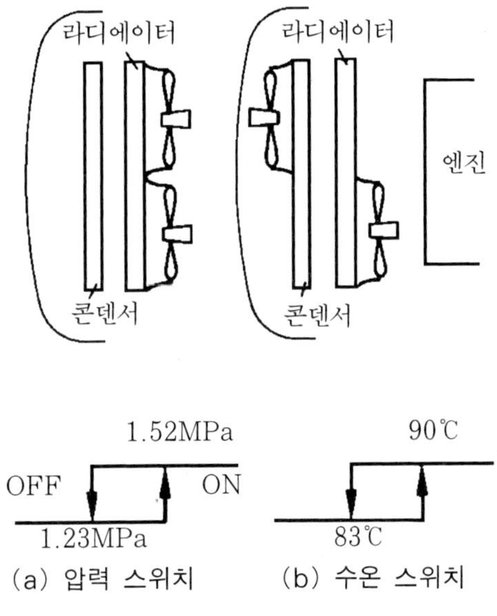

☑ 그림 47. 냉각팬의 제어

4. 에바포레이터

4.1. 에바포레이터의 기능

에바포레이터는 콘덴서에서 액화된 액냉매를 팽창밸브에서 저온저압으로 하여 냉매를 증발시킨다. 이때 에바포레이터 외부를 통과하는 공기로부터 열을 빼앗아 찬공기를 만드는 역할을 한다. 냉각된 공기는 제습되어 차실내로 보내어 진다.

4.2. 종류와 구조

표 5는 대표적인 에바포레이터의 종류와 구조 그리고 특징을 나타낸다. 콘덴서와 같이 유럽에서 개발된 플레이트 핀형은 값은 싸지만 성능이 나쁘기 때문에 사이즈를 크게 해야 한다.

[표 5] 에바포레이터의 종류와 구조

<table>
<tr><th rowspan="3">열교환기 형식</th><th rowspan="3">플레이트핀형</th><th colspan="3">코루게이트핀형</th></tr>
<tr><th rowspan="2">서펜타인형</th><th colspan="2">드론컵형(페러렐플로)</th></tr>
<tr><th>더블탱크방식</th><th>싱글탱크(ST)방식</th></tr>
<tr><td>구조 및 공기, 냉매 유통</td>
<td>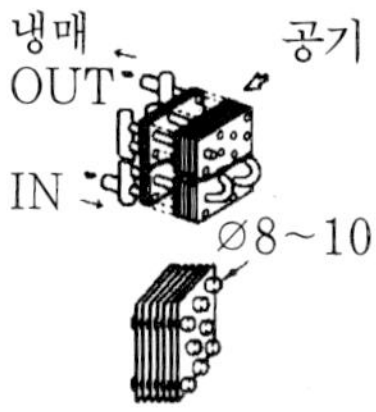</td>
<td>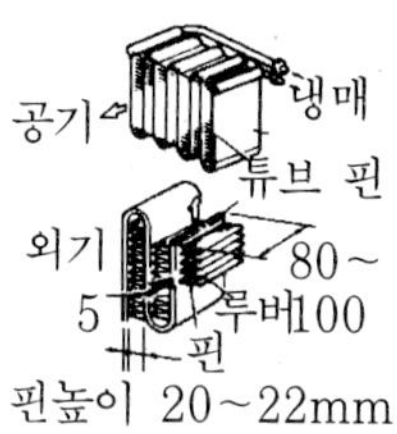</td>
<td>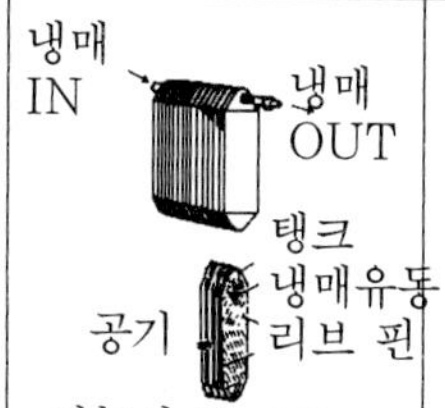</td>
<td></td></tr>
<tr><td rowspan="2">특징</td>
<td rowspan="2">·둥근 튜브를 확장하여 핀과 기계적인 접합을 한다.
·끝부분은 꾸부려 관을 납땜한다.
·핀은 주름 또는 슬릿(slit)한 핀을 사용한다.
·납땜로가 필요하지 않기 때문에 설비가 소규모이다
·핀과 튜브는 확관접합을 하기 때문에 성능은 떨어지고 외형이 크다</td>
<td rowspan="2">·편평한 다공 튜브를 "S"모양으로 꾸부려 루버를 부착한 핀과 일체로 납땜한다.
·부품수가 적기 때문에 누설에 대한 신뢰성이 높다.
·튜브를 만곡하는데는 한계가 있기 때문에 핀의 높이가 한정된다.</td>
<td colspan="2">·압연 플레이트와 핀을 적층하여 일체로 납땜한다.
·플레이트에 리브를 성형하여 리브끼리 접합시킨다.
·박판재를 사용할 수 있으며 핀의 높이도 조절할 수 있기 때문에 소형화할 수 있다.</td></tr>
<tr><td>상하 탱크부가 차지하는 비율이 크다.</td><td>냉매유동을 U턴시킬 수 있어서 탱크가 하나이기 때문에 소형화할 수 있다.</td></tr>
</table>

코루게이트 핀을 사용할 수 있는 서팬타인형은 부품점수가 적고 누설에 대한 신뢰성이 높기 때문에 최근까지 많이 사용되었다.

그러나 탑재공간의 문제와 고성능 요구에 의해 콘덴서와 같이 페러렐 플로형이 주류를 이루고 있다. 에바포레이터에서는 드론 컵(drawn cup)형이라 부른다. 이것은 판재를 인발 가공하여 플레이트로 냉매측 통로를 형성하며 코루게이트 핀과 적층한 열교환기이다. 드론 컵형 중에서도 싱글 탱크(single tank : ST) 에바포레이터는 체적당 성능이 우수하다.

에바포레이터의 외부표면에는 앞에서 설명한 바와 같이 제습작용을 위해 응축한 수분이 부착하기 때문에 응축된 물이 통풍저항을 일으키지 않도록 해야 하며 또 응축된 수막이 열전달을 악화시키지 않도록 응축수를 스무스하게 처리해야 한다. 이를 위해 통상 친수성(親水性)이라는 방법을 이용하는데 이 방법은 핀 표면에 2~3μm의 수지 코팅을 하여 핀의 표면에 물방울형상으로 응축하는 것을 방지하고 막형상으로 응축하도록 하는 방법이다. 또 통풍저항을 저하시키고 물의 유동성을 양호하게 하기 위해 그림 48과 같이 루버(louver)형상에서 슬리트(slit)형상으로 한 것도 있다.

특히 수분에 의해서 언젠가는 부식되기 때문에 이 경우 핀을 희생부식시키고 튜브를 보호한다. 또 먼지 등이 부착하고 박테리아도 번식하기 때문에 그러한 악취에 대한 대응도 필요하다. 이들을 위해 화학적 방균처리가 시행되어야 할 것이다.

	루버핀	슬리트핀
외관	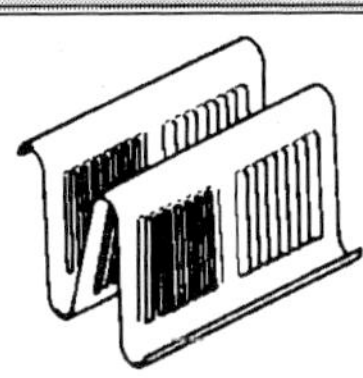	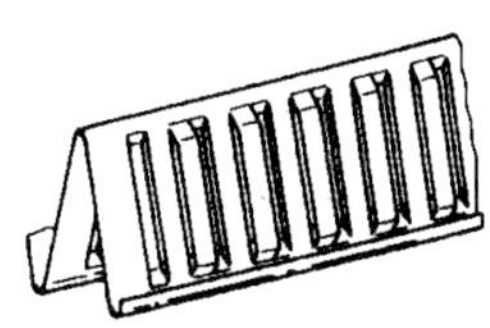
단면 형상	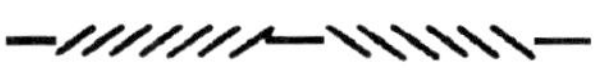	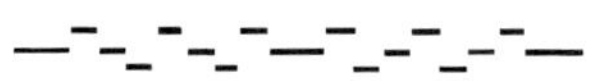

☑ 그림 48. 핀의 형상

5. 건조기(drier)

드라이어는 카 에어컨의 주요 시스템 중 팽창밸브 시스템에서는 리시버 드라이어를 사용하고 오리피스 튜브 시스템에서는 어큐뮬레이터 드라이어를 사용한다.

5.1. 리시버 드라이어(receiver drier)

5.1.1. 기 능

리시버는 고압측인 콘덴서와 팽창밸브사이에 장착되어 있으며 일반적으로 다음과 같은 기능을 한다.

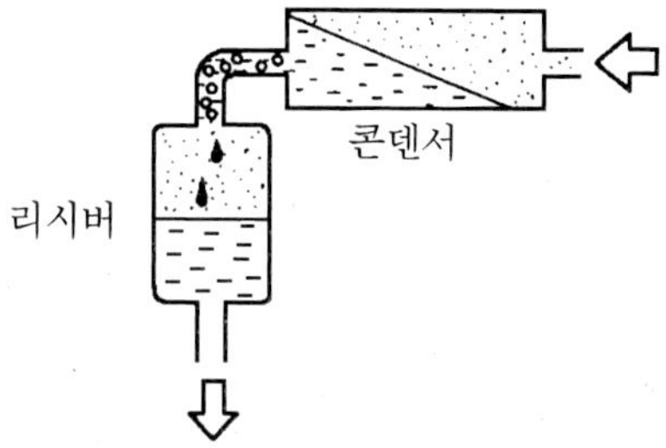

☑ 그림 49. 리시버의 구성

[1] 콘덴서 출구 냉매제어 기능

콘덴서에서 액화한 냉매를 리시버에서 기액을 분리하여 액냉매를 일단 비축하였다가 액냉매만을 팽창밸브로 송출한다. 리시버는 냉동사이클의 여분의 냉매를 액화하여 비축하고 있기 때문에

① 냉방부하 등 운전상태가 변하여 필요한 냉매량이 변화하드라도 리시버에는 항상 일정한 액면을 유지한다.

② O링이나 고무호스 등에 의해 냉매가 다소 누설되더라도 사이클 내 냉매를 보충하여 일정하게 유지하도록 한다.

[2] 에어 분리 기능

사이클 내에는 에어컨 장착시 진공작업 부족이나 고무호스로부터의 침투에 의해 공기가 함유된다. 에어는 리시버에서도 응축하지 않으며 기체로서 리시버 상부에 남아 있기 때문에 팽창밸브로 송출되지 않는다.

[3] 수분 제거 기능

카 에어컨은 고무호스 등으로 수분이 침입하기 때문에 건조제를 리시버 내에 넣어 수분을 제거한다. HFC-134a 사이클은 냉매와 오일 둘 다 수분용해도가 높기 때문에 통상 흡수력(吸水力)이 우수한 합성제 오라이트를 사용한다.

[4] 이물질 제거 기능

사이클 내 이물질은 팽창밸브를 막히게 하는 등의 원인이 되기 때문에 필터 등으로 이물질을 제거한다.

[5] 사이트 글래스(sight glass : 냉매량 확인) 기능

리시버 내 액냉매량이 부족하면 리시버에서 기포(가스냉매)가 다량 유출된다. 이 때문에 사이트 글래스를 리시버의 출구유로에 설치하여 냉매상태를 관찰하여 냉매량의 적정 여부를 판정한다.

5.1.2. 외관과 구조

그림 50은 리시버의 외관을, 그림 51은 구조를 나타낸다. 리시버는 콘덴서와 팽창밸브사이에 설치하며 브래킷으로 차체에 고정되어 있다. 형상은 소형, 경량으로 내압성을 확보하기 위해 원통형상으로 되어 있다.

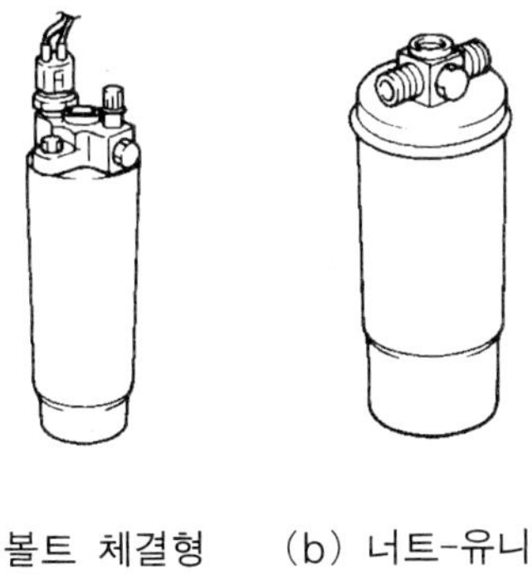

(a) 볼트 체결형 (b) 너트-유니온형

☑ 그림 50. 리시버의 외관

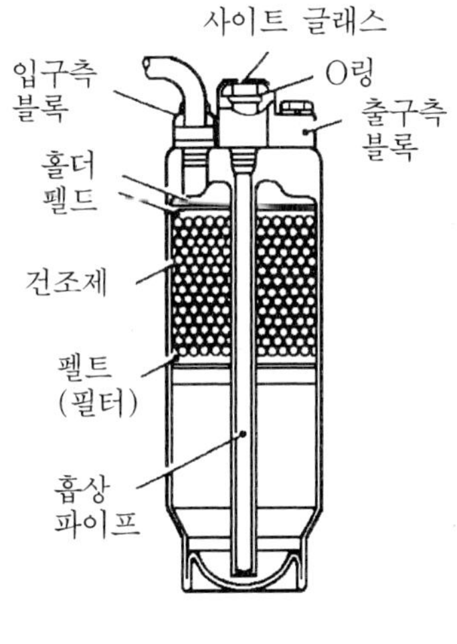

☑ 그림 51. 리시버의 구조

배관조립은 그림 50(a)과 같은 볼트 체결형과 그림 (b)과 같은 너트-유니온 접속형이 있으며 최근에는 작업성이 양호한 볼트 체결형을 선호하는 편이다.

5.2. 어큐뮬레이터 드라이어(accumulator drier)

5.2.1. 기 능

에바포레이터에서 냉매가 증발되면서 주위의 열을 흡수하여 자동차실내의 온도를 강하시키게 되는데 이 때 에바포레이터 내의 냉매가 완전 증발되지 아니하고 경우에 따라서는 일부 액맹매가 존재할 수도 있다. 이러한 액맹매가 그대로 컴프레서에 들어가면 컴프레서 흡입밸브 등을 손상시킬 우려가 있으므로 어큐뮬레이터 드라이어에서 냉매를 완전히 기화시켜 컴프레서로 보내는 역할을 한다. 어큐뮬레이터는 저압측인 증발기와 컴프레서 사이에 장착되어 있으며 그 주요 기능은 다음과 같다.

① 냉매축적 및 2차 증발기능

② 컴프레서 액압축 방지 기능

③ 수분흡수기능

④ 이물질 제거기능

⑤ 냉매와 오일의 분리 및 컴프레서로의 오일순환기능

5.2.2. 구 조

어큐뮬레이터의 구조는 그림 52와 같다.

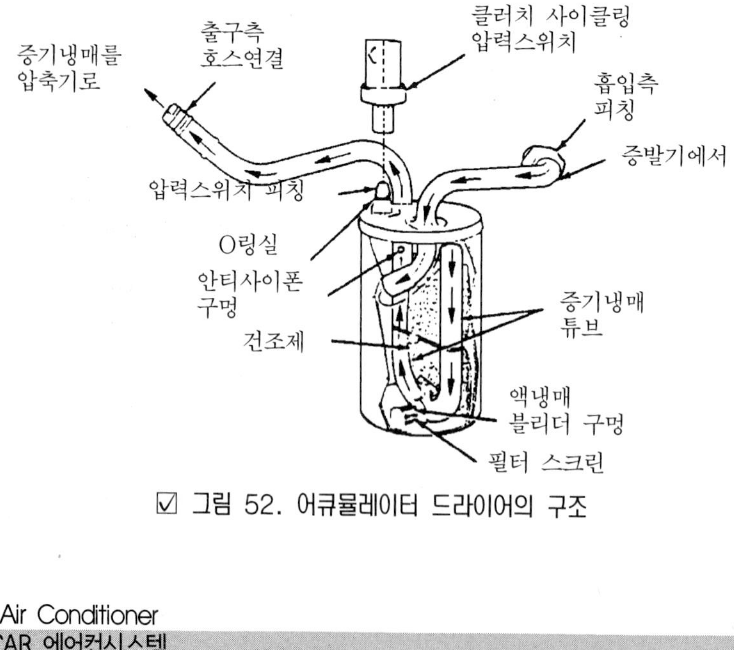

☑ 그림 52. 어큐뮬레이터 드라이어의 구조

6. 냉매제어 부품

6.1. 팽창밸브(expansion valve)

6.1.1. 팽창밸브의 기능

팽창밸브에는 크게 2가지의 기능이 있다.

① 리시버를 통과한 고온, 고압의 액냉매를 작은 구멍을 통해 분사하여 감압, 팽창시켜 저온, 저압의 무상(霧狀)의 냉매로 한다.

② 에바포레이터 출구에서 냉매의 증발상태가 적당한 과열도를 유지하도록 냉매유량을 조절한다.

이 때문에 차실내온도(냉방부하)의 변화와 컴프레서 회전수의 변동에 따라 냉매량을 자동적으로 조절하고 있다. 이러한 방식으로서 카 에어컨에서는 에바포레이터 출구온도를 제어하는 온도작동식을 사용하고 있다.

6.1.2. 작동원리

그림 53의 구조에서 다이어프램의 압력차 ΔP에 의해 스프링을 아래로 눌러 밸브를 연다. 압력차 ΔP와 밸브 리프트 그리고 유량의 관계는 그림 54와 같이 압력차에 따라 밸브리프트가 결정되며 필요한 유량도 확보하도록 되어 있다. 압력차 ΔP는 에바포레이터 출구의 과열도에 의해 결정되기 때문에 필요유량에 따라 과열도가 결정된다.

다이어프램 위쪽의 압력 P_1은 에바포레이터 출구의 냉매온도에 상당하는 포화압력이며 다이어프램 아래쪽 압력 P_2는 에바포레이터 출구압력이다.

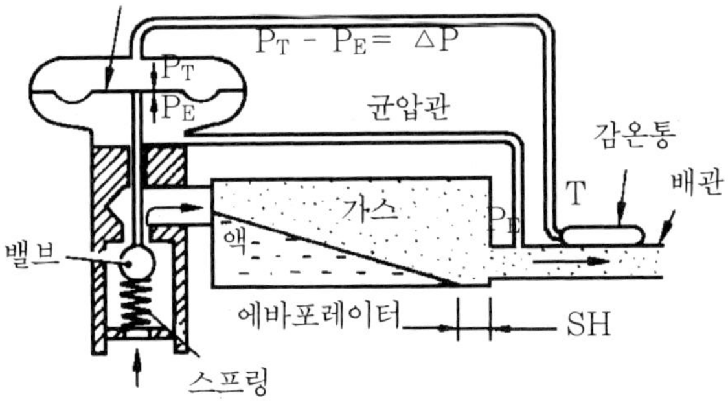

☑ 그림 53. 팽창밸브의 작동원리

여기서 압력차 ΔP에 대해서 가스차지(gas charge : 냉매충전)가 정상인 경우를 예로 설명하면 감온통내에는 사이클과 동일한 냉매가 기액 혼합상태로 봉입되어 있으며 감온통내의 압력은 온도에 대응한 포화압력을 나타내기 때문에 과열도분 만큼 압력이 상승하여 압력차 ΔP가 발생한다.

스프링과 다이어프램의 특성에 따라 유량특성의 경사도가 변하며 냉매유량이 많을수록 과열도는 커지는 특성을 가지고 있다. 과열도를 작게하기 위해서는 유량특성 경사를 세우는 쪽으로 하면 되지만 밸브진동소음이나 냉동사이클이 불안정한 맥동을 일으키는 원인이 되기 때문에 어느 정도의 경사가 필요하다.

작동의 구체적인 예를 보면 블로어의 풍량을 Hi → Lo로 내리면 냉매가 그만큼 증발하지 않기 때문에 과열도가 작아진다. 그래서 감온통내의 가스냉매가 응축되어 압력 P_1이 저하되기 때문에 압력차 ΔP는 작게되어 밸브를 닫히는 방향으로 작동한다. 그 결과 블로어 Lo에 상당하는 냉매량까지 유량을 감소시키게 된다.

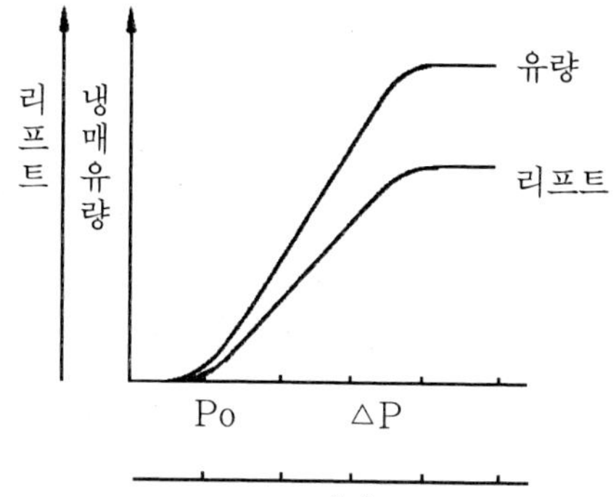

☑ 그림 54. 유량과 리프트의 특성

6.1.3. 감온통의 응답성과 차지방식

팽창밸브는 감온통의 피드백을 받아 밸브를 작동시킬 때 압력은 즉시 변화하지만 에바포레이터 출구의 온도는 냉매가 에바포레이터 출구에 도달할 때 까지 수초~10초 정도의 시간이 걸린다.

감온통의 온도가 즉시 응답을 하면 피드백 보정에 시간이 너무 걸려 사이클이 불안정하게 되어 10~20초 정도의 주기로 압력변동 즉, 헌팅(hunting)이 발생한다. 이 때문에 그림 55와 같이 감온부에서의 온도응답을 지연시키고 있다.

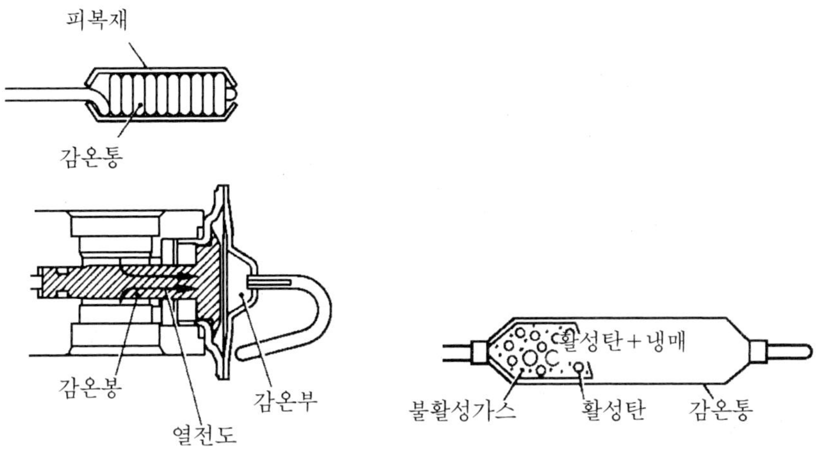

(a) 가스 차지방식 (b) 흡착 차지방식

☑ 그림 55. 응답지연 방식

또 응답을 지연시키는 확실한 수단으로서 활성탄의 흡착을 이용한 흡착차지 방식이 있다. 흡착특성을 이용하여 온도를 압력으로 변환하는 것으로 활성탄의 열전달이 나쁘기 때문에 활성탄 전체가 균일온도로 되는 데는 시간이 걸리는 것을 이용하여 응답을 지연시킨다.

[1] 크로스 차지(cross charge)방식

이 방식은 감온통내의 압력특성을 냉동사이클에 사용하고 있는 냉매의 포화압력특성보다 구배를 완만하게 한 것이다. 감온통 내에 사용냉매와 다른 가스를 봉입한 것을 가스 크로스 차지 방식이라 한다.

크로스 차지방식으로 하면 그림 56에서 알 수 있듯이 외기온도가 낮은 저부하시에는 감온통 압력이 가스차지방식보다 높아지기 때문에 감온통내의 냉매가 액화하기 쉬워진다. 이것을 이용하여 가변용량 컴프레서에서 소용량시 오일 리턴을 확보하기 위해 사용하기도 한다.

그러나 고부하시에는 반대로 감온통내 압력이 가스차지방식보다 낮아서 과열도가 크게 되기 때문에 적절한 밸런스를 가질 필요가 있다.

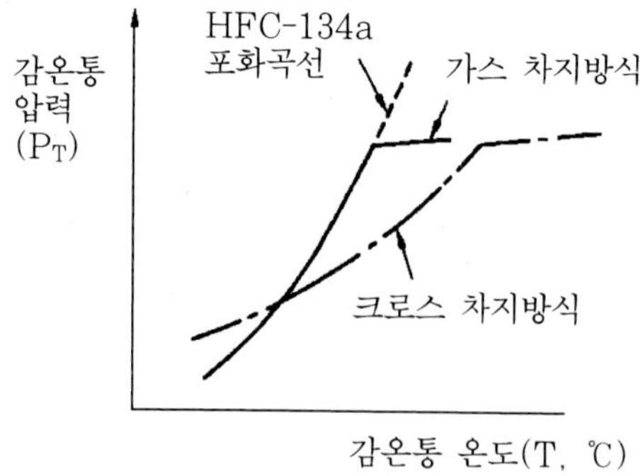

☑ 그림 56. 감온통의 온도-압력 특성

[2] 가스 차지방식

감온통내에는 액냉매와 가스냉매가 공존하여 온도를 압력으로 변환할 수 있다. 가스 차지 압력 이하에서는 액이 존재하지만 온도가 상승하여 차지압력이 되면 냉매는 모두 가스로 된다. 따라서 그 이상 다이어프램 상부의 압력은 상승하지 않기 때문에 팽창밸브의 열림은 제한된다.

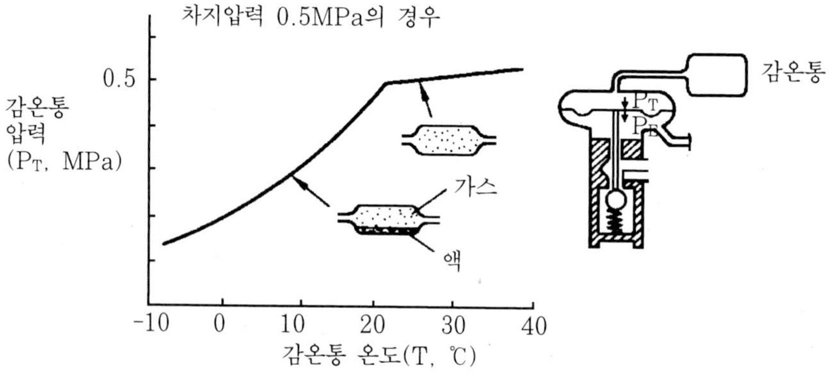

☑ 그림 57. 가스 차지방식의 온도-압력 특성

6.1.4. 구조와 작동

표 8은 팽창밸브의 대표적인 구조와 특징을 나타내며, 표 9는 용량과 주요 용도를 나타낸다. 용량은 JIS 표준 정격조건 A(응축온도 38℃, 증발온도 5℃)를 기준으로 하였으며 톤수는 미국 냉동톤이며 1톤= 3520W(3024kcal/h)이다. 또 공칭용량은 명확한 정의는 없지만 최대용량의 50~60%를 공칭용량으로 하는 예가 많다.

[표 8] 팽창밸브의 대표적인 구조와 특징

	조인트 접속형	박스형	카세트형
구조 액냉매 무상냉매 가스냉매	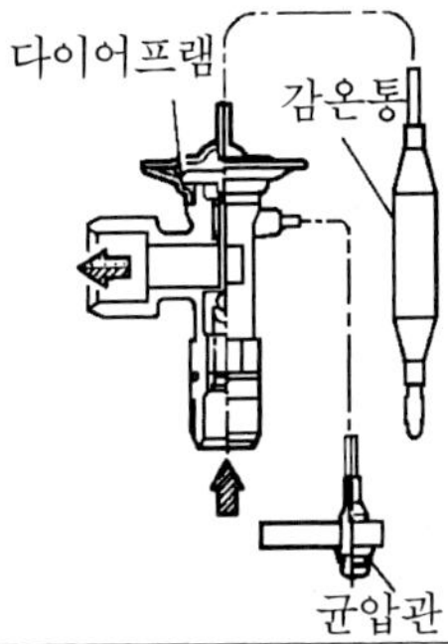	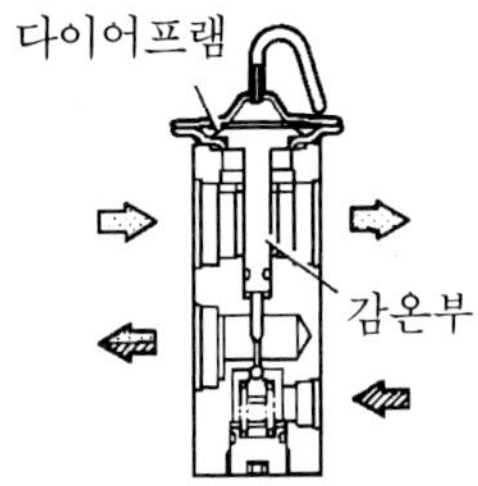	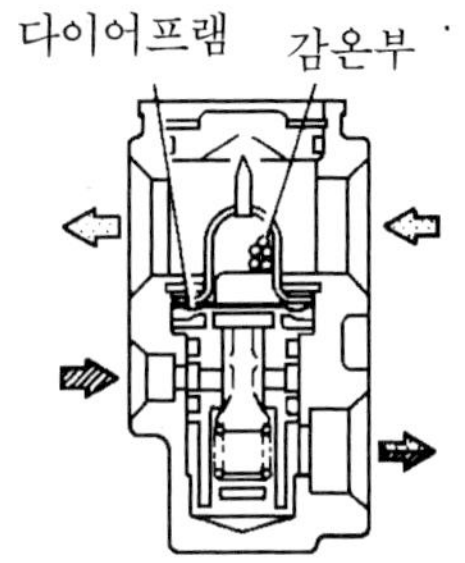
감온부 위치	관로 외	관로 내	
다이어프램 위치	관로 외		관로 내
차지방식	가스 차지 · 흡착 차지	가스차지	흡착자지
특징	에바포레이터 출구부에 감온통과 균압관을 접속한다.	에바포레이터 출구냉매가 팽창밸브 내부로 통하기 때문에 압력과 온도를 내부에서 감지할 수 있다.	소형 다이어프램를 위해 밸브 리프트를 크게 하면 큰 직경의 밸브가 필요하다.

[표 10] 팽창밸브의 용량과 주요 용도

공칭용량	0.6톤	1톤	1.5톤	2톤 이상
적용냉방 능력	1160~2330W (1000~2000 kcal/h)	2330~4070W (2000~3500 kcal/h)	3490~5810W (3000~5000 kcal/h)	4650W 이상 (4000kcal/h 이상)
최대용량	3490W 이상 (3000kcal/h)	6980W 이상 (6000kacl/h)	9300W 이상 (8000kcal/h)	11600W 이상 (10000kcal/h)
주요용도	리어 쿨러용	· 경자동차용 · 리어 쿨러용	일반차용	바스용

6.1.5. 내부 균압식 팽창밸브

에바포레이터 출구압력을 피드백하는 외부 균압식이 일반적이며 이 경우 균압관이 필요하다. 그래서 구조를 심플하게 하기 위해서 균압관이 없는 에바포레이터 입구압력을 취한 것을 내부 균압식이라 한다.

통상 에바포레이터에 냉매가 흐를 경우 유동저항에 의해 압력손실이 발생한다. 이 때문에 에바포레이터의 압력손실 ΔP_E에 상당하는 만큼 과열도가 커지기 때문에 ΔP_E가 작은 리어 클러 등의 에바포레이터에 사용하고 있다.

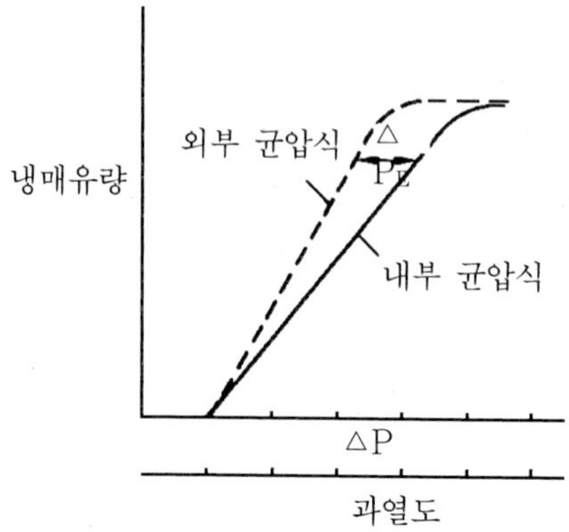

☑ 그림 58. 외부 균압식과 내부 균압식의 차이

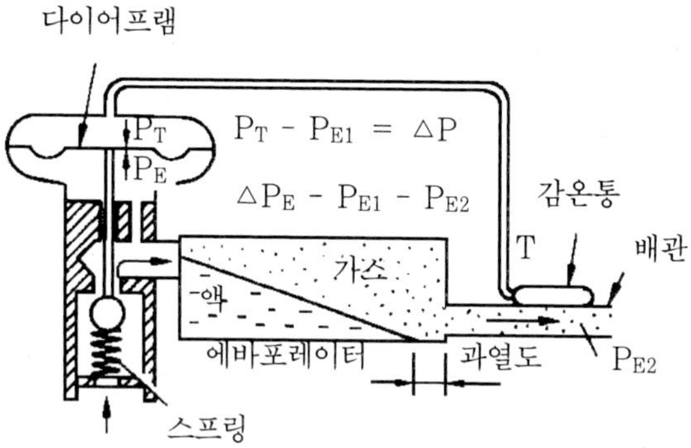

☑ 그림 59. 내부 균압식의 작동원리

6. 2. 오리피스 튜브(orifice tube)

6.2.1. 오리피스 튜브의 기능

오리피스 튜브는 어큐뮬레이터와 에바포레이터 사이에 장착되어 있으며 고온고압의 액냉매를 저온저압의 습증기냉매로 변환시키는 장치이다. 그림 60은 오리피스 튜브 시스템의 레이아웃을 나타낸다.

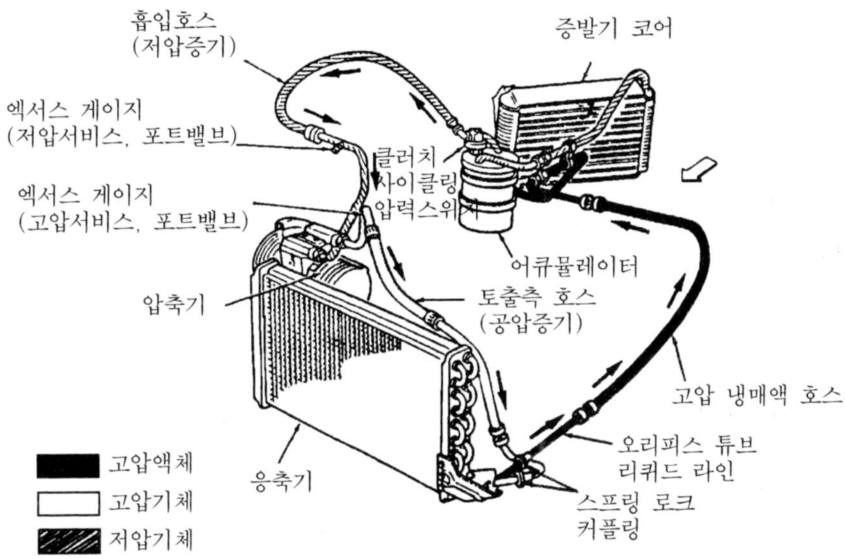

☑ 그림 60. 오리피스 튜브시스템

6.2.2. 오리피스 튜브의 구조

그림 61은 오리피스 튜브의 대표적인 단면형상을 나타낸다. 필터 스크린은 순환하는 냉매의 이물질을 제거하며 튜브 보디의 O링은 고압의 액냉매가 바이패스하지 못하도록 한다. 오리피스 튜브 어셈블리는 냉매량을 조정할 수 없으며 고장시 정비를 할 수 없다. 따라서 고장시 교환하여야 한다.

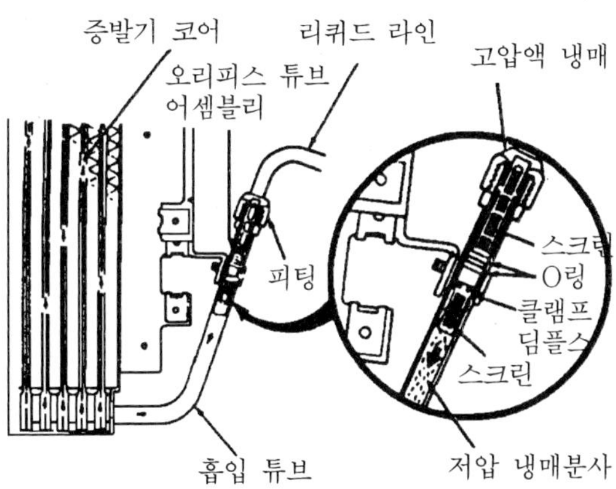

☑ 그림 61. 오리피스 튜브의 단면

6.2.3. 오리피스 튜브시스템의 특징

앞에서도 설명하였지만 팽창밸브 시스템에 비해 오리피스시스템의 장단점은 다음과 같다.

[1] 장점

① 가격이 저렴하다.
② 봉입 오일량에 따른 냉방능력의 영향이 적다.
③ 오리피스 튜브에는 가동부분이 없기 때문에 단순하고 신뢰성이 크다.
④ 오리피스 튜브 및 저압스위치의 보수. 점검이 용이하다.

[2] 단점

① 봉입 오일량이 많다.
② 충전 냉매량의 결정 및 냉매의 보충방법이 불편하다

6. 3. STV(suction throttle valve)

6.3.1. STV의 기능

요즘의 카 에어컨이 종래의 카 에어컨에 비해 성능이 우수하다는 것은 춘하추동 4계절 사용이 가능한 소위 포시즌(four season)용이라는 것이다. 특히 봄이나 가을철에 비가 올 때 그리고 여름철 야간 등 종래의 에어컨에서는 사용이 불가능한 조건에서도 작동이 가능하여 쾌적한 실내조건을 유지할 수 있다.

종래의 카 에어컨은 한 여름철의 온도조건에 맞추어 놓았기 때문에 각종 기능부품의 용량도 이에 맞추어 제작되어 있다. 따라서 열부하가 작은 계절의 중간기나 야간에는 냉방능력이 과대하게 된다. 그 결과 콘덴서는 냉각효과가 과대해 지고 에바포레이터에는 열부하가 작아 빙결현상이 일어난다. 이러한 현상을 적극적으로 방지하기 위한 시스템이 STV이다.

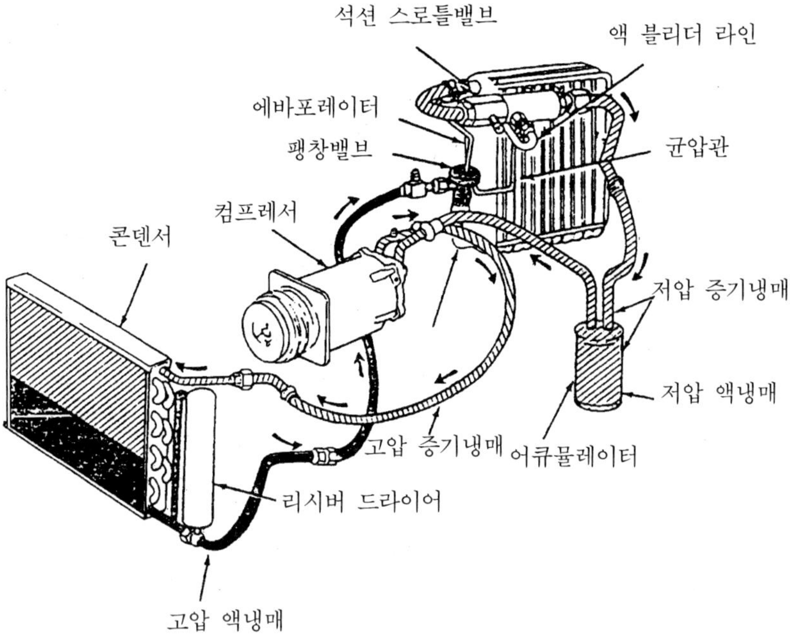

☑ 그림 62. STV 냉방 시스템

6.3.2. 구조 및 작동원리

그림 63(a)은 STV의 구조를 나타내며 그림 (b)는 작동원리를 나타낸다. STV는 증발압력 P_E가 설정압력 P_{EO} 이상이 되면 벨로즈 내의 일정압력(통상진공)과 스프링장력을 이겨 밸브를 열기 때문에 고부하시에는 배관의 일부로서 냉매통로를 형성한다. 냉방부하가 저하하여 P_E가 내려가서 P_{EO}에 가까워지면 밸브가 닫히어 저항이 생기기 때문에 컴프레서로의 흡입압력 P_S는 저하하고 냉방부하에 합당한 만큼 냉매유량이 감소한다. R134a냉매 특성상 증발압력 2.1kgf/cm^{2}G의 증발온도는 0℃이기 때문에 에바포레이터를 빙결로부터 방지하기 위해서는 증발압력을 2.1kgf/cm^{2}G 이상 유지하도록 해야한다.

실제 에바포레이터 표면의 핀에 부착된 물방울이 흐르면서 빙결이 일어나지 않을 정도의 이상적인 압력은 1.8kgf/cm^{2}G이다. STV 설정압력은 1.85~2.0kgf/cm^{2}G에서 제어하도록 설정되어 있다.

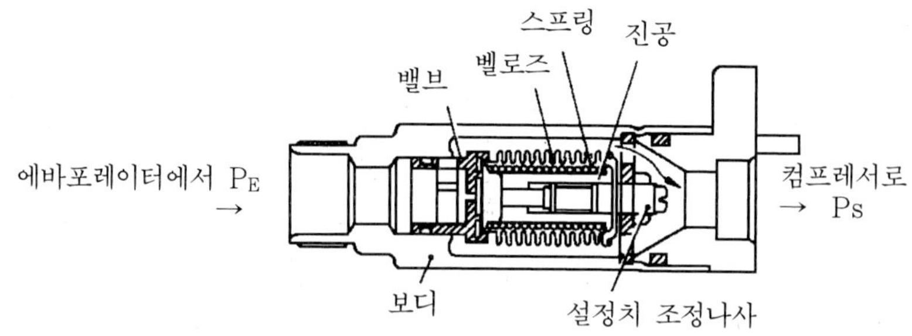

(a) STV의 구조

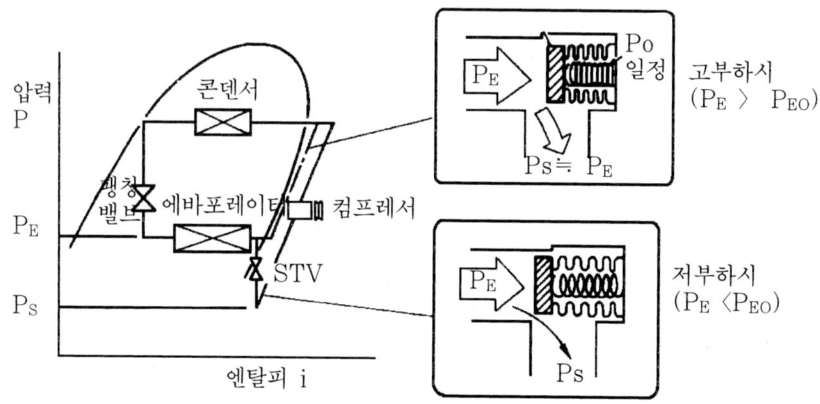

(b) 작동원리

☑ 그림 63. STV의 구조와 작동원리

6.3.3. 작동 예

STV 피스톤의 개도량은 증발압력과 STV 스프링 장력과의 관계로부터 결정되기 때문에 에바포레이터의 열부하가 감소하여 증발압력이 내려가면 STV 피스톤은 닫히어 STV입구와(P_3)와 출구(P_2)사이에 압력차가 발생한다. 그 결과 팽창밸브의 개도를 결정하는 다이어프램(팽창밸브)의 양단에 걸리는 압력은 언밸런스가 된다. 즉, P_1 〉 P_2가 되어 팽창밸브는 열려 냉매의 유동량을 증가시켜 에바포레이터의 증발압력을 상승시킨다.

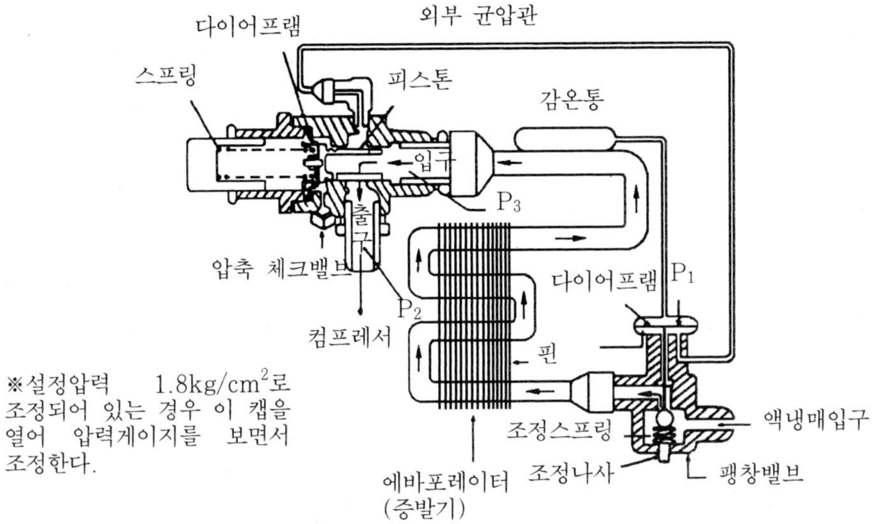

☑ 그림 64. 피스톤 전개상태의 STV 작동

6. 4. 솔레노이드밸브(solenoid valve)

솔레노이드밸브는 한 개의 컴프레서로 여러 개의 에바포레이터를 사용하는 냉동사이클에서 냉매유로를 개폐하여 운전상태를 절환하는 밸브이다.

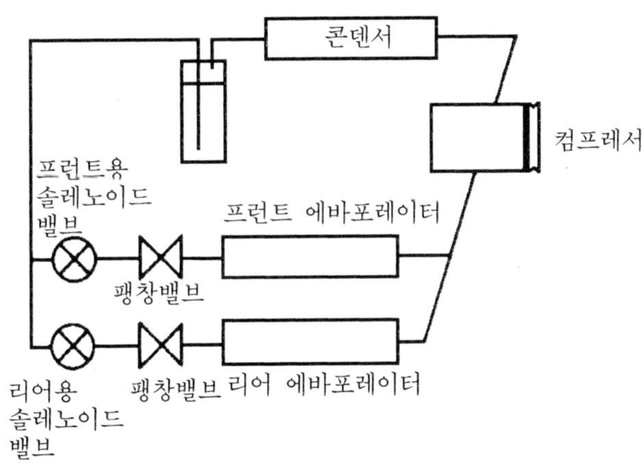

☑ 그림 65. 듀얼 에어컨의 솔레노이드밸브 장착 예

통상 통전되었을 때 밸브가 열리는 노말 클로즈(nrmal close)방식을 채택하고 있다. 개변방식에는 직동식과 파일럿식이 있으며 그 특징을 표 10에 나타낸다.

[표 10] 솔레노이드밸브의 방식별 특징

형식	직동식	파일럿식
밸브구경	약 ∅2mm	약 6mm
단면도	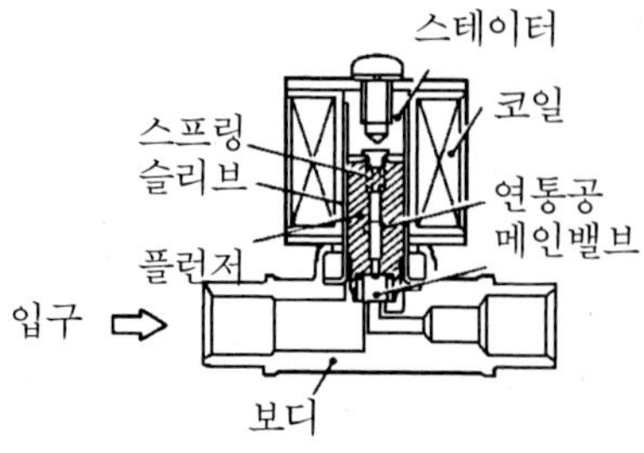	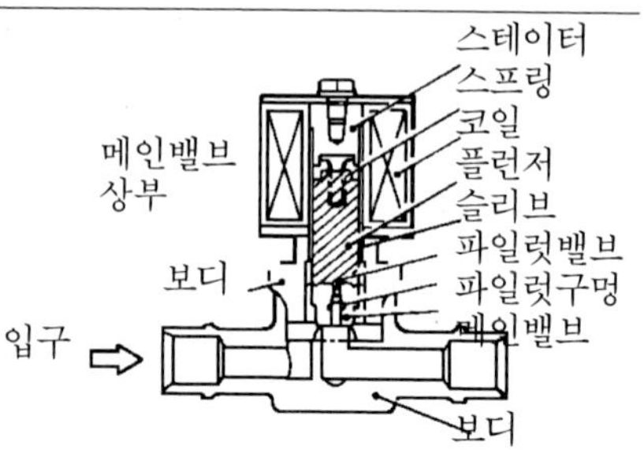
특징	· 소유량용 · 구성부품이 작고 소형	· 대유량용 · 밸브직경이 크기 때문에 압력손실이 작다. · 코일 소형화, 성전력화 가능

6.4.1. 직동식 솔레노이드밸브

작동은 주밸브와 일체로 되어 있는 플런저가 코일에 통전을 하면 자력이 발생하여 위쪽으로 이동하여 밸브를 열고 무통전시에는 스프링장력과 출구압력 차에 의해 밸브가 닫힌다. 밸브구경에 작용하는 고저 압력차보다 큰 전자력이 필요하기 때문에 통상 ∅2mm 정도의 소유량용에 적합하다.

6.4.2. 파일럿식 솔레노이드밸브

파일럿밸브를 사용하여 대유량을 개폐할 수 있는 구조로 되어 있다. 전자력은 직접 냉매유로를 개폐하지 않고 주밸브의 배압을 제어하는 작은 파일럿밸브 구경만으로 가능하며 전자코일도 작게할 수 있다.

표 11에 파일럿식 솔레노이드밸브의 작동을 나타낸다.

[표 11] 파일럿식 솔레노이드밸브의 작동

상태	무통전시	통전직 후	통전하여 시간경과 후
작동도	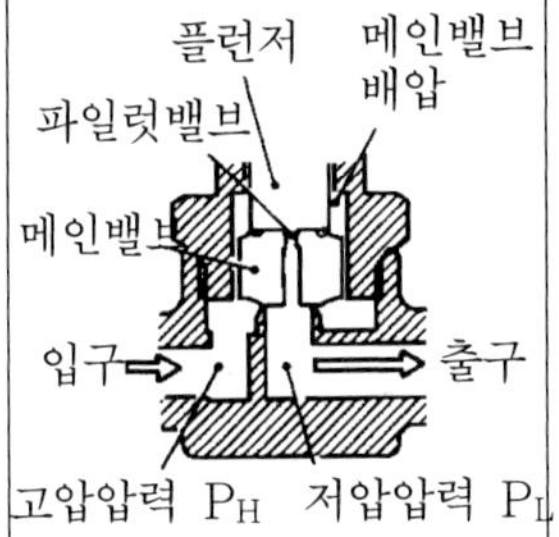	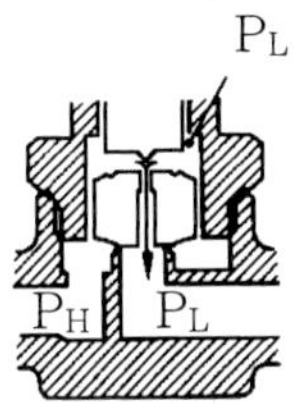	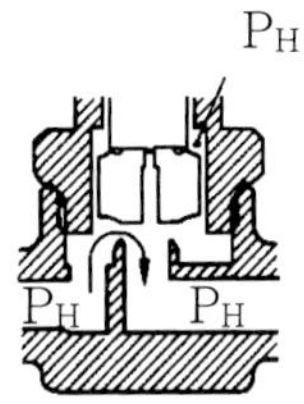

[1] 무통전시

플런저는 스프링에 의해 눌리어 주밸브도 닫힌다. 이 때 파일럿밸브는 닫히어 있기 때문에 주밸브의 주위보다 입구측의 고압압력 P_H가 배압에 작용하기 때문에 냉매를 차단시킨다.

[2] 통전직후

전자력에 의해 플런저가 주밸브에서 떨어져 파일럿 밸브를 열므로서 주밸브 배압은 출구측의 저압압력 P_L과 같아진다. 이때 주밸브 하부의 주위에는 P_H가 가해져 주밸브는 열린다.

[3] 통전시

일단 주밸브가 열리면 입구와 출구 모두 고압압력 PH가 되어 압력차가 생기지 않는다. 주밸브 배압도 다시 P_H가 되지만 주밸브는 유체력에 의해 밸브개노를 유지한다.

7. 배 관

7.1. 전 체

카 에어컨의 배관은 각 기능부품의 냉매회로를 형성한다. 주로 알루미늄 배관으로 되어 있으나 컴프레서와 콘덴서사이의 배관과 같이 진동계가 서로 다른 부위에는 진동흡수를 위하여 호스를 사용한다. 그림 66은 레이아웃의 한 예이며 표 12는 배관사이즈의 한 예를 나타낸다.

배관의 직경 크기는 냉동사이클을 순환하는 냉매의 상태에 따라 결정한다. 즉, 유속이 빠른 저압가스냉매의 배관직경은 크고, 유속이 느린 고압 액냉매의 배관은 가늘게 되어 있다. 또 가스냉매이드라도 유속이 느린 고압가스의 배관은 중간 크기로 되어 있다.

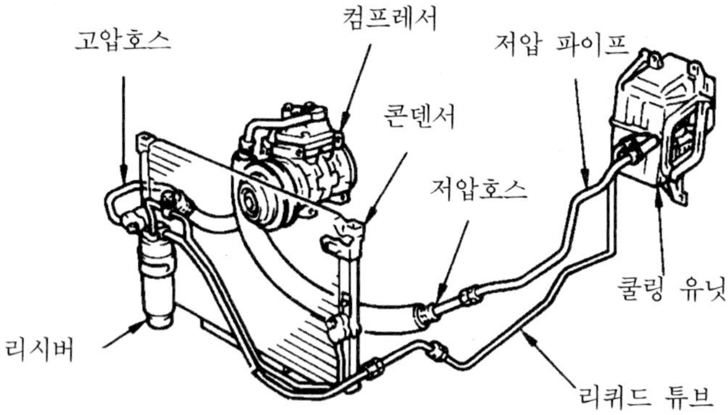

☑ 그림 66. 배관 레이아웃의 예

배관의 기술적인 변천은 환경동향에 대응하기 위한 부분이 크며 특히 프레온 규제동향에 따라 냉매누설의 저감기술, 신냉매 적용을 위한 배관기술이 발전되어 왔다.

[표 12] 배관 사이즈의 한 예

배관명	냉매상태	한국	미국
고압호스	고압가스	D 1/2	D 3/8~D 1/2
고압튜브	고압가스	D 1/2	D 3/8~D 1/2
리퀴드튜브	고압액	∅8	D 3/8
저압튜브	저압가스	D 5/8~D 3/4	
저압호스	저압가스	D 5/8~D 3/4	

7.2. 쿨러 호스

호스는 일반적으로 그림 67(a)과 같은 구조로 되어 있다.

① **외면고무** : 보호층 역할을 하며 내후성, 내열성이 우수한 고무제로 성형되어 있다.

② **보강사층** : 내압에 대한 호스의 팽창을 방지하기 위해 폴리에스텔 등의 가는 실로 형성되어 있다.

③ **내면고무** : 수분의 침투 등을 방지하기 위해 저수분 투과성, 내열성이 우수한 고무재로 형성되어 있다.

④ **내면수지** : 냉매의 투과를 방지하기 위해 저냉매 투과성, 유연성, 내열성이 우수한 수지재를 두께 0.15mm 정도의 얇은 막으로 성형되어 있다.

⑤ **결합부** : 호스의 끝부분에는 알루미늄 합금제 파이프를 삽입하고 그 외주에 원통형 슬리브를 끼워 결합한다. 결합부에는 호스와 알루미늄 파이프사이에 실(seal : 기밀)성 향상을 위해 수지와 알루미늄을 접착하는 코팅제나 실제가 도포되어 있다.

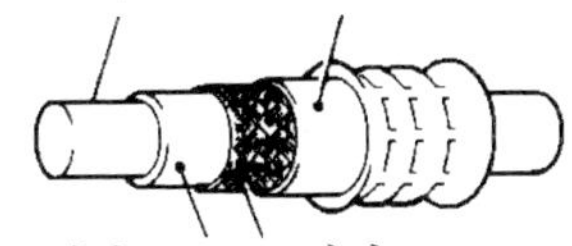

(a)호스의 구조

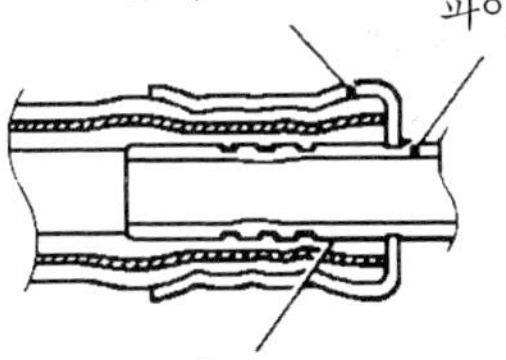

(b) 연결부

☑ 그림 67. 쿨러 호스의 구조

7.3. 조인트(joint)

조인트는 에어컨의 제조, 레이아웃 그리고 서비스상의 이유로 호스와 튜브 그리고 컴프레서나 에바포레이터와 같은 기능부품의 냉매회로의 기밀과 체결에 사용된다.

그림 68에 실(seal) 기술의 변천과정을 나타낸다. 실 방법은 최초 메탈실(metal seal)이라 하는 그림 68(a)의 플레어 타입(flare type)으로 시작하였지만 냉매누설 저감을 위해 그림 68(b), (c)의 O링 타입의 너트 또는 유니온으로 변경되었다.

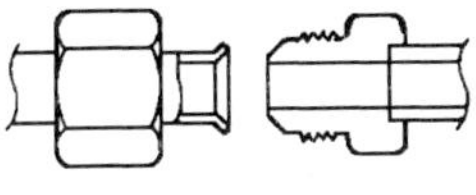

(a) 플레어형

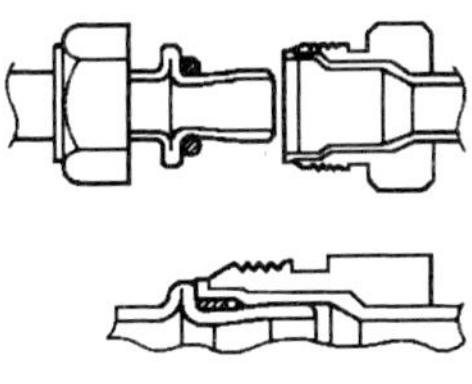

(b) O링(단면실)형

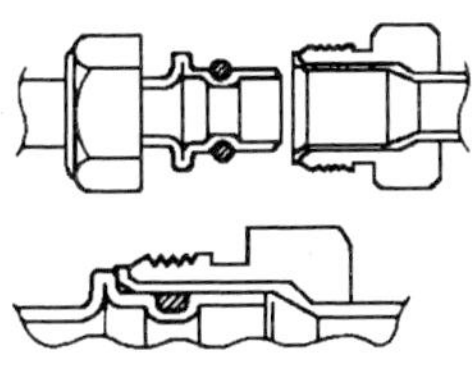

(c) O링(원통실)형

☑ 그림 68. 실 기술의 변천

특히 신냉매를 사용하면서 부터 그림 68(b)의 단면 실에서 그림 68(c)의 원통 실을 사용하여 기밀에 대한 신뢰성을 향상시켰다. 한편 체결방법은 그림 69와 같이 너트와 유니온을 더블 스패너로 체결하는 방법과 에어컨을 자동차 메이커에서 장착할 때는 블록 조인트 타입을 임팩 렌치로 체결하는 방법을 주로 사용하며 또 공구를 사용하지 않고 조립하는 원 터치 조인트 타입도 있다.

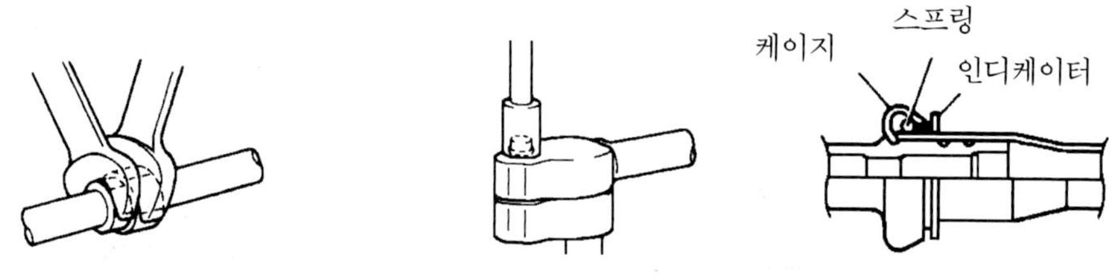

(a) 너트/유니온 (b) 블록 조인트 (c) 원터치 조인트

☑ 그림 69. 체결방법의 기술변천

7.4. SCX(sub-cool accelerator)

최근 내부를 유동하는 냉매의 온도가 서로 다른 배관을 합체하여 열교환을 시켜서 시스템의 효율을 향상시키는 기술이 개발되어 실용화되고 있다.

그 대표적인 제품이 그림 70에 나타 낸 SCX로 내부에는 저온의 가스냉매가 흐르고 나선형 홈에는 고온의 액냉매가 흐른다. 배관의 레이아웃을 따라 구부릴 수 있으며 내관의 나선홈이 전열을 촉진시킨다. 400mm SCX인 경우 시스템 효율을 5~10% 향상시킬 수 있다.

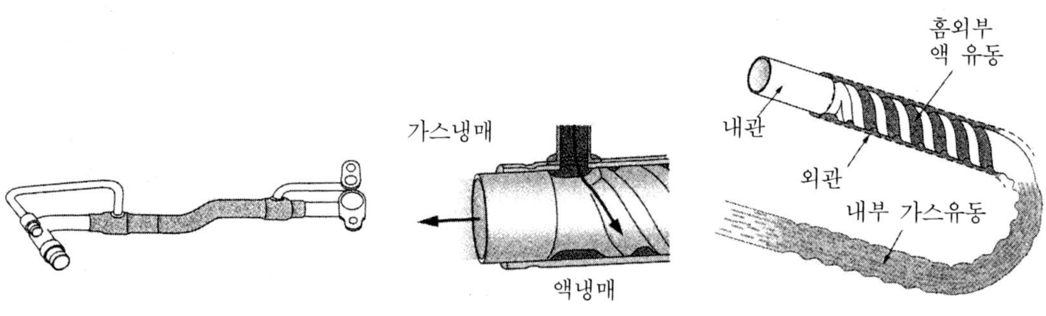

(a) 전체도 (b) 단부형상 (c) 열교환부 상세도

☑ 그림 70. SCX의 구조

8. 전기제어부품

8.1. 컨트롤 패널(control panel)

자동차용 공조장치를 제어하기 위한 입력장치 또는 입력장치에 제어회로를 조립한 것을 컨트롤 패널이라 하며 대체로 인스트루먼트 패널 중앙부에 설치되어 있다. 패널에는 온도설정, 토출모드 절환, 내·외기모드 절환, 풍량 절환, 컴프레서의 ON/OFF 등 5가지의 절환 기능이 있다.

8.1.1. 컨트롤 패널의 조작방식

패널을 조작방식에 따라 분류하면 레버식, 다이얼식, 푸시식의 3종류가 있다. 조작성의 관점에서 보면 조작부를 보지 않고 조작할 수 있는 다이얼식이 가장 우수하며 다음에 조작하중이 작은 푸시식이며 조작력이 큰 레버식이 가장 좋지 않다.

다이얼식은 유럽자동차를 중심으로 많이 사용되고 있다. 푸시식은 카 오디오 가까이 설치하기 때문에 디자인의 통일성과 레버식에 비해 조작성을 편리하게 하기 위해 1985년경부터 장착되어 왔다. 스위치 스트로크는 03~3.5mm 정도이며 주행중에 조작해야 하는 자동차의 특수성 때문에 명확한 절도감이 있어야 한다.

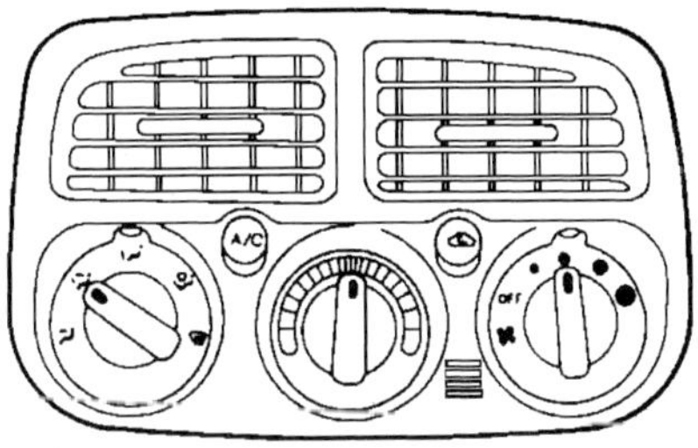

☑ 그림 71. 매뉴얼 에어컨 패널의 예

8.1.2. 컨트롤 패널의 구동방식

공조장치에서 에어믹스, 토출구 절환, 내·외기 절환 등 각종 도어의 구동방법을 분류하면 기계식, 배큠식, 전기식, 전자식 등 4가지가 있다. 1980년 이후 기계식은 조작하중이 무거워 거의 사용하지 않고 원 터치로 조작할 수 있는 전기식 또는 전자식 패널을 주로 사용하고 있다.

[표 13] 컨트롤 패널의 구동방식

구동방식	내 용	적 용	
		매뉴얼	오토
기계식	케이블로 직접 각종 도어를 당겨 구동한다.	O	×
배큠식	배큠 스위치로 공기회로를 절환하여 각종 도어에 설치된 다이어프램의 공기압을 조절하여 구동한다.	O	O
전기식	서보 모터로 각종 도어를 구동시키며 기계적인 스위치 신호를 보낸다.	O	O
전자식	서보 모터로 각종 도어를 구동시키며 스위치를 눌렀을 때만 전기신호를 보내어 전자회로에 의해 신호를 보낸다.	×	O

8.1.3. 컨트롤 패널의 작동표시

운전자가 선택한 작동상태를 컨트롤 패널에 표시하는 방법으로서 종래의 기계식에서는 플라스틱 박판에 문자, 마크 등을 인쇄한 것을 케이스 표면에 붙여 지침의 위치를 알 수 있도록 하였다. 그러나 최근 푸시식 패널의 사용과 오토 에어컨화에 따라 에어컨의 작동상태 표시가 다양화되고 있다.

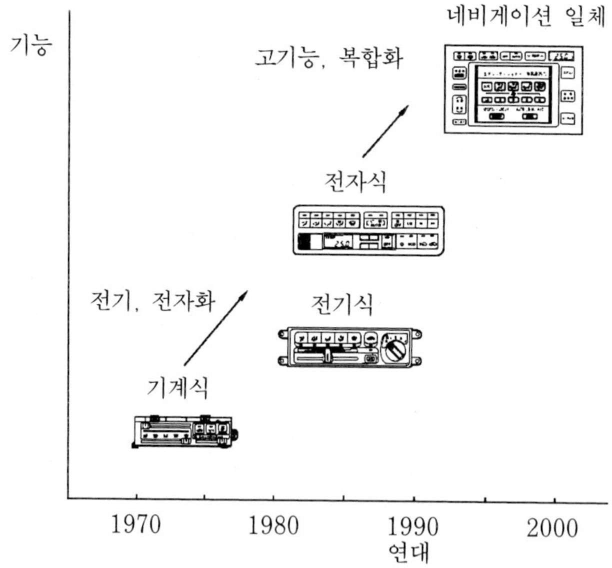

☑ 그림 72. 패널조작방식의 변천

우선 푸시식 패널은 선택한 스위치 손잡이내 또는 손잡이의 조금 위에 아크릴제 소형 렌즈를 설치하고 그 후방에 LED(Light Emitting Diode)를 점등시켜 작동을 표시한다. 오토 에어컨의 작동표시는 설정온도를 디지털로 표시하거나 토출모드, 흡입모드, 풍량을 그려서 표시하는 것도 있다.

작동표시 소자로는 액정(LCD : Liquid Crystal Display) - 형광표시관(VFD : Vacuum Fluorescent Display)을 사용하고 있다. 각각의 특징을 살려 가장 가까이에 장착되는 오디오의 표시와 조화를 고려하여 표시소자를 선택한다. 또 최근 고급 승용차를 중심으로 카 네비게이션이 표준사양으로 장착되면서 네비게이션용 액정화면에 에어컨 작동표시를 하거나 화면상에 터치 스위치를 설치하여 에어컨을 조작하기도 한다.

표 14 ISO7000에서 권장하는 에어컨 표시 심볼 형상을 나타낸다. 이러한 권장심볼 외에도 자동차 메이커에 따라 수정을 하거나 독자적인 심볼을 개발하여 사용하기도 한다.

[표 14] 에어컨 패널의 표시심볼

		ISO7000, JIS0032	실제예
주	에어컨 스위치		A/C
바람	풍량스위치		
내·외기	배기순환	—	
	외기도입	—	
토출모드	FACE 토출		
	B/L 토출		
	FOOT 토출		
	FOOT/DEF 토출	—	
	DEF 토출		

8.1.4. ECU(electronic control unit)

ECU는 오토 에어컨의 각종 제어를 실행하는 컴퓨터이다. ECU는 컨트롤 패널과 일체로 하여 인스트루먼트 패널의 중앙에 장착해 놓은 것과 별도로 에어컨 유닛에 조립하여 인스트루먼트 패널 내에 장착되어 있는 것이 있다.

ECU는 8비트 또는 16비트의 CPU를 사용하며 입력은 컨트롤 패널로부터의 스위치 신호와 각종 센서로부터의 센서신호를 디지털신호로 CPU에 입력시킨다. CPU에서 계산한 결과는 오토 에어컨의 제어대상인 토출온도를 조절하는 에어믹스 개도조절용 서보 모터, 송풍기의 속도조절용 파워 트랜지스터, 토출구 절환용 서보 모터,흡입구 절환용 서보 모터, 컴프레서의 ON/OFF용 마그넷 클러치, 컨트롤 패널의 표시장치 등을 작동시킨다.

ECU회로는 그림 74와 같이 CPU를 중심으로 크게 7개의 회로 블록으로 구성되어 있다.

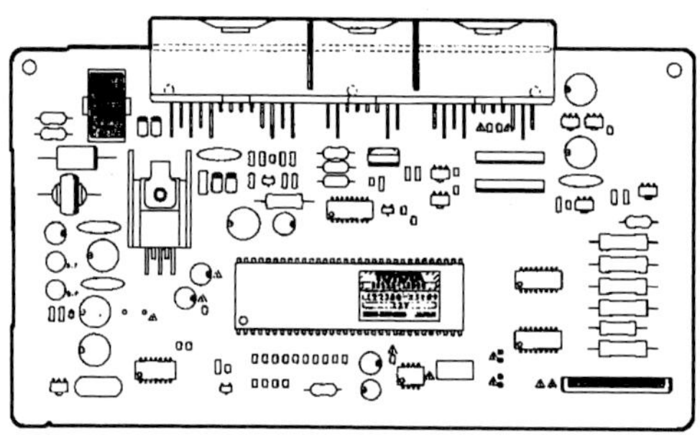

☑ 그림 73. ECU기판의 한 예

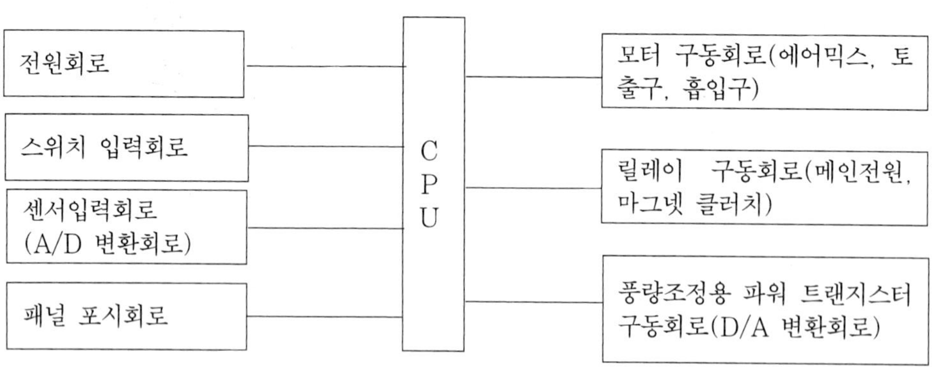

☑ 그림 74. ECU의 회로 블록 구성

전원회로는 CPU용 5V 정전압 전원, 키 스위치 OFF시 데이터 기억용 전원 그리고 리셋 회로로 구성되어 있다. 센서 입력회로는 5V 정전압으로 풀업된 센서단자 전압(아날로그 전압값)을 8~10비트의 디지털 신호로 변환하는 A/D변환회로이다.

모터 구동회로는 모터 정전/역전 절환, 목표위치에서의 정지, 모터 로크시 과전류를 보호(모터 인가전압 차단)하는 회로이다. 풍량조절용 파워 트랜지스터 구동회로는 CPU에서 디지털신호로 출력된 풍량신호를 아날로그 전압으로 변환하여 파워 트랜지스터를 구동한다. 제어기능의 다양화, 고도화에 따라 블록램 용량도 8K바이트에서 32K바이트까지 증강되고 있다. 또 네비게이션과의 통신용 CPU를 추가한 2CPU의 ECU도 나오고 있다.

앞으로는 제어기능이 더욱 고도화되어 32비트 CPU로 증강되어 주변회로와의 집적화에 의해 보다 소형화될 것으로 예상된다.

8.2. 서보 모터(servo moter)

서보 모터는 통풍로를 절환하는 도어를 구동시키는 것으로 3가지의 타입으로 나눌 수 있다. 이들은 대시 보드에 있는 컨트롤 패널 스위치의 조작에 의해, 또 오토 에어컨에서는 자동적으로 구동된다.

① **내·외기 절환용** : 내·외기 절환용 도어를 구동시키는 것.

② **토출구 절환용** : 토출구 절환용 도어를 구동시키는 것.

③ **에어 믹스용**: 냉풍과 온풍의 혼합비율을 조절하는 에어믹스 도어를 구동시키는 것.

그림 75는 각 용도의 서보 모터를 나타낸다.

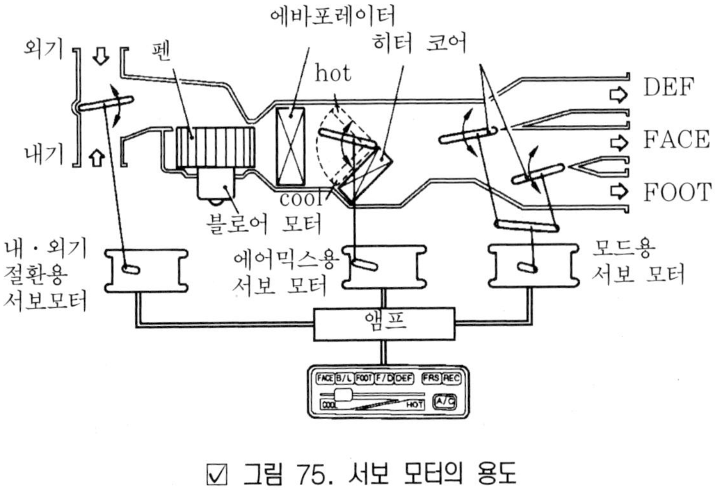

☑ 그림 75. 서보 모터의 용도

8.2.1. 서보 모터의 구성

서보 모터의 구성은 도어를 구동시키는 힘을 발생하는 모터 부분과 기계부분(구동부) 그리고 정지위치를 제어하는 전기회로부분(위치 검출부)으로 구성되어 있다. 구조적으로는 수지로 제작된 케이스와 커버에는 모터와 기어로 된 구동부 및 프린트 기판의 위치 검출부를 수납하며 기계적 출력은 크랭크 암을 통해 회전운동으로 전달한다.

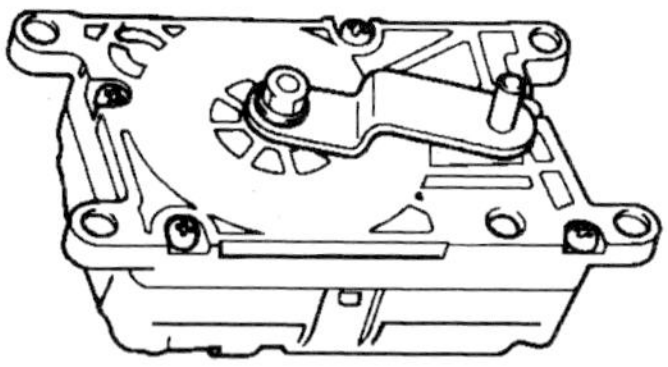

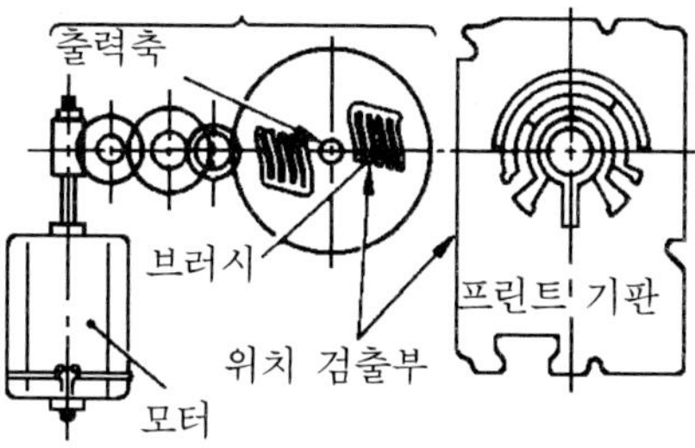

☑ 그림 76. 외관과 구성

8.2.2. 용도별 작동설명

[1] 내·외기 절환용 서보 모터

스위치를 내기(REC) → 외기(FRS)로 절환하면 모터는 통전이 되어 회전한다. 약 180°를 회전하면 접점이 OFF되어 모터는 정지하고 외기위치에서 정지한다.

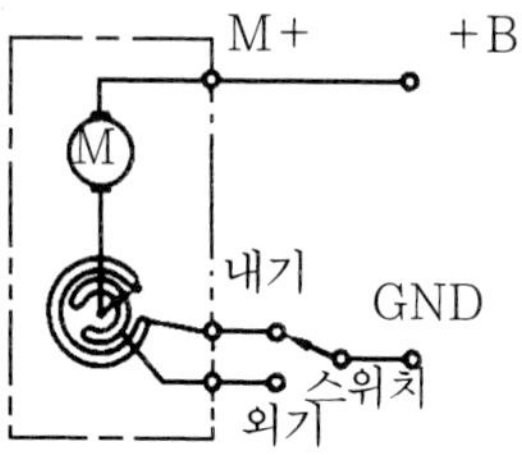

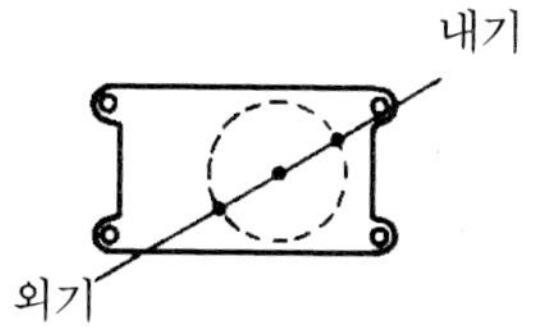

☑ 그림 77. 내·외기 절환 서보 모터의 회로와 작동

[2] 토출구 절환용 서보 모터

서보 모터에 내장되어 있는 위치검출 스위치에 의해 현재의 토출구 위치를 읽어 들여 모터를 정전 또는 역전시킨다. 이 때 목표로 하는 토출구 위치까지 위치검출 스위치를 작동시켜 그 위치에서 모터를 정지시킨다.

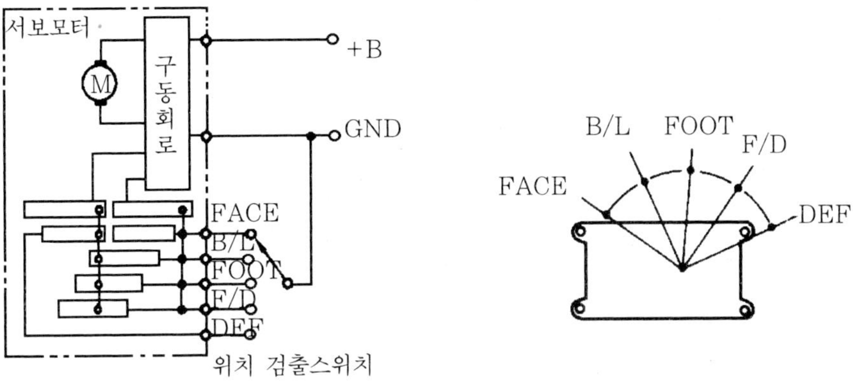

☑ 그림 78. 토출구 절환용 서보 모터의 회로와 작동

[3] 에어 믹스용 서보 모터

서보 모터에는 에어 믹스 도어의 위치를 검출하는 포텐시오 미터가 내장되어 있으며 그 위치 신호를 엠플리파이드 백(amplified back)하여 모터를 회전시켜 설정온도가 되도록 에어 믹스용 도어를 구동시킨다. 또 리미터가 내장되어 있어 서보 모터가 풀 스트로크 구동시(MAX COOL 또는 MAX HOT)에 모터로의 통전을 차단하여 오버런을 방지한다.

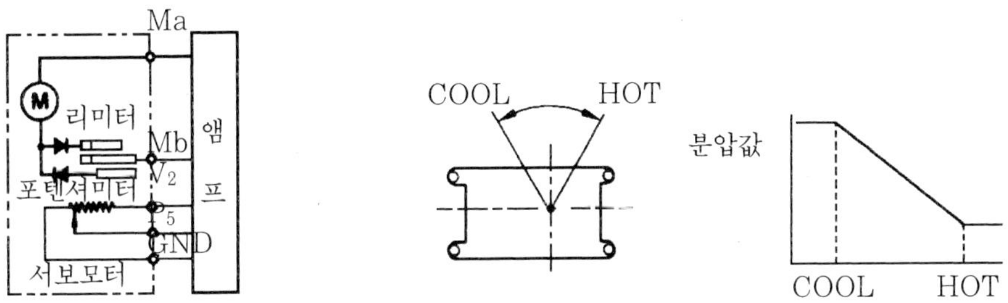

☑ 그림 79. 에어 믹스용 서보 모터의 회로와 작동

8.3. 블로어 모터

카 에어컨용 팬은 통상 영구자석식의 DC 12V(DC 24V) 직류모터를 사용한다. 용도에 따라 필요한 풍량이 다르며 블로어 모터는 일반적으로 외경 ϕ50~80mm 정도이다.

[표 15] 블로어 모터의 용도별 사용 예

용도	필요용량	소비동력	외경
공기청정기용	50~100m³/h	20~40W	약 ∅50
리어용	70~120m³/h	30~50W	약 ∅50~∅60
프런트용(경차)	250~350m³/h	80~120W	약 ∅60
프런트용(보통차)	400~600m³/h	170~300W	약 ∅70~∅80

8.3.1. 블로어 모터의 작동원리

기계 중에 있는 도체에 전류가 흐르면 그림 80과 같이 플레밍의 왼손법칙에 따라 도체는 그림 81과 같은 힘을 받는다. 이에 따라 그림 82와 같이 로프(loop)형상의 도체에 전류를 보내면 그림과 같은 회전력을 얻을 수 있다.

그러나 이 로프형상의 도체에 항상 동일방향의 전류를 흐르게 하는 것은 1회전도 불가능하기 때문에 정류자와 브러시를 이용하여 회전도중에 도체에 흐르는 전류의 방향을 바꾸어 준다.

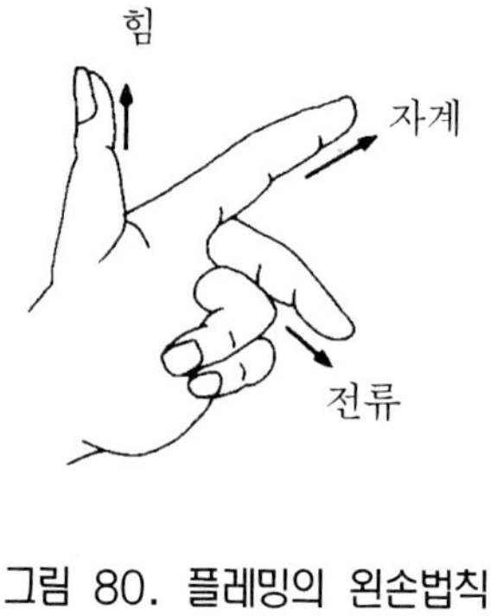

☑ 그림 80. 플레밍의 왼손법칙

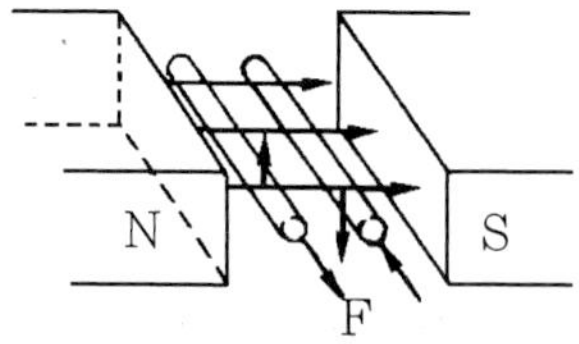

☑ 그림 81. 자계중 도체가 받는 힘

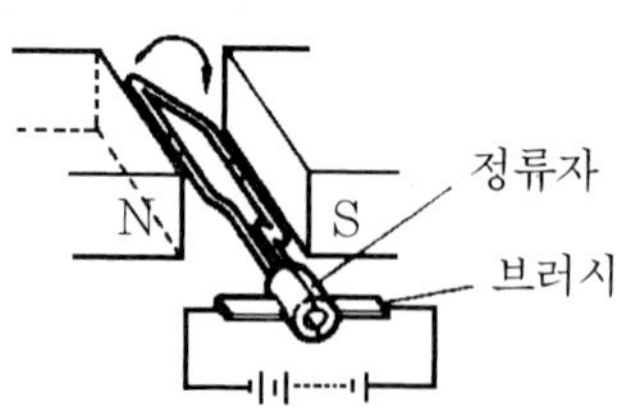

☑ 그림 82. 직류모터의 작동원리

이러한 모터의 작동원리를 기본으로 한 실제의 블로어 모터는 도체수를 증가시켜 원활하게 회전하도록 하고 있다. 정류자의 세그먼트수를 증가시킨 모형도를 그림 83에 나타낸다.

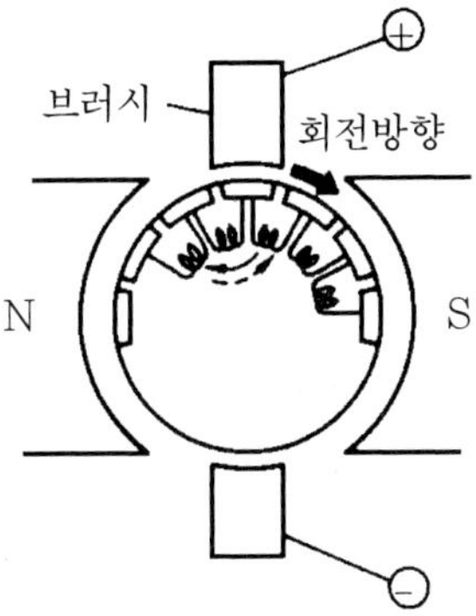

☑ 그림 83. 실제의 블로어 모터 모형도(정류자의 세그먼트 수를 증가시킨 경우)

8.3.2. 블로어 모터의 특성

영구자석식 직류모터의 특성을 그림 84에 나타낸다. 직류모터의 특성은 토크에 대한 회전수가 직선으로 변하며 이러한 특성은 교류모터나 스테핑에는 없는 성질이다. 토크=0인 회전수가 무부하회전수이고 회전수= 0인 토크가 구속토크이다. 모터에 전원을 넣었을 때 이 구속토크에서 기동하며 부하토크와 밸런스를 이루면 회전한다. 전류와 토크의 관계도 직선으로 표시된다.

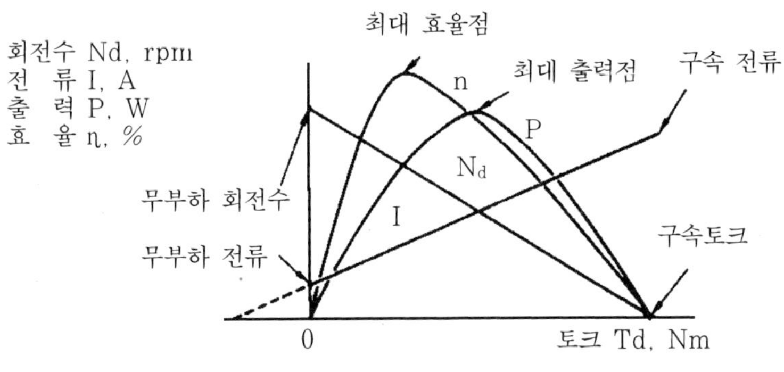

☑ 그림 84. 영구자석식 직류모터의 특성

모터 출력은 토크×회전수에 비례하기 때문에 출력은 토크에 대해 2차 곡선으로 표시되며 최대 출력점은 구속토크의 1/2토크점이다. 효율은 출력÷입력(입력은 전류에 비례)이므로 최대 효율점은 최대 출력점보다 낮은 토크측이 된다. 모터의 효율을 고려할 경우이 최대 효율점 부근에서 사용하는 것이 좋지만 실제로는 보다 큰 출력을 얻기 위해 대체로 고토크측에서 사용하는 경향이 있다.

8.3.3. 블로어 모터의 구조

그림 85는 블로어 모터의 구조를 나타내며 각 부품의 특징은 다음과 같다.

① 외주(요크라 하는 철판)에 영구자석을 고정하고 샤프트에 고정된 철심(코어)에 코일이 감기어져 있으며 정류자에 접속되어 있다.

② 정류자와 코어는 모터 회전시 진동을 억제하기 위해 10~14분활(그림에서는 12세그먼트, 12슬롯)되어 있다.

③ 브러시는 동+카본이 주성분이며 배합비와 첨가물에 따라 모터의 성능이 좌우된다〔구체적으로는 소음(브러시음)과 수명에 영향을 미친다〕. 저소음과 내구성을 위해 다양한 브러시의 개발이 진행되고 있으며 향후 브러시레스 모터가 실용화될 것으로 예상된다.

④ 자석은 고출력화, 경량화 그리고 소형화를 위해 고성능인 습식 페라이트 자석이 사용되고 있다.

⑤ 축수는 동 또는 동철계 오일레스 메탈을 사용한다.

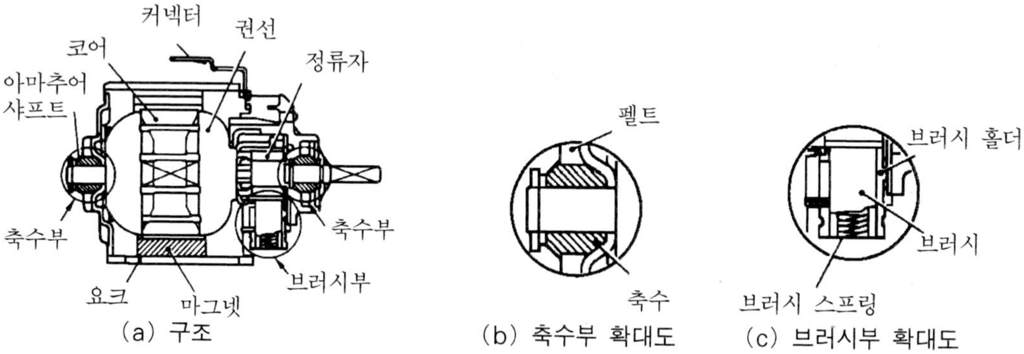

☑ 그림 85. 블로어 모터의 구조

8.3.4. 브러시레스 모터(brushless motor)

브러시레스 모터는 저소음과 내구성 면에서 대단히 우수하다. 직류모터는 정류자와 권선이 회전하여 전류의 통전방향을 절환한다. 브러시레스 모터는 전기회로 측에서 코일로 통전절환을 한다. 즉, 자석은 회전하는 가동측이며 코일은 고정측이 된다. 또 그림 86과 같이 구동을 위한 제어회로는 통상 모터에 내장되어 있으며 권선수는 3상 구동으로 되어 있다.

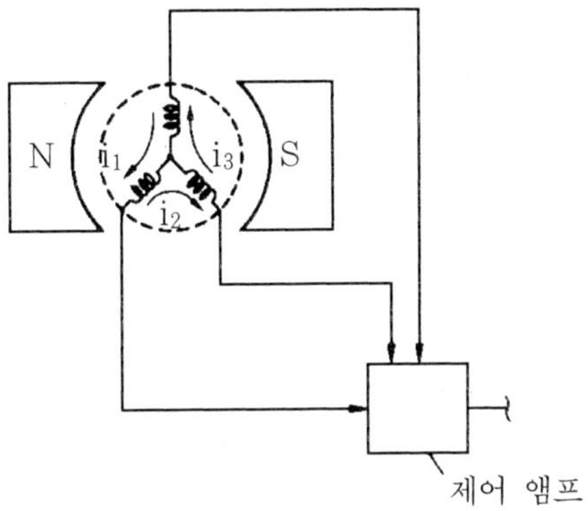

☑ 그림 86. 일반적인 브러시레스 모터의 모형도

8.4. 센 서

에어컨시스템, 특히 오토 에어컨에는 각종 센서가 사용된다. 이들 센서는 에어컨시스템의 촉각이며 에어컨의 작동상태나 외부환경이 어떻게 되어 있는가를 항상 감시하는 역할을 한다.

8.4.1. 온도센서

에어컨시스템에 사용되는 온도센서는 표 17에 나타낸 4종류가 있다. 이들 센서는 거의 서미스터 소자를 사용한 것으로 온도에 따라 저항이 변화하는 서미스터의 물리적 성질을 이용하고 있다.

[표 17] 카 에어컨의 온도센서

	검출대상	주 장착장소	목 적
에바 후 센서	에바 토출 공기온도	에바포레이터	프로스트방지
내기센서	차실내온도	인스투르먼트	오토 에어컨 제어
외기센서	차실외온도	범퍼부근	오토 에어컨 제어
수온센서	히터온수	히터코어	오토 에어컨 제어

그 특성은 저항 R, 절대온도 T라 하면 다음과 같다.

$$T \propto \frac{1}{\log R + A} \quad \cdots\cdots (5\text{-}13)$$

A : 상수

에바 뒤 센서는 그림 87과 같이 조립용 클램프를 이용하여 에바포레이터에 끼워져 있다.

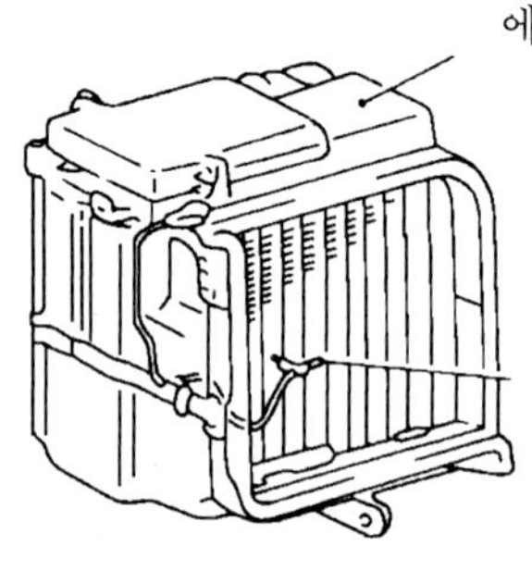

☑ 그림 87. 에바 뒤 센서의 장착

내기센서는 그림 88과 같이 인스트루먼트 패널 센서 부근에 조립되어 있으며 차실내의 공기가 센서에 흡입되도록 에어컨 유닛 케이스의 측면에 조립되어 있는 애스피레이터(aspilator)를 이용하고 있다.

애스피레이터에 에어컨 바람을 조금 누설시키면 교축부의 압력에 의해 부압이 발생되어 차실내 공기를 흡인하게 된다. 이 외에 소형 모터(애스피레이터 모터)를 사용하여 차실내 공기를 흡입하는 것도 있다.

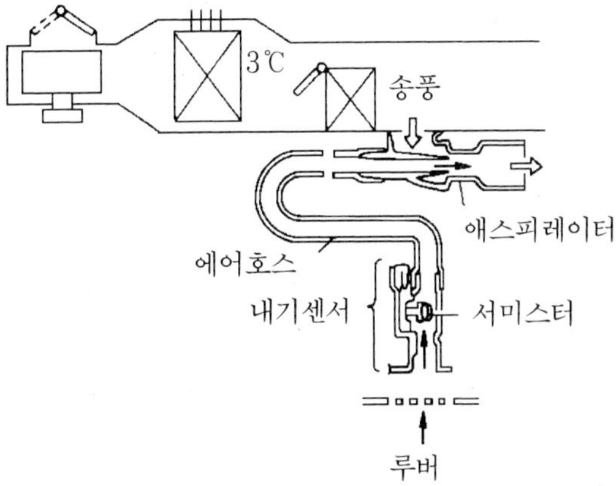

☑ 그림 88. 내기센서의 장착

외기센서는 차량전방 범퍼 부근에 장착되어 있으며 외기온도를 정확하게 측정하기 위해 엔진룸 열기의 영향을 받지 않는 위치에 설치해야 한다.

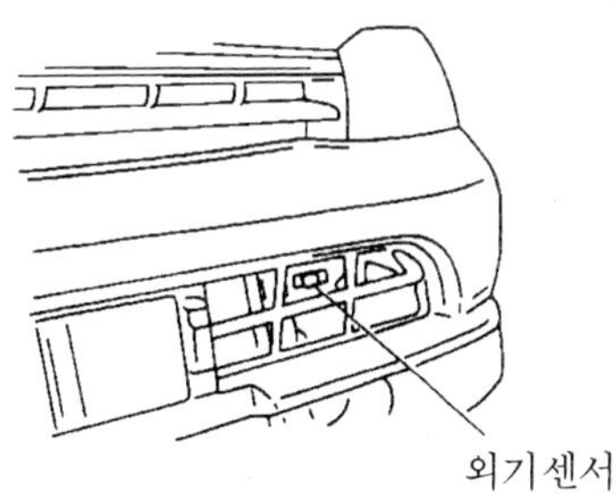

☑ 그림 89. 외기센서의 장착

8.4.2. 일사센서

[1] 일사센서의 구조와 원리

일사센서는 승차원이나 차실내에 닿는 일사의 강도를 검출하는 것으로 이 신호를 근거로 오토 에어컨을 제어하여 일사가 강할 땐 온도를 낮추어 보다 쾌적한 실내온도를 유지하도록 한다.

일사센서는 검출소자로서 통상 포토 다이오드를 사용하며 그 특성은 그림 91과 같이 출력전류는 일사광량(조도)에 비례한다.

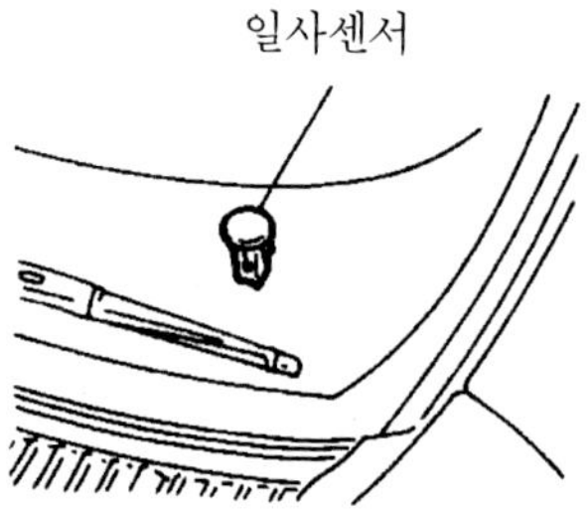

☑ 그림 90. 일사센서의 장착

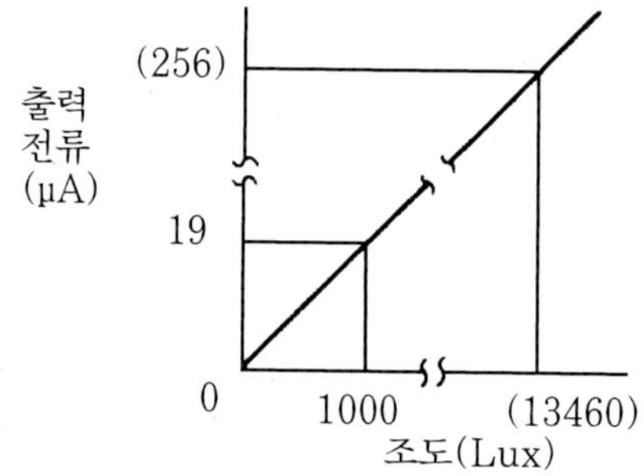

☑ 그림 91. 조도-출력전류 특성

태양의 앙각에 따라 차량과 승차원에 닿는 일사량이 변하기 때문에 일사센서는 앙각-일사량 특성에 합당한 지향성을 가져야 한다. 이 때문에 최근의 일사센서는 그림 92와 같이 실제의 일사 부하특성에 맞추어 앙각 60°부근에서 가장 큰 출력을 나타내도록 되어 있는 것도 있다.

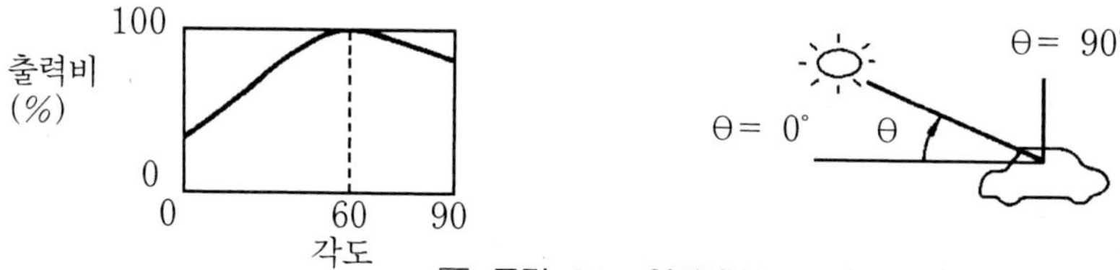

☑ 그림 92. 일사센서의 지향특성

이와 같은 지향특성을 살리기 위해 그림 93과 같이 포토 다이오드를 경사지게 조립하거나 특수 렌즈를 사용하기도 한다. 또 좌우 독립으로 작동하는 에어컨에서는 2D(2소자) 형이 개발되어 있다. 이것은 좌우방향에서 비치는 일사량에 따라 제어를 하는 것으로 센서내부에 포토 다이오드가 2소자 내장되어 있다.

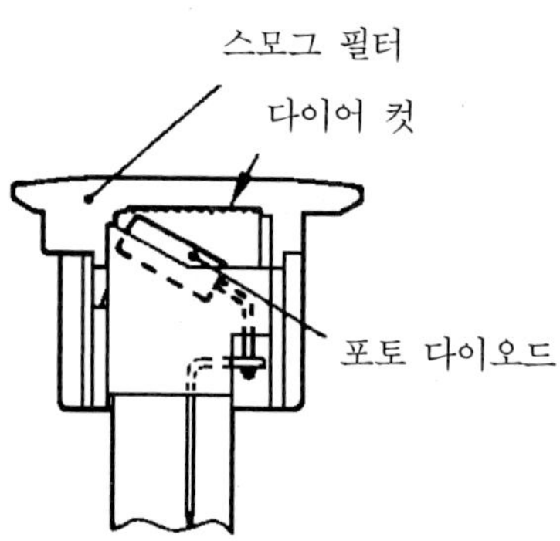

☑ 그림 93. 소자를 경사지게 한 일사센서

각각의 포토 다이오드 검출광량에 따라 좌우시트의 공조를 한다. 향후 좌우독립공조와 같은 보다 고품격 카 에어컨시스템이 장착될 것으로 예상되며 이에 맞추어 2D센서와 같은 고기능 센서가 많이 사용될 것으로 생각한다. 좌우독립공조에는 기본적으로 2곳의 좌우일사를 검출하는 센서가 필요하며 그림 94와 같은 일체형과 그림 95와 같은 별체형이 있다.

☑ 그림 94. 2개의 포토 다이오드를 경사시킨 센서

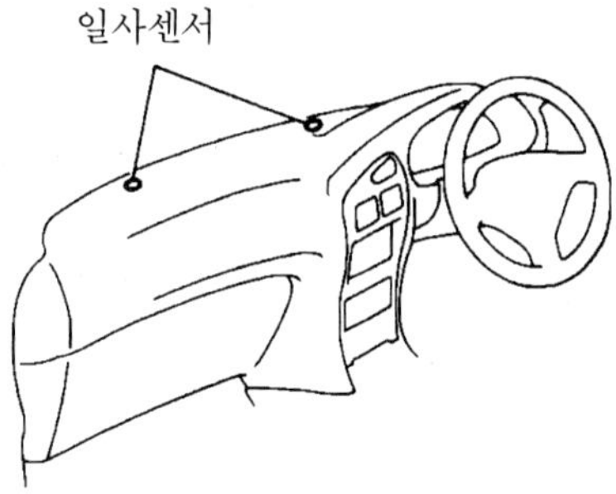

☑ 그림 95. 2개의 센서를 각각 사용한 예

그림 96은 빛이 통과하는 구멍을 소자위에 설치하여 동일소자기판에 2개의 소자패턴을 동시에 형성하여 소자간의 불균형을 해소하여 검출정도를 향상시킨 것이다.

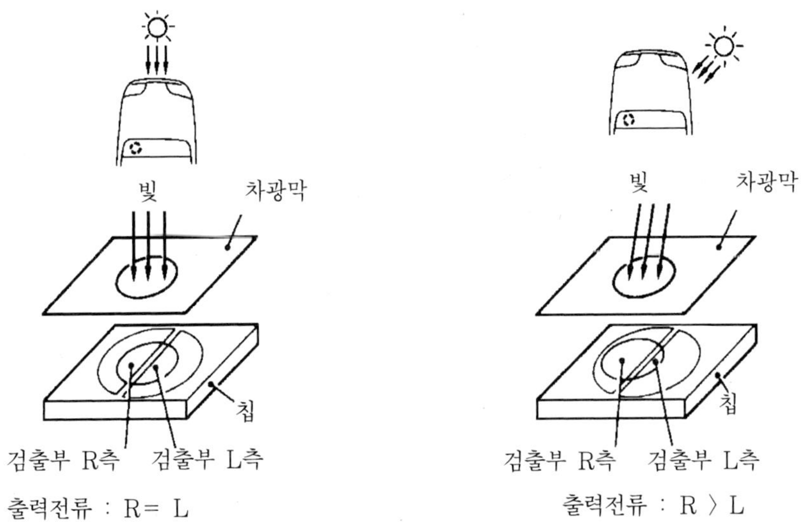

(a) 정면광

(b) 우측광(좌측광동일)

☑ 그림 96. 동일소자에 의한 2D센서의 작동원리

[2] 좌우 독립 공조시스템

좌우 독립 공조시스템은 고급승용차의 운전석과 승객석의 공조 성능을 각각 조절할 수 있는 구조이다. 일반적인 공조 시스템은 그림 97과 같이 풍량이나 온도를 운전자와 승객의 신체적인 컨디션에 관계없이 일률적으로 공급하도록 되어 있어 경우에 따라서는 어느 한쪽은 불쾌한 상태에 놓일 수도 있다.

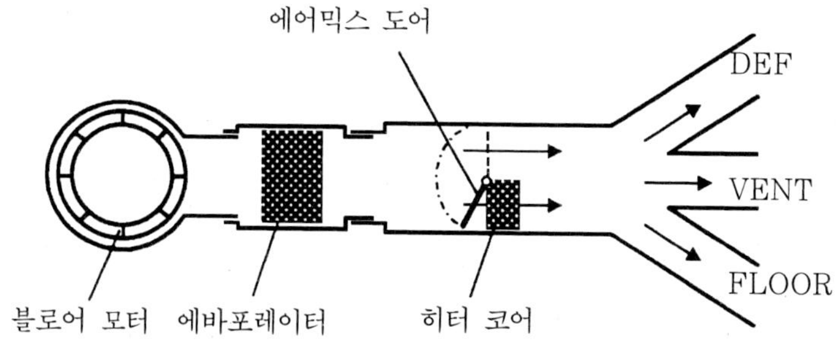

☑ 그림 97. 일반적인 공조시스템

그러나 좌우 독립 공조시스템은 그림 98과 같이 좌우 별도의 블로어 모터와 에어 믹스 도어가 있기 때문에 운전자와 승객의 각각의 취향과 컨디션에 따라 온도와 풍량을 조절하여 보다 쾌적한 드라이브를 즐길 수 있다.

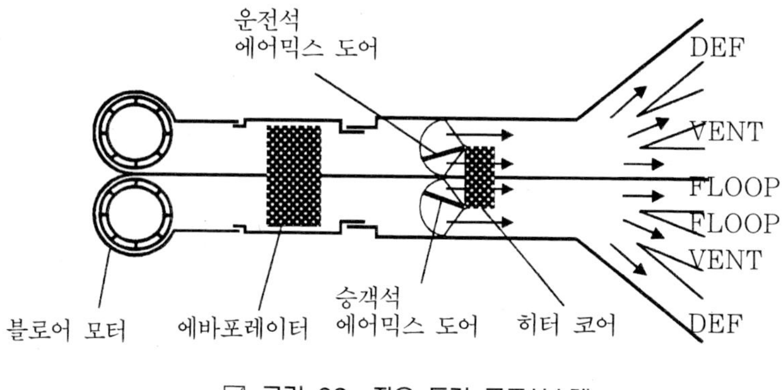

☑ 그림 98. 좌우 독립 공조시스템

8.4.3. 배기센서

표 17은 차실내 공기의 질이 승차원에게 영향을 미치는 물질의 종류를 나타낸 것이다. 꽃가루나 먼지는 필터로 정화할 수 있으며 담배연기 등은 공기청정기의 광센서 또는 가스센서로 검지하여 필터로 정화한다.

승차원이 가장 민감하게 느끼는 물질은 트럭 등 디젤자동차의 배기가스이다. 이것은 배기센서로 차량 바깥의 공기의 오염상황을 검지하여 내・외기 도어를 컨트롤하는 오토 내・외기 시스템이 있다. 이 오토내・외기 시스템은 유럽의 고급자동차를 중심으로 장착되고 있으며 우리나라도 향후 고급승용차에 장착될 것으로 예상된다.

[표 17] 공기질 정화기술

대상물질		센싱기술	대응기술
외기	꽃가루	광센서	필터
	먼지	광센서	필터
	배기가스	배기센서	오토 내・외기
내기	담배연기	광센서 가스센서	공기청정기 필터
	승차원 호흡	CO_2센서	환기

그림 99는 배기센서의 구조를 나타낸다. 배기중 카본 등 입자상물질은 필터로 정화하고 투과된 가스는 가스센서에서 검지된다. 가스센서의 검출원리는 우선 센서소자가 히터에 의해 가열되어 활성화 된다. 여기에 가스가 통과하면 소자부에서 산화 또는 환원반응을 일으켜 소자의 저항치가 변화한다.

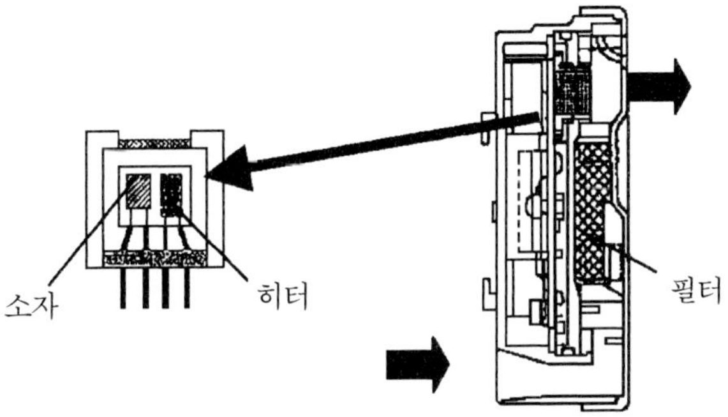

☑ 그림 99. 배기센서의 구조

그림 100은 배기센서의 탑재위치를 나타낸다. 배기센서를 카울내에 탑재할 경우 외기모드에서는 에어컨 흡입구에서 확실하게 배기를 검지할 수 있다.

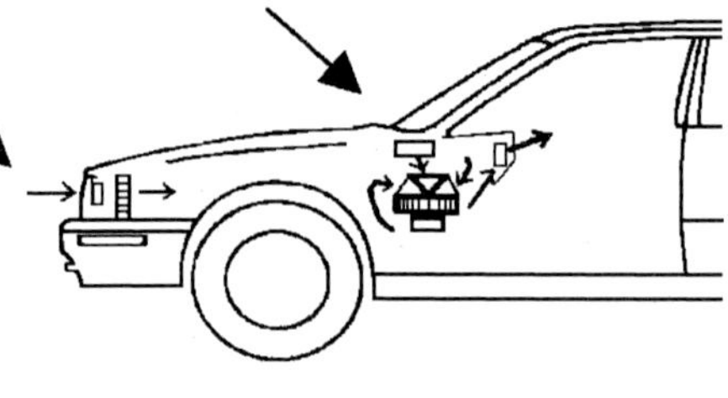

☑ 그림 100. 배기센서의 장착위치

그러나 내기모드에서는 센서주위에 공기의 유동이 없기 때문에 외기가 정화되었는지 판단하지 못한다. 또 배기센서를 프런트 그릴에 탑재할 경우 전방차량의 배기발생원 근접위치에서 검지할 수는 있지만 측면의 배기는 프런트 그릴에 도달하지 못하고 카울를 통하여 차실내로 흡입될 가능성이 있다.

특히 배기오토 내·외기 시스템은 디프로스트 성능 등 에어컨시스템의 기능을 고려할 필요가 있다. 예를 들면 겨울철 외기온도가 낮을 때는 컴프레서를 구동할 수 없다. 따라서 내기모드로 하면 유리에 성에가 끼인다. 디프로스트 기능은 안전면에서 최우선으로 할 필요가 있기 때문에 에어컨 작동이 가능할 때만 오토내·외기 시스템이 작동하도록 제어되어야 한다.

본 시스템은 센서의 성능만이 아니라 장착위치나 오토 에어컨시스템 제어 등도 고려하여 최적의 시스템을 만들어야 한다.

Chapter 06

오토 에어컨(Auto aircon)

1. 오토 에어컨의 제어 기초
2. 자동제어시스템

CHAPTER

06

오토 에어컨(Auto aircon)

1. 오토 에어컨의 제어 기초

오토 에어컨은 승차원이 차실내의 온도를 희망하는 온도로 설정하면 차실외의 온도와 일사의 강도에 의한 영향을 자동 보정하여 에어컨시스템의 토출온도, 풍량 그리고 토출 패턴 등을 자동으로 조절하여 차실내 온도를 항상 일정하게 유지하도록 컨트롤하는 시스템이다.

1.1. 오토 에어컨 제어시스템

그림 1은 오토 에어컨시스템의 개요를 나타내며 대별하면 다음과 같다.

① 외부 온도환경이나 실내상황 그리고 에어컨 작동상황을 검출하는 센서류

② 희망하는 온도나 운전상황을 지시하여 설정하는 에어컨 패널

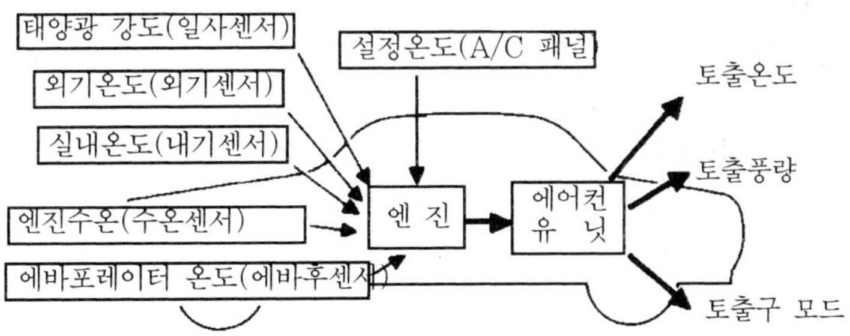

☑ 그림 1. 오토 에어컨 제어 시스템

③ 각종 센서신호와 에어컨 패널 신호로부터 토출온도, 토출풍량, 토출구 절환을 컨트롤하도록 제어값을 산출하는 에어컨 ECU
④ 에어컨 ECU의 지령에 따라 구체적인 작동을 하는 에어컨 유닛

1.2. 오토 에어컨 제어방법

1.2.1. 토출 온도제어

승차원이 희망하는 설정온도에 대해 ECU는 현재의 차실내 온도, 외기온도 그리고 일사강도로부터 차실내외의 환경조건을 검출하여 〔지금 어느 정도의 바람을 보내면 좋을까〕를 계산한다. 이 계산치를 필요토출온도 Ta0이라 하면 이 값이 현재 오토에어컨이 제어해야할 기본 온도이다.

토출 온도제어에서는 이 Ta0과 동일한 온도를 만들도록 서보 모터로 에어믹스도어의 개폐를 제어한다. 그러나 실제로 저온측은 에바포레이터 온도에 의해 제어하고 고온측은 히터코어를 이용하여 제어할 수밖에 없기 때문에 이 범위를 벗어나는 Ta0에 대해서는 풍량를 증가시켜 보정한다.

[1] 필요 토출온도 Ta0산출법

Ta0은 차실내의 온도를 승차원이 설정한 온도로 일정하게 유지하기 위해 필요한 토출온도이며 다음 식과 같이 나타낸다.

$$T_{a0} = G_f(T_{set} - T_r) - Q_{LTH}/C_p\gamma V_a + T_R \quad \cdots\cdots (6\text{-}1)$$

T_{set}: 설정온도
T_r : 실내온도
G_f : 피드백게인
Q_{LTH} : 일사나 차내외 온도차에 의한 전열부하와 자연환기 손실의 합

• 전열부하 = $K_1(T_{am} - T_r) + K_2Q_s + C'$

• 자연 환기손실= $C_p\gamma V_v(T_{am} - T_r)$ (Vv : 자연 환기량)

Cp, γ : 공기의 물성치(비열, 비중)
Va : 풍량
Qs : 일사열부하

식 (6-1)의 우측 제 1항은 설정온도와 실내온도와의 차이에 따라 피드백 게인을 하는 것이다. 즉, 차실내 온도를 설정온도로 하기 위한 보정항이다.

제 2항은 전열부하와 환기손실의 합을 공기물성치와 풍량으로 나눈 것이다. 즉, 현재의 일사나 외기온도에 따라 단위시간당 어느 정도 온도가 상승 또는 하강하는가의 예측치이며 그 보정을 하는 항이다.

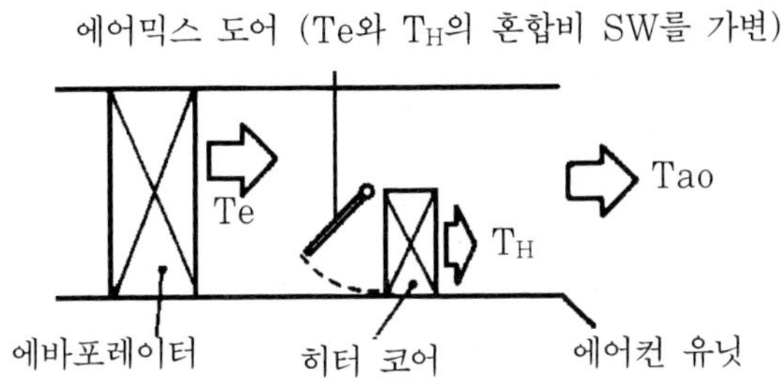

☑ 그림 2. 온도 컨트롤(에어믹스 방식)

따라서 Ta0란 현재의 차실내온도 Tr에 대하여 설정온도와 차실내온도와의 차에 의한 피드백(feed back) 보정과 예측되는 전열부하로의 피드포워드(feed foward) 보정을 하여 토출하는 온도이다. 이 Ta0은 각종 센서신호와의 관계식으로 변환하면 Q_{LTH}는 T_{am}, T_r, T_s(일사 열부하 Qs에 의한 온도상승분)의 1차식이기 때문에 다음식과 같다.

$$T_{a0} = K_{set} \cdot T_{set} - K_r \cdot T_r - K_{am} \cdot T_{am} - K_s \cdot T_s + C \quad \cdots\cdots\cdots\cdots (6\text{-}2)$$

여기서 T_{am}과 T_s는 각각 외기온도와 일사강도신호이며 K_{set}, K_r, K_{am}, K_s는 각 신호의 게인이며 C는 상수이다. Ta0은 토출온도이지만 에어컨의 송풍량을 일정하게 하면 차실내로 방출되는 열량이라고 할 수 있다.

에어컨 유닛에서 온도 컨트롤은 에바포레이터의 냉기와 히터코어의 난기의 혼합비율에 따라 결정되며 이 혼합비는 다음 식으로 구한다.

$$SW = \frac{T_{a0} - T_e}{T_H - T_e} \times 100(\%) \quad \cdots\cdots\cdots\cdots (6\text{-}3)$$

여기서 Te는 에바포레이터 온도이며 T_H는 히터코어 온도이다. 혼합비(SW)는 0%일 때 최대 냉방, 100%일 때 최대 난방이 된다.

1.2.2. 블로어 풍량제어

하절기나 동절기에 에어컨을 작동시킨 직후의 차실내 온도는 외기온도나 일사의 영향으로 쾌적한 온도와는 거리가 멀다. 이 때 오토 에어컨은 차실내 온도를 되도록 빨리 쾌적영역에 진입하도록 큰 냉난방능력을 요구한다. 풍량제어는 이와 같이 큰 냉난방능력이 필요할 때는 대풍량으로 송풍하고 실내온도가 설정온도에 근접하면 송풍량이 감소하도록 블로어 모터를 제어한다.

오토 에어컨의 경우 파워 트랜지스터를 사용하여 블로어 모터의 전압을 조정함으로서 모터 회전수를 제어하는 방식과 최근에는 고속파워 FET이 생산됨에 따라 PWM을 이용한 동력절감방식도 있다. 또 위와 같은 기본제어 외에 겨울철 시동시에는 엔진냉각수의 온도에 따라 송풍량을 0에서 서서히 증가시켜 시동초기 냉풍에 의한 불쾌감을 느끼지 않도록 웜업(warm up)제어를 하기도 하며 여름철에는 에바포레이터가 충분히 냉각되었을 때 송풍을 개시하여 온풍토출에 의한 불쾌감을 느끼지 않도록 지동(遲動 : cool down)제어를 한다.

그림 3은 블로어 풍량의 기본제어 패턴과 웜업제어 패턴의 한 예를 나타낸다.

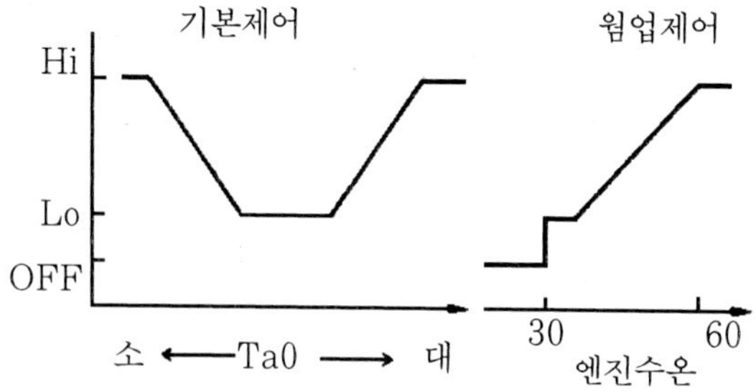

☑ 그림 3. 블로어 풍량제어 패턴

1.2.3. 토출구 제어

토출구는 겨울철 등 외기온도가 낮고 토출하는 바람의 온도가 높을 때에는 FOOT모드로 하며 반대로 여름철 토출하는 바람의 온도가 낮을 때에는 얼굴 부근이 시원하도록 FACE모드로 토출하도록 되어 있다. 이는 인간 본래의 감각에 적합하기 때문이다.

오토 에어컨에서는 이러한 절환을 자동으로 하기 때문에 승차원의 감각에 맞는 공기조화를 실현하고 있다.

절환(FOOT ↔ FACE) 전후에 발생하는 온도감각의 차이를 완화하기 위해 중간영역인 FOOT와 FACE 양쪽 모드로 바람을 토출하는 바이레벨(B/L) 모드가 있다. 토출구 제어 패턴의 한 예를 그림 4에 나타낸다.

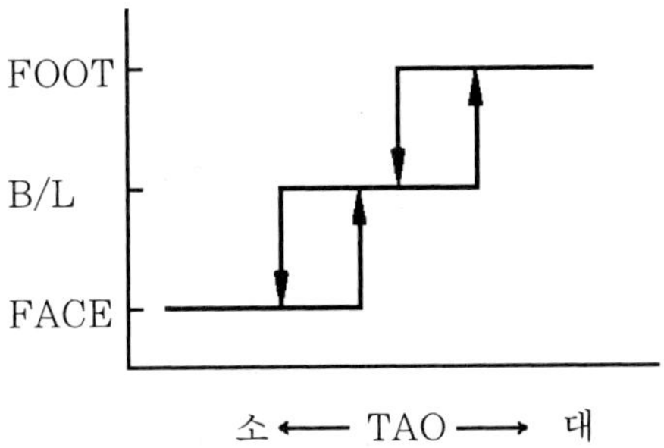

☑ 그림 4. 토출구 제어 패턴

1.2.4. 기타 제어

오토 에어컨에는 사람의 필링에 보다 적합한 제어와 동력절감을 위해 다음과 같은 제어가 있다.

[1] 흡입구 제어

외기흡입 모드는 통상 환기를 할 때 사용하며 내기흡입 모드는 배기가스가 많은 장소와 외기가 오염되어 있는 장소를 주행할 때나 냉방능력을 높이고 싶을 때 사용한다. 배기가스나 악취를 검출하는 기술은 아직 개발되어 있지 않으며 외기의 오염정도를 검출하여 제어하는 방식도 현재로는 극히 드물다. 냉방능력을 높이기 위한 제어는 일부 고급 오토 에어컨에서 장착되고 있는 예도 있다. 그림 5는 냉방능력을 위한 제어 흡입구 제어 패턴의 한 예이다.

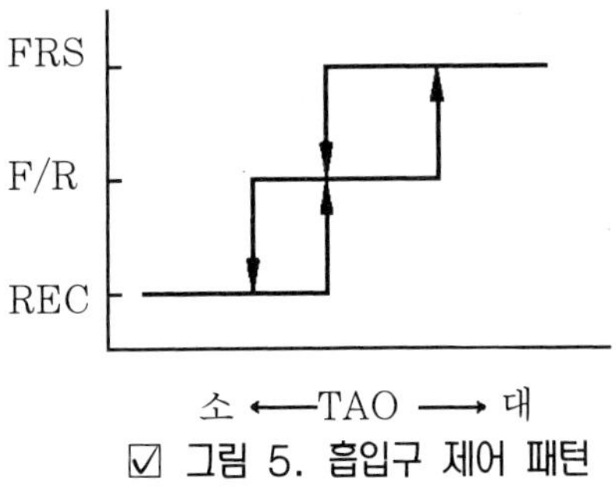

☑ 그림 5. 흡입구 제어 패턴

[2] 온도감각(필링) 향상 제어

(1) 외기온도 보정제어

식 (1)의 K_{am}을 크게하여 외기온도가 낮은 겨울철에는 따뜻하게 하고 외기온도가 높은 여름철에는 시원하게 제어한다.

(2) 일사 보정제어

일사가 강할 때는 승차원이 직접 햇볕에 닿기 때문에 실제로 차실온도가 상승하는 이상으로 덥게 느껴지기 때문에 식 (6-2)의 Ks를 크게하여 시원하게 제어함과 동시에 풍량도 많게 제어한다.

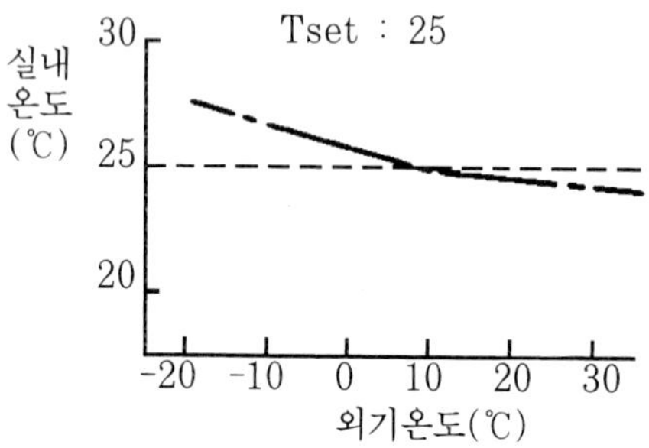

☑ 그림 6. 외기온도 보정제어의 예

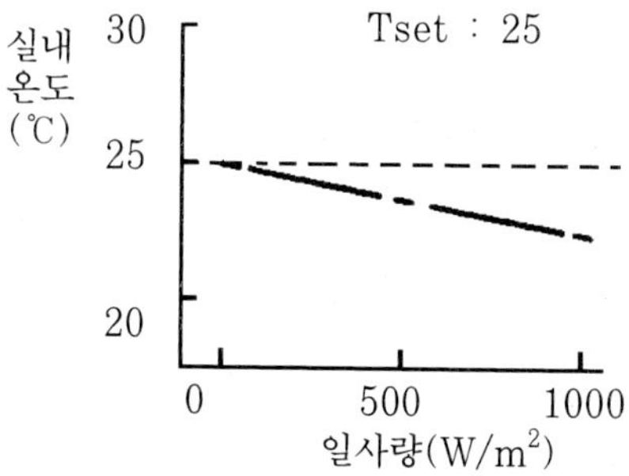

☑ 그림 7. 일사 보정제어의 예

[3] 동력절감 제어(컴프레서 제어)

외기온도가 낮아 흡입공기온도가 필요토출온도 Ta0보다 낮을 경우에는 컴프레서의 작동을 정지시킨다. 또 최근에는 에바포레이터 온도를 변화시켜 컴프레서의 작동시간 비율을 저감시키는 방법도 실용화되고 있다.

1.2.5. 시스템의 하드웨어 구성

앞에서 설명한 오토 에어컨의 각종 기능에 대하여 개략적으로 설명하였지만 이들 기능을 구체적으로 실현하는 오토 에어컨 제어 시스템의 하드웨어(hard ware)구성은 다음과 같다. 전기적인 하드웨어 구성을 크게 나누면 저항식과 마이콘식으로 분류할 수 있다.

[1] 저항식 오토 에어컨

각종 센서의 저항치, 운전자의 설정온도에 따라 가변저항기에서 발생하는 저항치 그리고 에어 믹스 도어의 개폐비율에 따라 포텐시오 미터에서 발생하는 저항치의 밸런스에 따라 제어하는 방법이다. 온도와 대량의 풍량제어를 할 경우 코스트가 비교적 작게 들어간다.

그러나 여러 가지 기능을 부가할 경우에는 복잡하여 적합하지 않다. 대체로 저가의 차량에 주로 채용하고 있다. 그림 8에 저항식 오토 에어컨의 개략적인 구성도을 나타낸다.

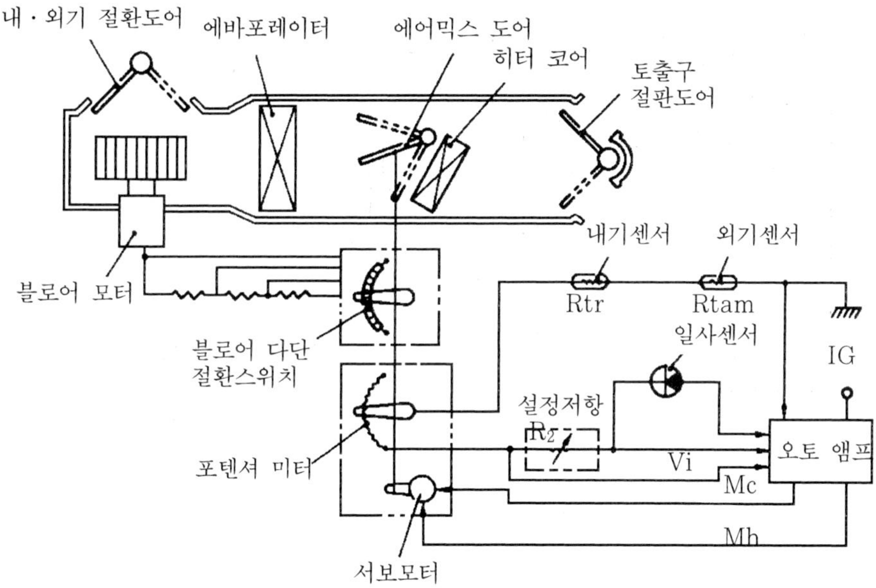

☑ 그림 8. 저항식 오토 에어컨

저항식은 실내온도센서, 외기센서, 설정온도용 가변저항기와 에어 믹스 개도에 상당하는 포텐셔 미터를 직렬로 접속하여 Ta0을 제어하고 있다. 식 (2)의 Ta0제어는 온도를 변수로 한 1차식이기 때문에 서미스터나 포텐셔 미터를 이용하여 온도를 저항으로 치환함으로서 직렬로 접속한 저항치가 일정하도록 제어할 수 있다.

[2] 마이콘식 오토 에어컨

설정온도, 차실내온도, 외기온도, 일사강도, 에바포레이터 후 공기온도, 냉각수온 등 각종 신호를 마이크로컴퓨터를 이용한 제어 ECU에 각각 독립적으로 입력시킨다.

ECU는 이들 신호를 기초로 하여 차실내온도가 설정온도에 근접하도록 에어컨이 방출해야할 열량을 산출하여 에어믹스 도어의 개폐, 블로어 모터의 전압, 워터밸브의 개폐 그리고 컴프레서의 작동 여부 등을 제어한다. 그림 9는 마이콘식 오토 에어컨의 개략적인 구성도를 나타낸다.

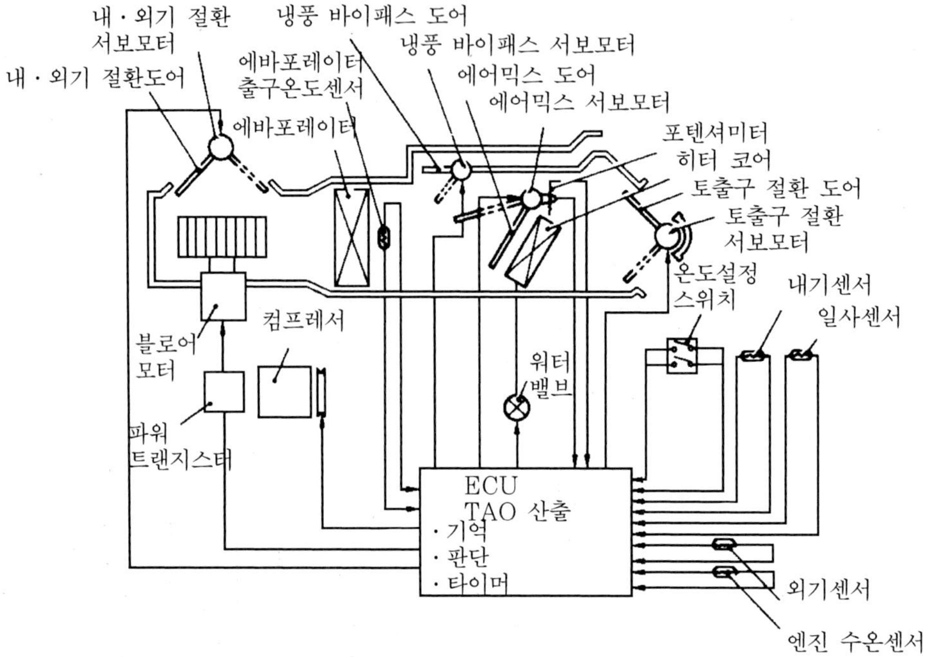

☑ 그림 9. 마이콘식 오토 에어컨

1.3. 오토 에어컨의 제어 시스템

오토 에어컨은 종래에는 전자동식(FATC : Full Automatic Temperature Control)과 반자동식(SATC : Semi Automatic Temperature Control)으로 구별하였으나 현재는 반자동식은 사용하지 않고 모두 전자동식이다. 즉 오토 에어컨이라 하면 FATC를 말한다. 단 오토 에어컨에서도 차종의 등급에 따라 오토의 기능에 다소의 차이가 있을 수는 있다.

1.3.1. 시스템 입출력 다이어그램

카 에어컨을 생산하는 메이커에 따라 오토 에어컨의 시스템 구성이 약간씩 차이가 있으나 그 기본 구성은 동일하다. 그림 10은 그 한 예를 나타낸다.

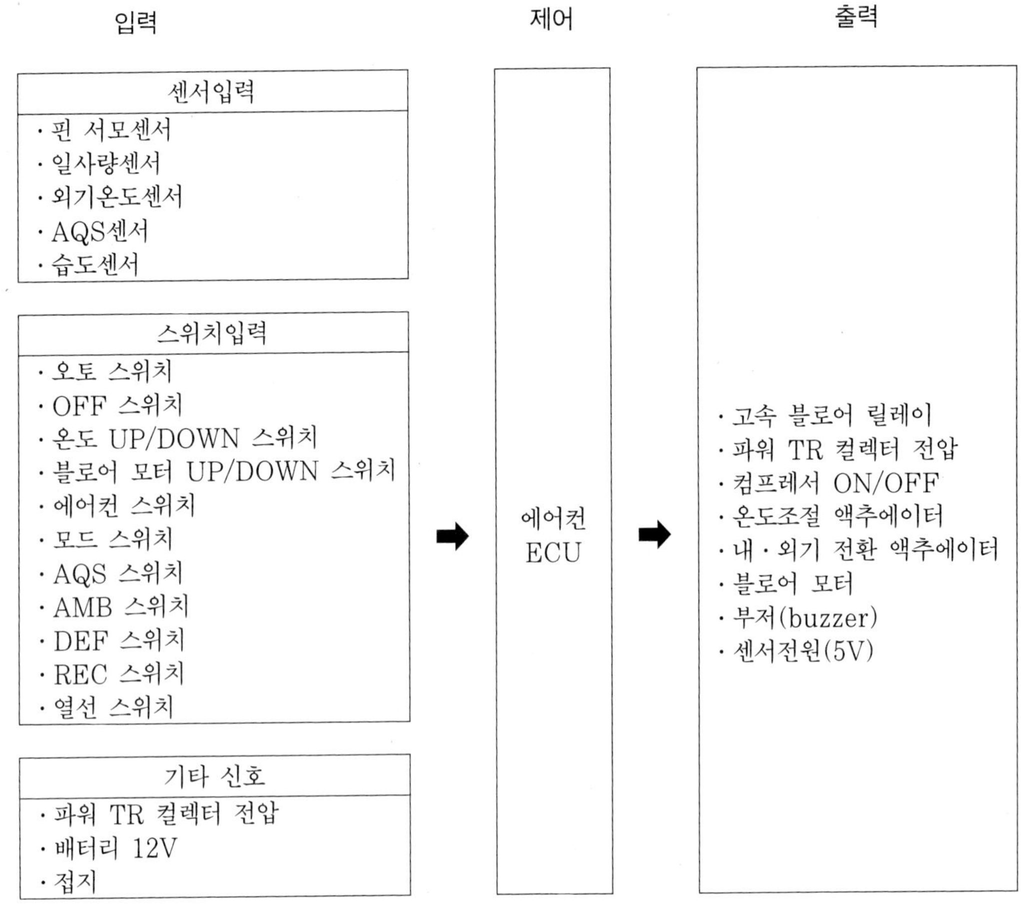

☑ 그림 10. 입출력 다이어그램

1.3.2. 오토 에어컨의 제어 센서의 구성

오토 에어컨의 각종 제어부품의 구성도 역시 차종에 따라 다르다. 여기서는 현대자동차 에쿠스의 예를 나타낸다.

[1] 특징

① 온도와 풍량(모드)을 운전석과 승객석에 대하여 별도로 제어 가능하다.

② 리어 에어 밴트에 대한 독립제어가 가능하다.

③ 리어 에어 밴트에 대한 ON, OFF 제어가 가능하다.

④ 편 일사센서 적용으로 좌우 일사량에 따라 독립적으로 제어한다.

⑤ AQS(air qualiry control system : 외기 유해가스 차단장치)적용으로 항상 쾌적한 차량실내 환경을 유지할 수 있다.

[2] 전체구성도

① AQS센서 : 엔진 라디에이터 앞 센터 서포트에 장착된다.
② 외기온도센서 : 엔진 라디에이터 앞 센터 서포트에 장착된다.
③ 일사량 센서 : 운전석 디프로스트 노즐 좌측에 장착된다.
④ 실내온도센서 : 에어컨 컨트롤 좌측 중앙에 장착된다.
⑤ 습도센서 : 뒤선반 중앙에 장착된다.
⑥ 릴레이 : 엔진실 정선박스에 장착된다.

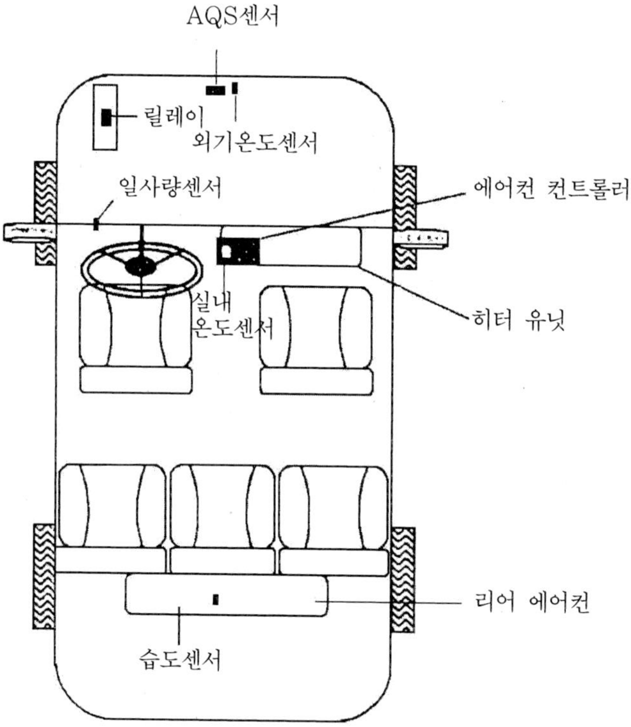

☑ 그림 11. 오토 에어컨의 전체구성도

1.3.3. 시스템제어 기능

[1] 제어 항목별 입•출력 비교

제어항목	입 력	출 력	비 고
필요 토출 온도제어	AUTO 스위치, A/C 스위치, TEMP 스위치, 실내온도센서, 외기온도센서, 일사량센서, 핀서모센서, 온도조정 액추에이터	TEMP ACTUATOR (온도조정 액추에이터)	
풍량제어	AUTO 스위치, 모드스위치, TEMP 스위치, DEF 스위치, BLOWER 스위치, OFF 스위치, 실내온도센서, 외기온도센서, 일사량센서, 핀서모센서, 파워 TR	블로어 모터, 파워 TR, HI-블로어 릴레이	블로어 스위치 수동선택 우선제어
모드 도어스위치	AUTO 스위치, 모드 스위치, DEF 스위치, 블로어 스위치, OFF 스위치, TEMP 스위치, 실내온도센서, 외기온센서, 일사량센서	MODE ACTUATOR (풍량조정 액추에이터)	
흡입구제어	AUTO 스위치, A/C 스위치, DEF 스위치, 오도스위치, OFF 스위치, 내・외기 스위치, 실내온센서, 외기온센서, 일사량센서, 파워 TR	INTAKE ACTUATOR(내・외기 전환 액추에이터)	
COMP제어	AUTO 스위치, A/C 스위치, DEF 스위치, TEMP 스위치, OFF 스위치, 실내온도센서, 외기온도센서, 일사량센서	컴프레서 릴레이	

[2] 제어사양

제어항목	제어 기능	비 고
필요 토출온도	설정온도 및 각 센서입력에 따라 요구되는 필요 온도를 말한다.	
AUTO 제어	설정온도 및 각 센서입력에 따른 필요 토출온도에 따라 TEMP ACT R, 모드 ACT R, INTAKE ACT R, 블로어 모터 및 컴프레서를 자동제어하며 설정온도를 안정적으로 유지한다.	

제어항목	제어 기능	비 고
INCAR 온도보정	INCAR센서 감지온도가 급격히 변화하는 경우 차내인식 온도를 서서히 변화 보정한다.	1℃ UP/4sec delay 1℃ DOWN/4sec delay
외기온도보정	외기센서 감지온도가 급격이 변화하는 경우 외기인식 온도 서서히 변화 보정한다.	1℃ UP/3sec delay 1℃ DOWN/4sec delay
일사보정	일사센서로부터 일사량이 급격히 변화하는 경우 인식 일사량이 서서히 변경되도록 보정을 행한다.	350→1000W/m^2/1mm delay 350→1000W/m^2/5mm delay
TEMP 도어제어	설정온도 및 각 센서로부터의 신호를 연산처리하여 항상 최적의 TEMP 도어 열림각도(0~100%)를 유지하도록 자동제어를 행한다.	설정온도구간 17℃↔32℃, 0.5℃ STEP (62°F↔90°F, 1°F STEP)
블로어 속도제어	설정온도 및 각 센서로부터의 신호를 연산처리하여 목표 풍량을 결정한 후 블로어 속도의 자동제어를 행한다. MANUAL 선택시(1단에서 7단까지 선택된다)	· AUTO 모드 블로어 로 VOLTAGE : 5.0V (MANUAL 로우 VOLTAGE : 3.8V · AUTO 모드 HTR 블로어 HI 속도 10.6V
기동 풍량제어	풍량 자동제어 기동시 블로어 모터의 인가 전압을 서서히 상승시켜 FEELING을 향상시킬 수 있도록 제어한다.	LO→MAX HI까지 6초 소요
일사보상	AUTO상태에서 VENT, B/L 모드시 포토센서로부터 감지된 일사량에 따라 풍량 및 토출온도를 보상한다. IGN ON시 5초 후부터 일사보상을 실시한다.	
모드 도어제어	설정온도 및 각 센서로부터의 신호를 연산처리하여 필요 토출온도를 경정한 후 이에 따라 토출 모드 자동제어를 행한다(VENT→B/L→FLOOR→VENT). MANUAL선택시(VENT→B/L→FLOOR→MIX→VENT)	· AUTO상태에서 OFF시 모드 도어는 AUTO 제어상태 유지 · MANUAL 상태에서 OFF시 모드 도어는 MANUAL상태를 유지
MIX 모드제어 (AUTO 제어시)	AUTO 모드상태에서 외기온이 -13℃ 이하일 때 토출모드를 MIX로 제어한다(FRONT 윈도우 GLASS 안개방지)	
INTAKE 도어제어	설정온도 및 각 센서로부터의 신호를 연산처리하여 필요 토출온도를 결정한 후 이에 따라 흡입모드를 자동 제어한다.	· FRE상태에서 REC 버튼 선택시 REC로 절환(LED ON) · REC상태에서 REC 버튼 선택시 FRE로 절환(LED OFF)
OFF시 INTAKE제어	AUTO상태에서 OFF시 INTAKE 도어는 REC로 절환하고 MANUAL 제어상태에서 OFF시 전 상태 유지	· OFF 후 F/R 수동 선택가능 · AUTO상태에서 OFF시 REC INDICATOR 점등

<table>
<tr><th>제어항목</th><th>제어기능</th><th>비 고</th></tr>
<tr><td>컴프레서
자동제어</td><td>설정온도 및 각 센서로부터의 입력에 따라 컴프레서 ON/OFF시 자동 제어한다.</td><td>· AUTO 스위치선택시 컴프레서 ON/OFF를 자동 제어한다.
· DEF 스위치 선택시 컴프레서를 ON상태로 제어한다.</td></tr>
<tr><td>냉매온도에 따른 COMP 클러치 ON/OFF 제어</td><td>EVAP센서 검출온도가 0.5℃ 이하의 경우, 컴프레서를 OFF상태로, 3℃ 이상인 경우 컴프레서를 ON상태로 제어한다.</td><td></td></tr>
<tr><td>최대 난방</td><td>AUTO상태에서 설정온도 32℃ 선택시 최대 난방 기능을 수행한다. 단, MIX 모드 제어에 우선한다.</td><td>· TEMP 도어 : 최대난방위치
· 모드 도어 : FLOOR 모드
· INTAKE 도어 : FRE 모드
· 컴프레서 : OFF
· 블로어 속도 : AUTO HI (10.6V)</td></tr>
<tr><td>최대 냉방</td><td>AUTO상태에서 설정온도 17℃선택시 최대난방 기능을 수행한다.</td><td>· TEMP 도어 : 최대난방위치
· 모드 도어 : VENT 모드
· INTAKE 도어 : REC 모드
· 컴프레서 : ON
· 블로어 속도 : MAX HI</td></tr>
<tr><td>냉방 기동제어</td><td>AUTO 모드(A/C 모드)에서 VENT, B/L 토출시 열풍토출에 의한 불쾌감을 방지하기 위해 핀 서모센서 감지온도가 30℃ 이상일 때 블로어 속도가 약 10초간 LOW로 동작한 후 AUTO 제어된다.
위의 조건만 갖추어지면 냉방 기동제어는 언제든지 작동하게 된다.</td><td></td></tr>
<tr><td>난방 기동제어</td><td colspan="2">· 모드 및 블로어 제어
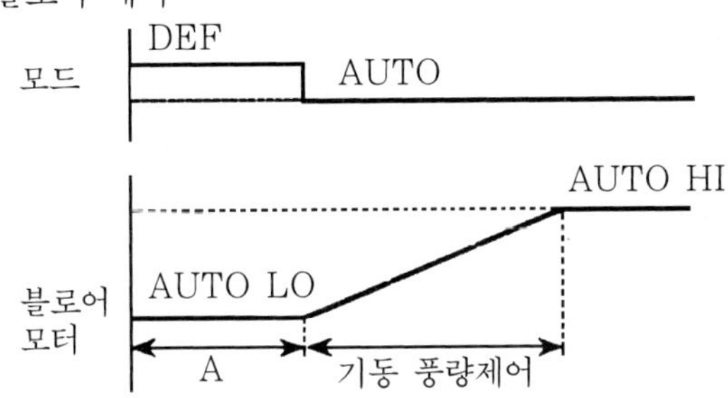

· 외기 온도별 블로어 AUTO LOW SPEED 제어시간(A)
<table>
<tr><th>외기온도(℃)</th><th>시간(A)</th><th>1구간의 블로어 속도</th><th>기동 풍량제어</th></tr>
<tr><td>-15℃ 이하</td><td>8분</td><td rowspan="4">· 블로어 AUTO일 경우 AUTO LO제어
· 블로어 MANUAL일 경우 MANUAL 우선 제어</td><td rowspan="4">AUTO LO에서 HI까지 60초를 나누어 부드럽게 상승하도록 제어</td></tr>
<tr><td>-14.5~-10℃</td><td>6분</td></tr>
<tr><td>-9.5~-1℃</td><td>4분</td></tr>
<tr><td>-0.5~5℃</td><td>2분</td></tr>
</table></td></tr>
</table>

<table>
<tr><th>제어항목</th><th>제어기능</th><th>비 고</th></tr>
<tr><td>AQS 기능
AIR QUALITY
시스템</td><td>AQS는 배기가스를 비롯하여 대기중에 함유된 유해 및 악취가스를 감지하여, 가스의 농도가 기준치 이상으로 감지된 경우 ATC로 LOW신호(0V)를 출력한다.</td><td>최초 배터리 ON. IGN ON시 : AUTO 모드로 동작(AQS 동작하지 않음)</td></tr>
<tr><td></td><td>가스의 농도가 기준치 이하일 경우에는 ATC로 HI(3V 이상)를 출력한다.</td><td>IGN2 ON시 어셈블리는 34.5±5초간 예열을 실시, 예열시간 동안 AQS출력 신호는 0V (GND)로 출력된다(REC 모드)</td></tr>
<tr><td></td><td>ATC에서는 이 출력신호에 따라(AQS스위치가 선택된 상태에서) 유해가스의 차내 유입을 방지하기 위해 INTAKE 도어를 아래와 같이 제어한다.
<table><tr><th>상태</th><th>INTAKE 도어 제어방법</th></tr><tr><td>LO</td><td>WINTAKE 도어를 REC로 제어</td></tr><tr><td>HI</td><td>INTAKE 도어를 FRE로 제어</td></tr></table></td><td>· IGN2 ON: AQS 스위치 선택 여부와 관계없이 예열기간 중 약 7초간 AQS 어셈블리의 SIGNAL LINE의 단선여부를 감지한다.
· IGN2 OFF전 AQS 선택 후 IGN2 OFF→ ON : AQS INDICATOR 점등 AQS 모드로 동작(IGN2 OFF 전 상태 기억기능)</td></tr>
<tr><td>배터리 ON시
초기화 기능</td><td>최초 전원 투입시 초기상태로 작동한다.</td><td>배터리 접속 후 최초 IGN ON시 시스템은 설정온도 25℃, AUTO 모드 1:00시분으로 작동한다.</td></tr>
<tr><td>메모리기능</td><td>IGN KEY 탈거시 FATC의 작동상태를 기억한다.</td><td>FATC 작동상태에서 IGN OFF 후 IGN ON시 OFF 전 상태로 작동한다.</td></tr>
</table>

1.4. 제어 기능

그림 12는 FACT시스템 구성의 한 예를 나타낸다.

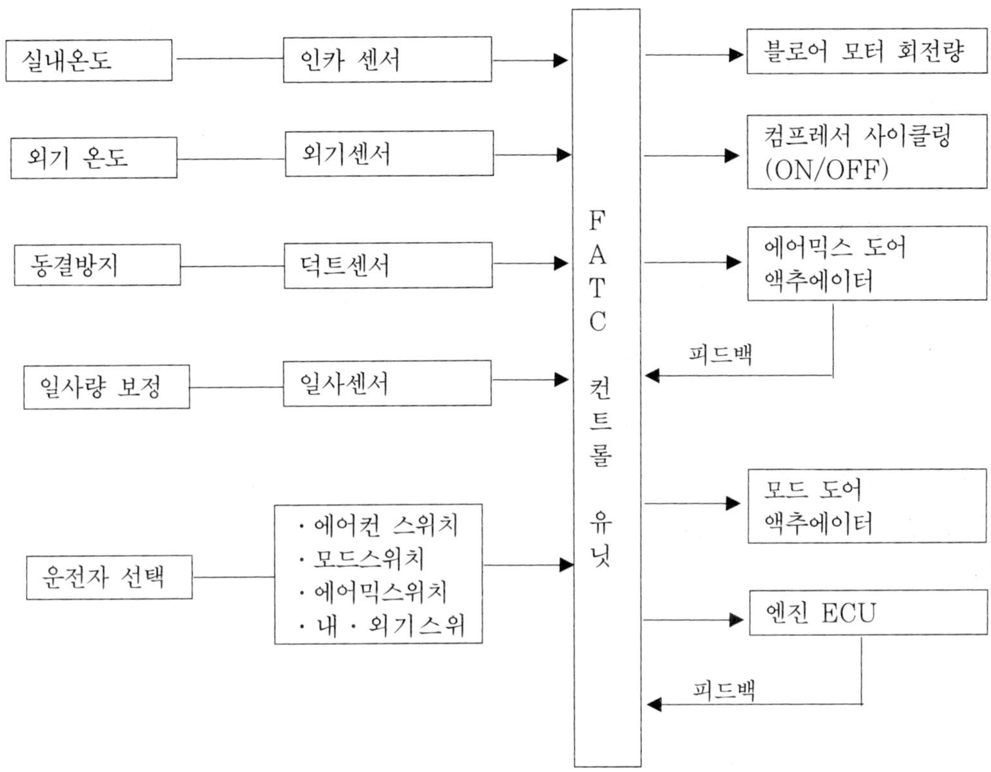

☑ 그림 12. FATC시스템의 구성

1.4.1. 필요 토출온도 산출

희망 설정온도, 내기온도, 외기온도, 일사량이 컨트롤 유닛에 입력되면 컨트롤 유닛은 현재 토출구의 온도 및 풍량을 계산한다. 필요 토출온도를 기초로 어느 토출구에서 얼마의 풍량을 보내어야 하는가를 판단한. 즉 차 실내온도를 제어하는 지표인 필요 토출온도(TAO : temperature air output)는 다음 계산식에 의해 구한다.

$$TAO = a \times TSET - b \times TR - c \times TAM - d \times TS + e$$

TSET : 설정온도(희망온도 ℃)　　TR : 실내온도(℃)
TAM : 실외온도(℃)　　TS : 일사량(kcal/m^2, min)
a, b, c, d, e : 실험에 의해 구하는 계수

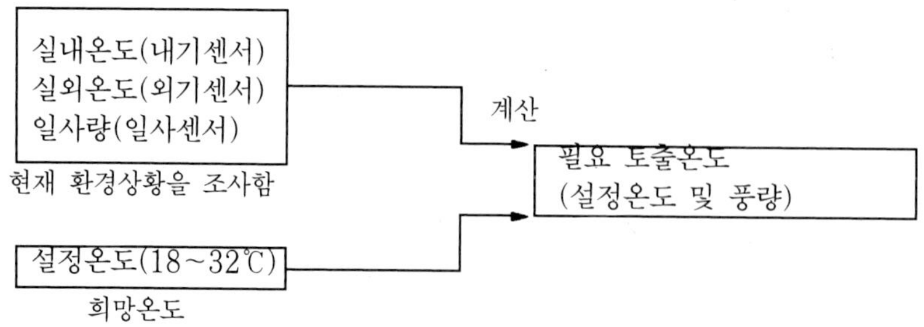

TEST는 운전자가 컨트롤 패널에서 설정하는 온도로서 계절에 관계없이 통상 25℃ 정도가 가장 적당하다. 토출온도의 제어는 에어믹스 도어의 개도에 따라 이루어진다. TAO값으로부터 시시각각 필요한 도어의 개도를 계산하여 액추에이터를 제어한다. 또 토출온도의 제어는 흡입구 도어에 의해서도 보조적으로 이루어진다.

쿨 다운시 등 급속냉방이 필요한 경우 외부 흡입공기(FRE)를 내기순환(REC)으로 하여 통풍 저항을 감소시키고 풍량의 증가에 의해 냉각능력의 증대를 도모한다. 그림 13은 TAO값이 작을 때는 100% 내기를 흡입하고 중간영역에서는 내·외기를 혼합하여 흡입한다.

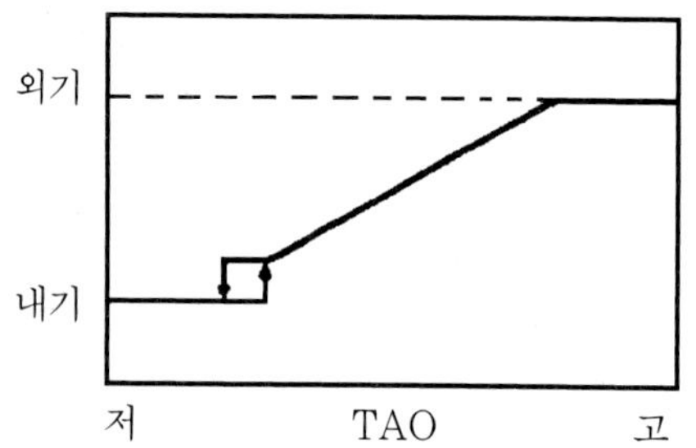

☑ 그림 13. TAO값과 내·외기 모드의 관계

1.4.2. 풍량 제어(AUTO시)

희망하는 실내온도를 얻기 위해서는 차 실내의 공기를 공기조화가 된 공기와 교환시킬 필요가 있다. 이를 위해 필요 풍량을 자동 제어할 필요가 있다.

풍량이 많을수록 무조건 좋은 것은 아니다. 필요할 때 필요한 양만큼 되도록 적은 양의 풍량이 송풍기의 소음 절감을 위해 바람직하다. 풍량 자동제어에는 다음 3가지의 제어가 있다.

[1] TAO 풍량제어

그림 14와 같이 TAO값이 저온 또는 고온에 있을 경우에는 차 실내는 설정온도와 큰 차이가 있는 상태이기 때문에 풍량을 많게 하고, 풍량이 정상적인 상태일 때는 TAO값에 관계없이 일사량의 대소에 따라 송풍기 회전속도를 보정한다. 단, 토출모드가 FACE 및 Bi-level일 때만 약간량의 증속을 하여 일사에 의해 인체의 상반신이 덥지 않도록 한다.

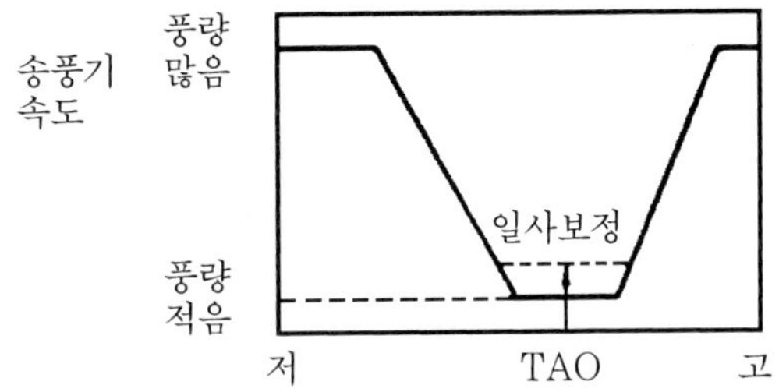

☑ 그림 14. TAO 풍량제어

[2] 냉방 기동제어

엔진시동 직후 에어컨 스위치를 ON하여 컴프레서가 회전하더라도 바로 증발기가 냉각되지는 않는다. 여름철에 에어컨을 켰을 경우 갑자기 더운 바람이 토출되면 대단히 불쾌하다. 덕트센서(또는 증발기 핀 온도센서)에서 검출한 온도가 20℃ 이상인 경우 컨트롤 유닛은 냉동 기동제어를 한다.

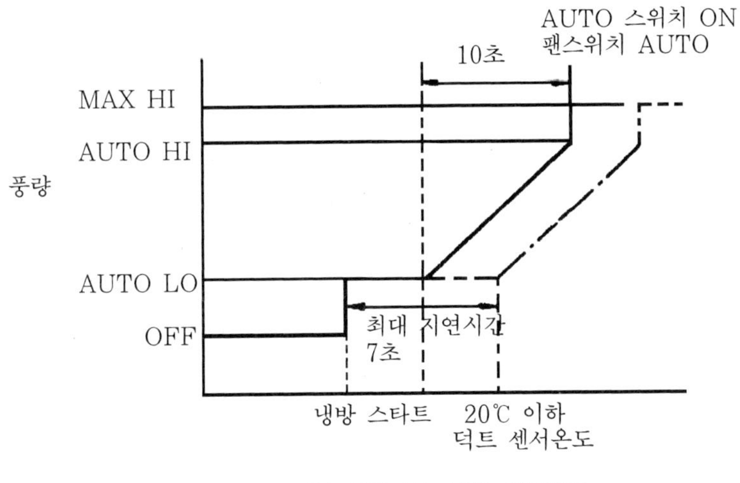

☑ 그림 15. 냉방 기동제어

센서 검출온도가 20℃ 이상인 경우 AUTO LO로 회전하고 20℃ 이하가 되면 AUTO LO로부터 10초 후에 AUTO HI까지 서서히 증가한다. 또한 센서 검출온도다 20℃ 이상일 경우 냉방 스타트로부터 7초 후에 AUTO LO에서 AUTO HI까지(소요시간 10초) 서서히 증가한다.

[3] 차속 보정

외기도입(FRESH) 모드로 주행할 경우 차속에 따라 송풍기 모터의 인가전압을 조절하여 일정풍량으로 제어한다. 그림 16과 같이 차속이 증가할수록 보정전압을 감소시켜 송풍기 회전속도를 낮추어 준다. 한편 차속 증가시와 감속기의 인가전압을 다르게 하고 있다.

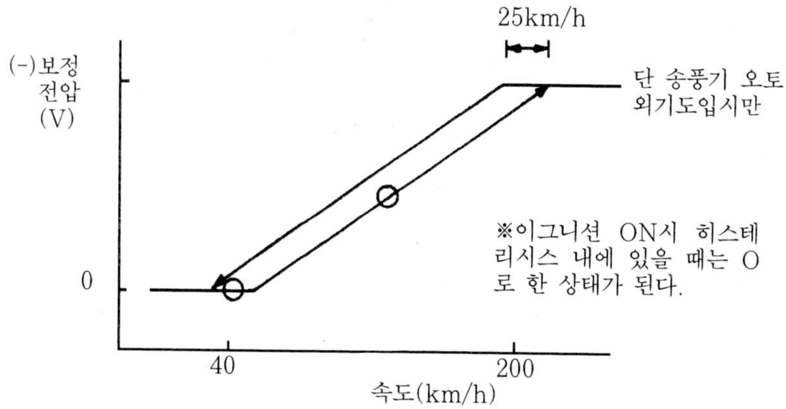

☑ 그림 16. 차속과 보정전압

[4] 마일드(MILD) 기동제어

시동시 일사센서 및 실내온도센서가 아래와 같을 때 컨트롤 유닛은 마일드 기동제어를 한다. 일사 보정량(종합 신호연산) 〈 +20℃이거나 실내온도센서 〈 27℃일 때 풍량은 그림 17과 같이 냉방 스타트 7초 후에 AUTO LO, 이후 30초 후에 AUTO HI가 된다. 단, AUTO HI(MAX HI)에 도달하기 전에 풍량이 AUTO 풍량과 일치하면 풍량 증가는 멈추고 AUTO 제어로 절환된다. 이 설명은 그림 15에서 이미 설명하였지만 또 다른 오토 에어컨에 적용된 예를 소개한다.

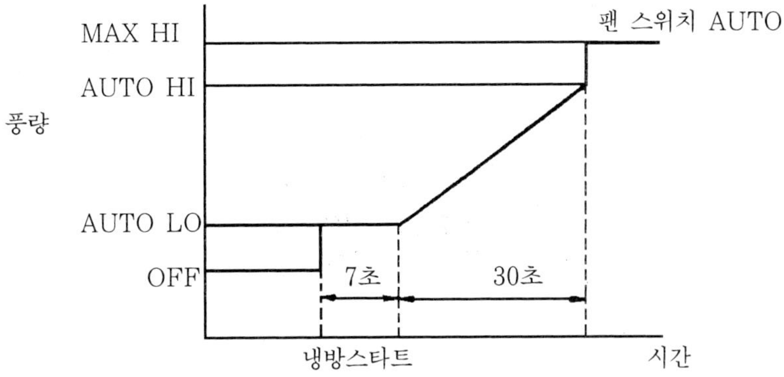

☑ 그림 17. 마일드 기동제어

1.4.3. 컴프레서 저온 보호제어

동절기 외기온도가 낮을 경우 외기온도 센서에서 온도를 검출하여 컴프레서를 OFF시킨다.

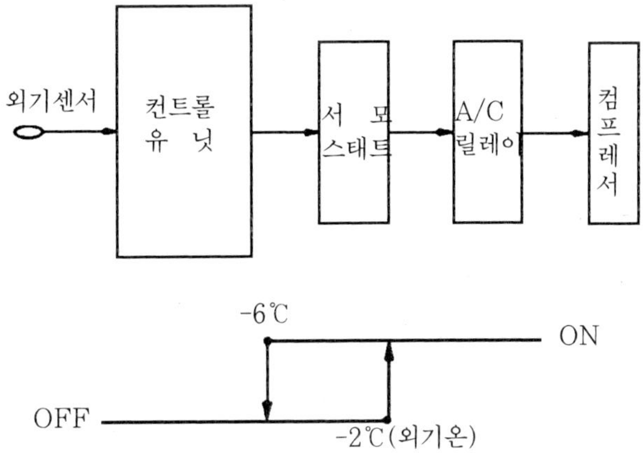

☑ 그림 18. 컴프레서 저온보호 제어

1.5. 리어 에어컨의 제어 기능

1.5.1. 리어 컨트롤 유닛

리어 컨트롤 유닛의 주요 기능은 다음과 같으며 콘솔박스 내에 장착되어 있다.

① 파워 트랜지스터에서의 출력을 제어하고 풍량을 절환한다.

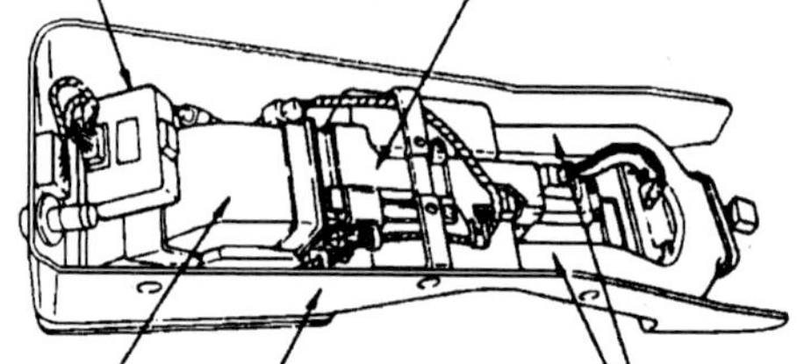

☑ 그림 19. 리어 컨트롤 유닛과 장착상태

② 증발기 및 리어 벤트 액추에이터를 제어하고 리어 벤트 도어의 개폐를 제어한다.

③ 리어 벤트 작동시의 스위치 상태를 IG키 OFF 후에도 기억한다.

1.5.2. 리어 벤트 송풍기

리어 벤트 송풍기 케이스 내에는 모터 및 풍량을 절환시키는 파워 트랜지스터가 조립되어 있다. 리어 벤트가 작동하면 증발기의 리어 벤트 도어가 열리면서 뒷좌석으로 송풍이 된다.

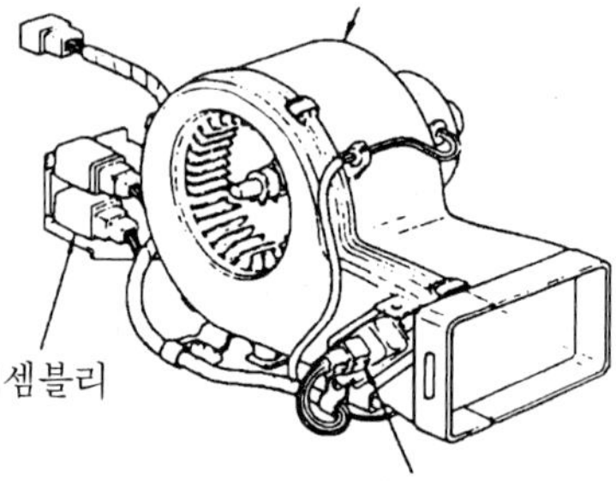

☑ 그림 20. FATC 시스템의 구성

한편 파워 트랜지스터는 그림 21과 같이 리어 컨트롤 유닛으로부터 베이스 전류를 받아 송풍기 모터를 LO. M, HI의 3단계로 회전속도를 변속시킨다.

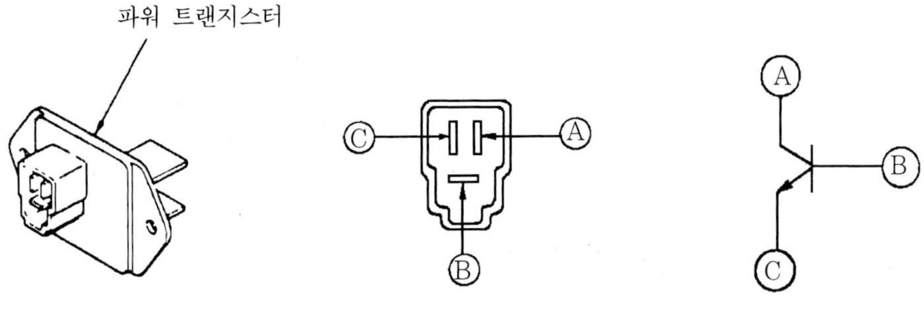

☑ 그림 21. 파워 트랜지스터

1.5.3. 리어 벤트 액추에이터

소형 모터를 내장한 전기식 액추에이터로 OFF릴레이에 의해 리어 벤트 도어를 개폐한다. 그림 22와 같이 리어 벤트 도어는 증발기 유닛에 장착되어 있으며 리어 에어컨 전용 증발기 토출구의 개폐를 제어한다.

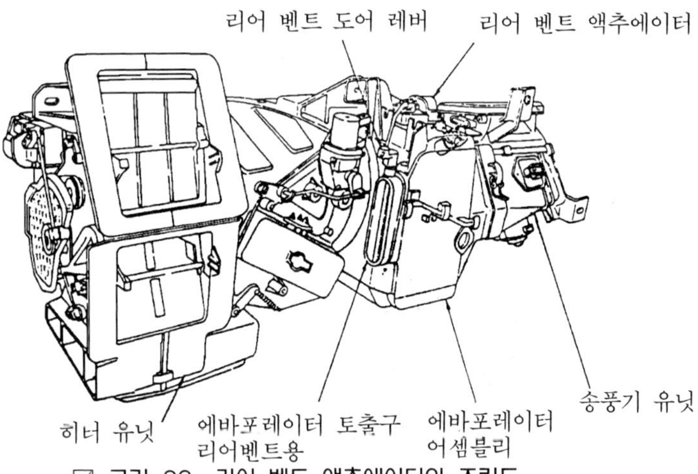

☑ 그림 22. 리어 벤트 액추에이터의 조립도

[1] 액추에이터의 구조

이미 앞에서 설명한 프런트 에어컨의 액추에이터와 구조가 동일하다.

[2] 액추에이터의 작동

리어 벤트 스위치의 ON, OFF에 따라 모터가 회전하며 모터와 연동하는 미끄럼 접점은 터미널 플레이트 비도통부의 위치에서 모터는 정지한다.

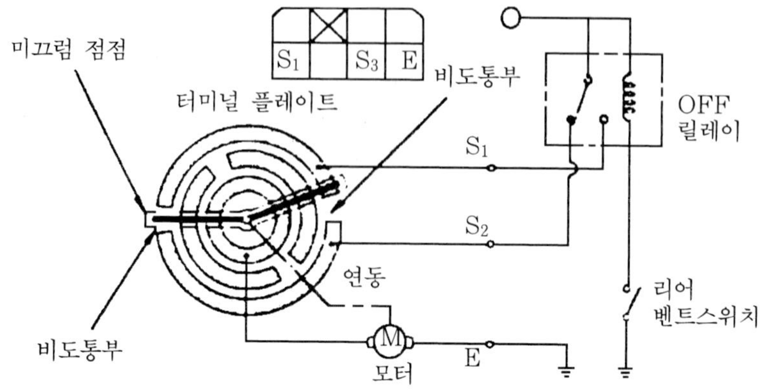

☑ 그림 23. 리어 벤트 도어 닫힘시 회로

(1) 리어 벤트 도어 닫힘 → 열림

리어 벤트 스위치를 ON으로 하면 OFF 릴레이가 작동하고 전류는 단자 S_1, 터미널 플레이트 A, 미끄럼 접점을 거쳐 모터로 흐르면 모터는 회전한다. 모터와 연동하는 미끄럼 접점은 화살표방향으로 회전하고 미끄럼 접점과 터미널 플레이트 A가 떨어지는 위치에서 모터는 정지한다.

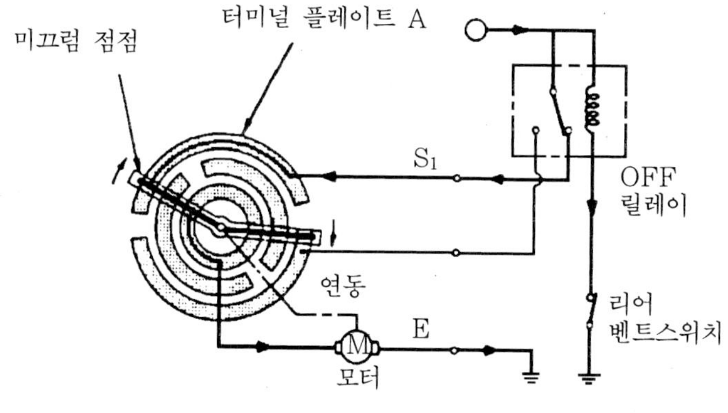

☑ 그림 24. 리어 벤트 도어 닫힘 → 열림 회로도

(2) 리어 벤트 도어 열림

리어 벤트 도어가 열린 후 리어 벤트 스위치를 OFF하면 모터는 리어 벤트 도어가 닫힐 때까지 회전한다.

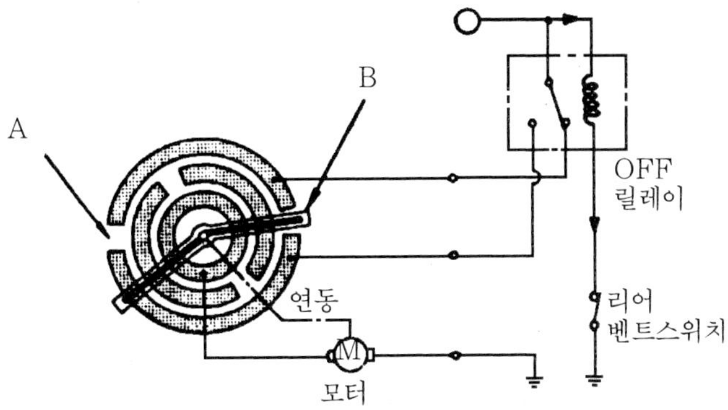

☑ 그림 25. 리어 벤트 도어 열림 회로도

2. 자동제어 시스템

자동제어 시스템은 크게 3가지 제어 즉, 자동온도 제어, 자동풍량제어 그리고 기동풍량 제어가 있다. 그리고 각 제어는 일사량 및 에어컨 스위치의 ON/OFF에 의해 보정된다.

2.1. 일사보정

컨트롤 유닛은 일사센서에 의해 검출된 일사량에 의해 에어믹스 도어의 개도 및 풍량을 보정한다. 일사량이 많은 경우에는 차 실내 온도를 설정온도보다 낮도록 에어믹스 도어를 COLD측으로 이동시킨다.

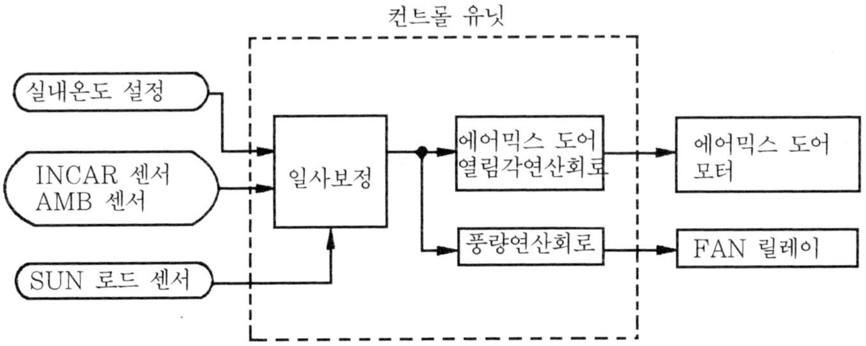

☑ 그림 26. 일사보정 다이어그램

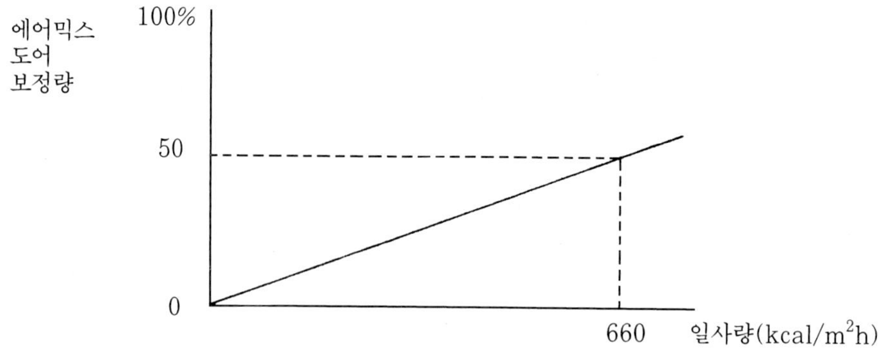

☑ 그림 27. 일사량과 에어믹스 도어의 보정량

2.2. 에어컨스위치 보정

컨트롤 유닛은 에어컨 스위치의 신호에 따라 에어믹스 도어의 개도를 보정한다. 에어컨 스위치 ON시에는 컨트롤 유닛은 PBR(potentio balance resister)의 입력신호를 보정하여 에어믹스 도어를 HOT측으로 제어한다.

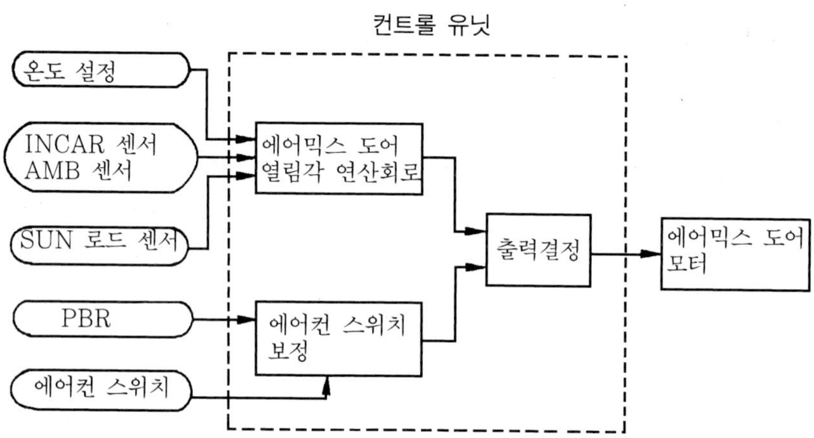

☑ 그림 28. 에어컨 스위치 보정 다이어그램

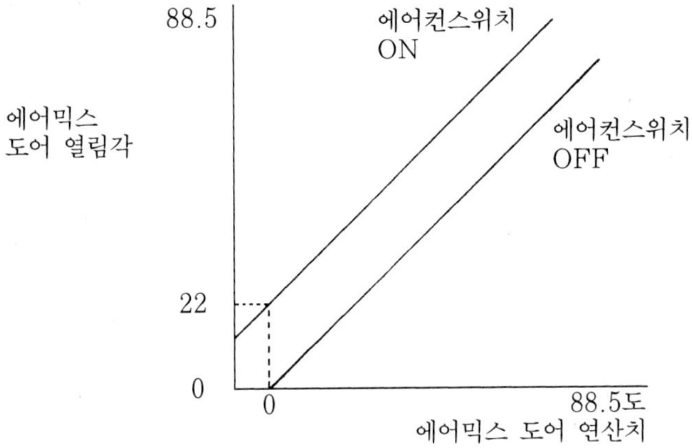

☑ 그림 29. 에어컨스위치 보정량

2.3. 자동온도 제어

2.3.1. 자동온도 제어의 개요

① 자동온도 제어 관련부품은 PTC(potentio temperature contontrol : 운전자의 설정온도에 따라 저항치를 변화시키는 부품으로 예를 들면 설정온도를 25℃에서 20℃로 변경하였다고 하면 PTC의 저항값이 850Ω에서 0Ω으로 한다), 내기온도센서, 외기온도센서, 일사센서, PBR, 에어컨스위치, 에어믹스 도어 모터(진공식인 경우에는 진공 솔레노이드밸브로 되어 있다), 그리고 컨트롤 유닛으로 구성되어 있다.

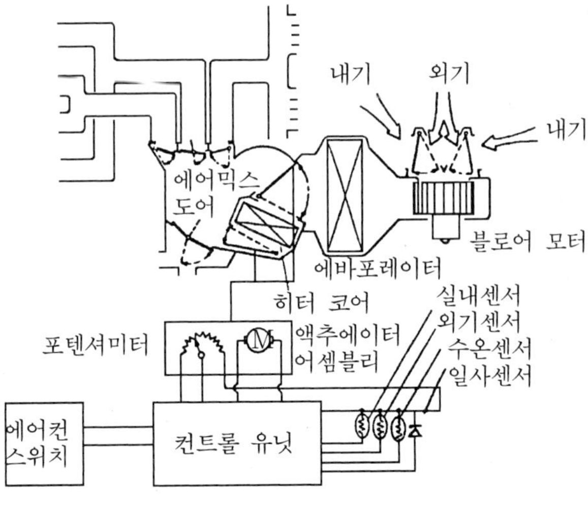

☑ 그림 30. 자동온도 컨트롤 시스템

② 자동온도제어는 차 실내온도가 설정온도가 되도록 에어믹스 도어의 개도를 자동제어 한다.

③ 운전자에 의해 설정된 온도와 내·외기온도센서에 의해 검출된 온도는 일사센서에 의해 검출된 일사량에서 보정되어져 에어믹스 도어의 개도를 결정한다.

④ 이렇게 결정된 에어믹스 도어 개도와 검출된 에어믹스 도어 개도가 서로 비교되어 에어믹스 도어 모터로 출력되어진다.

⑤ 모터는 에어믹스 도어를 구동시켜 토출공기 온도를 변화시켜 차 실내온도를 제어한다.

⑥ 차 실내온도는 내기온도 센서에 의해 검출되어 설정온도와 차가 큰 경우에는 ②~⑤의 제어루프가 반복되면서 차 실내온도는 설정온도에 근접되도록 유지된다.

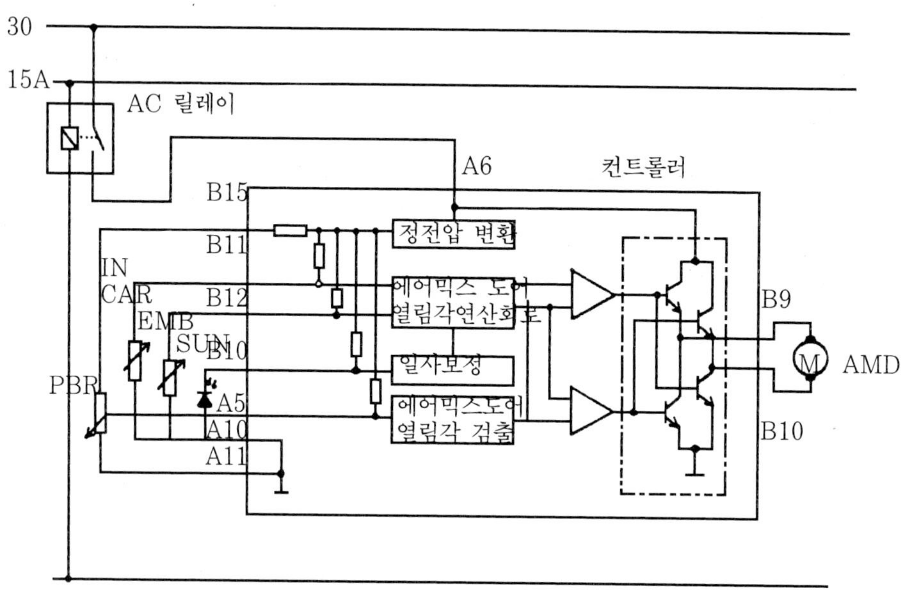

☑ 그림 31. 자동온도 컨트롤 블록

2.3.2. 설정온도에 비하여 차 실내온도가 낮은 경우

① 실내온도가 낮을 경우 내기온도센서의 저항은 크게 되고 따라서 입력전압도 크게 된다. 동시에 에어믹스 도어 개도 연산회로에서의 전압도 크게 된다.

② 이 전압이 PBR에서의 전압보다 크면 OP_1(비교기 1)이 ON으로 되고, 이 결과 Tr(1)과 Tr(4)가 ON으로 된다. 여기서 PBR의 기능은 에어믹스 도어 개도를 검출하여 이를 컨트롤 유닛으로 피드백시키는 저항기이다.

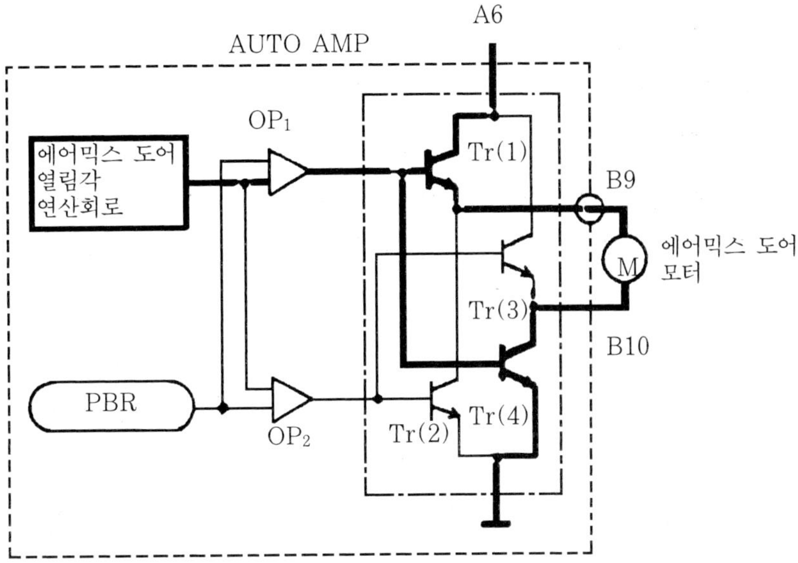

☑ 그림 32. 설정온도에 비해 차 실내온도가 낮은 경우의 전기회로

③ 따라서 B9단자에는 +전압이 걸리고 B10단자는 접지가 된다. 그래서 에어믹스 도어모터는 반시계방향으로 회전하여 에어믹스 도어는 HEAT쪽으로 이동하면서 PBR에서의 전압이 높게 되어 에어믹스 도어 개도 연산회로에서의 전압과 평형을 이룬다.

④ 평형이 되면 OP_1은 OFF됨과 동시에 Tr(1)과 Tr(4)도 OFF되어 에어믹스 도어 모터는 정지된다.

2.3.3. 설정온도에 비해 차 실내온도가 높은 경우

① 차 실내온도가 높을 경우 내기온도센서의 저항값은 작게 되고 따라서 입력 전압값도 작아진다. 동시에 에어믹스 도어 개도 연산회로에서의 전압도 작아진다.

② 이 전압이 PBR에서의 전압보다도 작으면 OP_2가 ON되고 이어서 Tr(2)와 Tr(3)이 ON된다.

③ 따라서 B10단자에는 +전압이 걸리고 B9단자는 접지가 된다. 그래서 에어믹스 도어 모터는 시계방향으로 회전하여 에어믹스 도어는 COLD쪽으로 이동한다.

④ 에어믹스 도어가 COLD쪽으로 이동함에 따라 PBR에서의 전압이 낮게 되어 에어믹스 도어 연산회로에서의 전압과 평형을 이룬다.

⑤ 평형을 이루면 OP_2는 OFF됨과 동시에 Tr(2)는 Tr(3)도 OFF되어 에어믹스 도어 모터는 정지된다.

참고

위의 설명에서 에어믹스 도어 모터의 회전방향(시계방향, 반시계방향)에 따른 HEAT 또는 COLD쪽 이동은 차종에 따라 서로 반대일 수 도 있다.

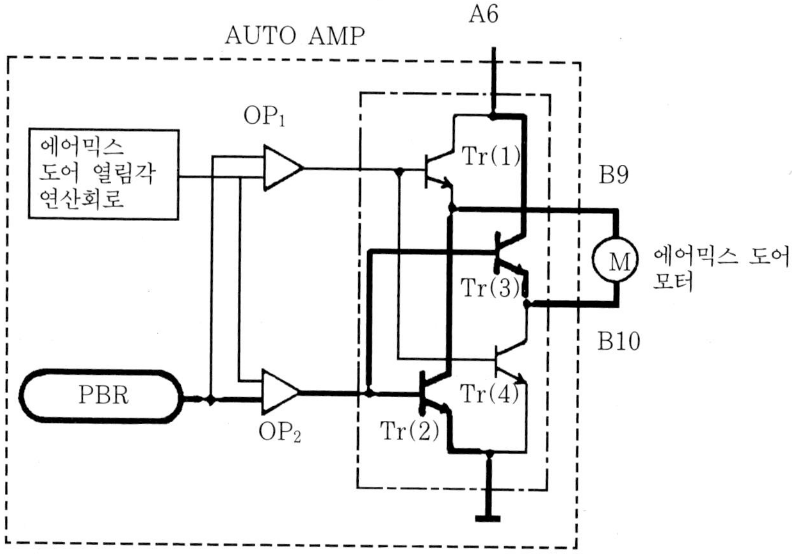

☑ 그림 33. 설정온도에 비해 차 실내온도가 높은 경우의 전기회로

2.4. 자동 풍량 제어

자동 풍량 제어 관련 부품은 내기온도센서, 외기온도센서, 일사센서, 송풍기 모터, 팬 컨트롤 레지스터, 팬 스위치, 릴레이, 파워 트랜지스터, 컨트롤 유닛으로 구성되어 있으며 차 실내온도가 설정온도로 되도록 송풍기 모터 회전을 자동제어 한다.

풍량도 앞에서 설명한 자동온도 제어와 마찬가지로 운전자에 의해 설정된 온도와 내기온도센서, 외기온도센서에 의해 검출된 온도는 일사센서에서 검출된 일사량으로 보정된다. 이와 같이 풍량이 결정되면 팬 릴레이를 작동시켜 송풍기 모터를 자동회전시킨다. 수동 풍량 제어시와 자동 풍량 제어시의 작동관계를 각각 설명한다.

2.4.1. 수동 풍량 제어

팬 스위치에서 설정된 풍량은 매뉴얼 신호로 컨트롤 유닛에 입력된다. 컨트롤 유닛은 파워 트랜지스터의 베이스 전위를 결정하여 팬 모터를 회전시킨다. 또한 MIN위치에서는 SUPER LO에 또 MAX위치에서는 MAX HI 릴레이를 작동시켜 풍량을 MAX HI에 고정한다.

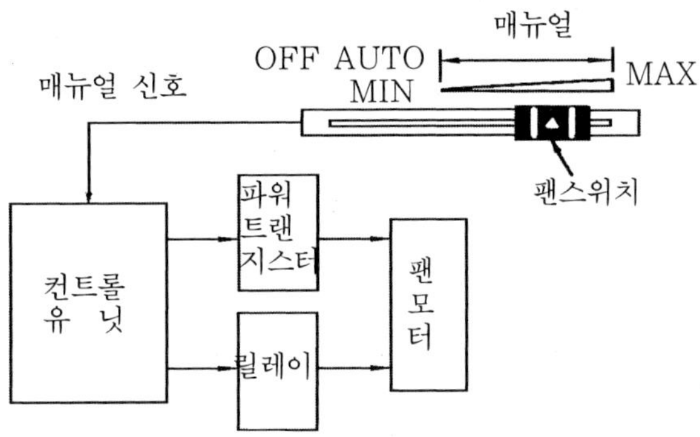

☑ 그림 34. 수동 풍량 제어시 블록 다이어그램

2.4.2. 자동 풍량 제어

운전자가 AUTO 스위치를 ON하면 AUTO기능이 컨트롤 유닛에 입력된다. 그림 35에서 송풍기 모터 전원회로 접지측, 또는 (+)측에 전압제어용 파워 트랜지스터를 설치하여 트랜지스터의 전류 증폭작용을 이용하여 모터의 작용전압을 변화시켜 송풍기 모터를 무단 변속시킨다.

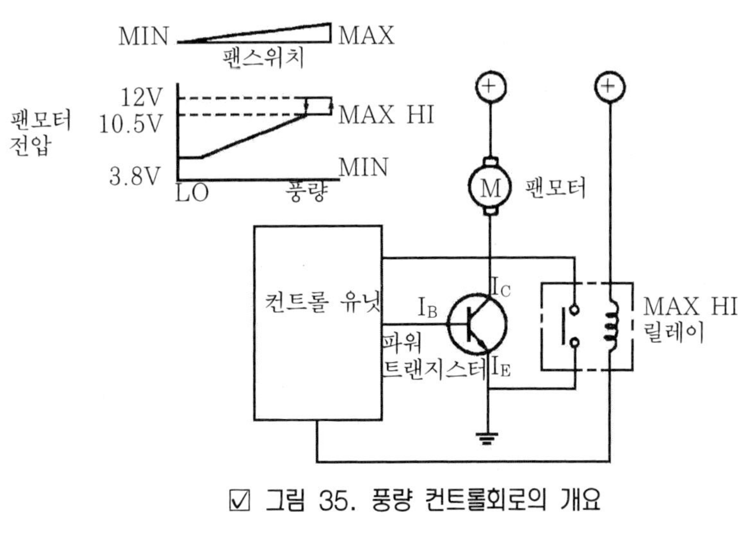

☑ 그림 35. 풍량 컨트롤회로의 개요

즉, 트랜지스터의 베이스에 걸리는 전압이 변화하여 베이스 전류 I_B가 변화하면 컬렉터 전류 I_C(송풍기 모터로 흐르는 전류)도 변화하여 회전수가 변한다. 또 온도 컨트롤 스위치를 FULL COOL에 놓으면 MAX HI 릴레이가 작동하여 풍량은 MAX HI에 고정되고, FULL HEAT에 놓으면 풍량은 AUTO HI에 고정된다.

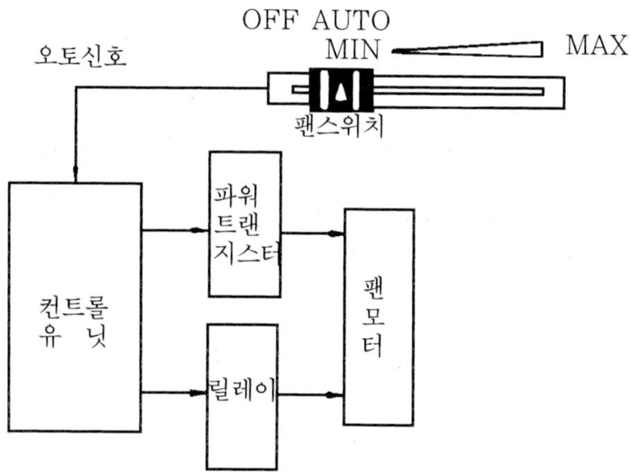

☑ 그림 36. 자동 풍량 제어시 블록 다이어그램

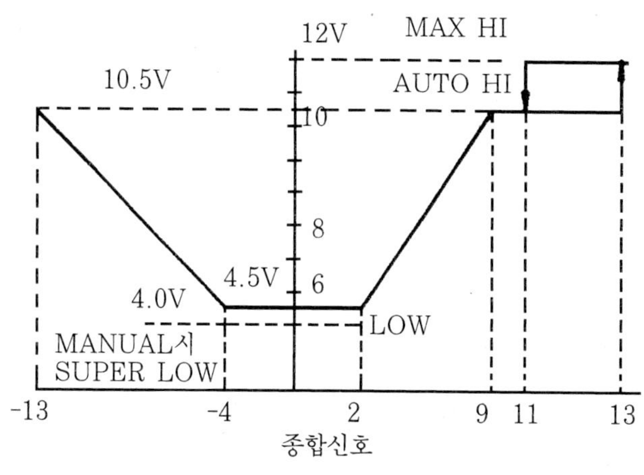

☑ 그림 37. 설정온도와 풍량의 관계

2.5. 난방 기동제어(CELO : cold engine lock out)

겨울철 엔진냉각수 온도가 낮거나 엔진시동직후 찬 공기가 대량으로 토출되는 것을 방지 위하여 〔히터 코어의 수온이 약 50℃ 이하 및 설정온도 > 실내온도 +3℃〕에서는 송풍기가 정지하고 〔50℃ 이상 및 설정온도 ≤ 실내온도 +3℃〕이 되면 송풍기는 LO부터 목표중량까지 서서히 상승한다.

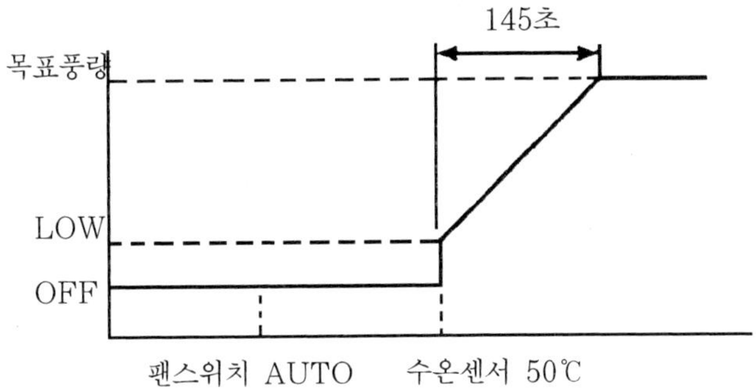

☑ 그림 38. 난방 기동제어

2.6. 컴프레서 제어

에어컨 스위치를 켜면 A/C신호가 컨트롤 유닛으로 입력된다. 컨트롤 유닛은 A/C 릴레이를 작동시켜 컴프레서를 작동시킨다. 한편 서모스태트는 증발기 출구측의 온도가 1℃ 이하일 때는 컴프레서를 OFF시킨다.

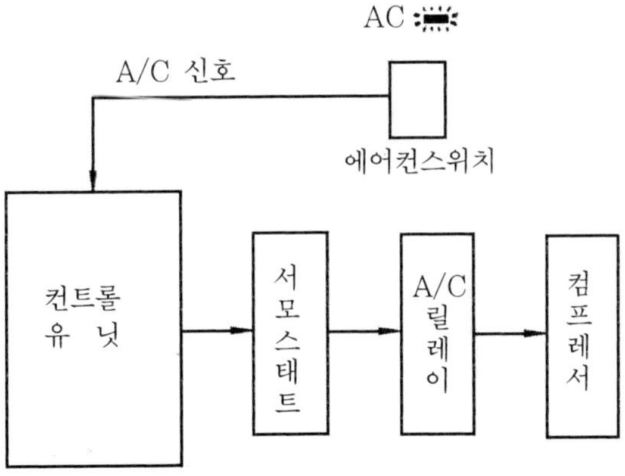

☑ 그림 39. 컴프레서 제어 블록 다이어그램

Chapter 07

히터 열원기술

1. 난방 열원
2. 온수식 히터
3. 연소식 히터
4. 비스커스 히터
5. 전기히터
6. 히트펌프
7. 핫 가스히터

CHAPTER

07 히터 열원기술

1. 난방열원

카 히터는 주로 엔진에서 발생한 열에 의해 따뜻해 진 냉각수를 이용하여 자동차실내의 난방을 한다. 따라서 엔진발열량의 변화는 직접 난방성능에 영향을 미치게 된다. 최근의 엔진은 연비를 향상시키기 위해 린번(lean burn)화, 실린더 내 직접분사(GDI) 등의 시스템을 장착하여 효율을 향상시키고 있다.

실린더 내 직접분사 엔진을 예로 각부의 발생열량을 보면 그림 1과 같이 엔진 정미일량이 동일할 경우 난방열원인 냉각손실열량은 일반 엔진에 비해 크게 감소하고 있다. 이것은 실린더 내 직접분사 엔진의 점화 플러그 부근에 혼합기의 집중으로 인해 실린더 벽 부근의 연소가스온도가 저감되기 때문이다.

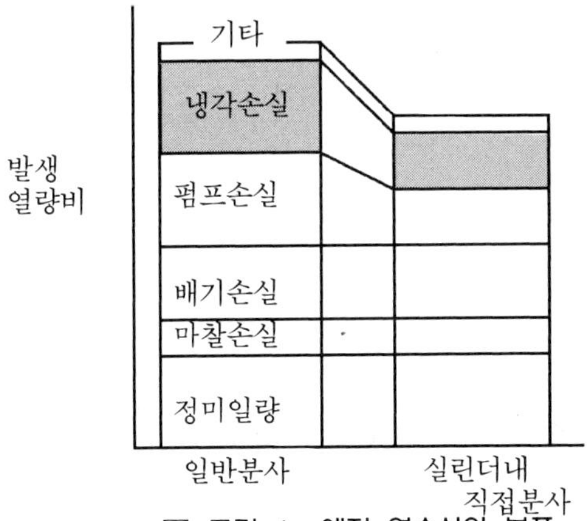

☑ 그림 1. 엔진 열손실의 분포

이 결과 난방열원이 현저하게 감소하기 때문에 그림 2와 같이 승차원을 쾌적하게 하기 위한 실내온도는 대폭 감소한다. 이와 같은 경향은 향후 엄격한 연비규제에 대응하기 위해 엔진효율을 증가시킬수록 더욱 심각한 문제로 부각될 것으로 예상된다.

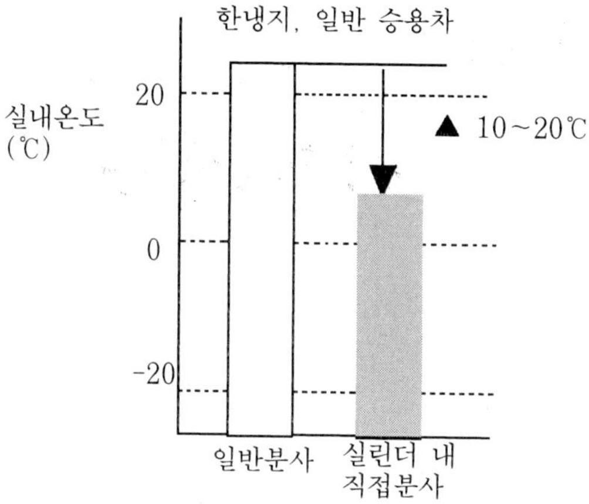

☑ 그림 2. 실내온도 저하

이를 위한 대책으로서 자동차의 열손실 그 자체를 저감시켜 작은 열원으로 실내온도를 높이는 방법이나 새로운 보조열원을 장착하는 방법이 있다. 열손실을 저감하는 방법에는 자동차 환기손실을 저감하는 방법과 새로운 보조열원으로서 공기나 냉각수를 직접 가열하는 방법 등이 있다. 여기서는 각각의 난방열원기술에 대해서 소개한다.

2. 온수식 히터

2.1. 온수식 히터의 작동원리

온수식은 승용차 등 중소형 차량에 주로 적용하는 난방 방식이다. 그림 3은 온수식 히터의 개략적인 구조도를 나타내며 그 작동원리는 다음과 같다.

① 열원인 엔진냉각수는 실린더 내 연소열에 의해 약 85℃까지 상승한다.

② 가열된 냉각수는 온수배관을 통해 라디에이터로 유입된다.

③ 냉각수가 라디에이터를 통과할 때 블로어에 의해 강제 유입된 공기와 라디에이터 사이에서 열교환이 발생하여 공기의 온도를 약 65℃까지 상승시킨다.

④ 가열된 공기가 차실내로 유입되어 난방이 된다.

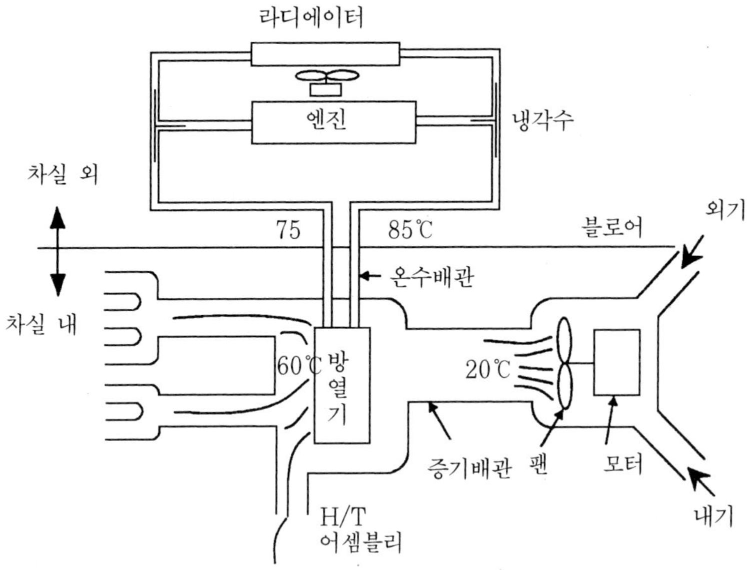

☑ 그림 3. 온수식 히터의 개념도

2.2. 온수식 히터의 종류

2.2.1. 구성에 의한 분류

[1] 일체형

열원을 발생하는 히터 코어와 송풍을 위한 블로어가 일체로 되어있는 형이다.

[2] 분리형

열원을 발생하는 히터 코어와 송풍을 위한 블로어가 분리되어 있는 형이다.

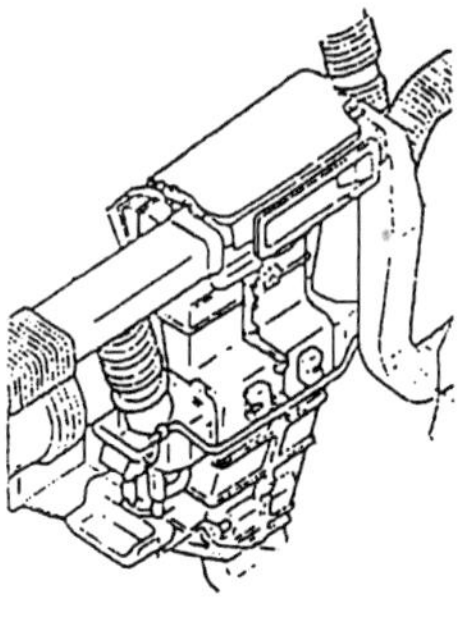

☑ 그림 4. 일체형의 외형

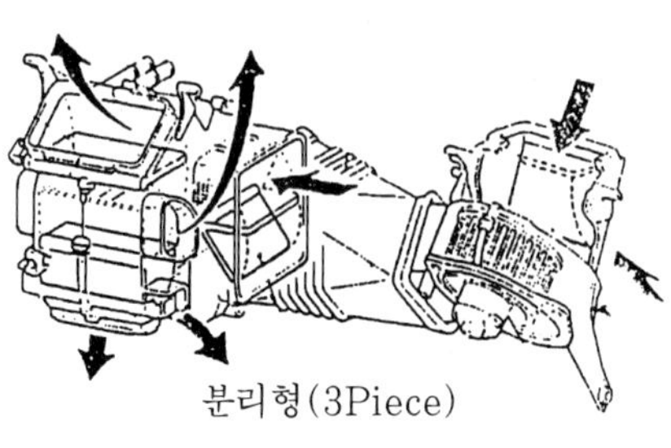

☑ 그림 5. 분리형의 외형

[3] HVAC

열원을 발생하는 히터 코어와 냉방을 위한 에바포레이터 및 송풍을 위한 블로어가 일체로 되어 있는 형이다.

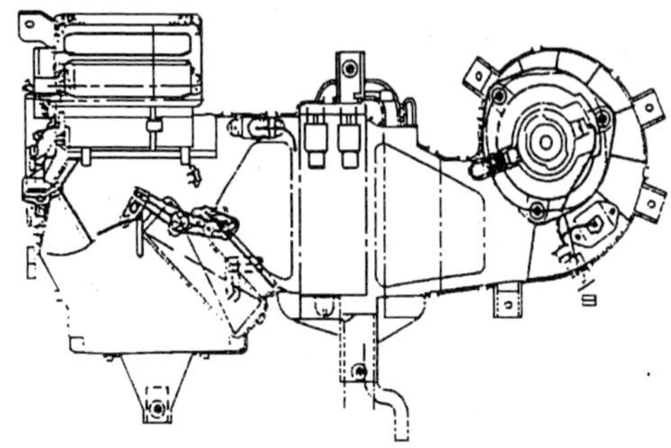

☑ 그림 6. HVAC형의 외형

[4] 2Piece

HVAC와 분리형의 중간형으로 열원을 발생시키는 히터 유닛은 별도로 구성하며 냉방을 위한 에바포레이터와 송풍용 블로어를 일체로 구성한 형이다.

2.2.2. 제어시스템에 의한 분류

[1] 매뉴얼형

공조 시스템의 작동 메카니즘이 일반적으로 링크 구조로 되어 있어 케이블에 의한 수동으로 동력을 전달하는 형이다.

[2] 오토형(FATC)

공조시스템의 작동 메카니즘이 액추에이터(모터)에 의해 동력을 전달하는 구조로 되어 있으며 운전자가 원하는 온도를 선택하면 입력된 신호를 받아 풍량, 풍향, 공기의 온도 그리고 청정도까지 컨트롤하여 완전 자동으로 작동하는 형이다.

2.3. 내·외기 이용방법

자동차의 난방은 외기를 도입하여 이것을 가열하는 것을 기본으로 하고 있다. 내기순환만하면 승차원의 호흡에 의해 습도가 상승하여 유리창에 성에가 발생하기도 한다. 그러나 내기순환에서는 따뜻한 공기를 재가열하기 때문에 난방능력을 향상시킬 수 있다. 이 때문에 유리창에 성에가 끼지 않으면서 차실내 공기를 재가열하여 난방능력을 향상시키기 위해 내·외기를 적절한 비율로 혼합시킨다.

2.3.1. 난방시 환기손실열량

히터 코어가 외기도입공기를 가열하는데 투입된 열량 Q_H는 루프나 유리창 등 차체로부터 전열에 의해 손실되는 전열량 Q_T와 따뜻한 실내공기를 외부로 방출함으로서의 환기손실열량 Q_V의 합이다. 환기손실열량 Q_V는 저온(예를 들면 -10℃)의 외기를 도입할 때와 같은 양의 따뜻한 치실내 공기(예를 들면 30℃)를 외부로 방출함으로서 손실되는 열량이다. 환기손실열량은 차량난방부하의 60% 정도를 차지한다.

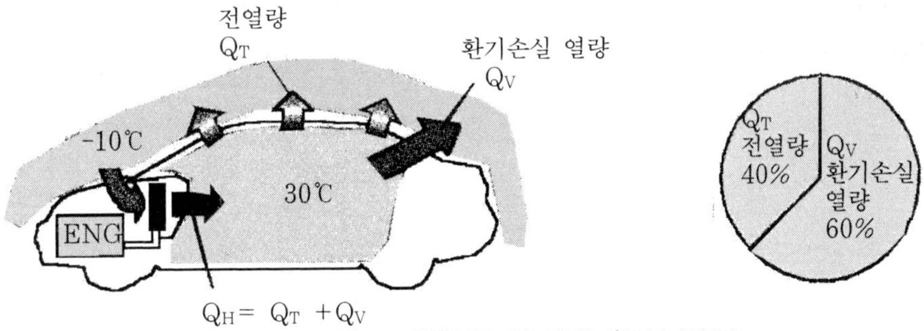

☑ 그림 7. 차량난방 열부하와 환기손실열량

2.3.2. 종류와 구조

[1] 내기혼입 히터 유닛

내기혼입 히터 유닛은 외기도입모드를 선택하였을 경우에도 항상 내기를 일부 혼입시켜 히터코어로 유입되는 공기의 온도를 상승시킨다. 구조는 간단하며 블로어 유닛의 내·외기 절환 도어에 그림 8과 같이 체크밸브 구조의 서브도어를 추가한 것이다. 유리창에 성에가 끼는 것은 일반적으로 내기 혼합비율이 20% 정도가 한계이다.

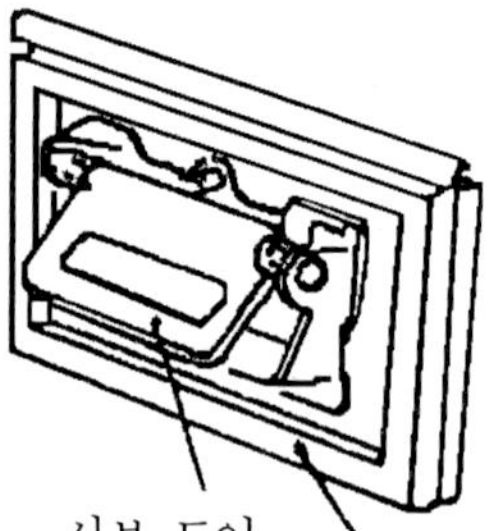

☑ 그림 8. 내·외기 절환 도어와 서브 도어

[2] 내·외기 2층 히터 유닛

내 · 외기 2층 히터 유닛은 외기도입공기와 내기순환공기를 분리하여 히터코어에서 가열하여 외기 도입측을 차실내의 상층부로, 내기 도입측은 발쪽의 하층부로 토출하도록 한 것이다. 외기량과 내기량의 비율은 반반 정도이다. DEF토출구나 사이드FACE 토출구에서의 바람은 외기측의 건조한 공기이기 때문에 유리창에 성에가 끼지 않는다. 한편 FOOT토출 바람은 내기측이므로 그 만큼 환기손실을 감소시킬 수 있다.

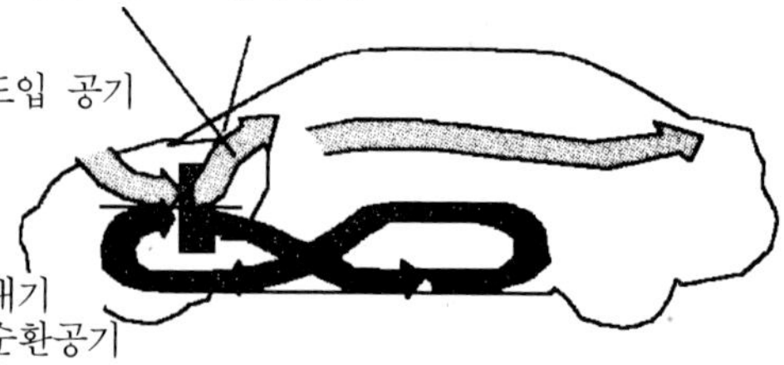

☑ 그림 9. 2층 모드시의 바람의 유동

그림 10은 유닛의 구조를 나타낸다. 팬은 2층 구조로 되어 있으며 유닛 내에도 분리판을 넣어 외기와 내기가 혼합되지 않도록 하였다. 팬이나 에바포레이터 그리고 히터 코어의 전후에 약간의 간격이 있어도 외기측의 송풍압력을 내기측보다 높게 하여 내기가 외기에 혼입되는 것을 방지할 수 있다.

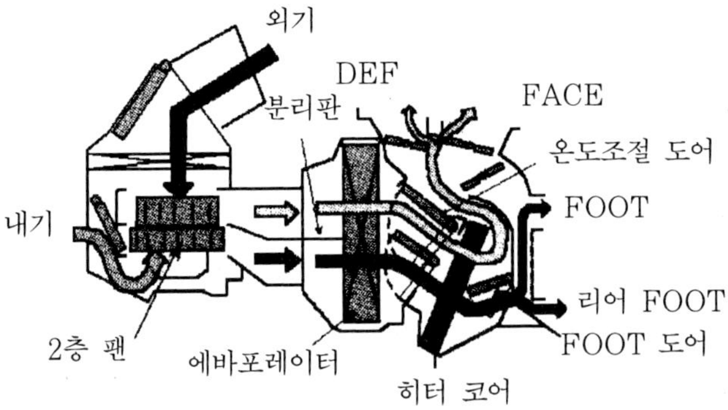

☑ 그림 10. 유닛의 구조

2.4. 히터시스템을 구성하는 주요부품

2.4.1. 히터 코어(heater core)

[1] 기능

히터 코어는 엔진에서 발생한 열로 인해 온도가 상승한 냉각수와 차 실내의 찬 공기를 열교환시켜 차실 내를 따뜻하게 하는 역할을 한다. 히터 냉각수 유동회로는 그림 11과 같이 엔진 냉각수는 워터 펌프에 의해 송출되며 워터밸브는 히터 코어로 유입되는 유량을 조절한다.

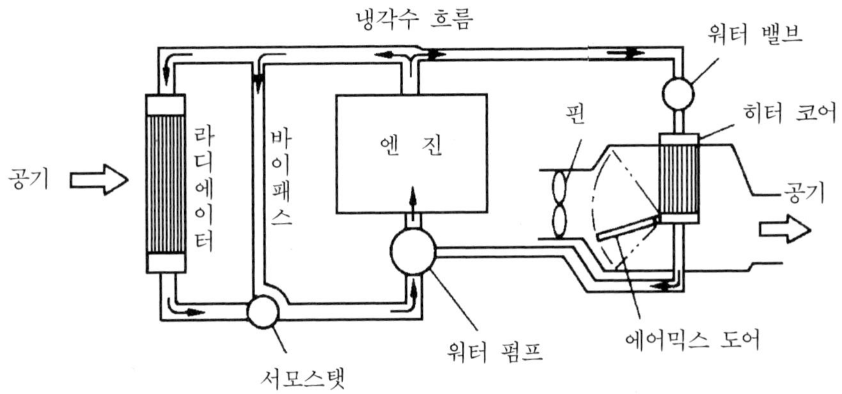

☑ 그림 11. 히터의 냉각수 유동 회로

[2] 종류와 구조

표 1에 대표적인 히터 코어의 종류와 구조 그리고 특징을 나타낸다. 내측에 엔진냉각수를 통과시켜 냉각수를 냉각시키는 것은 라디에이터의 구조와 유사하다. 라디에이터의 개발기술, 예를 들면 핀 루버의 형상, 탱크와 코어 플레이트의 접합방법, 파이프의 접합방법 그리고 재료선정 등은 히터 코어에도 동일하게 적용되고 있다.

[표 1] 히터 코어의 종류와 구조

형식	플레이트 핀형	코루게이트 핀형	
		동 코어	알루미늄 코어
형상 (대표 예)	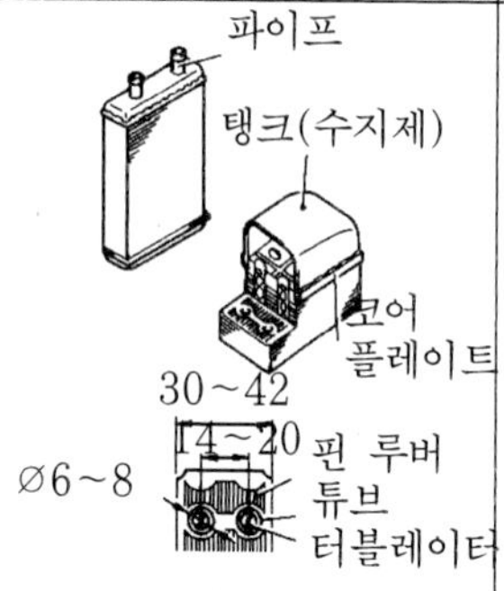	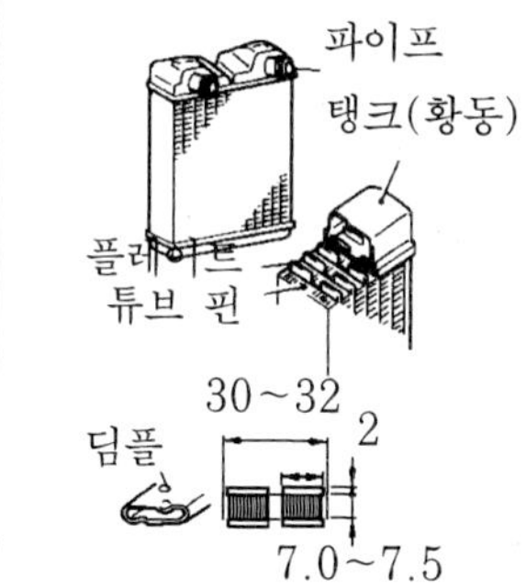	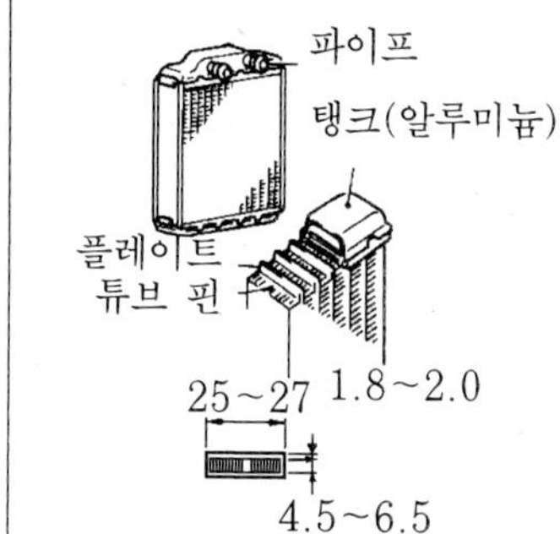
제조법	튜브를 확장한 기계적 접합법	납땜법	노중접합법
특징	· 탱크는 수지제, 실은 플레이트와 탱크사이에 고무패킹을 사용 · 관내의 열전달을 향상시키기 위해 터블레이터를 삽입하였다. · 값이 싸지만 성능이 떨어지기 때문에 코어가 두껍다.	· 핀, 튜브, 탱크, 파이프를 거의 납땜 접합하였다. · 튜브측에 딤플 또는 리브를 달아 액측의 열전달을 향상시킨 것도 있다.	· 형상은 동코어와 거의 같지만 알루미늄제로 경량화하였다. · 얇은 튜브와 높이가 낮은 핀을 사용함으로써 성능향상과 소형화가 가능하다. · 소형, 경량화의 이점과 동코어에 포함되어 있는 아연규제에 따라 현재 대부분이 코어를 사용하고 있다.

관내을 흐르는 유량은 라디에이터가 20~80ℓ/min 인데 대해 히터 코어는 5~20ℓ/min 로 작기 때문에 유량이 작을 때는 관내측의 열전달율을 높이기 위해 그림 12와 같이 냉각수 유동을 U턴시켜 유속을 빠르게 하거나 관내에 딤플(dimple)또는 리브(rib)를 넣기도 하며 표 1의 플레이트 핀형과 같이 터블레이트(tublate)를 넣은 것도 있다.

한편 알루미늄 코어 튜브의 관로는 편평하게 할 수 있기 때문에 열전달을 증가시킬 수 있다.

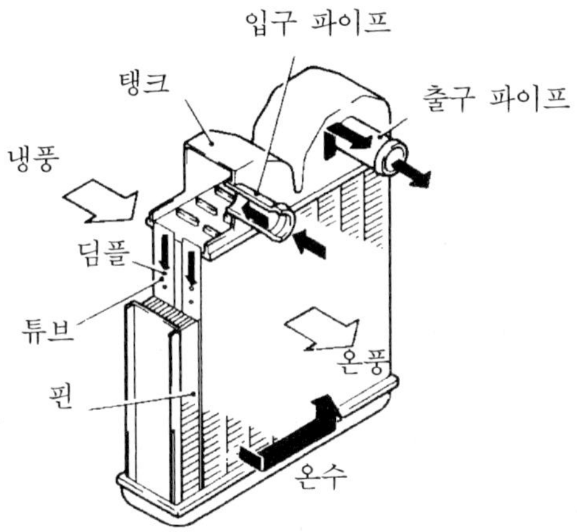

☑ 그림 12. 히터 코어의 구조

2.4.2. 워터밸브(water valve)

[1] 기능

워터 밸브는 히터 코어로 유입하는 엔진냉각수의 유량을 제어하는 역할을 하며, 이 온수량의 제어에 의해 차실내의 공기온도가 조정된다. 차실내 공기의 온도제어방식에는 앞에서 상세하게 설명하였지만 에어 믹스방식과 리히터 방식이 있으며, 방식에 적합한 워터 밸브를 사용하여야한다. 그림 13은 엔진 냉각수 계통도를 나타낸다. 워터밸브는 통상 히터 코어의 상류에 설치되어 있다.

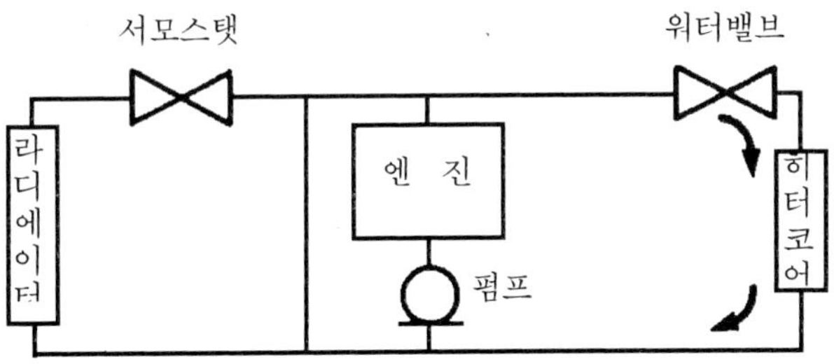

☑ 그림 13. 엔진 냉각수 계통도의 예

[2] 종류와 구조

표 2에 워터 밸브의 종류와 구조를 나타낸다. ON/OFF방식이 가장 많이 사용되며 레버의 ON/OFF는 매뉴얼 에어컨에서는 수동으로 작동하고 오토 에어컨에서는 베큠 스위치 또는 서보 모터로 작동시킨다. 표의 밸브 형상은 로터리식을 예로 나타낸 것이며 그 외 밸브형상과 특징은 표 3과 같다.

[표 2] 워터 밸브의 종류와 구조

	ON-OFF방식	리니어 제어방식	듀티비 제어방식
구조	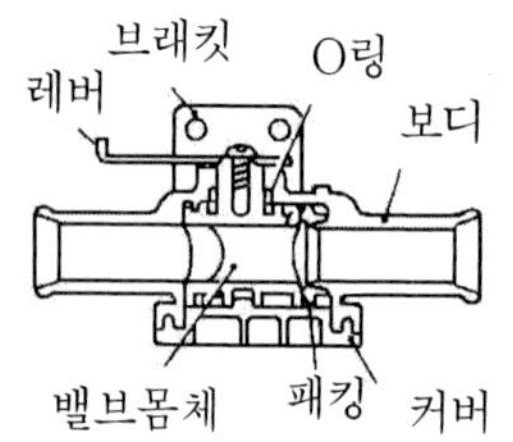	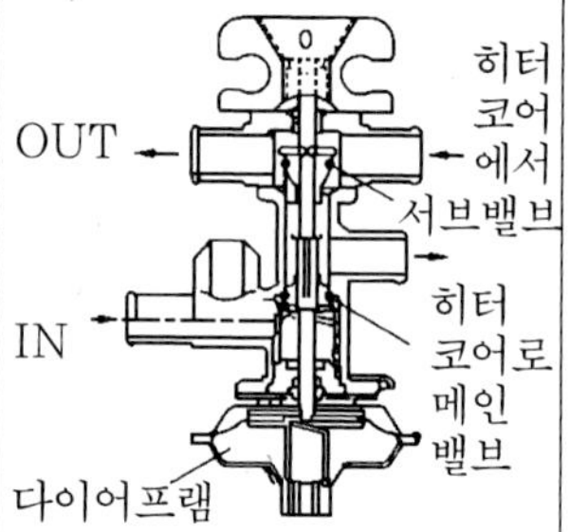	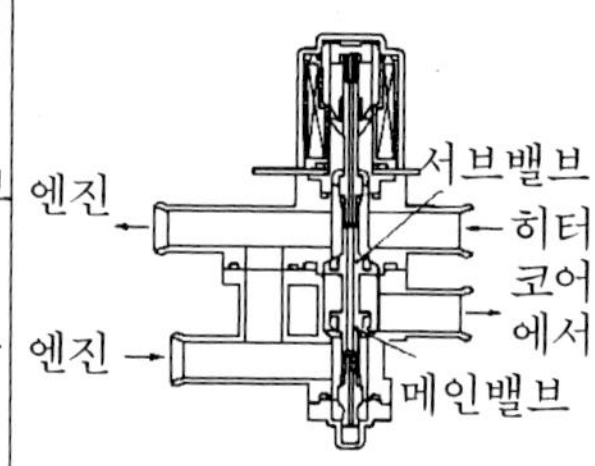
특징	· 레버의 ON/OFF에 의해 밸브를 개폐한다. · 구조가 간단하여 값이 싸다.	· 밸브개도를 기계적으로 조정한다(위 그림은 다이어프램 압력차에 의해 조정됨). · 정밀도가 높아 제어가 다소 어렵다. · 구조는 듀티비 제어방식에 비해 간단하고 값이 싸다.	· 솔레노이드에 의해 연속적으로 밸브를 개폐하며 개폐시간비율을 조정하고 제어한다. · 높은 정밀도의 제어가 가능하다. · 구조가 복잡하여 값이 비싸다.
공기온도 제어방식	에어믹스 방식	리히트방식	리히트방식

[표 3] 각종 밸브의 형상과 특징

	포핏방식	슬라이드방식	로터리방식	버터플라이방식
형상	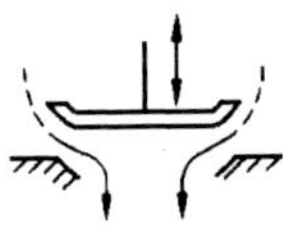	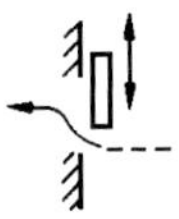		
특징	· 구조가 간단하다. · 기밀유지가 쉽다. · 유량조절이 쉽다. · 유동방향의 변화와 유동저항이 크다. · 밸브조작에 큰 힘이 필요하다.	· 유동방향의 변화와 유동저항이 작다. · 기밀유지용의 밸브몸체를 누르는 장치가 필요하다. · 조작력이 수압의 영향을 받는다. · 기밀유지가 어렵다. · 부품이 정밀해야 한다.	· 유동방향의 변화가 없고 유동저항이 작다. · 조작력이 수압의 영향을 받지 않는다. · 기밀유지가 어렵다. · 부품이 정밀해야 한다.	· 구조가 간단하다. · 소형화가 가능하다. · 유동방향의 변화가 없고 유동저항이 작다. · 기밀유지가 어렵다.

리히트 방식에 사용되고 있는 듀티제어방식은 정도가 우수한 온수제어가 가능하기 때문에 고급승용차에 일부 사용되고 있다.

3. 연소식 히터

연소식 히터에는 엔진냉각수를 가열하는 온수식과 공기를 가열하는 온기식의 2종류가 있다. 여기서는 승용차에 적합한 온수식에 대해서 설명한다. 일반적으로 연소식 히터는 연료를 연소시키기 때문에 배출가스를 배출하고 연료회로, 배기관 등이 필요하기 때문에 시스템이 복잡한 반면 큰 난방능력을 얻을 수 있다.

3.1. 연소식 히터의 기능

연소식 히터는 엔진냉각수의 온도가 낮아 자동차 실내의 난방이 불충분할 때 연료의 연소에 의해 발생하는 고온의 연소가스로 엔진냉각수를 가열하여 차실내를 난방한다. 그림 14에 연소식 히터를 포함한 냉각수회로의 예를 나타낸다. 연소식 히터는 엔진과 차실내에 있는 히터 코어 사이에 장착되어 있다. 엔진을 통과한 냉각수를 가열하여 차실내에 있는 히터 코어로 공급함으로서 충분한 난방성능을 얻을 수 있다.

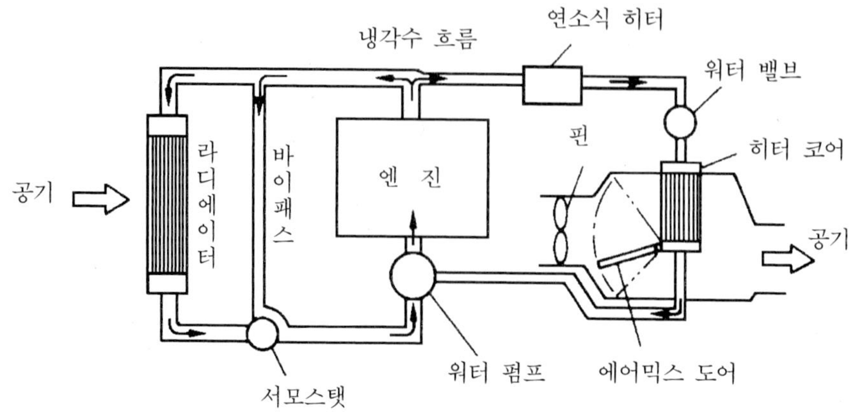

☑ 그림 14. 연소식 히터의 온수회로

3.2. 연소식 히터의 구조와 작동

그림 15에 연소식 히터 구조의 한 예를 나타낸다. 시동시에는 먼저 글로 플러그(glow plug)에 통전하여 연소실 내를 예열한 후 전용 연료펌프로 연료를 연소실에 공급하여 기화시킨다. 이와 동시에 팬으로 연소용 공기를 연소실에 공급하여 기화연료와 혼합시켜 글로 플러그로 착화시킨다.

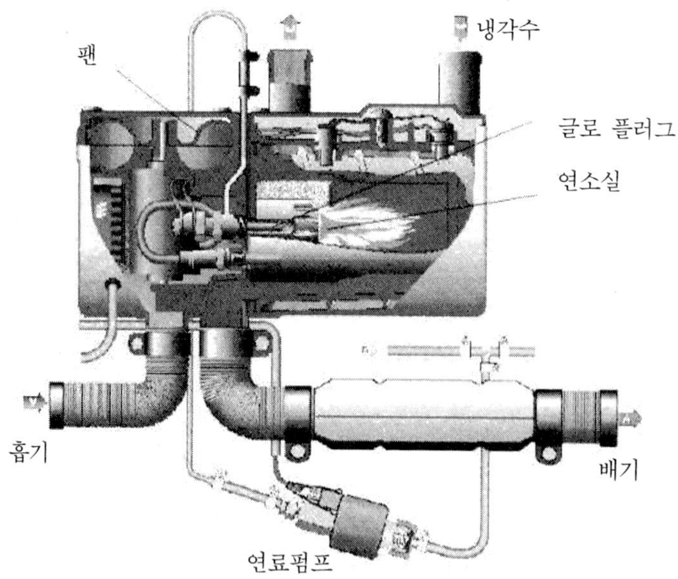

☑ 그림 15. 연소식 히터의 구조

그 후 연료와 연소용 공기의 양을 증가시켜 연소가 안정된 후에는 연소열에 의해 연료가 기화하여 연소가 계속되기 때문에 글로 플러그의 통전은 필요하지 않다. 정상시에는 적정한 공연비 상태에서 연소를 하게 되며 고온의 연소가스가 발생한다. 이 연소가스는 연소실 하류에 설치된 열교환기를 통과하면서 엔진냉각수와 열교환을 하여 냉각수를 가열한다. 통상 냉각수의 온도에 따라서 연소식 히터의 연소량 즉, 연료량과 공기량이 조정된다.

따라서 항상 적정한 냉각수 온도를 유지하도록 자동적으로 제어된다. 만약 어떤 이유로 냉각수온도 또는 열 교환기의 온도가 비정상적으로 상승하면 온도센서로 검출하여 소화시키거나 작동을 정지시키도록 제어한다.

4. 비스커스 히터(viscous heater)

4.1. 비스커스 히터의 기능

비스커스 히터는 고점도 오일의 전단에 의한 발열을 이용하여 엔진냉각수를 가열하는 장치이다. 그림 16은 엔진 냉각수의 계통도를 나타낸다. 비스커스 히터 코어의 상류측에 설치하는 것이 일반적이다.

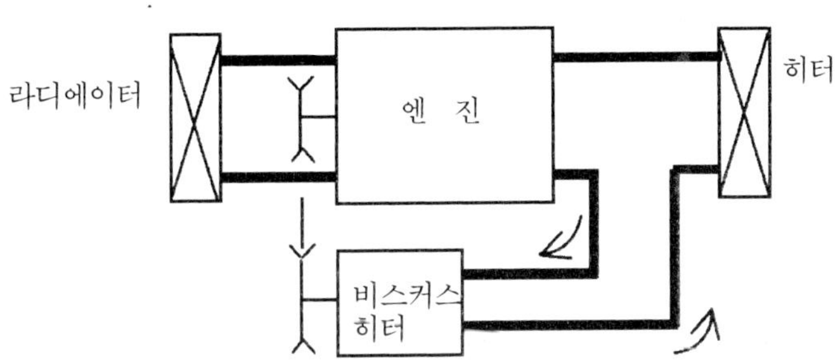

☑ 그림 16. 비스커스 히터의 냉각수 계통도

4.2. 비스커스 히터의 구조와 작동

그림 17은 비스커스 히터의 구조를 나타낸다. 비스커스 히터는 마그넷 클러치에 연결된 샤프트에 원판형 로터가 고정되어 있다. 로터는 사이드 플레이트 내에 봉입되어 있는 고점도 오일 안에 설치되어 있다. 이 로터가 회전할 때 고점도 오일을 전단함으로써 발생하는 전단열을 이용하여 엔진냉각수를 가열한다.

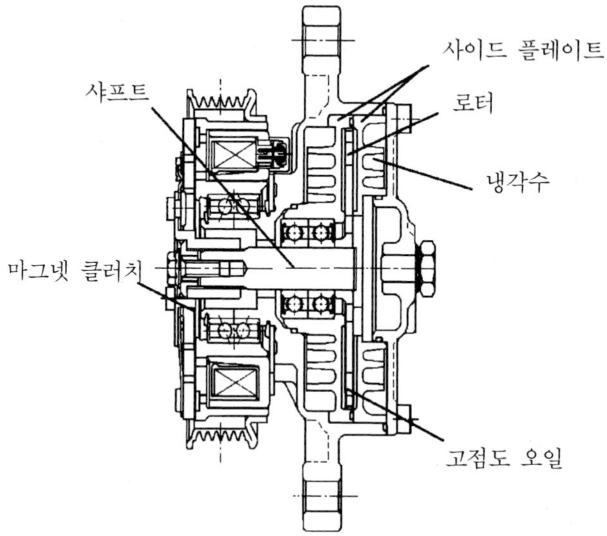

☑ 그림 17. 비스커스 히터의 구조

발열효율을 높이기 위해 사이드 플레이트에는 전열면적을 증가시키는 핀이 부착되어 있으며 로터에는 오일을 순환시키는 홈이 만들어져 있다. 그림 18은 냉각수의 흐름을 나타내며 그림 19는 오일의 흐름을 나타낸다. 발열량은 로터 외경의 4승, 회전수의 2승 그리고 오일점도에 비례하여 상승한다.

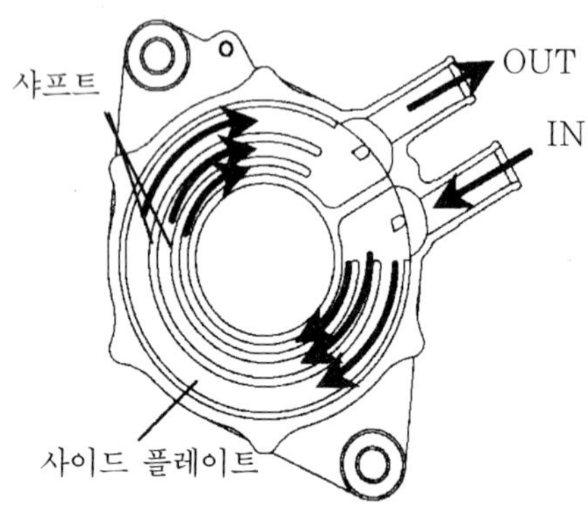

☑ 그림 18. 비스커스 히터 내부의 냉각수 흐름

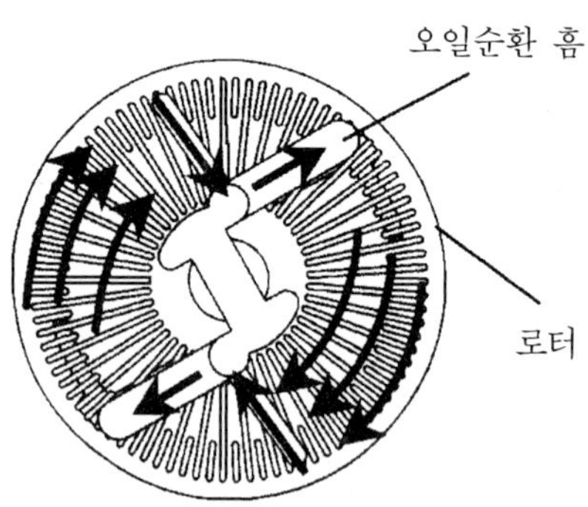

☑ 그림 19. 비스커스 히터 내부의 고점도 오일의 흐름

5. 전기히터

차량용 전기히터는 PTC서미스터(positive temperature coefficient thermistor)라 하는 세라믹 소자를 이용한 PTC히터가 가장 일반적이다. 여기서는 차량용으로 사용되고 있는 PTC히터 본체와 PTC히터를 히터 코어와 일체화한 PTC 내장 히터 코어(PTC Heater Integrated in Straight Heater Core)에 대하여 소개한다.

5.1. 전기히터의 기능

PTC 히터는 그림 20과 같이 전류가 흐르면 신속하게 온도가 상승하여 큐리(curie)점에 달하면 저항치가 급격히 상승하여 발열을 억제함으로써 PTC 히터 자체의 온도를 일정하게 유지하는 특성을 가지고 있다. 이러한 이점 때문에 자동차용 전기히터 뿐만아니라 가정용 전기히터로도 널리 이용되고 있다.

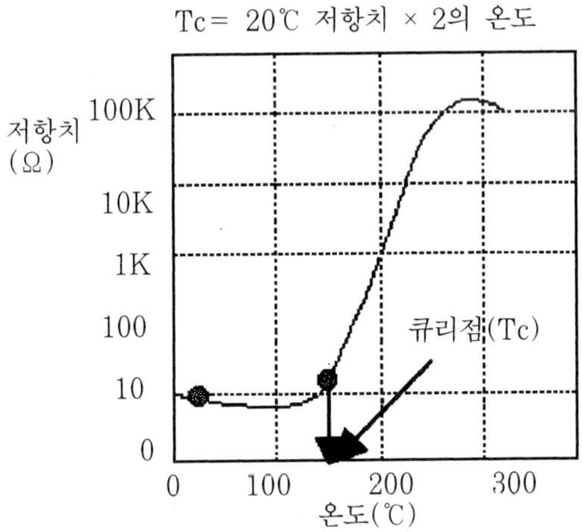

☑ 그림 20. PTC 저항 - 온도 특성

PTC 히터는 그림 21과 같이 일반적으로 에어컨 유닛 내에 탑재되어 있으며 히터 코어의 뒤쪽 또는 유닛의 통풍로에 배치하여 히터 코어에서 열교환된 온풍을 재가열 한다. 최근 에어컨 유닛의 소형화 추세에 따라서 PTC 히터를 독립하여 탑재하는 것은 문제가 있어서 PTC 히터를 히터 코어와 일체로 한 PTC 내장코어가 제품화되고 있다.

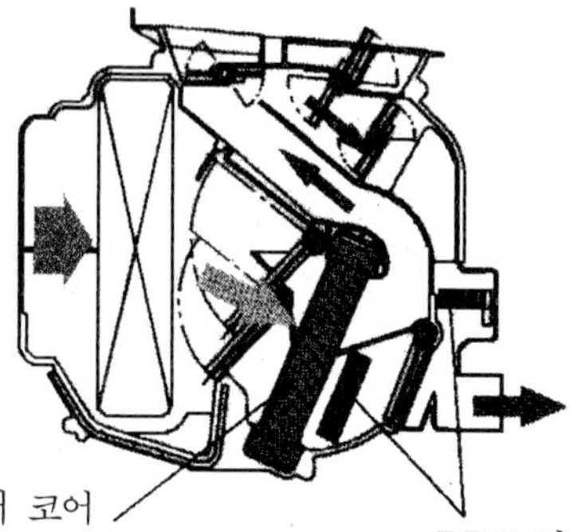

☑ 그림 21. PTC 히터의 탑재위치

5.2. 전기히터의 구조와 특징

5.2.1. PTC히터

PTC히터에는 소형, 소능력의 허니컴 타입(honeycomb type)과 중~대 능력의 핀 타입(fin type)의 2종류가 있다. 허니컴 타입은 PTC소자가 허니컴(벌집) 형상으로 되어 있으며 전류를 보내면 벌집형상의 PTC소자 자체가 발열하여 방열하는 구조로 되어 있다.

그러나 허니컴부분의 통풍면적을 크게 할 수 없기 때문에 방열성능이 작아 약 300W 이하의 소능력밖에 얻을 수 없다. 통풍저항이 큰 결점은 있지만 비교적 소형이기 때문에 탑재성이 좋은 장점도 있다. 그림 22는 허니컴 타입의 외관을 나타낸다.

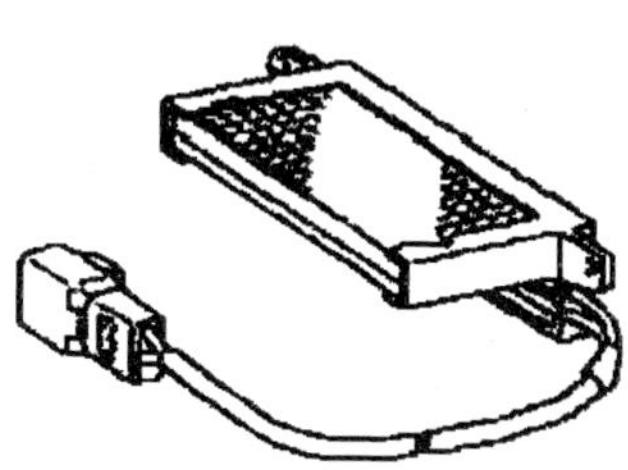

☑ 그림 22. 허니컴타입 PTC히터

핀 타입은 이러한 결점을 보완하기 위해 판상의 PTC소자를 양면에 알루미늄제 방열 핀으로 부착한 것이다. 알루미늄제 핀으로 방열면적을 확대하였기 때문에 PTC소자의 발열량이 크게 되어 1000W 이상의 고출력을 얻을 수 있다.

그러나 외형이 크기 때문에 히터 코어의 뒤쪽에 탑재해야 함으로 장착위치가 한정되어 있는 것이 결점이다. 그림 23은 핀 타입의 외관을 나타낸다.

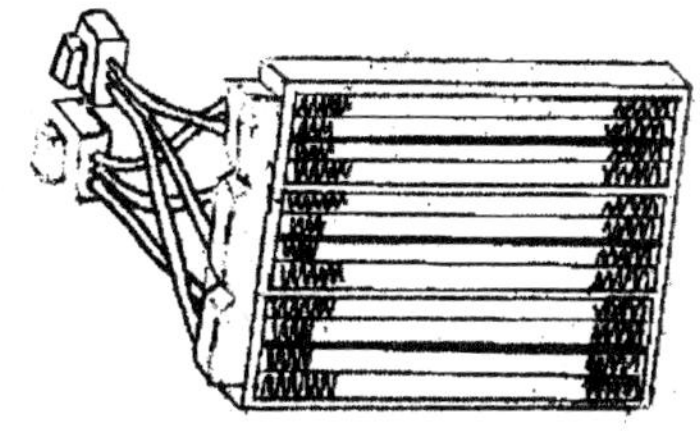

☑ 그림 23. 핀 타입의 PTC 히터

5.2.2. PTC 내장 히터 코어

PTC내장 히터 코어는 앞에서 설명한 바와 같이 에어컨 유닛에 탑재성 향상을 위해 대단히 얇은 플레이트형 PTC히터 코어 튜브와 대체하여 PTC히터를 히터 코어와 일체로 만든 것이다. PTC히터에서 발생한 열은 인접한 히터 코어 핀에서 방열되기 때문에 PTC히터 자체에 핀을 부착할 필요는 없다. 또 PTC히터의 성능은 튜브와 대체한 플레이트형 PTC히터의 개수로 결정되며 최대 약 1000W 전후의 고출력을 얻을 수 있다.

그러나 히터 코어의 튜브를 PTC 히터로 대체하였기 때문에 히터 코어 자체의 방열성능은 약간 저하하는 결점이 있다. 또 PTC 히터에서 발생한 열은 튜브로도 일부 이동하기 때문에 공기측으로 100% 방열되지 않는 결점이 있다.

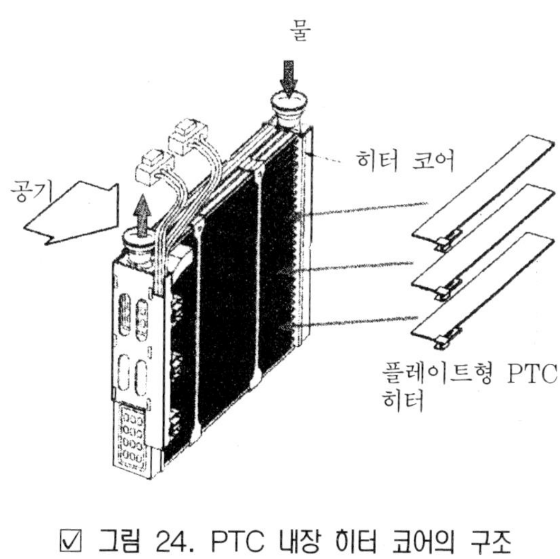

☑ 그림 24. PTC 내장 히터 코어의 구조

반면 엔진수온이 낮을 경우 수온이 신속하게 상승하는 장점이 있으며 히터의 웜업(warm up) 성능향상에 효과가 있다. 그림 24는 PTC 내장 히터 코어의 구조를 나타내며 표 4는 각 방식의 특징을 나타낸다.

[표 4] 각 방식의 특징 비교

	허니컴 PTC 히터	핀형 PTC 히터	PTC 내장 히터코어
PTC 출력	300W 전후	1000W 이상	1000W 전후
통풍저항 영향	크다.	크다.	작다.
탑재성(스페이스)	적다.	크다.	작다.

6. 히트펌프(heat pump)

최근 대도시의 대기환경개선을 위해 저공해차, LNG버스와 같은 대체에너지 자동차가 보급되고 있다. 이 중 에너지를 천연가스 등으로 대체할 경우에는 연료만 변경되기 때문에 에어컨시스템은 변경할 필요가 없다. 그러나 전기자동차와 같은 저공해 자동차는 엔진이 없기 때문에 룸 에어컨 등에서 사용하고 있는 히트 펌프가 주류를 이루고 있다.

6.1. 히트펌프의 기능과 특징

히트펌프는 룸 에어컨과 같이 냉동사이클에 의해 난방을 한다. 그 기본구성을 그림 25에 나타내며 그림 26은 그 기본 작동을 몰리에 선도로 나타낸 것이다.

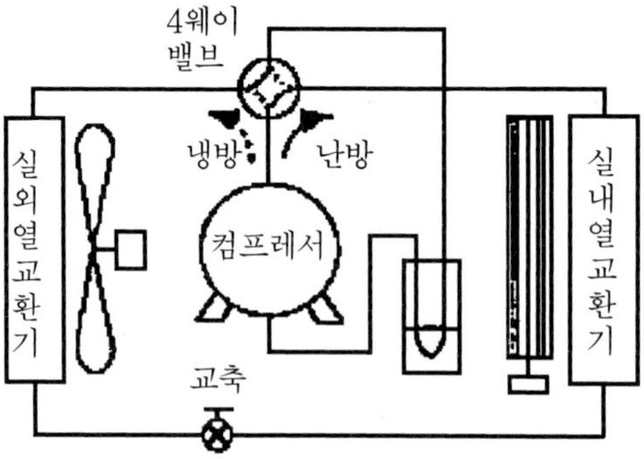

☑ 그림 25. 히트펌프시스템

냉동 사이클에서 실내의 증발기와 실외의 응축기의 기능을 역으로 하고 냉매를 열매체로 하며 컴프레서와 팽창밸브의 작용에 의해 실외 증발기에서 외기로부터 열을 흡수하고 실내의 응축기에서 열을 방출하여 난방을 한다.

그림 26에서 히트펌프의 동력(입력)에 대한 난방능력(출력)의 비 = 효율(성적계수, COP : Coefficient of Performance)은 이론상 1보다 크다. 효율 1인 전기히터에 비해 에너지 절약형이다. 히트 펌프 시스템은 기존의 카 에어컨과 같이 4계절 차실내를 쾌적하게 하며 윈도 글래스의 시인성을 확보하기 위해 냉방, 난방, 제습은 물론 디미스트(demist)와 디프로스트 기능을 가지고 있다.

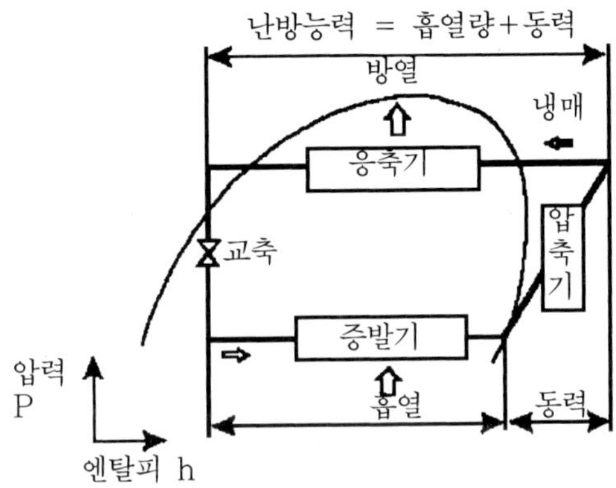

☑ 그림 26. 히트펌프 사이클

6.2. 히트펌프의 구조와 작동

6.2.1. 표준지역 히트펌프시스템

외기온도가 대략 -5℃ 이상인 표준지역에는 HFC-134a 냉매를 사용하는 일반적인 히트펌프를 사용한다. 냉방시에는 컴프레서에서 토출된 고온고압의 냉매를 HVAC 유닛의 에어믹스 도어를 닫아서 실내 콘덴서에서 열교환하지 않고 실외열교환기로 보내어 방열을 한 후 팽창 감압하여 에바포레이터에서 열을 흡수한다.

난방시에는 에어믹스 도어를 열어 실내콘덴서에서 열을 방출하고 실외열교환기는 증발기로서 작동한다. 또 제습을 할 경우에는 실내 콘덴서, 난방용 팽창밸브, 실외열교환기, 냉방용 팽창밸브, 에바포레이터 순으로 냉매를 유동시켜 공기를 냉각제습한 후 가열을 하는 소위 리히트(reheat)방식으로 작동한다.

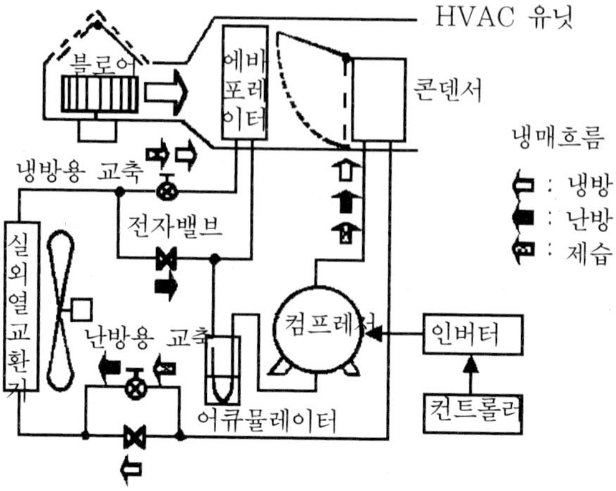

☑ 그림 27. 표준지역 히트펌프시스템

차실내의 온도는 통상 에어컨 컨트롤러와 인버터로 전동 컴프레서의 회전수를 제어하여 조절한다. 따라서 컴프레서의 ON/OFF 제어방식이나 에어믹스 제어방식에 비해 높은 효율을 얻을 수 있다.

6.2.2. 한냉지 히트펌프시스템

외기온도가 -20℃ 정도의 한냉지에서는 냉매 HFC -134a를 이용한 표준지 히트 펌프로는 난방능력을 제대로 발휘하지 못해 사용할 수 없다. 이것은 냉매의 특성 때문으로 압축기에서 흡입하는 냉매의 비중량이 저하하여 냉매 순환량이 감소한다.

이 때문에 실내콘덴서에서의 방열량이 저감된다. 또 사이클의 압축비가 커지기 때문에 컴프레서의 효율이 떨어지고 성적계수가 저하하면 동시에 토출온도가 크게 상승하여 모터의 절연용 수지재료나 냉동오일에 영향을 미친다.

이들 문제를 해결하기 위해 그림 28의 몰리에 선도에서와 같이 가스 인젝션 히트 펌프가 실용화 되고 있다.

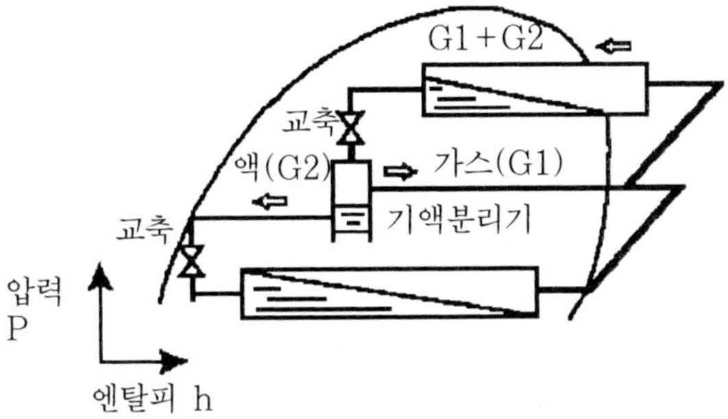

☑ 그림 28. 가스 인젝션 히트펌프 사이클

7. 핫 가스히터(hot gas heater)

핫 가스히터는 냉동 사이클를 이용한 보조 난방장치이다. 그림 29와 같이 컴프레서에서 압축된 고온가스냉매를 저압측의 에바포레이터에서 방열하기 위해 감압하면서 열교환하는 사이클이다. 이 때문에 토출온도는 최고 20℃ 정도이며 히터코어의 어시스트로서 사용된다.

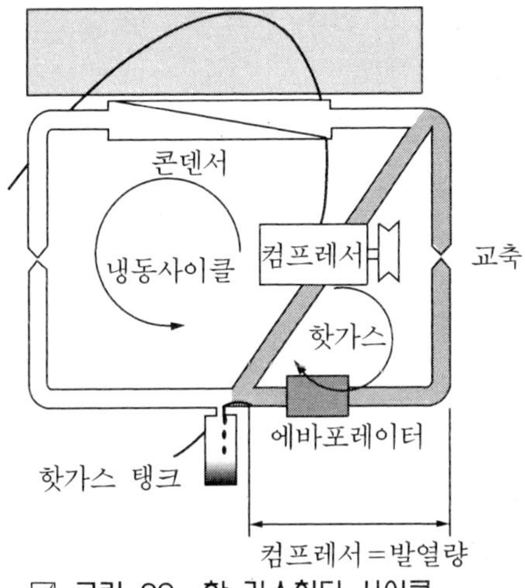

☑ 그림 29. 핫 가스히터 사이클

7.1. 핫 가스히터의 기능과 특징

핫 가스히터는 히트펌프와는 달리 찬 외기에서 열을 흡수하는 것이 아니라 단지 컴프레서의 일량을 방열만하는 사이클이기 때문에 극저온작동이 가능하다.

예를 들면 히트펌프의 최저 작동온도는 약 -10℃이지만 핫 가스히터의 최저 작동온도는 -40℃이다. 이 시스템에 필요한 부품은 컴프레서, 에바포레이터 그리고 교축밸브가 추가되며 컴프레서 흡입냉매상태를 일정하게 유지하기 위해 어큐뮬레이터 탱크(핫 가스탱크)가 필요하다. 어큐뮬레이터(핫 가스탱크)는 에바포레이터에서 일부 응축된 냉매를 기액분리하여 액냉매는 탱크 내에 남고 가스와 일부 액냉매(오일함유)를 컴프레서로 되돌려 보내는 역할을 한다.

핫 가스히터의 난방성능은 그림 30과 같이 컴프레서의 작동에 의해 열교환기에서 방열시키는 능력과 컴프레서 작동으로 인한 엔진 부하 증가분(수온상승분)이며 외기 -20℃일 경우 2~3kW의 성능을 발휘한다. 또 이 사이클의 효율은 컴프레서가 일한 만큼만 방열시키는 사이클이기 때문에 COP(열교환기 방열량/컴프레서 동력) ≤ 1이다.

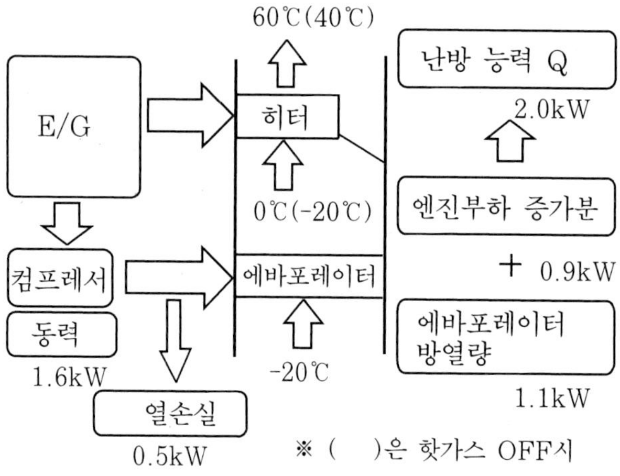

☑ 그림 30. 핫 가스히터의 난방성능

7.2. 핫 가스히터의 구조와 작동

그림 31은 핫 가스히터시스템의 구성을 나타낸다. 이 그림은 베이스의 쿨러 사이클에 리시버 사이클(서브 쿨러 사이클)를 사용한 경우의 예이다.

통상적인 사이클에 절환밸브, 바이패스 배관, 체크밸브 그리고 핫 가스탱크가 추가되었다. 토출가스는 쿨러운전시에는 절환밸브에서 컴프레서로 흐르고 핫 가스히터 운전시에는 바이패스 배관으로 흐른다.

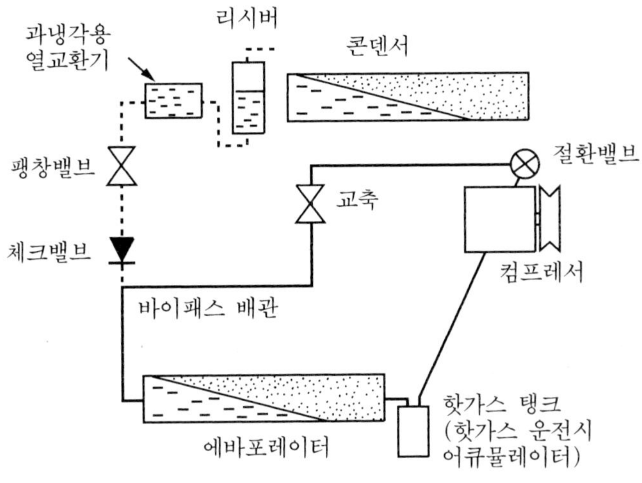

☑ 그림 31. 핫 가스히터의 구성

핫 가스탱크는 쿨러운전 중에는 팽창밸브의 수퍼히트 제어 때문에 탱크 내에는 가스냉매만 있으며 핫 가스운전시에는 액냉매와 가스냉매를 기액 분리하는 어큐물레이터로서 작동하여 탱크에 과잉액 냉매를 모아 놓는다.

Chapter 08

카 에어컨의 환경대응

1. 오존층 보호대응
2. 지구온난화 대응

CHAPTER

08 카 에어컨의 환경대응

1. 오존층 보호대응

어떤 파장의 자외선은 생물에게는 유해하여 피부암의 원인이 되기도 하고 유전자에 영향을 미치기도 한다. 오존층은 이러한 자외선을 흡수하여 지구상의 생명을 지키는 대단히 중요한 역할을 한다.

1974년 6월 미국 켈리포니아대학의 F.S. Rowland교수와 M.J. Molina박사는 프레온이 오존층에 영향을 줄 가능성과 인류생태계에 영향을 미칠 가능성을 지적한 논문을 발표하였다. 당시 이 논문은 미국전역에 큰 논의를 불러일으켰으며 프레온 사용을 규제하는데 결정적인 역할을 하였다.

1.1. 오존층파괴 메카니즘

성층권의 오존은 태양광에 의해 끊임없이 생성과 파괴를 반복한다. 즉, 성층권대기중의 산소분자가 자외선을 흡수하여 분해되며 생성된 산소원자가 산소분자와 결합하여 오존분자를 생성한다. 생성된 오존분자는 산소분자에 흡수되지 않고 자외선을 흡수하여 산소원자와 산소분자로 분해된다. 이와 같이 오존은 성층권에서 생성과 파괴를 반복하면서 안정적으로 존재한다.

한편 특정 프레온은 대단히 안정된 물질로 지표나 대류권내에서는 분해되지 않아 성층권까지 도달한다. 그래서 확산된 염소를 포함한 프레온은 강한 자외선을 쬐이면 광분해되어 염소를 배출한다. 이 염소를 촉매로하여 반응을 일으켜 오존층을 파괴한다. 일단 성층권에 도달한 염소는 장기간 오존을 파괴한다.

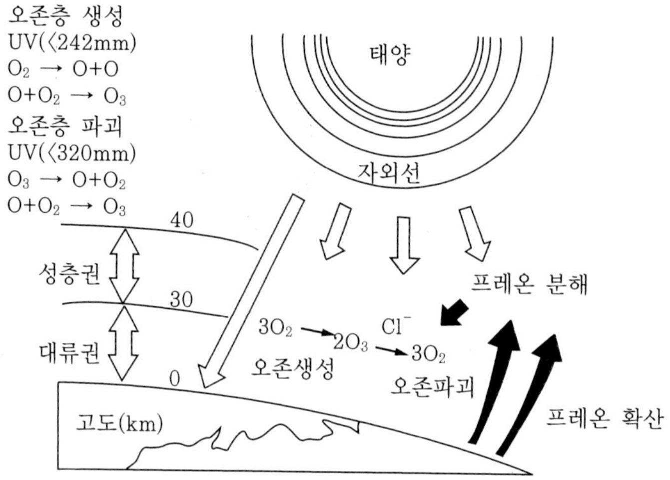

☑ 그림 1. 오존의 생성과 파괴 매카니즘

1.2. 프레온 규제 범위

1985년 [오존층 보호에 관한 빈조약]이 체결되었으며 이 후 규제안이 강화되어 1986년 프레온 소비실적을 기준으로 하여 1994년 1월까지 25%이하로 감소시키고 1996년에는 전폐하기로 하였다. 표 1은 특정 프레온류의 규제 스케줄이다.

[표 1] 프레온 규제 범위

1974년	미국 캘리포니아대학의 Rowland교수와 Molina박사가 프레온의 오존층파괴문제를 제기.
1977년	UN환경계획 UNEP에서 프레온규제문제 검토를 결정
1978년	미국에서 프레온을 분사제로 하는 에어졸 제품 제조금지.
1979년	캐나다, 북유럽에서 에어졸용 프레온 사용금지
1980년	EC에서 CFC-11,12 생산능력 동결, 에어졸용 프레온삭감노력에 이어 일본도 이것에 동의.
1985년	UNEP[오존층 보호에 관한 빈조약]체결.
1987년	[오존층을 감소시키는 물질에 관한 몬트리올 의정서] 채택. 1989년 1월 발효.
1988년	일본 [특정물질 규제 등에 의한 오존층 보호에 관한 법률](프레온 등 규제법) 공포.
1989년	환경청, 통상산업부 [특정 프레온 배출억제. 사용합리화 지침] 공포
1990년	프레온 냉매회수. 정화. 재생장치 적용제외에 관한 대통령령 고시 공포.
1992년	몬트리올 의정서 제 4회 계약국회의 개최. 특정 프레온 생산중지시기를 1995년 말까지 전제로 하여 HCFC 생산규제와 생산중지시기를 원칙적으로 2020년으로 합의.

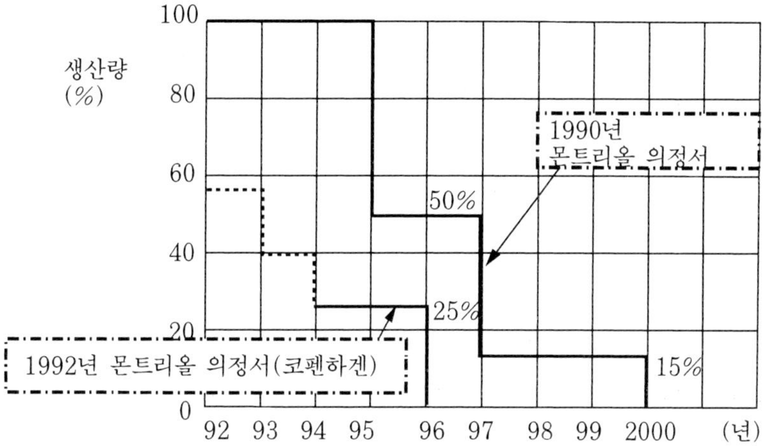

☑ 그림 2. 몬트리올 의정서에 기초한 규제 스케줄

1.3. 규재 대상 특정 프레온

몬트리올 의정서에서 오존층 보호를 위한 규제대상 물질로서 지정된 프레온은 표 2의 5종류이며 이들을 특정 프레온이라 부른다.

룸 에어컨 등에 사용되고 있는 HCFC-22는 C1기를 가지고 있으면서 H기가 있기 때문에 대기중에서 분해되기 쉬워 오존층까지 도달하는 율이 낮아 ODP는 0.05이다. 따라서 특정 프레온에는 포함되지 않지만 영향이 전혀 미치지 않는 것은 아니기 때문에 2020년까지는 생산을 중지하기로 합의하였다.

[표 2] 특정 프레온 종류

	명칭	화학식	ODP	용도
메탄계	CFC-11 (프레온11)	CCI_3F	1.0	냉매, 에어졸 분사제, 발포제, 세정제
	CFC-12 (프레온12)	CCI_2F_2	1.0	냉매, 에어졸 분사제, 발포제
에탄계	CFC-113 (프레온113)	$C_2CI_3F_3$	0.8	세정제
	CFC-114 (프레온114)	$C_2CI_2F_4$	1.0	에어졸 분사제, 발포제
	CFC-115 (프레온115)	C_2CIF_5	0.6	드라이 에팅제

*ODP: 오존파괴 지수(Ozone Depletion Potential)

1.4. 대체 프레온

특정 프레온의 대체물질로서는

① 오존층을 파괴하지 않는 즉, 냉매분자 중에 염소분자를 포함하지 않을 것.

② 안전할 것.

③ 시스템의 성능을 확보할 수 있을 것.

④ 제조가 용이할 것.

⑤ 가격이 저렴할 것.

등을 만족하는 HFC-134a가 선정되었다.

덴소는 1991년 일본에서 최초로 대체 프레온인 HFC-134a를 자동차 에어컨에 사용하였다.

2. 지구온난화 대응

2.1. 지구온난화

지구는 태양에서 방출되는 에너지를 받음과 동시에 온도가 상승한 만큼의 열을 적외선으로 방출한다. 그런데 지구표면에는 대기층이 있으며 물, 이산화탄소 등이 존재하기 때문에 지구에서 방출되는 적외선을 대기가 보온하고 있다가 그 열을 다시 지표면에 피드백하기 때문에 평균기온 15℃라는 이상적인 환경을 유지한다. 이것을 온실효과라 부른다. 만약 이 온실효과가 없으면 지구표면은 -23℃의 얼음덩어리 지구가 된다는 계산이 나온다.

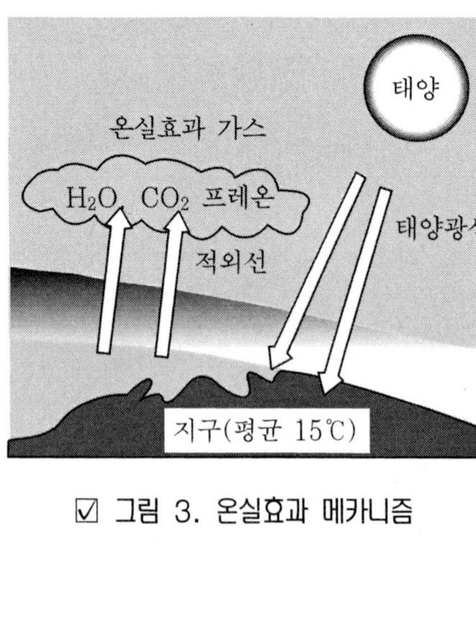

☑ 그림 3. 온실효과 메카니즘

지구온난화란 인간활동의 확대에 따라 온실효과 가스가 대기중에 그 농도가 상승하여 온실효과가 필요이상으로 강해져 그 결과 기온이 상승하여 기후가 변하는 것을 말한다. 킬링박사에 의하면 과거 30년간 이산화탄소 농도는 10% 이상 상승하였다고 발표하였다. 최근 지구온난화는 과거 1만년동안 그 예를 볼 수 없는 급격한 변화이다.

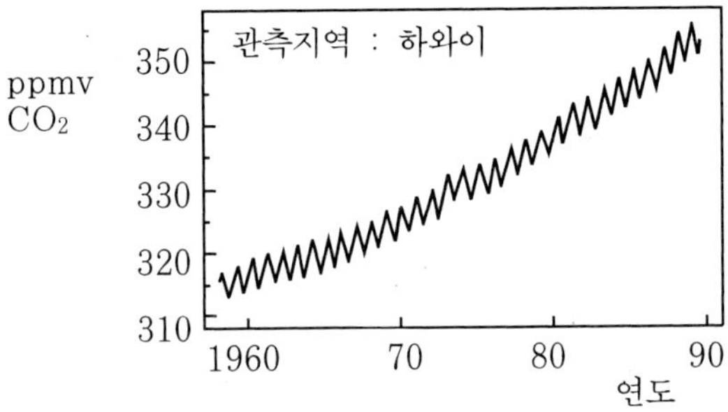

☑ 그림 4. 대기중 CO_2농도 변화

프레온도 지구가 우주에 방사하는 적외선 스펙타클중 이산화탄소와 물이 흡수하지 않는 8000nm에서 12000nm의 적외선을 흡수하며 특히 이산화탄소의 적외선 흡수에 비해 1000배 이상 흡수비율이 높기 때문에 온실효과 가스중 비중을 크게 차지하는 물질중 하나이다.

지구온난화에 대응하기 위해 국제수준의 활동으로서 1988년 11월 UN은 세계적인 과학자들을 초빙하여 IPCC(기후변동에 관한 정부간 패널)가 조직되어 본격적인 조사연구가 시작되었다. 이러한 활동에 힘입어 1992년 브라질 리오데자네이로에서 〔지구 서밋 UN환경개발회의〕가 개최되었으며 이산화탄소 등 온실효과가스 총배출량을 강력하게 안정시켜야 한다는 기후변동조약이 체결되어 154개국이 서명하였다.

1997년 일본 교토에서 제3회 체결국 회의가 개최되어 의정서를 작성하였다. CO_2, N_2O, CH_4 그리고 HFC, PFC, SF_6 등 6종류의 가스 배출량규제를 미국, EU, 일본이 시행하기로 결정하였다. 예를 들면 일본은 온실효과가스 총배출량을 2012년까지 1990년 대비 6% 감축할 것을 의무화하였다.

2.2. 지구온난화와 이를 위한 국제적 활약

지구온난화는 앞에서도 언급하였듯이 인간 활동의 확대로 인해 이산화탄소 등의 온실가스가 대기중 농도가 증가하여 지구 전체의 기온이 상승하는 현상이다.

IPCC 제3차 평가보고서에 의하면 2100년경에는 지구의 평균온도가 1.4~5.8℃ 상승할 것으로 예상하였으며 기온상승으로 인해 해수면 상승, 생태계의 변화, 식량부족 등 여러 가지 부정적인 영향이 나타 날것으로 예측된다.

온실가스로서는 이산화탄소, 메탄 등 여러 가지 물질이 지구온난화에 영향을 미치지만 그 중에서도 이산화탄소의 배출량이 많기 때문에 기여율이 가장 높다.

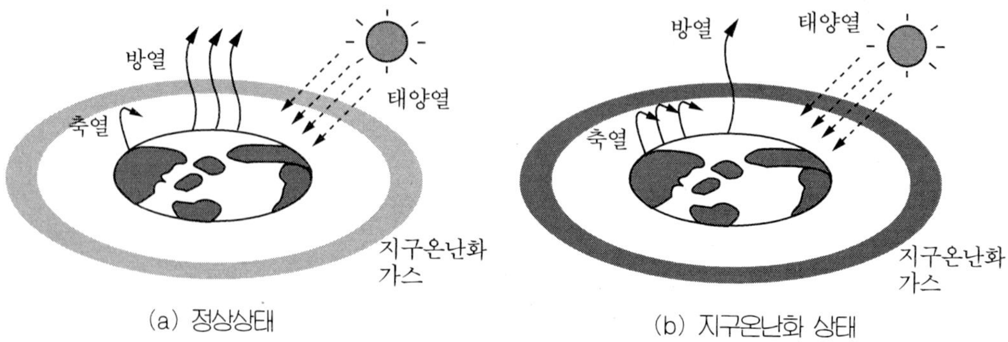

☑ 그림 5. 지구온난화 메카니즘

[표 4] 온실효과 가스의 예

온실가스의 예
수증기, 이산화탄소(CO_2), 메탄(CH_4), 크로로퓰로 카본(CFC), 하이 드로클로로퓰로 카본(HCFC), 하이 드로퓰로오로 카본(HFC), 아산화질소(N_2O), 6풋 화유황(SF_6) 파풀오로 카본(PFC)

1980년대 후반 지구온난화 영향이 심각해지면서 국제적인 대처방안이 마련되었다. 그 대책의 개요를 표 5, 6에 나타낸다.

[표 5] 교도의정서의 개요

대상가스	CO_2, CH_4, N_2O, HFC, PFC, SF_6	
각국의 온난화가스 저감기준치	국가	온실가스 배출 저감율(1990년 대비) (달성목표년: 2008~2012년)
	유럽	8%
	미국	7%
	일본	6%

[표 6] 지구온난화에 대한 국제적 대책방안

년	대책방안
1988	UNEP(국재환경계획)와 WMO(세계기상기관)에서 IPCC(기후변동에 관한 정부간 패널)라는 국제적인 연구조직설치
1992	리오지구서밋개최. 기후변동조약채택 → 2000년까지 온실효과가스 배출량을 1990년대 수준으로 되돌리는 목표를 설정.
1995	기후변동조약국 제 1회 체결국회의(COP1)개최 → 조약내용이 불충분하여 2000년 이후 목표와 선진국의 구체적인 기준을 정리한 의정서를 제 3회 체결국회의(COP3)에서 채택할 것을 의결.
1997	기후변동조약국 제 3회 체결국회의(COP3)개최 → 선진국의 온실가스 저감목표 등을 정한 교도의정서 채택.
1998~2001	기후변동조약국 제 4~7회 체결국회의(COP4~7)개최 → 2002년에 교도의정서를 발효시키고 의정서 룰에 관해서 논의,COP7에서 합의.

2.3. 지구온난화 대응의 현상과 장래동향

자동차는 이산화탄소 총배출량의 20% 정도를 차지한다. 지구온난화에 대응하기 위해 자동차의 초저연비를 실현할 수 있는 새로운 연소기술 개발이나 알루미늄를 중심으로 한 차량의 경량화가 이루어져야 한다. 한편 냉동업계에서 사용하고 있는 냉매도 온실효과가 큰 프레온을 사용하고 있기 때문에 이에 대한 대비도 하여야 한다.

냉동시스템의 지구온난화 영향도를 정량적으로 나타낸 수치로서 TEWI(Total Equivalent Warming Impact)가 있으며 국제냉동협회(IIR: International Institute of Refrigeration)는 냉동시스템 선정시 TEWI를 지표로 사용할 것을 권장하고 있다(1993년 4월). TEWI는 냉동시스템 1대당 수명기간 중 지구온난화의 영향을 CO_2 로 환산한 것이다. 냉매의 대기배출에 따른 직접효과분과 시스템의 구동이나 운반에 의한 연료소비량으로 결정한 간접효과분을 합산한 것이다.

$$TEWI = GWP \times 냉매배출량 + 에어컨구동에\ 의한\ CO_2배출량(연료소비량증가분)$$

GWP(Global Warning Potential)는 냉매의 온난화지수이며 CO_2 상당으로 환산한다. 프레온은 대기중에서 분해가 잘되지 않는 기체이기 때문에 100년간 영향을 미칠 수 있다.

그림 6에 주요 냉동시스템의 TEWI 평가를 정리하였다. 특정 프레온 CFC-12의 대채 물질인 HFC-134a는 GWP가 CFC-12의 7300에서 1300으로 크게 감소하였으며 TEWI도 약 1/5로 감소하였다.

그러나 HFC-134a도 대기에 1kg을 배출하면 그 영향은 100년 후까지도 CO_2 1300kg을 배출한 것과 같기 때문에 구미에서는 특정프레온과 동일하게 HFC-134a에 대해서도 자동차 에어컨 정비시 회수를 의무화하고 있다.

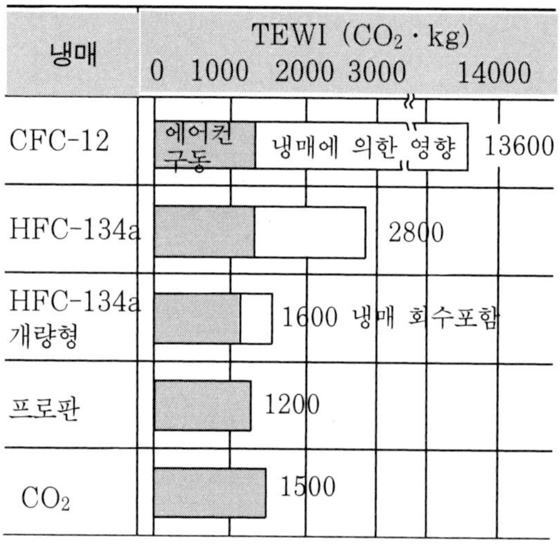

☑ 그림 6. 카 에어컨의 TEWI평가 일람표

우리나라도 업계에서 자발적으로 회수하고 있다. 향후 지구온난화 영향도가 적은 즉, TEWI가 작은 카 에어컨시스템이 개발되어야 할 것이다.

2.4. 냉매규제

1997년 지구온난화 방지 교도회의에서 2012년까지 온난화의 주원인인 이산화탄소와 온실효과가 큰 가스인 PFC, SF6 그리고 냉매에 사용되는 HFC 등 6종류의 가스 배출량을 삭감할 것을 목표로 하고 있다.

현재 카 에어컨 냉매인 HFC-134a를 규제하는 국제적인 규약은 없다. 그러나 구미에서는 이미 국내법으로 규제하고 있다. 구주에서는 2006년 카 에어컨용 냉매에 대한 구주연합지령(MAC지령)이 채택되었다.

① 2008년부터 판매되는 신형차에 대해서는 연간 냉매 누설량을 40g 이하로 할 것.

② 2011년부터 판매되는 신형차에 대해는 HFC-134a를 폐지하고 GWP가 150 이하의 대체냉매로 변경할 것을 의무화할 것.

냉매누설에 대해서는 누출측정에 관한 시험방법이 업계와 합의되어 실행되고 있다. 대체냉매에 대해서는 이산화탄소 등의 자연냉매나 대기중에서 냉매수명이 짧은 프레온냉매 등이 후보로 거론되고 있다.

미국은 2002년 CARB(캘리포니아 대기자원국)가 자동차 주행시 CO_2 배출을 규제하는 법률(AB1493) 중에 카 에어컨 사용시 컴프레서 등의 동력소비에 의한 CO_2 배출량과 냉매배출량을 저감할 것을 권장하는 법률을 제정하였다. 향후 카 에어컨작동시 냉매배출 저감기술과 대체냉매개발은 세계적인 문제로 부각될 것이다.

Chapter 09

카 에어컨의 미래기술

1. 열 매니저먼트 기술
2. 감압에너지 회수기술

CHAPTER

09

카 에어컨의 미래기술

1. 열 매니지먼트 기술(heat management technolgy)

그림 1과 같이 자동차의 연료에너지는 주행에너지에 약 20% 이용되며 나머지 많은 열에너지는 폐기된다. 특히 냉각수 손실열량과 배기손실 열량은 전체의 약 60%를 차지하며 이들을 어떻게 자동차의 연비향상과 쾌적성향상에 활용하는가가 대단히 중요한 이슈이다. 통상 자동차는 엔진시동직후에는 엔진과 트랜스미션 오일 그리고 엔진냉각수 온도가 낮기 때문에 각 부위의 마찰에 의한 손실이 큰 비율을 차지한다. 따라서 어떻게 하면 조기에 오일과 냉각수를 난기시키느냐 가 과제이다.

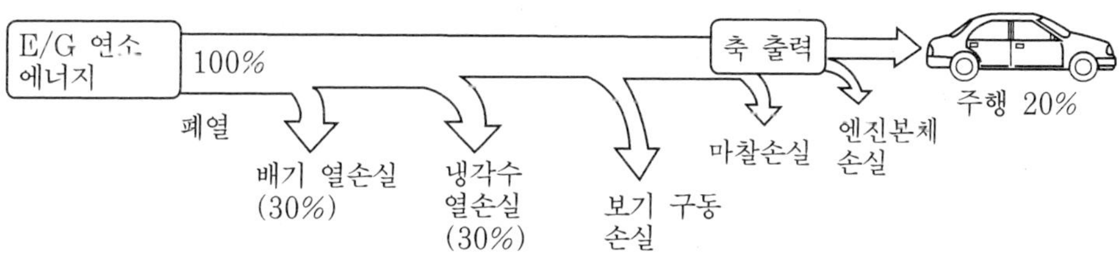

☑ 그림 1. 자동차의 에너지 수지

한편 일정시간 주행을 한 후에는 냉각수와 오일의 온도가 과도하게 상승하기 때문에 일정한 온도를 유지하기 위해 폐열을 라디에이터 등을 통해 대기로 방출시킨다.

조기에 난기하는 방법으로서는

① 주행중 온수폐열을 비축해 놓았다가 시동시 냉각수를 난기하는 축열기술.

② 배기열을 회수하여 오일과 냉각수를 난기하는 폐열회수기술 또 폐열을 유효하게 이용하는 방법으로서는

③ 열을 동력이나 전기로 변환하는 폐열회생기술 등이 검토되고 있다.

1.1. 축열기술

폐열을 비축해 놓았다가 냉간시동시에 활용하는 것은 중요한 기술중의 하나이다. 엔진을 조기에 웜업(warm up)하여 연소를 개선하여 연비를 향상시키고 에미션 저감을 도모할 수 있으며 난방의 즉효성도 개선할 수 있다.

축열방식은 매체의 열용량을 이용한 현열 축열방식과 잠열 축열재를 사용한 잠열축열방식 그리고 화학반응을 응용한 화학 축열방식이 있지만 자동차에는 탑재성과 안전성면에서 냉각수를 이용한 현열 축열방식이 가장 일반적이다.

1.1.1. 현열 축열시스템의 작동

그림 2는 실제로 차량에 적용되고 있는 현열 축열시스템의 실용 예이며 그림 3은 그 작동패턴을 나타낸다. 시스템은 온수를 비축하는 축열 탱크와 온수를 송출하는 전동워터펌프 그리고 온수회로를 절환하기 위한 3way밸브로 구성되어 있다.

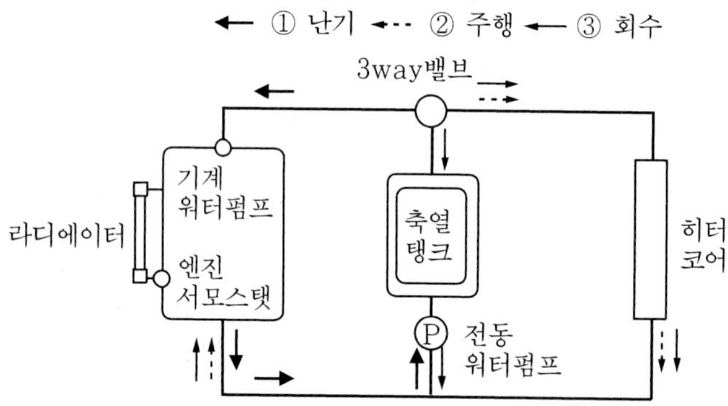

☑ 그림 2. 현열 축열시스템의 실용 예

엔진을 시동하기 전 난기시에는 전동 워터펌프를 구동시켜 축열탱크 내의 온수를 엔진으로 송출하여 엔진을 난기시킨다. 난기를 종료한 후 주행시에는 전동 워터펌프가 정지함과 동시에 3way밸브에서 축열 탱크의 회로를 차단하여 히터코어로 회로를 개방하여 통상의 온수회로를 형성한다.

엔진수온이 적정온도를 초과하면 회수모드로 되어 축열 탱크로 온수를 보낸다. 3way 밸브로 엔진과 히터코어 그리고 축열 탱크의 회로를 개방하여 엔진의 온수를 축열 탱크에 비축해 놓았다가 다음의 난기를 준비한다.

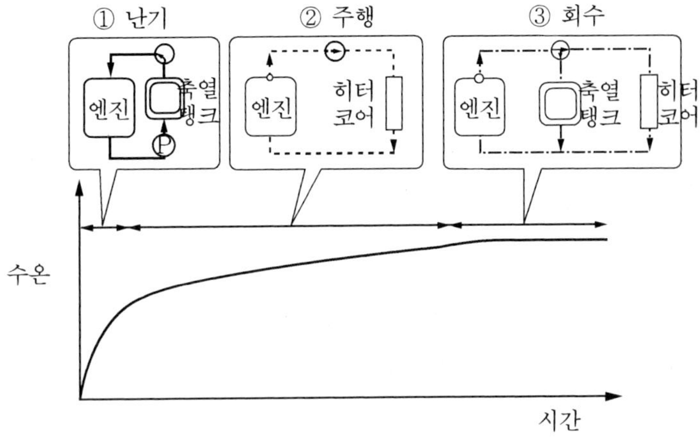

☑ 그림 3. 작동패턴

1.1.2. 축열탱크

그림 4는 축열탱크의 구조이다. 탱크는 2중구조로 되어 있으며 내·외통사이에는 진공을 형성하여 보온성을 확보하였다. 프리 히터(pre-heat)시 온수를 엔진으로 배출할 때 워터펌프를 구동하여 탱크로 냉수를 주입하면서 온수를 엔진으로 배출한다.

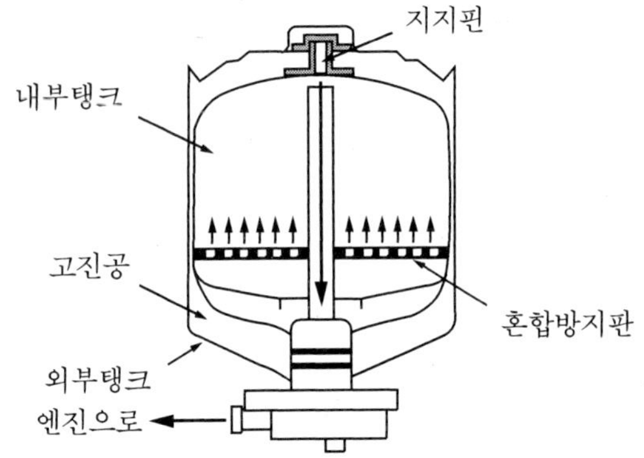

☑ 그림 4. 축열탱크의 구조

이때 냉수가 short circuit(合水) 하지 않도록 혼합방지판을 설치하여 온수만을 배출하도록 한다. 또 차량탑재시 내진성 확보를 위해 탱크상부에 지지편을 설치하여 내부탱크의 진동을 방지하고 있다.

1.2. 폐열회수기술

자동차 폐열중 배기가스열은 고온(100~500℃)이며, 에너지양이 많기 때문에 그림 5와 같이 배기가스열을 회수하여 엔진난기와 차실내 난방보조로 사용하는 시스템이 개발되고 있다.

배기관로의 촉매 하류에 열교환기를 설치하고 엔진냉각수를 열교환기로 도입하는 것으로 배기가스열을 회수하여 엔진냉각수에 전달하는 장치이다. 엔진난기와 차실내 난방을 위해 열이 필요할 때는 밸브를 닫아 배기가스를 외주부의 열교환기로 도입하여 엔진냉각수를 가열한다. 한편 엔진냉각수온도가 높아 열이 필요하지 않을 때는 밸브를 열어 배기가스를 바이패스부로 도입하여 열교환부로 배기가스가 도입되지 않도록 한다.

배기가스열을 회수함으로써 엔진냉각수온도 상승이 빨라져서 엔진난기촉진에 의한 연비향상을 도모할 수 있음과 동시에 차실내 난방성능을 향상시킬 수 있다.

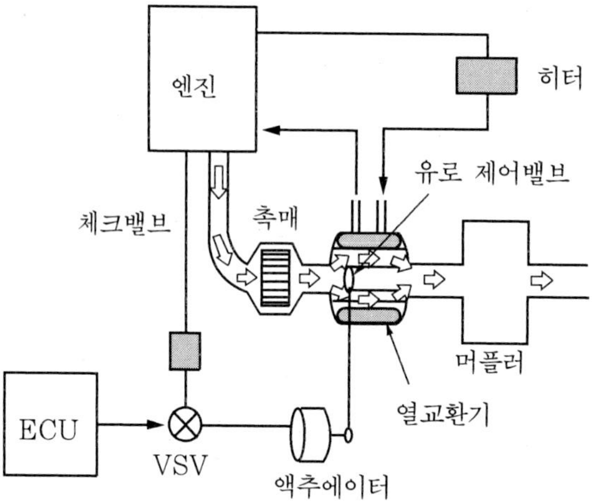

☑ 그림 5. 배기열 회수시스템

1.3. 폐열회생기술

열을 동력이나 전기로 변환하는 기술은 현재 자동차에 실용화되고 있지는 않지만 향후 연비규제 강화를 고려하면 중요한 기술 중 하나라고 생각한다. 전기나 동력으로 변환할 수 있으면 알터네이터 등의 보조 소요동력을 저감하거나 엔진을 어시스트하여 연비향상을 도모할 수 있을 것이다.

그림 6은 대표적인 열회생기술을 나타낸다. 랭킨사이클은 화력발전소 등에서 이미 실용화되고 있는 것과 같이 고온의 폐열을 이용하여 사이클 중의 매체를 가열하여 고온. 고압의 증기로 터빈을 구동하여 동력으로 변환하는 것이다.

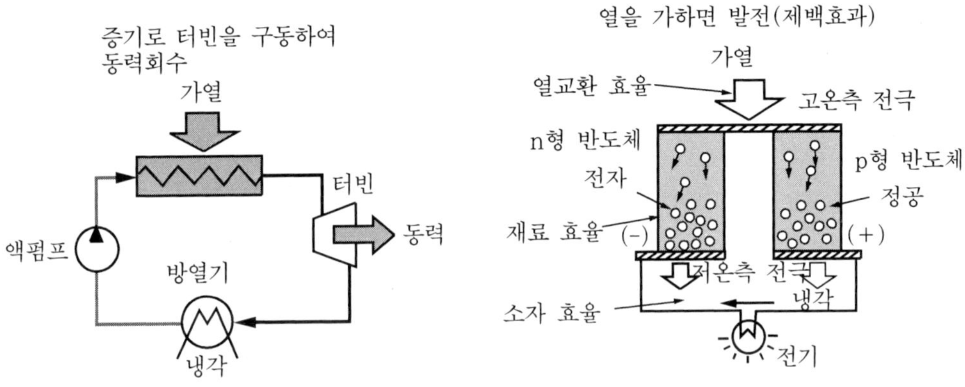

(a) 랭킨사이클 (b) 열전발전

☑ 그림 6. 폐열회생기술

매체는 냉각기에서 냉각되어 저온. 저압의 액체상태로 되돌아 온 후 펌프에 의해 다시 가열기로 순환시킨다. 이를 자동차에 적용시킬 경우 고온측은 엔진냉각수, 저온측은 대기(공기)를 이용하는 방법을 고려할 수 있다.

한편 열전발전은 열전소자에 열을 가하면 재료사이에 전자가 이동하여 발선하는 Seebeck 효과를 이용한 것으로 한쪽면을 고온의 폐열로 가열하고 다른 한쪽면을 냉각하면 전기로 변환이 된다. 소자재료는 Bi-Te(비스무트-텔투륨), Pb-Te(납-텔투륨)이 주로 사용된다. 자동차에 적용할 경우 고온측은 배기열, 저온측은 냉각수를 조합하거나 고온측은 엔진냉각수, 저온측은 대기(공기)를 이용하는 방법이 있다.

어느 방법이 되었던 현시점에서는 열로부터 동력, 전기로의 변환효율이 수%의 레벨이기 때문에 실용화까지는 어렵고 향후 기기의 효율향상과 신재료 개발이 과제이다.

2. 감압에너지 회수기술

2.1. 감압에너지란?

냉동사이클은 고온, 고압의 액냉매를 감압비등(감압과정에서 가스냉매발생)시켜 저압의 포화온도까지 액을 냉각한다. 감압과정에서 발생하는 가스냉매가 감압팽창하면서 외부에 대하여 팽창일(단열 압축일: 그림 7의 △i)의 에너지를 발생한다. 이것을 감압에너지라 한다.

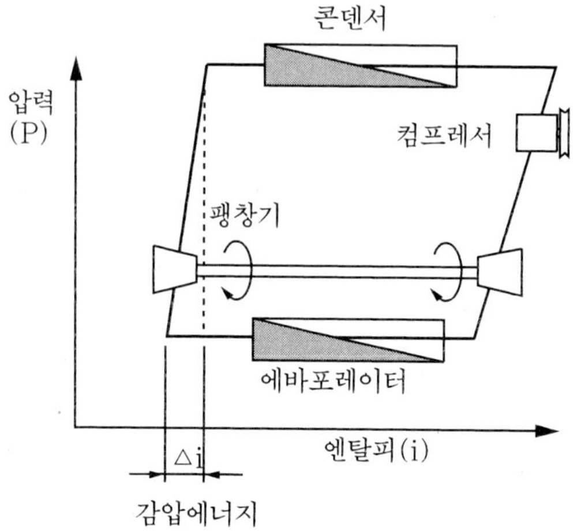

☑ 그림 7. 팽창기를 이용한 시스템

2.2. 감압에너지 회수방법

감압에너지를 회수하기 위해서는 팽창기와 이젝터(ejector)을 이용하는 2가지 방식이 있다. 그림 7은 팽창기를 이용한 시스템으로 발전기를 작동시키거나 직접 압축기동력으로 회수하는 방식이며 외부에 직접 일을 할 수 있으나 장치가 대형이고 복잡하다.

이젝터 시스템은 감압에너지를 일단 속도에너지로 변환하여 압축기흡입압력보다 낮은 압력장을 만들어 흡인일(그림 8의 △i)을 하여 감압에너지를 회수한다. 즉, 흡인에 의해 발생된 증발압력으로 냉방하기 때문에 그 만큼 압축기의 흡입압력을 높일 수 있다. 기계작동부가 없기 때문에 구조는 간단하지만 2상류에서의 이젝터 실용화가 어려웠지만 2003년 세계 최초로 EJECS Ⅰ이란 브랜드로 제품화 되었다.

감압에너지회수는 냉매 엔탈피가 저하(그림 8의 △i)한 만큼 냉매의 잠열이 증가하여 그 만큼 냉매유량이 저하하기 때문에 회수효과는 2중으로 효력을 발생한다.

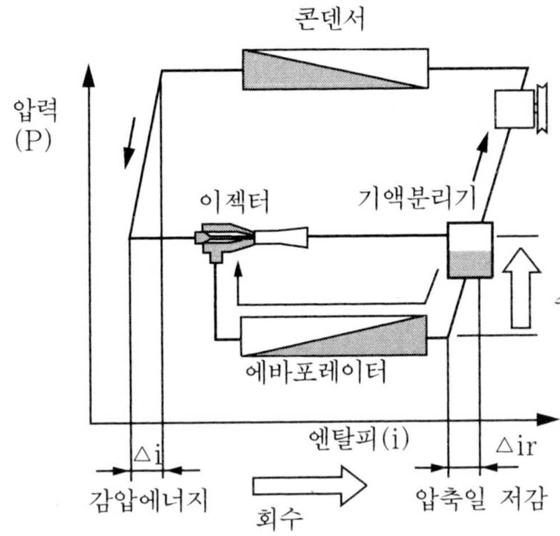

☑ 그림 8. 이젝터 시스템

2.3. 2상류 이젝터의 작동원리

이젝터는 그림 9와 같이 크게 노즐, 혼합부, 디퓨져, 흡인부로 구성되어 있다. 노즐에 유입된 고압냉매(구동류, 압력 P_H)는 노즐에 감압 팽창되며 감압후의 압력(Ps)이 흡인류의 유입압력(P_L)보다 낮기 때문에 이젝터에 의해 흡인부로부터 흡인이 가능(흡인류의 발생)하게 된다.

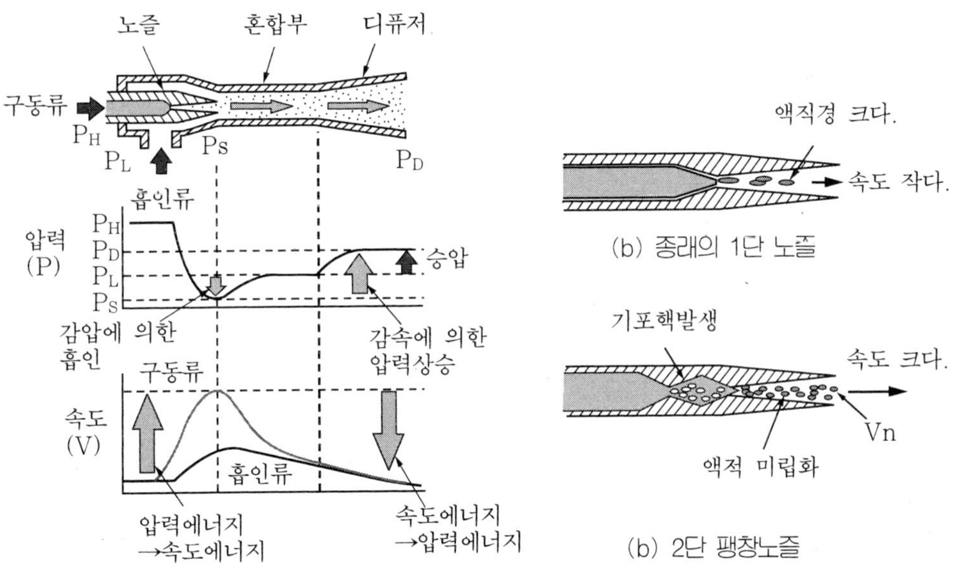

☑ 그림 9. 2상류 이젝터의 작동원리

노즐의 감압팽창 과정에서 발생하는 압력에너지는 운동에너지로 변환되어 냉매의 유속을 증가시킨다. 즉, 노즐의 감압 팽창과정에서 등엔탈피 팽창에 가깝기 때문에 감압에너지를 속도에너지로 변환되어 흡인일을 한다.

혼합부에서는 구동류와 흡인류가 혼합되며 디퓨저에서는 유로면적 확대로 혼합된 냉매는 감속되어 압력이 상승(승압)한다. 즉, 혼합부, 디퓨저에서는 노즐출구에서의 운동에너지를 다시 압력에너지로 변환하여 압축기의 흡입압을 상승시킨다. 즉, 이젝터는 감압에너지를 흡인류 유입압력(P_L)과 디퓨져 출구압력(Pb)과의 압력차(승압)만큼의 압력에너지로 변환된다.

따라서 이젝터를 2상류로 사용할 경우 노즐출구에서의 액체방울의 지름이 커서 항력을 받기 쉽기 때문에 속도가 상승하지 않는 등의 문제가 있어 실용화가 어려웠다. 이러한 문제를 해결한 것이 그림 10의 2단 팽창노즐이다. 이것은 고온고압의 액냉매를 일단 교축부분에서 기포핵을 발생시켜 액체방울을 미세화하여 노즐출구의 속도를 향상시켰다.

또 사이클의 구성을 간소화하여 이젝터 시스템을 진화시켰으며 기액 분리기가 없는 2온도 에바포레이터를 사용한 EJECSⅡ가 2009년에 개발되었다.

이젝터에 의한 감압에너지회수는 풍상 에바포레이터측만 있지만 풍하 에바포레이터의 증발온도가 이젝터의 흡인 상당분 만큼 낮기 때문에 바람의 흐름 따라 효율적인 2온도를 실현할 수 있었다.효율을 떨어뜨리지 않으면서 간소화 할 수 있다.

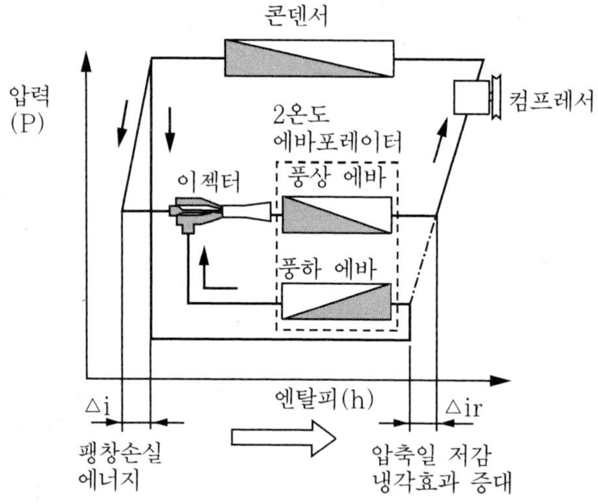

☑ 그림 10. EJECSⅡ의 구조

Chapter 10

에어컨의 점검과 고장정비

CHAPTER

10 에어컨의 점검과 고장정비

1. 고장진단과 정비의 일반적 사항

매뉴얼 에어컨과 오토 에어컨의 고장진단과 정비점검시 공통적인 사항을 먼저 설명하기로 한다.

1.1. 에어컨 점검조건

에어컨의 고장은 여러 가지가 있으나 크게 3가지로 볼 수 있다.

① 전혀 찬바람이 나오지 않거나, 찬바람이 나오더라도 신통치 않은 등의 고장

② 소음에 관한 고장

③ 나쁜 냄새 토출에 관한 고장

고장진단을 위한 에어컨의 측정조건이 어느 정도 일정하지 않으면 고장원인을 발견하기매우 어렵다. 물론 에어컨의 종류, 메이커 등에 따라 약간의 차이가 있지만 일반적인 점검조건은 다음과 같다.

① 엔진은 1,500rpm으로 10~20분간 작동시킬 것.

② 에어컨의 송풍기 스위치는 최대속도로 할 것.

③ 온도 컨트롤 스위치는 최대 냉방으로 할 것.

④ 모든 도어 및 창문을 닫는다.

⑤ 보닛은 개방할 것.

☑ 그림 1. 에어컨 점검준비

⑥ 온도계를 흡입구와 토출구에 깊숙이 넣을 것.

⑦ 콘덴서 전면에 보조팬 등을 놓을 것.

⑧ 그늘에서 시험할 것.

이상과 같이 준비가 완료되면 우선 다음을 점검한다.

① 컴프레서는 회전하는가 ?

② 사이트 글라스로 냉매는 흐르고 있는가 ?(단, 팽창밸브식인 경우)

③ 송풍기는 회전하고 있는가 ?

위의 3가지 사항에 이상이 없으면 토출온도 측정 및 컴프레서 고·저압을 측정한다.

[표 1] 정상적인 고저압과 토출 공기 온도

외기온도(℃)	고압측(kg/cm^2)	저압측(kg/cm^2)	토출 공기 온도(℃)	엔진 rpm
19~21	11.3~12.7	1.4~1.5	6~8	1500~2000
24~26	12.0~13.4	1.5~1.7	7~9	
29~31	13.4~15.5	1.8~2.0	9~10	
34~36	16.9~17.6	2.3~2.5	13~14	

1.2. 에어컨 성능시험

1.2.1. 냉방 불량의 3단계 구분

에어컨에서 가장문제가 되는 것은 냉방 불량이다. 그러나 냉방작용의 양부란 기온, 습도 등 일기조건과 사람에 따라 그 느낌이 달라 일정하지 않기 때문에 냉방작용의 양부에도 단계가 있다. 그래서 다음과 같은 냉방상태를 기준으로 하여 1급(경미한 냉방 불량), 2급(보통정도의 냉방 불량), 그리고 3급(심한 냉방 불량)의 3단계로 나눈다.

[표 2] 외기온도에 따른 토출구와 흡입구의 온도차

외기온도(℃)	토출구와 흡입구의 온도차(℃)		
20	14 이상	6~13	5 이하
25	14 이상	6~13	5 이하
30	13 이상	6~12	5 이하
35	12 이상	6~11	5 이하

통상 토출구와 흡입구의 정상적인 온도차는 6~8℃(메이커에 따라 약간의 차이는 있음)이다. 따라서 위의 표와 같이 9~11℃의 온도차가 있을 경우에는 1급 정도의 경미한 고장이라 판정할 수 있다. 또 12~14℃ 이상일 경우에는 2급 정도의 고장, 그리고 5℃ 이하인 경우에는 승차원이 냉방 불량을 직접 느낄 수 있기 때문에 3급의 심한 냉방 불량 상태이다.

1.2.2. 1급 및 2급 냉방 불량일 경우의 기본점검

토출구와 흡입구의 온도차란 측정 당시의 여러 가지 주위 여건 등에 따라 민감하게 나타난다. 여기서는 압력 측정하기 전단계로 기본적인 점검사항들을 설명하기로 한다.

[1] 자동차 자체의 단열상태

① 벤트로 외기가 차내로 들어오는 경우

② 차체 바닥을 통해 복사열이 들어오는 경우

③ 천장에 단열재의 불량으로 직사일광이 차내로 들어오는 경우

이와 같이 에어컨의 성능보다 자동차 자체의 단열효과를 점검하여야 한다.

[2] 콘덴서의 냉각상태

콘덴서나 라디에이터가 충분히 냉각되지 않으면 엔진의 냉각계통 및 냉방시스템이 오버히트(over heat) 하여 냉방능력을 저하시키는 원인이 된다.

① 팬벨트의 슬립 점검 : 조정 또는 교환

② 라디에이터의 슈라우드 점검 : 손상시 수정

③ 콘덴서 및 라디에이터의 점검 : 먼지, 오물 등을 세척 또는 에어로 청소

[3] 사이트 글라스의 기포상태

기포의 유무, 상태에 따라 고장원인을 판단하여 필요하면 냉매 보충한다.

[4] 증발기의 빙결상태

증발기에 얼음 또는 서리가 끼어 있을 때는 팽창밸브 조정 또는 교환한다.

1.2.3. 냉매량 점검

에어컨의 냉매가 너무 많거나 부족한 상태로 운전하면 압축기와 다른 부품이 쉽게 손상될 수가 있다. 에어컨이 운전될 때 리시버 드라이어 위에 있는 사이트 글라스를 보고 냉매의 상태를 체크하여 그 흐름을 알 수 있다. 그 점검 과정은 다음과 같다.

[1] 운전조건

준비사항	① 엔진을 가동시켜 1,500rpm으로 운전한다. ② 조절 레버를 실내 환기에 위치시키고, 블로어는 최대 속도로 작동 ③ 5분 이상 에어컨을 가동한다.	
냉매종류	기존냉매(CFC-12)	신냉매(HFC-134a)
점검방법	④ 계속 작동시키면 점검	④ 40~50초 동안 에어컨을 OFF ⑤ 40~50초 동안 에어컨을 ON ⑥ 40~50초 동안 에어컨을 OFF ⑦ 40~50초 동안 에어컨을 ON

[2] 냉매상태 점검방법

에어컨의 조건	정 상	약간 비정상	심한 비정상
고·저압 호스의 온도	고압측은 뜨겁고 저압측은 조금 차다. 온도 차가 크다.	고압측은 따뜻하고 저압측은 조금 차다. 온도 차가 작다.	고. 저압 호스의 온도 차가 거의 없다.
사이트 글라스로 보이는 냉매의 상태	거의 투명하다. 약간의 거품이 보임	거품이 항상 보이고 투명하거나 때때로 하얗게 보인다.	냉매가 우유빛으로 보인다.
기존냉매(CFC-12	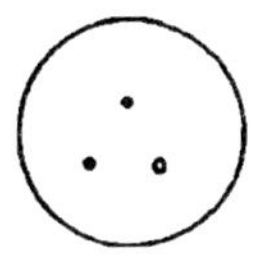	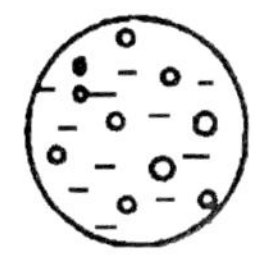	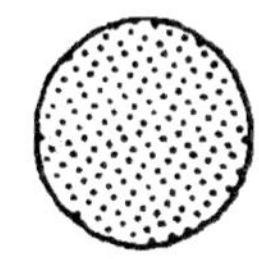
신냉매(HFC-134a) 재가동 즉시 변화			
연결파이프의 이음부분의 상태	정상	부분적으로 더럽다.	부분적으로 아주 더럽다.
에어컨의 상태	냉매가 충분하고 정상이다.	새는 곳이 있다.	냉매가 대부분 없어졌다.

1.2.4. 에어컨시스템 내 고·저압 점검

사람도 건강에 이상이 있으면 제일 먼저 체온과 혈압을 재어보고 진단하듯이 에어컨도 컴프레서의 고·저압을 측정하여 에어컨의 냉방 불량에 대한 원인을 추적한다. 엔진회전수는 1,500~2,000rpm. 최대 풍량으로 하여야 하고, 외기온도는 30~35℃일 때를 기준으로 설명한다.

참고

$1kg/cm^2$=14.223PSI

(예) 200PSI=$14kg/cm^2$

[1] 정상적 경우

A	압력	• 저압 : 1.5~2.0kg/cm^2 • 고압 : 14.5~15.0kg/cm^2
B	판단	• 냉매 가스 상태 양호 • 냉방 상태 양호 • 정상적인 에어컨시스템 상태

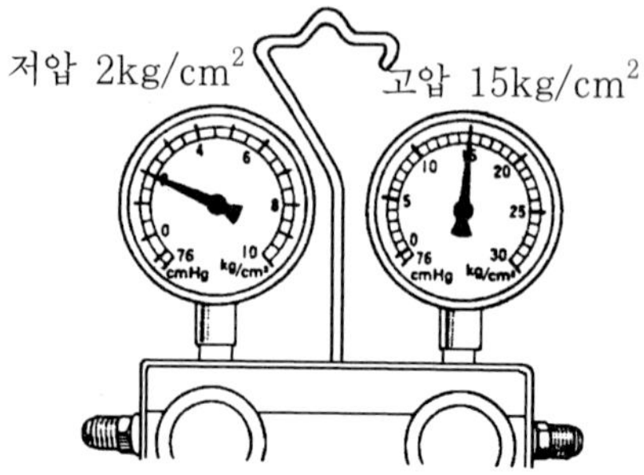

☑ 그림 2. 정상적인경우

[2] 냉매충전량이 부족한 경우

A	압력	• 저압 : 0.8kg/cm^2(낮다) • 고압 : 8~9kg/cm^2(낮다)
B	상황	• 냉방상태 부족(토출구가 거의 차갑지 않음) • 사이트 글라스(Sight Glass) 기포가 많이 발생
C	원인	• 에어컨시스템 내의 냉매가스 누설 • 팽창밸브(Expansion-Valve)가 막혔음 • 리시버 드라이어(Receiver-Dryer)가 막혔음
D	판단	• 에어컨시스템 내의 냉매부족 및 누설
E	대책	• 냉매가스 누설 부분수리 및 냉매가스 보충 • 팽창밸브 및 리시버 드라이어 수리 및 교환

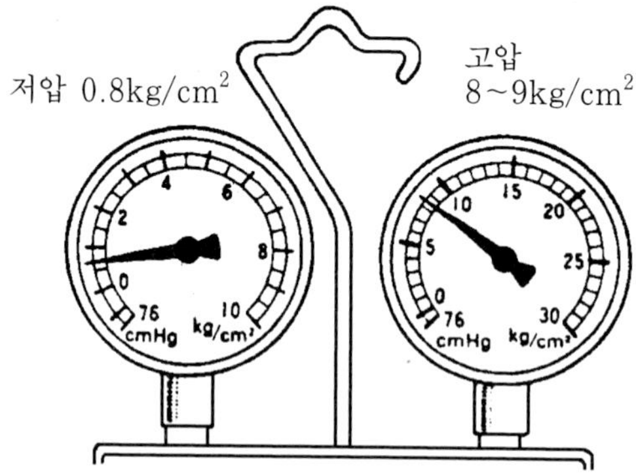

☑ 그림 3. 냉매 충전량이 부족한 경우

[3] 냉매충전량이 많은 경우

A	압력	• 저압 : 2.5kg/cm^2(높다) • 고압 : 20kg/cm^2(높다)
B	상황	• 냉방상태가 별로 좋지 않음 • 사이트 글라스(Sight Glass) 기포가 전혀 보이지 않음
C	원인	• 냉매 과다 • 콘덴서 냉각 불량
D	판단	• 냉매가 과충전된 상태 • 콘덴서 냉각 불량 : 콘덴서 핀 불량 및 쿨링 팬(Fan) 불량
E	대책	• 냉매가스 분출 • 콘덴서 세척 및 쿨링 팬벨트 점검

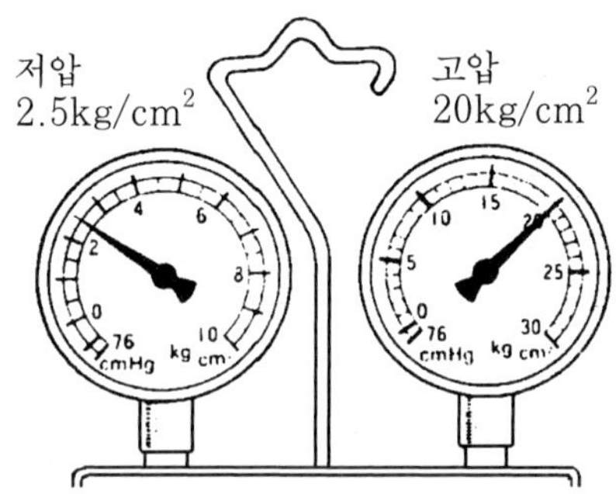

☑ 그림 4. 냉매 충전량이 많은 경우

[4] 에어컨시스템 내 공기가 혼입된 경우

A	압력	• 저압 : 2.5kg/cm^2(높다) • 고압 : 23kg/cm^2(높다)
B	상황	• 냉방상태가 불량(차갑지 않음) • 저압 파이프를 손으로 만졌을 때 차갑지 않음
C	원인	• 에어컨시스템 내에 공기 혼입
D	판단	• 에어컨시스템의 진공작업 불량
E	대책	• 재진공 작업하여 냉매가스를 충전 • 컴프레서 오일 오염, 유량 점검 • 리시버 드라이어 교환

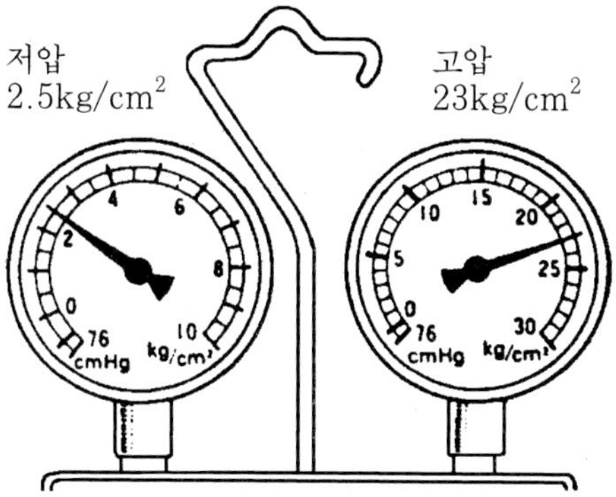

☑ 그림 5. 에어컨시스템 내 공기가 혼입된 경우

[5] 에어컨시스템 내 수분이 혼입된 경우

A	압력	• 저압 : 50cmHg~1.5kg/cm^2(낮거나 심하게 떨림) • 고압 : 7~15kg/cm^2 (낮거나 심하게 떨림)
B	상황	• 에어컨 냉방상태가 주기적으로 차거나 차지 않음 • 매니폴드 게이지 압력이 가끔 떨어졌다가 정상압력이 되었다 함
C	원인	• 에어컨시스템 내의 수분이 혼입되어 팽창밸브가 가끔 동결
D	판단	• 리시버 드라이어가 과포화 상태 • 수분이 팽창밸브에 동결
E	대책	• 재진공 작업하여 냉매가스를 충전 • 리시버 드라이어를 교환

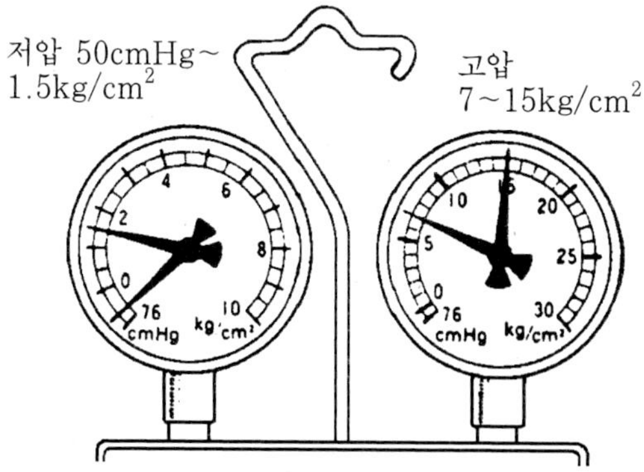

☑ 그림 6. 에어컨시스템 내 수분이 혼입된 경우

[6] 에어컨시스템 내 냉매가스가 순환하지 않을 경우

A	압력	• 저압 : 부압(아주 낮다) • 고압 : $6kg/cm^2$(낮다)
B	상황	• 냉방상태 부족(차갑지 않음) : 가끔 차가울 때가 있음
C	원인	• 팽창밸브의 구멍이 막혔음 (동결, 먼지 및 이물질로 인해 막힘) • 팽창밸브의 감온통 가스 누설
D	판단	• 팽창밸브의 구멍이 막혔음
E	대책	• 수분 제거 : 재진공 작업하여 냉매가스를 충전 • 먼지 제거 : 팽창밸브를 분해하여 에어(Air)로 청소 및 교환 • 리시버 드라이어 교환 • 팽창밸브의 감온통 가스 누설 : 교환

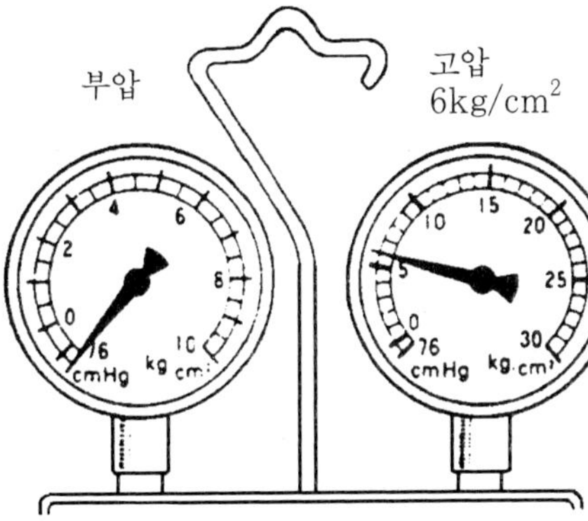

☑ 그림 7. 에어컨시스템 내 냉매가스가 순환하지 않을 경우

[7] 컴프레서(Compressor) 압축불량일 경우

A	압력	• 저압 : $4 \sim 6kg/cm^2$(높다) • 고압 : $7 \sim 10kg/cm^2$(낮다)
B	상황	• 냉방상태가 부족(차갑지 않음)
C	원인	• 컴프레서 내부 누설
D	판단	• 컴프레서 압축 불량(밸브누설 및 파손)
E	대책	• 컴프레서 수리 및 교환

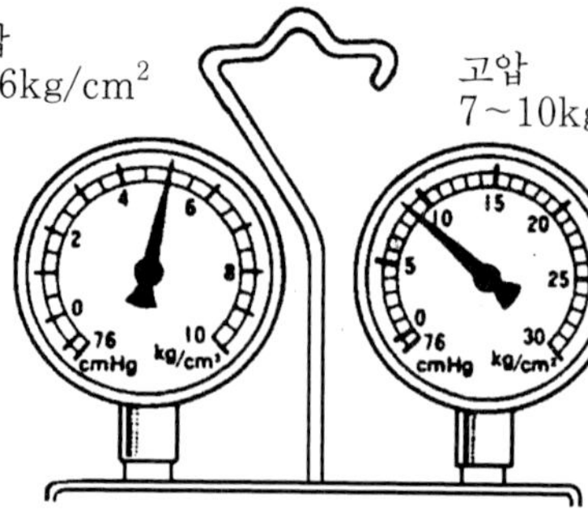

☑ 그림 8. 컴프레서 압축불량인 경우

1.3. 에어컨 각 부의 점검방법

1.3.1. 리시버 드라이버

에어컨을 5분 이상 작동시킨 후 드라이어를 손으로 만져본다.

① 리시버 드라이어 전체가 동일 온도라면 작동은 정상이다.

② 리시버 드라이어 일부만 차거나 다른 부분보다 따뜻하면 중간에 냉매의 흐름이 막혔다. 이 경우 부품을 신품으로 교환하여야 한다.

1.3.2. 마그네틱 클러치 점검방법

① 스위치에서 마그네틱 클러치로 통하는 배선의 접속을 떼어낸다. 그리고 새로운 배선코드 또는 긴 점퍼 와이어로 배터리(+)터미널과 마그넷측에 연결된 배선을 연결한다.

② 배선을 연결하는 순간 마그넷에 "찡"하는 소리가 나면 정상이다.

1.3.3. 송풍기 모터 점검방법

① 모터로 통하는 배선 커넥터를 떼어내고 전류계 (-)터미널에 떼어낸 모터측의 배선을 연결한다.

② 반대측은 점퍼 와이어를 사용하여 전원을 점화스위치(+)로 한다. 왜냐하면 떼어낸 오리지널 배선에는 도중에 저항이 있어 모터의 회전을 느리게 할 수도 있기 때문이다.

③ 전류계에 규정 이상의 전류가 흐르면 모터를 수리 또는 교환한다.

1.3.4. 증발기의 점검방법

증발기로부터 전혀 바람이 나오지 않으면 송풍기 모터의 불량이지만 원인이 모터 자체에 있는가 아니면 전원 부문에 있는가를 우선 규명하여야 한다. 또 바람의 세기는 충분한데 차지 않으면 냉방사이클에 문제가 있다. 여기서는 "풍량이 충분하지 않을 경우"에 대한 원인을 알아본다.

[1] 증발기에 먼지나 오물이 끼었을 경우

특히 시즈닝 서비스(Seasoning Service)시 등에 많이 일어나며 모터의 소리는 큰데 비하여 바람은 약하다.

① 증발기를 청소한다.

② 필터가 있을 경우 떼어내어 청소한다.

[2] 증발기가 빙결할 경우

① 서모 스위치의 노브(knob)를 웜(warm)으로 돌려 송풍기를 최대로 회전시킨다.

② 서모스태트의 불량이든가 아니면 컴프레서의 압력이 너무 낮다.

1.3.5. 압축기의 점검방법

컴프레서는 이미 설명한 바와 같이 냉방사이클을 구성하는 부품 중 심장부에 해당하는 중요한 부품이다. 따라서 냉방사이클의 양부를 점검하기 위해서는 먼저 컴프레서를 시험하여야한다.

① 게이지 매니폴드를 이용하여 컴프레서의 고·저압 서비스 밸브에 연결한다.

② 엔진을 아이들링 상태로 작동시키고, 에어컨을 30초 동안 전개 작동시킨나.

참고

30초 이상 계속 작동시키면 컴프레서가 파손될 수도 있으므로 30초가 되면 에어컨을 OFF시켜 컴프레서 작동을 정지시킨다.

③ 에어컨 작동 30초 동안 저압 게이지는 508mmHg를 나타내어야 하며, 컴프레서 작동정지 후 1분 이상 508mmHg를 유지하고 있는가를 확인한다.

④ 동일한 시험을 3회 반복하여 매회 위의 조건을 나타내면 컴프레서는 이상이 없다. 만약 조건을 만족하지 않으면 다음과 같은 원인이라 생각할 수 있다.

㉮ 개스킷의 손상

㉯ 밸브에서의 누설

㉰ 실린더 파손(열형 컴프레서인 경우)

1.4. 냉매 충전방법

이미 앞에서도 설명한 바와 같이 냉방상태에 이상이 있다면 냉방사이클의 고·저압을 측정하고, 그 결과에 따라 냉매충전을 할 경우 그 점검순서를 요약하면 아래와 같다. 한편 지금까지 여러 가지의 점검방법을 설명하였지만 이를 실제 예를 들어 진공작업, 냉매충전방법 등을 설명하기로 한다.

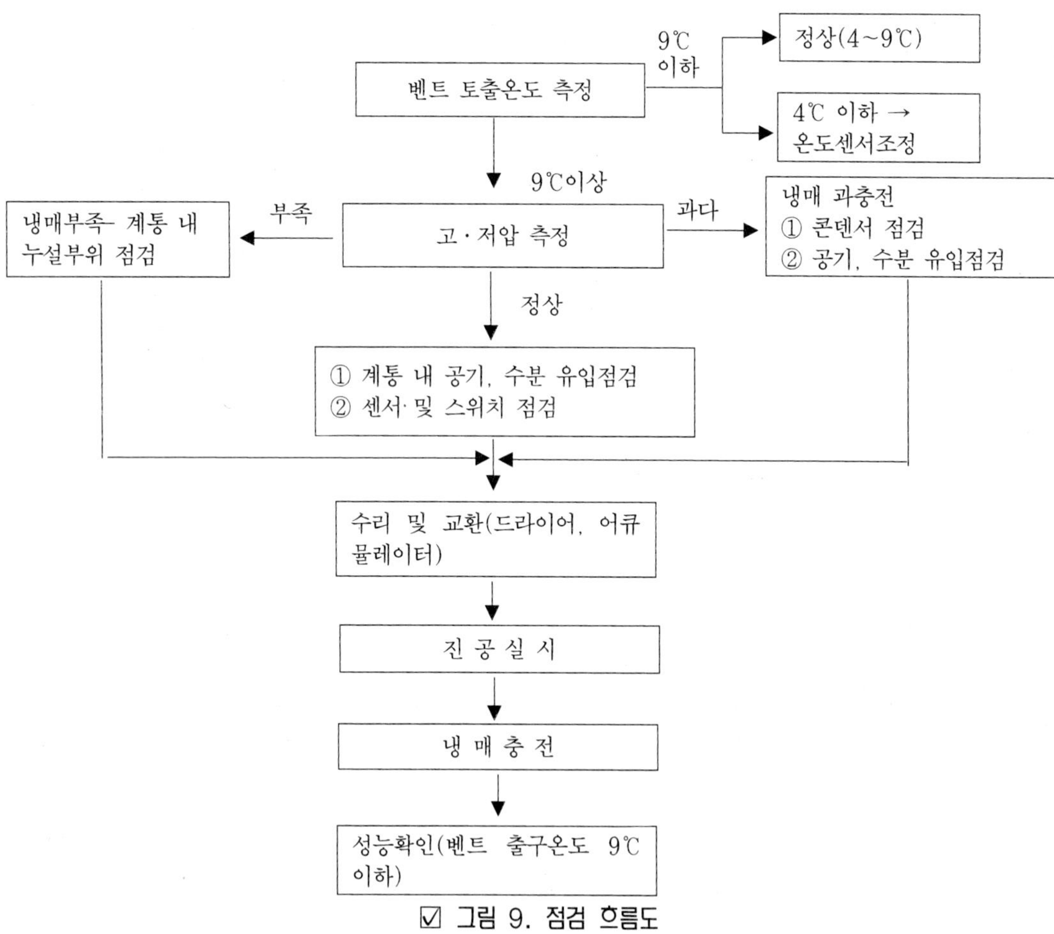

☑ 그림 9. 점검 흐름도

[1] 시험조건

① 엔진 1,500rpm으로 2~3분간 작동
② 에어컨 계통을 최대 냉방 위치로 작동
③ 블로어(Blower)를 최대속도로 작동

1.4.1. 에어컨 성능시험

엔진을 운전상태로 하고 에어컨을 ON으로 한 후, 온도컨트롤을 강냉, 송풍기 풍량을 최고로 각각 세팅한다. 이 상태에서 저속에서 고속으로 컴프레서 회전을 올려 사이트 글라스(팽창밸브형 시스템인 경우)의 냉매상태를 점검한다(냉매상태 점검방법 참조).

점검결과 충전량이 정상이라면 매니폴드 게이지 지시압을 본다. 콘덴서의 냉각이 제대로 이루어지지 않으면 고압측 게이지 압력이 규정보다 많이 상승하기 때문에 점검할 필요가 있다. 물론 저압측도 다소 상승한다. 진단결과 냉매 충전량, 고・저압도 모두 정상이라면 흡입구와 토출구의 온도차(정상적인 온도차 : 6~8℃)를 확인한다.

다음에 흡입구에 설치한 건습온도계로부터 상대습도를 측정하여 전자의 온도차와 후자의 상대습도를 메이커가 지시하는 그 에어컨의 표준성능표에 대비하여 냉방능력을 판단한다(앞에서도 설명하였듯이 일반적으로 흡입구와 토출구의 온도차만으로 판정한다). 이제 고・저압, 냉매 충전량, 냉방능력도 이상이 없다면 실내로의 외기 유입, 히터의 온수 코크 고장 등 외부요인을 점검하여야한다.

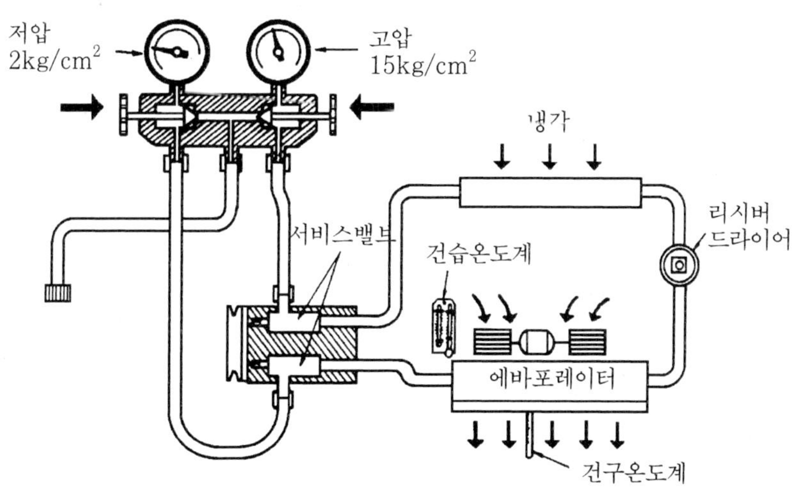

☑ 그림 10. 에어컨의 점검요령

1.4.2. 냉방 불량의 예(1)

냉매 충전량은 정상이지만 저압축이 3~4kg/cm^2로 높다. 진단요령은 컴프레서 회전을 2,000rpm 정도로 올리고, 저압측 서비스 밸브 상태를 점검한다. 외부에 흰 서리가 끼거나, 다량의 물방울이 발생하면 그 부분에 냉매가 증발하고 있다는 것을 의미한다.

이유는 팽창밸브의 고장(대부분 밸브가 너무 많이 열리는 고장), 감온통이 증발기 핀에 제대로 밀착되어 있지 않기 때문이다.

1.4.3. 냉방 불량의 예(2)

전항과 같이 냉매의 충전량은 정상이나 역으로 저압측 압력이 0.5kg/cm^2 정도로 규정보다 낮다. 이와 같은 현상은 냉방사이클 내 어디엔가는 막혀 있다고 생각할 수 있다.

가장 먼저 점검하여야 할 것은 리시버 드라이어의 온도로 리시버 전체가 균등하게 따뜻한 느낌이 들면 양호하다고 판단할 수 있으며, 만약 리시버 일부분에 찬 부위가 있으면 내부 스트레이너(필터)가 막혔다고 판단할 수 있다. 리서버에 문제없으면(외부온도가 균등하면) 팽창밸브를 점검해보아야 한다. 이때 팽창밸브의 바깥둘레에 흰 서리가 발생하면 밸브고착에 의한 막힘이라 생각할 수 있다.

단, 서리가 낀 상태에서 에어컨 스위치를 OFF시켜 팽창밸브의 서리가 완전히 녹아 없어지는 것을 확인한 후 다시 에어컨을 작동시켜 저압게이지의 상태를 본다. 최초 2kg/cm^2 정도의 정상압력을 나타내고 있는가, 아니면 서서히 내려가기 시작하여 0.5 kg/cm^2 정도의 상태로 되돌아가 버린다면 이러한 원인은 냉매에 혼입되어 있는 수분이 팽창밸브의 분출구에 얼어붙어 냉매의 흐름을 막고 있기 때문이다. 냉매를 방출시키고 냉매를 충전시키기 위해 먼저 진공작업 방법을 설명한다.

[1] 진공작업 방법

① 엔진이 정지되어 있는가를 확인한다.

② 매니폴드 게이지 세트를 컴프레서 서비스 밸브에 연결하고 양쪽을 잠근다.

③ 냉매가 계통에서 배출되었는지 매니폴드 압력게이지 눈금을 보고 확인한다.

④ 매니폴드 게이지 센터호스를 진공펌프 흡입구에 연결한다.

⑤ 진공펌프를 작동시키고 매니폴드 게이지의 고·저압밸브를 연다(그림에는 저압 밸브만 연 것으로 되어 있음).

⑥ 저압게이지 -750mmHg 상태로 약 15분 동안 진공펌프를 작동시킨다.

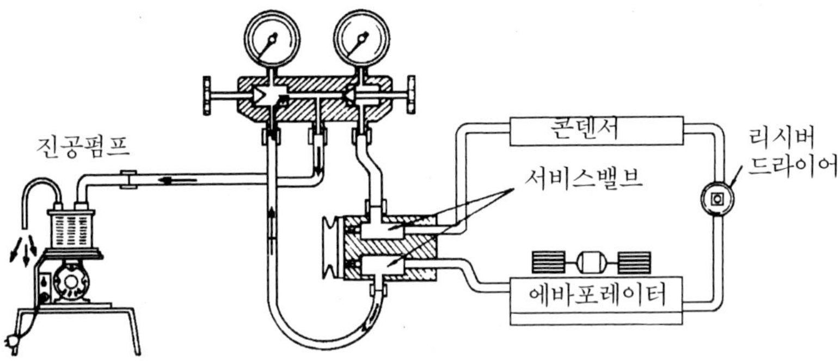

☑ 그림 11. 진공작업

⑦ 고·저압 밸브를 닫고 5분 이상 방치하여 놓고 게이지 눈금이 0쪽으로 되돌아오는가를 본다.

⑧ 만약 지침이 0으로 되돌아오면 계통 내에 누설이 있으므로 작업을 중지하고 누설을 수리한 후 위의 방법으로 진공작업을 하여야 한다.

[2] 냉매누설점검 방법

① 양쪽 매니폴드 밸브를 닫고 진공펌프를 정지시킨다.

② 냉매용기로 냉매를 충전시킨다(냉매충전 참고).

③ 냉매누설 감지기를 이용 점검하여 누설되는 곳이 있으면 정비(연결 피팅의 토크 및 접촉면의 손상 등 점검)한다.

④ 누설이 없으면 진공펌프로부터 호스를 떼어내고 대신 냉매용기를 연결하여 냉매충전준비를 한다.

1.4.4. 냉방불량의 예(3)

저속에서 고속으로 컴프레서의 회전수를 증가시켜도 기포가 없어지지 않고 사이트 글라스로 냉매가 흐르며, 고. 저압 모두 압력이 약간 낮다. 이것은 냉매량이 부족한 원인이다. 이러한 경우 냉매를 보충하든지 아니면 시스템 내 누설 등이 있을 경우 진공작업을 한 후 재충전하여야 한다.

[1] 냉매 기체상태 충전방법

① 냉매가 기체상태일 때는 그림 12와 같이 컴프레서의 저압축을 통하여 냉매를 충전시키며, 용기는 똑바로 놓는다.

② 냉매용기에 탭밸브를 장착한다.

③ 저압밸브를 열고 저압게이지의 눈금이 4.2kg/cm^{2}를 넘지 않도록 밸브를 조정한다.

④ 냉매용기를 약 40℃의 물에 담구어 용기 내의 기체압력이 에어컨시스템 내의 압력보다 조금 높게 유지하면 충전작업을 빨리할 수 있다. 그러나 주위의 온도가 높을 경우에는 생략하기도 한다.

⑤ 어느 정도 냉매가 충전되면 충전 속도가 느려지기 때문에 엔진시동(아이들링 상태)을 걸어 컴프레서, 즉 에어컨을 작동시킨다.

⑥ 규정량(승용차 소형 : 약 650g, 중·대형 : 약 750g)의 냉매를 충전시킨 후 저압밸브를 닫는다. 냉매가 과충전되면 토출압력이 상승하므로 냉매를 저울로 측정해가며 정확한 양을 충전하여야 한다.

⑦ 충전이 완료되면 엔진을 끄고, 게이지 매니폴드의 밸브를 닫고, 냉매용기를 떼어낸다.

[2] 냉매 액체상태 충전방법

① 액체상태의 냉매를 충전할 때는 고압측 밸브를 통해 충전시켜야 하며, 냉매용기를 거꾸로 놓는다.

② 진공작업을 한 후 고·저압 밸브를 완전히 잠근다.

③ 냉매용기 탭밸브를 장착한다.

④ 고압밸브만 열고 용기를 거꾸로 놓는다.

※ 고압측을 통해 냉매를 충전할 때는 엔진을 작동시켜서는 안되며, 저압측 밸브도 열어서는 안 된다.

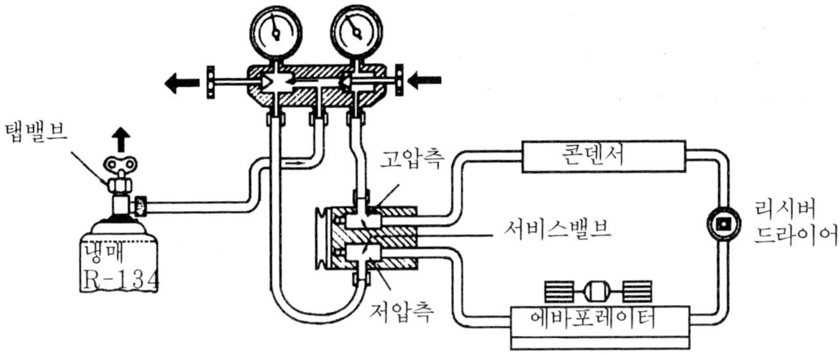

☑ 그림 12. 냉매충전

1.4.5. 컴프레서 오일

압축기 내부의 작동부위를 윤활하기 위한 오일은 냉매와 함께 시스템 내를 순환하기 때문에 에어컨 부품을 교환하였거나 냉매가 많이 누설되었을 때는 오일을 보충해야 한다. 차종에 따라 다르나 개략적인 오일의 양은 아래와 같다.

[표 3] 냉동오일의 보충량

항 목	오일량(cc)
오일의총량	120~200
증발기 교환	50
응축기 교환	30
리시버 드라이어	10
냉매재충전	30
호스교환	30

1.5. 소음고장 점검정비

에어컨에서 소음이 나는 경우는 에어컨을 작동시키지 않았는데 나는 소음과, 작동 중 나는 소음의 경우를 구별하여 진단하여야 한다.

[1] 엔진 스타트시에 덜그럭거리는 소리가 난다.

【상황】 엔진 스타트시에 덜그럭거리는 소리가 난다.

〔조치〕 컴프레서의 브래킷을 레버로 움직여보아 볼트의 헐거움, 브래킷의 손상 등이 있으면 조이거나 교환한다.

【상황】 ① 엔진 스타트시 차체를 탁탁 두드리는 소리가 난다.

② 플랙시블 호스가 떨려 팬더 에이프런 등에 닿는다.

〔조치〕 ① 호스와 차체의 접촉 → 25mm 이상 띄운다.

② 호스 클램프의 헐거움 → 조인다.

【상황】 주행중 탕탕하는 소리가 난다.

〔조치〕 ① 손으로 아이들러 풀리를 돌리니 소리가 난다. → 베어링 교환

② 베어링 그리스 부족 → 베어링 교환

③ 베어링 실 파손 → 베어링 교환

【상황】 엔진 룸에서 금속이 닿는 소리가 난다.

〔조치〕 ① 컴프레서 벨트를 늦추면 소리가 난다. → 마그네틱 클러치 교환

② 클러치에 그리스 흔적이 있다. → 클러치 교환

③ 베어링에서 덜컹덜컹 소리가 난다. → 베어링 교환

④ 마그네틱 클러치와 풀리의 간극이 너무 적다. → 클러치 교환

[2] 에어컨 작동중

【상황】 컴프레서가 회전하는 소리가 난다.

〔조치〕 ① 가끔 큐- 하는 소리가 난다 → 팬벨트 교환

② 덜그럭거리는 소리 → 컴프레서 습동부 마찰

③ 컴프레서의 맥동 → 브래킷 장착볼트 헐거움

④ 잠시 작동시키면 소리가 크다 → 오일량 과다

⑤ 금속이 미끄러지는 소리 → 마그넷 흡착 불량

⑥ 송풍기를 작동시키면 브러시 소리 → 브러시 교환

⑦ 송풍기에서 찌리찌리하는 소리 → 케이스와 접촉, 모터의 부싱 마모

⑧ 송풍기를 ON/OFF할 때 소리가 난다 → 모터의 트러스트 갭의 과대

⑨ 송풍기를 돌리면 바람소리가 크다 → 케이스에 이물이 있다.

2. 오토 에어컨의 점검정비

1.에서 설명한 에어컨의 일반적 점검정비 방법은 수동식이나 자동식 에어컨에 관계없이 거의 같다. 그러나 오토 에어컨시스템 중 각종 센서류, 액추에이터 등은 차종에 따라 그 구조 자체가 다소 차이가 있기 때문에 일률적으로 설명할 수 없다. 따라서 여기서는 한라공조와 두원공조의 오토 에어컨의 점검정비 방법을 소개한다.

2.1. 고장진단의 개요

2.1.1. 고장진단의 흐름도

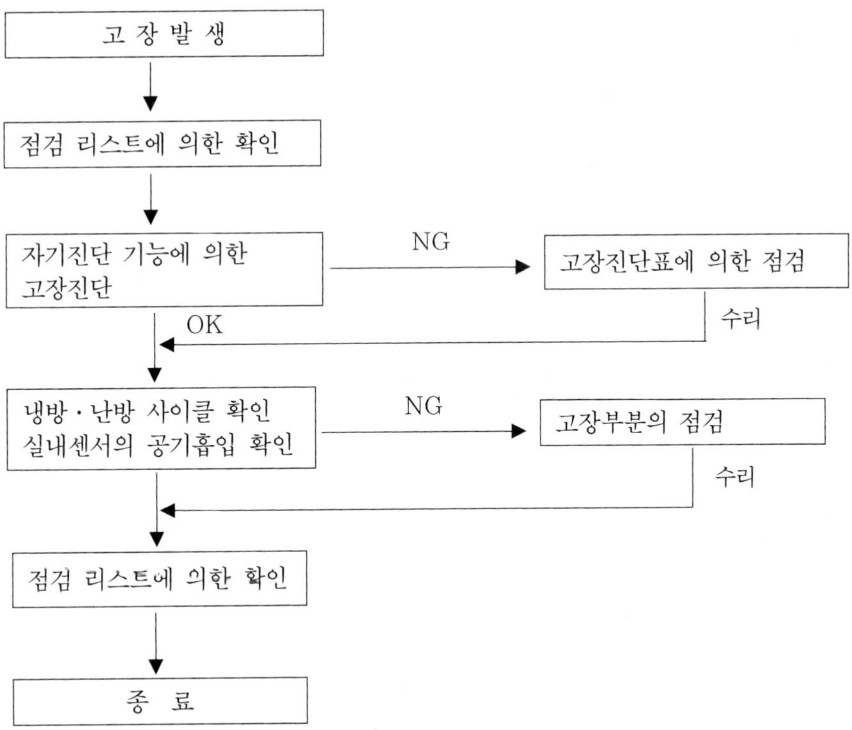

2.1.2. 점검 리스트

엔진 시동을 걸고 수온 약 50℃ 이상에서 점검한다.

항 목	평가방법			평가기준	판정
	조 건		조 작		
토출온도(에어믹스도어의 작동확인)	팬스위치 A/C스위치 모드스위치	AUTO ON VENT	① T/L18(좌단) ② T/L32(우단)	① 냉풍이 나올 것 ② 온풍이 나올 것	
풍량(팬의 작동확인)	T/L 모드 스위치	25(중앙) 벤트	① 팬스위치 OFF ② 팬스위치 MIN→MAX	① 바람이 나오지 않을 것 ② 풍량이 Lo→Hi까지 변화할 것	
토출 모드(모드도어의 작동 확인)	T/L팬스위치	25(중앙) MAX	모드스위치를 순서적으로 누른다. 벤트→센터벤트→바이레벨→히트→디프/히트→디프로스트	각 모드에 대응하는 램프가 점등과 동시에 바람의 토출구가 변화될 것	
인테이크(인테이크도어의 작동확인)	T/L 팬스위치 모드스위치	25(중앙) MAX벤트	① 내기 ② 외기	① 램프의 점등과 동시에 소음이 약간 증가함(외기에 비해) ② 램프의 소등과 동시에 소음이 약간 감소함(내기에 비해)	
컴프레서	T/L 팬스위치 모드스위치	18(좌단) MIN벤트	① 에어컨 스위치를 누른다. ② 에어컨 스위치를 1회 더 누른다.	① 램프의 점등과 동시에 컴프레서가 ON될 것(청각이용) ② 램프의 소등과 동시에 컴프레서가 OFF될 것	

※ T/L 온도 컨트롤 레버

2.1.3. 자기진단 기능에 의한 고장진단

자기진단 기능에서는 센서(입력계) 및 액추에이터(출력계) 등 각각의 계통별로 점검하므로 개개의 상세한 점검에 대해서 대응하는 항목을 참고한다. 자기진단 기능의 이행은 다음의 조작에 따라 행하면 된다. 또한 IG스위치를 OFF하면 자기진단 기능은 해제된다.

2.1.4. 자기진단의 조작순서

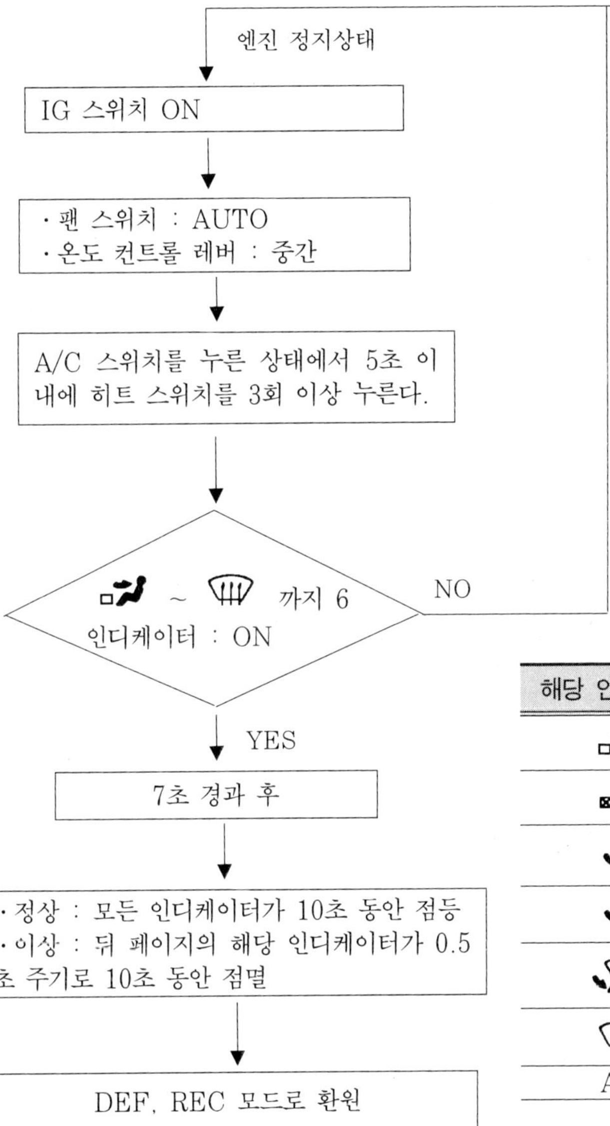

해당 인디케이터	이상내용
	실내센서
	외기센서
	온도컨트롤 레버
	에어믹스 액추에이터
	팬 스위치
	수온 센서
A/C	모드 액추에이터
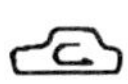	파워 트랜지스터, 블로어 모터

2. 2. 고장진단(한라공조)

[1] 에어컨이 전혀 작동하지 않는다(진단 1).

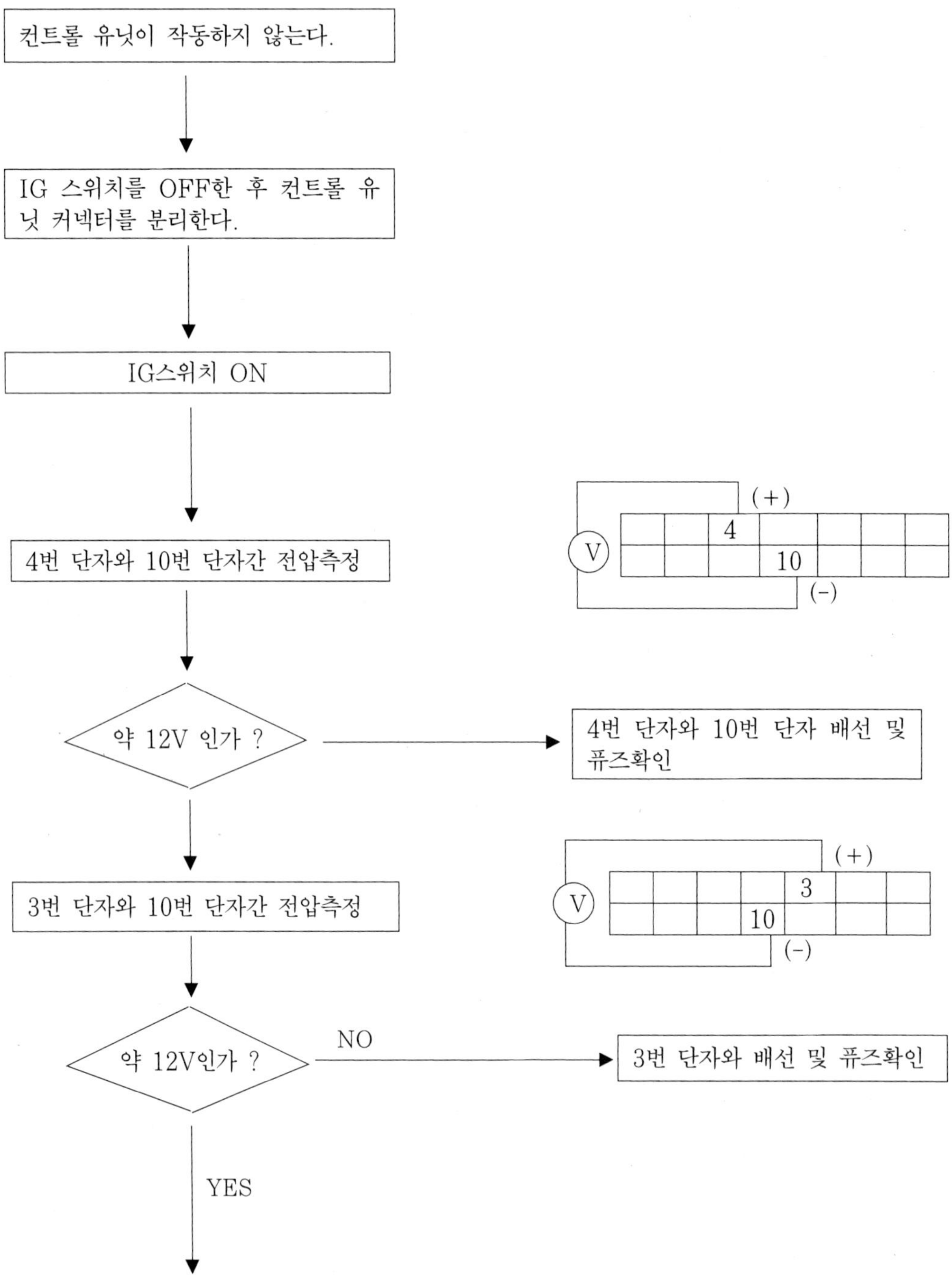

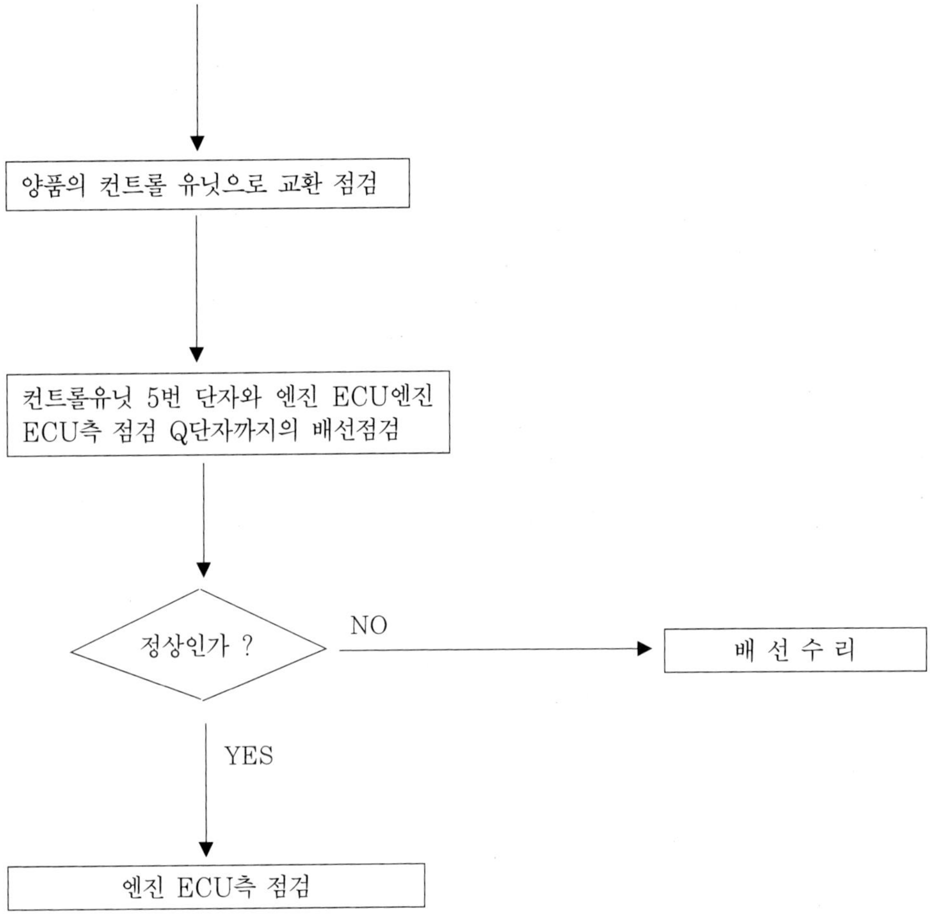
양품의 컨트롤 유닛으로 교환 점검
컨트롤유닛 5번 단자와 엔진 ECU엔진 ECU측 점검 Q단자까지의 배선점검
정상인가 ?
NO
배 선 수 리
YES
엔진 ECU측 점검

[2] 덕트센서의 점검(진단 2)

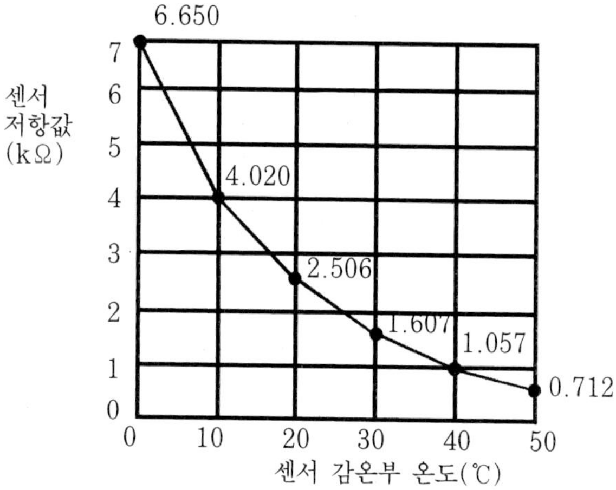

A/C이 작동하지 않는다.

↓

IG 스위치 ON
팬 스위치 ON
A/C 스위치 ON

↓

덕트센서의 커넥터를 분리한 후 센서측의 저항을 측정한다.

↓

약 1~10KΩ인가 ? — NO → 덕트센서 불량

YES ↓

덕트센서 배선측의 전압을 측정한다.

↓

약 4.4인가 ? — NO → 컨트롤 유닛에서 센서커넥터까지 배선확인 → 정상인가 ? → 배선수리

정상인가 ? ↓ 양품의 컨트롤 유닛 교환점검

YES ↓

IG 스위치를 OFF한 후 컨트롤 유닛 커넥터 분리 다시 IG 스위치 ON

↓

컨트롤 유닛 5번 단자를 접지시킨다.

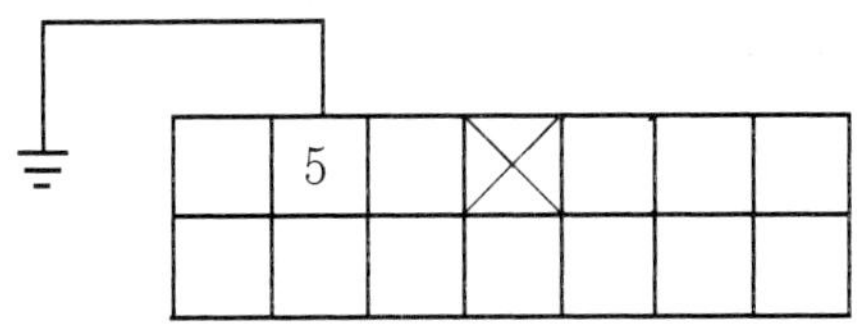

↓

A/C릴레이가 작동하는가 ?

YES → 양품의 컨트롤 유닛으로 교환 점검

NO ↓

[3] 실내센서의 점검(진단 3)

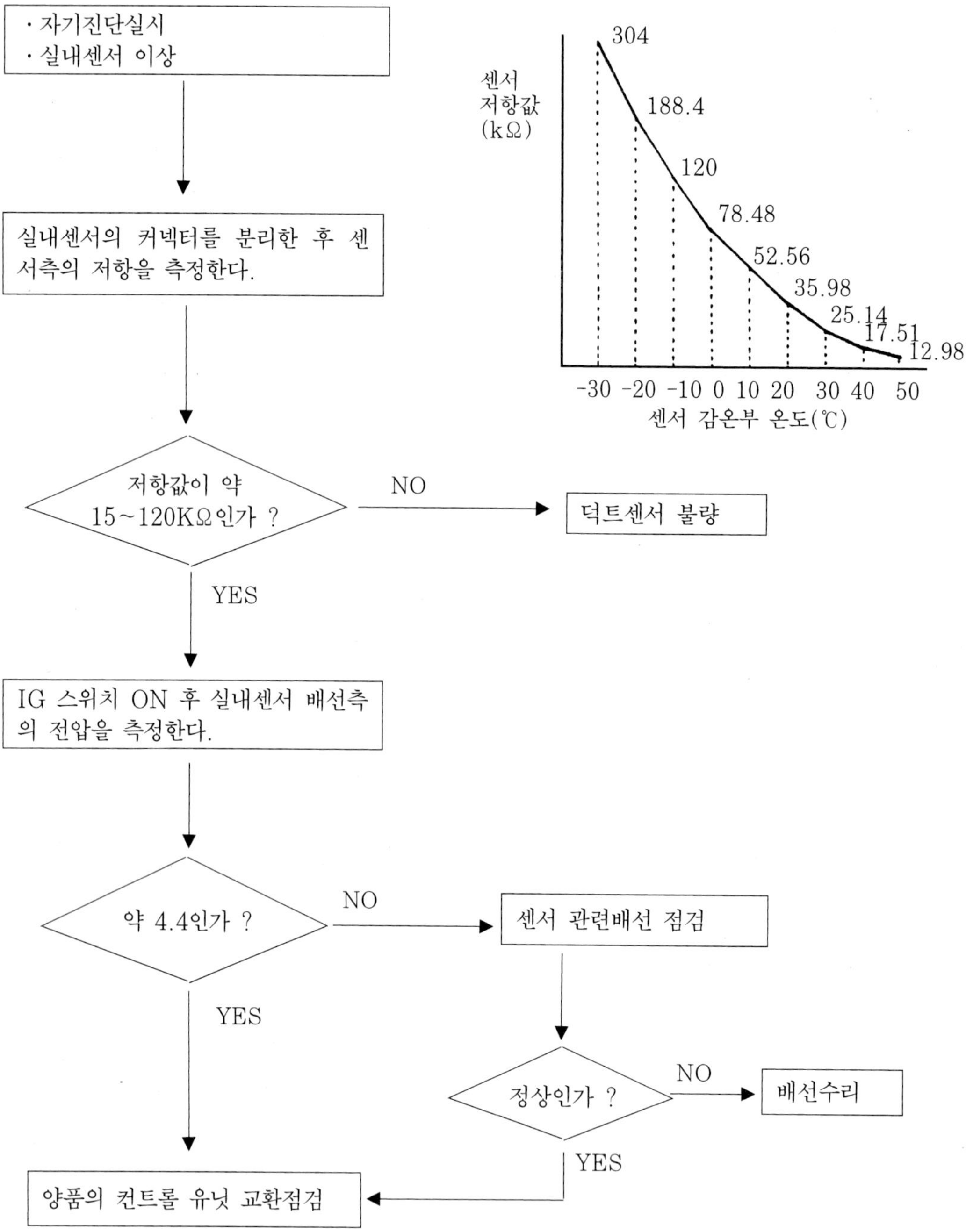

[4] 외기센서 점검(진단 4)

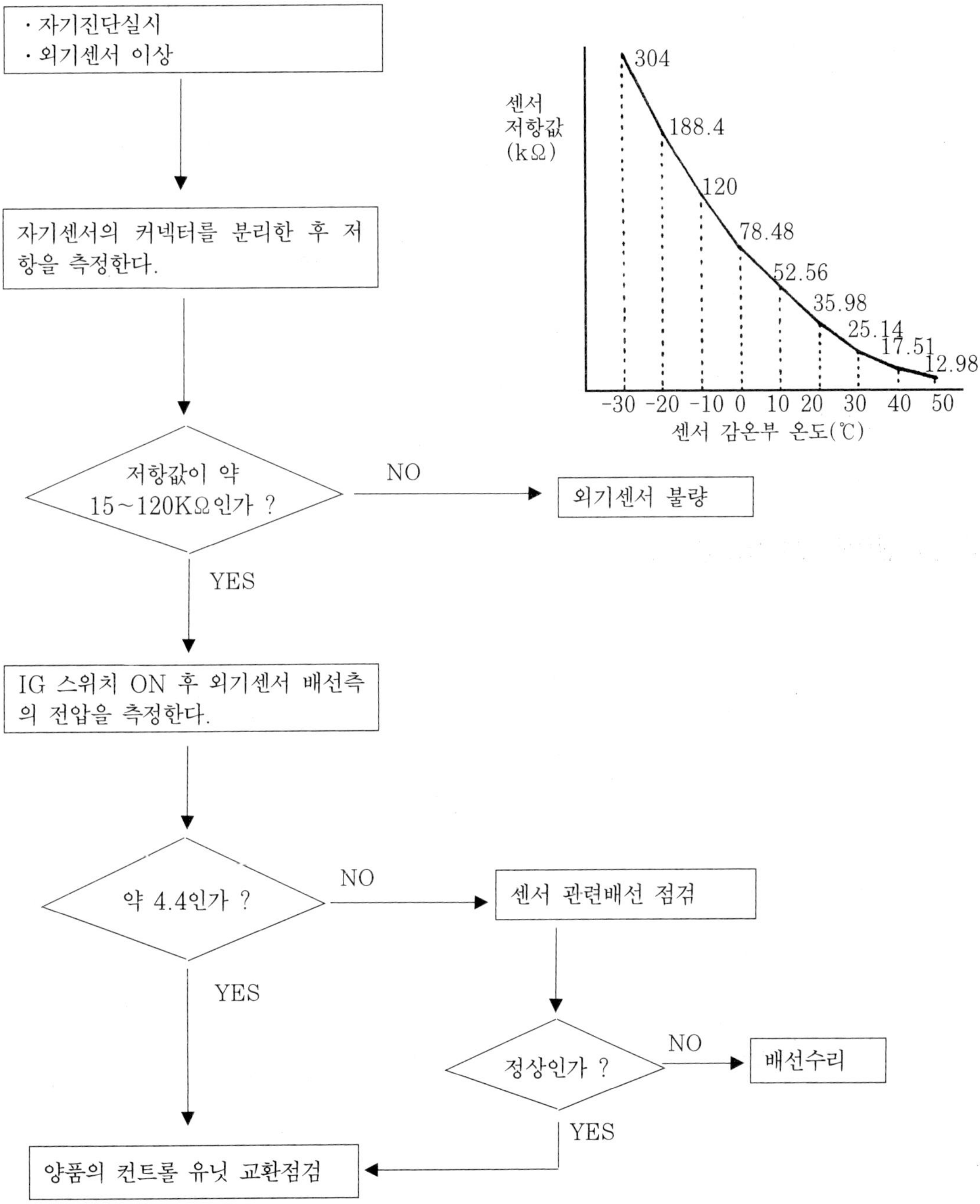

· 자기진단실시
· 외기센서 이상
자기센서의 커넥터를 분리한 후 저항을 측정한다.
저항값이 약 15~120KΩ인가 ?
NO
외기센서 불량
YES
IG 스위치 ON 후 외기센서 배선측의 전압을 측정한다.
약 4.4인가 ?
NO
센서 관련배선 점검
정상인가 ?
NO
배선수리
YES
YES
양품의 컨트롤 유닛 교환점검
센서 저항값 (kΩ)
304
188.4
120
78.48
52.56
35.98
25.14
17.51
12.98
-30 -20 -10 0 10 20 30 40 50
센서 감온부 온도(℃)

[5] 온도 컨트롤 레버 점검(진단 5)

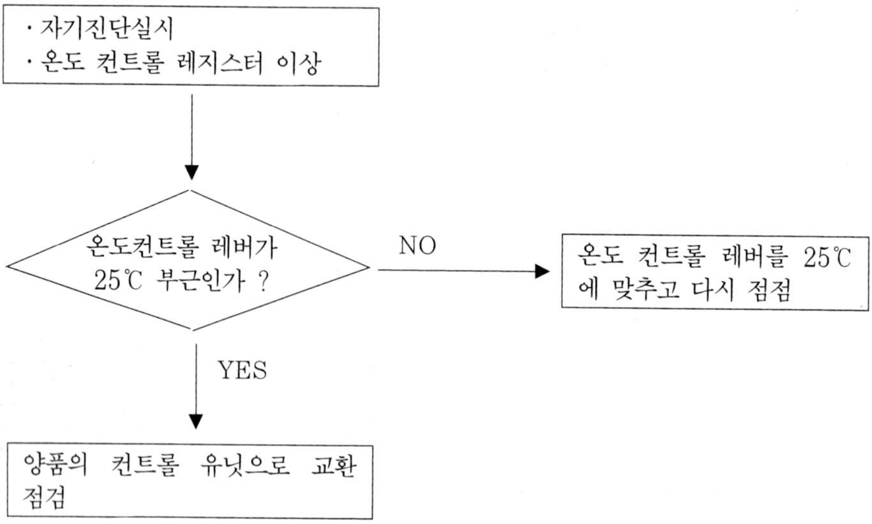

[6] 온도 컨트롤 레버 점검(진단 6)

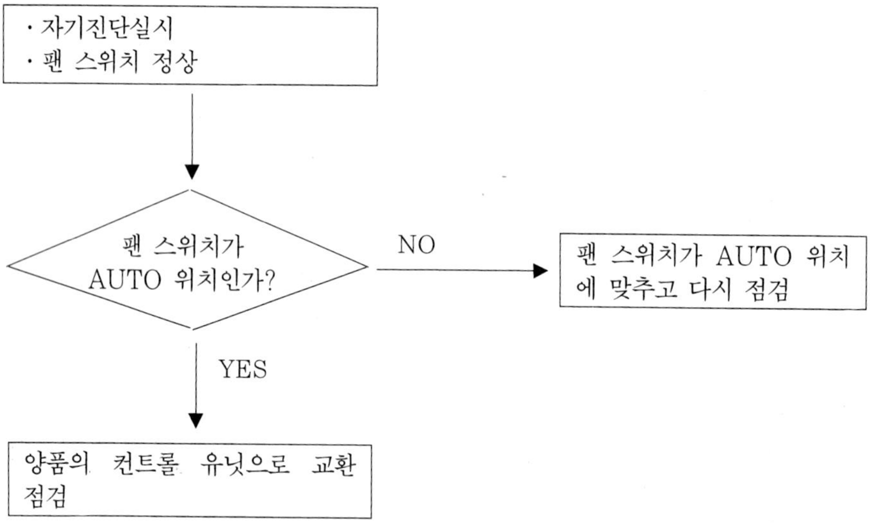

[7] 에어믹스 도어 액추에이터 점검(진단 7)

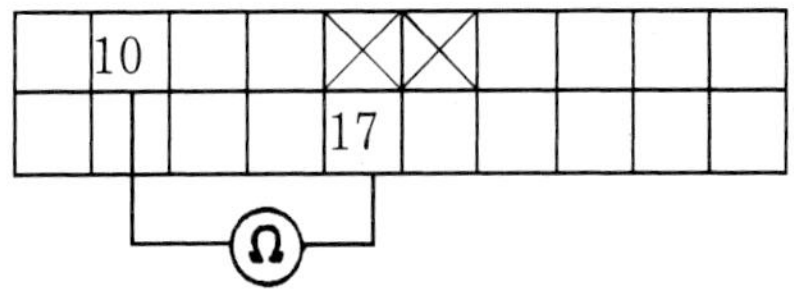

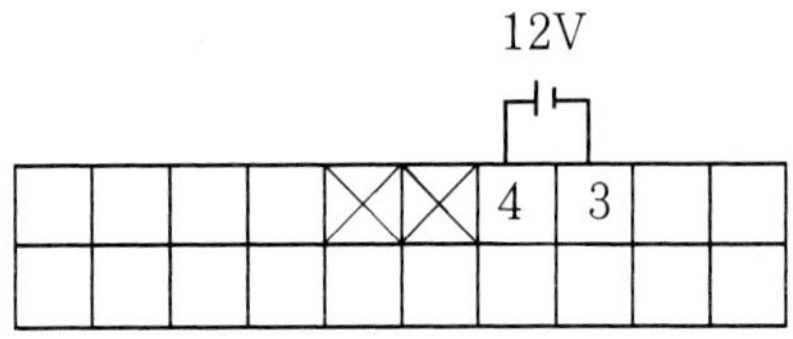

· 자기진단실시
· 에어믹스 액추에이터 이상

↓

IG 스위치를 OFF한 후 컨트롤 유닛의 커넥터를 분리하고 17번 단자와 10번 단자의 저항 측정

↓

저항값이 약 10KΩ인가 ?

- NO → 17, 10번 단자에서 믹스 액추에이터까지 배선 점검
  - 정상인가 ?
    - NO → 배선수리
    - YES → 믹스 액추에이터 불량
- YES ↓

4번과 3번 단자에 배터리 12V를 극성을 바꾸어 가며 잠깐씩 연결하여 본다.

↓

모터가 회전하는가 ?

- NO → 액추에이터를 분리하여 개별 점검 후 이상이 없을 경우 4, 3번 단자에서 액추에이터간 배선 점검
- YES ↓

2~17번 단자 사이의 저항값이 FULL/COOL일 때, FULL/HEAT일 때 얼마인가 확인한다.

↓

5KΩ 이상 차이가 나는가 ?

- NO → 액추에이터 분리 후 개별 점검하여 이상이 없을 경우 2번 단자에서 액추에이터간 배선 점검
- YES ↓

양품의 컨트롤 유닛 교환점검

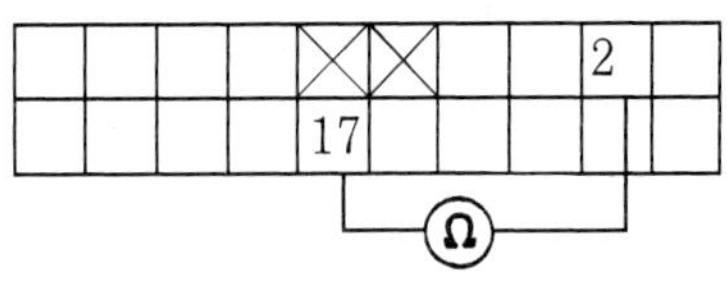

[8] 수온센서 점검(진단 8)

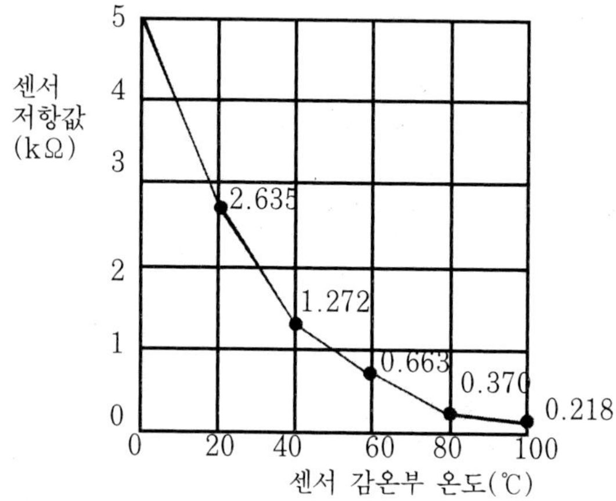

· 자기진단실시
· 수온센서 이상

↓

수온센서의 커넥터를 분리한 후 저항을 측정한다.

↓

저항값이 약 0.5~5KΩ인가 ?

NO → 수온센서 불량

YES ↓

IG 스위치 ON 후 수온센서 배선측의 전압을 측정한다.

↓

약 4.4인가 ?

NO → 센서 관련배선 점검 → 정상인가 ? (NO → 배선수리 / YES → 양품의 컨트롤 유닛 교환점검)

YES ↓

양품의 컨트롤 유닛 교환점검

[9] 모드 액추에이터 점검(진단 9)

· 자기진단실시
· 모드 액추에이터 이상

↓

IG 스위치를 OFF한 후 컨트롤 유닛의 커넥터를 분리한다.

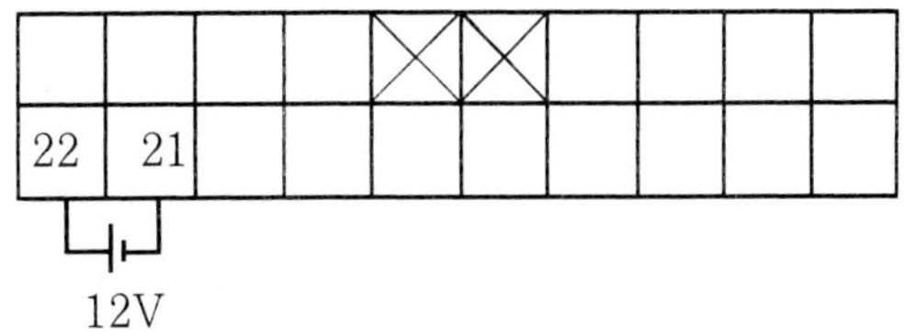

↓

22번과 21번 단자의 배터리 12V를 극성을 바꾸어 가면서 잠깐씩 연결하여 본다.

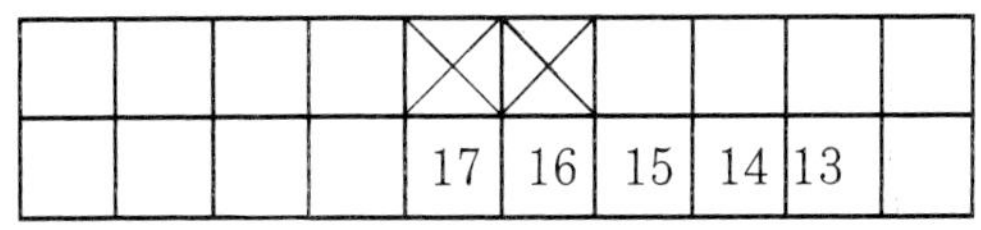

↓

각 방향으로 모터가 회전하는가 ?

- NO → 22과 21번 단자에서 액추에이터까지 배선 점검
  - ↓ 정상인가 ?
    - NO → 배선수리
    - YES → 액추에이터 불량
- YES ↓

13, 14, 15, 16, 17번 단자에서 액추에이터까지 배선 점검

↓

정상인가 ?

- NO → 배선 수리
- YES ↓

액추에이터를 분리 후 개별점검을 실시한다.

↓

정상인가 ?

- NO → 액추에이터 불량
- YES ↓

양품의 컨트롤 유닛 교환점검

[10] 블로어 모터 점검(진단 10)

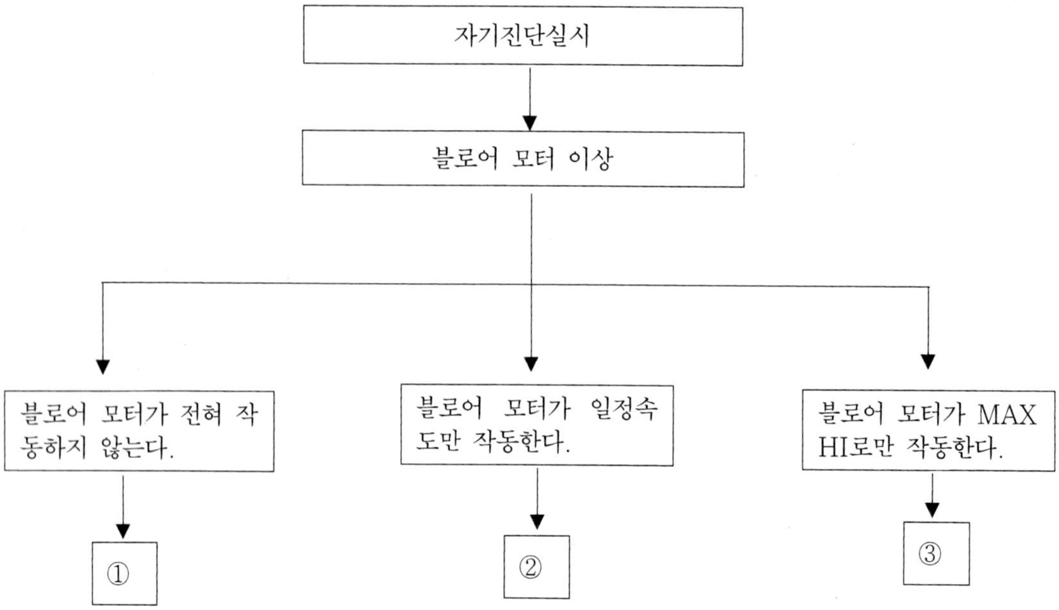

① 블로어 모터가 전혀 작동하지 않는다.

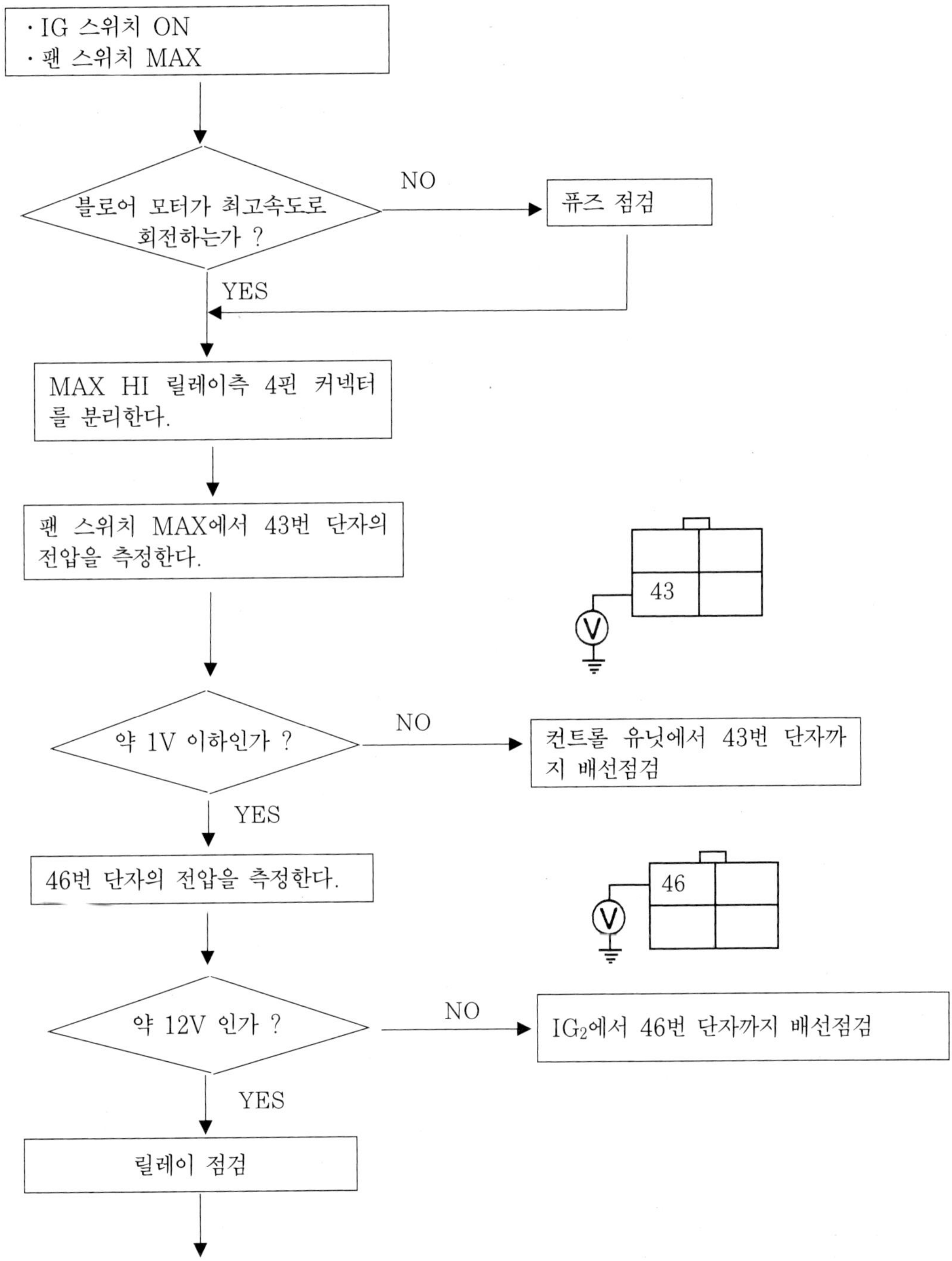

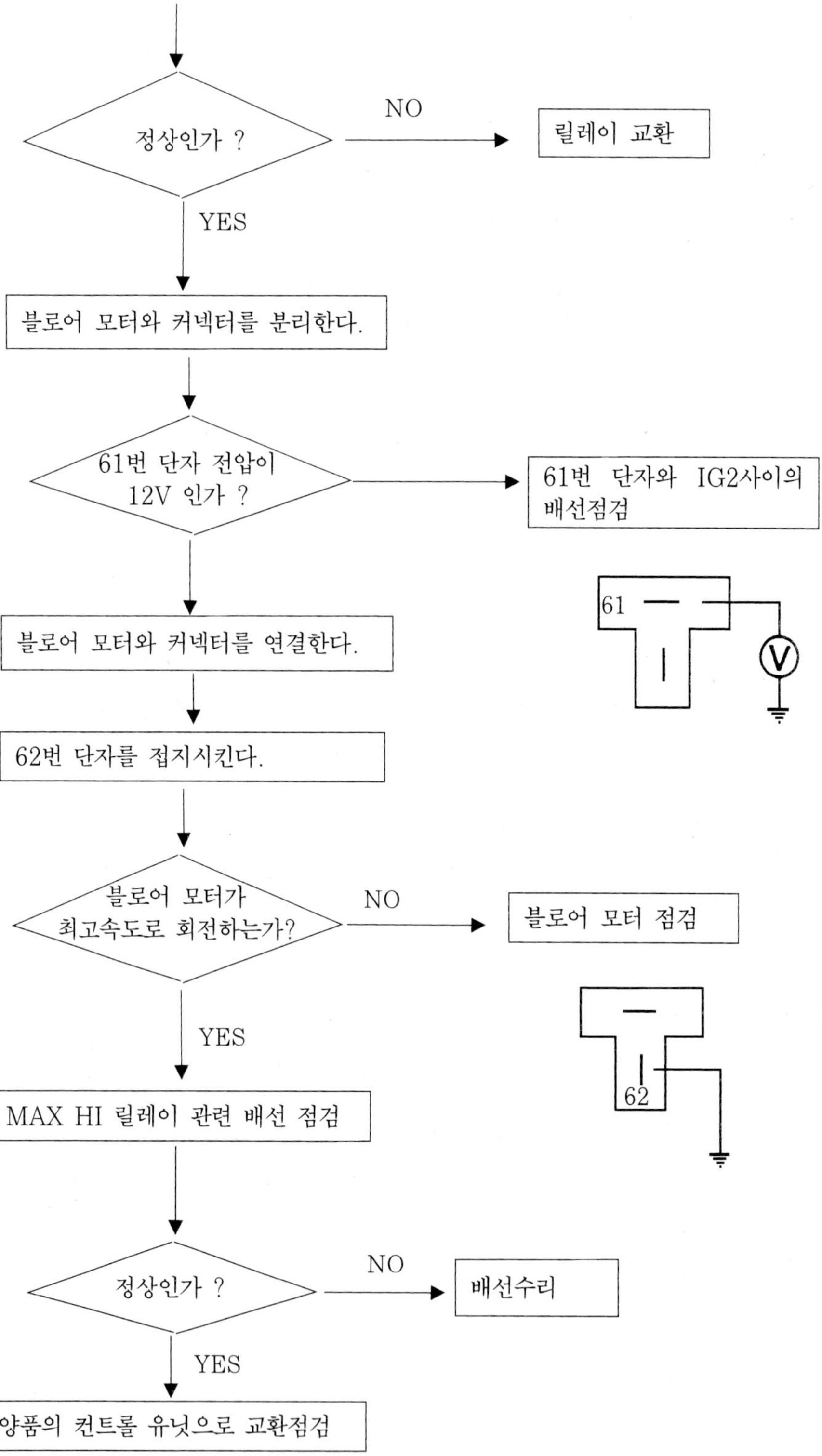
정상인가 ?
NO
릴레이 교환
YES
블로어 모터와 커넥터를 분리한다.
61번 단자 전압이 12V 인가 ?
61번 단자와 IG2사이의 배선점검
61
V
블로어 모터와 커넥터를 연결한다.
62번 단자를 접지시킨다.
블로어 모터가 최고속도로 회전하는가?
NO
블로어 모터 점검
62
YES
MAX HI 릴레이 관련 배선 점검
정상인가 ?
NO
배선수리
YES
양품의 컨트롤 유닛으로 교환점검

② 블로어 모터가 일정속도로만 회전한다.

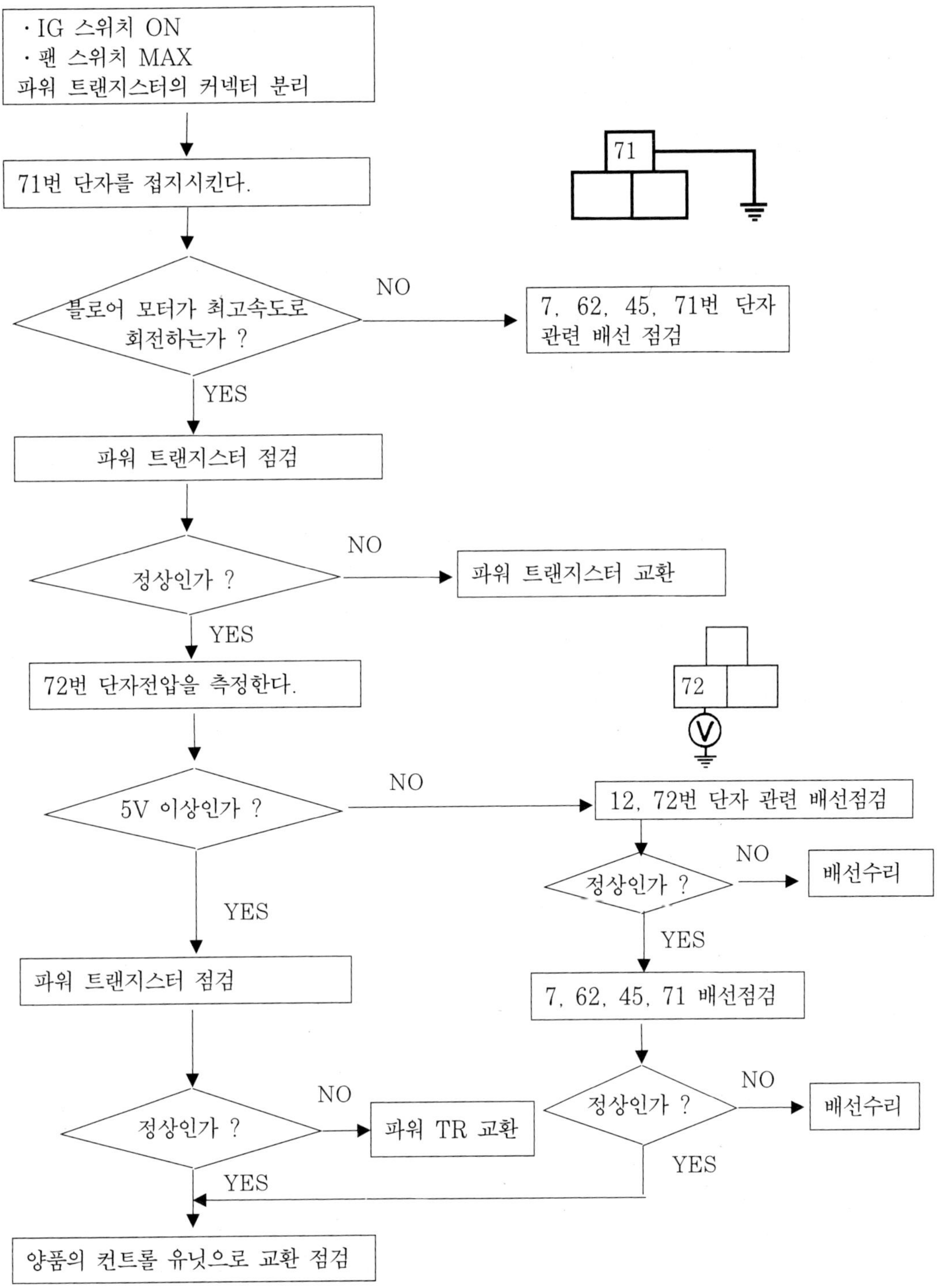

③ 블로어 모터가 MAX HI로만 작동한다.

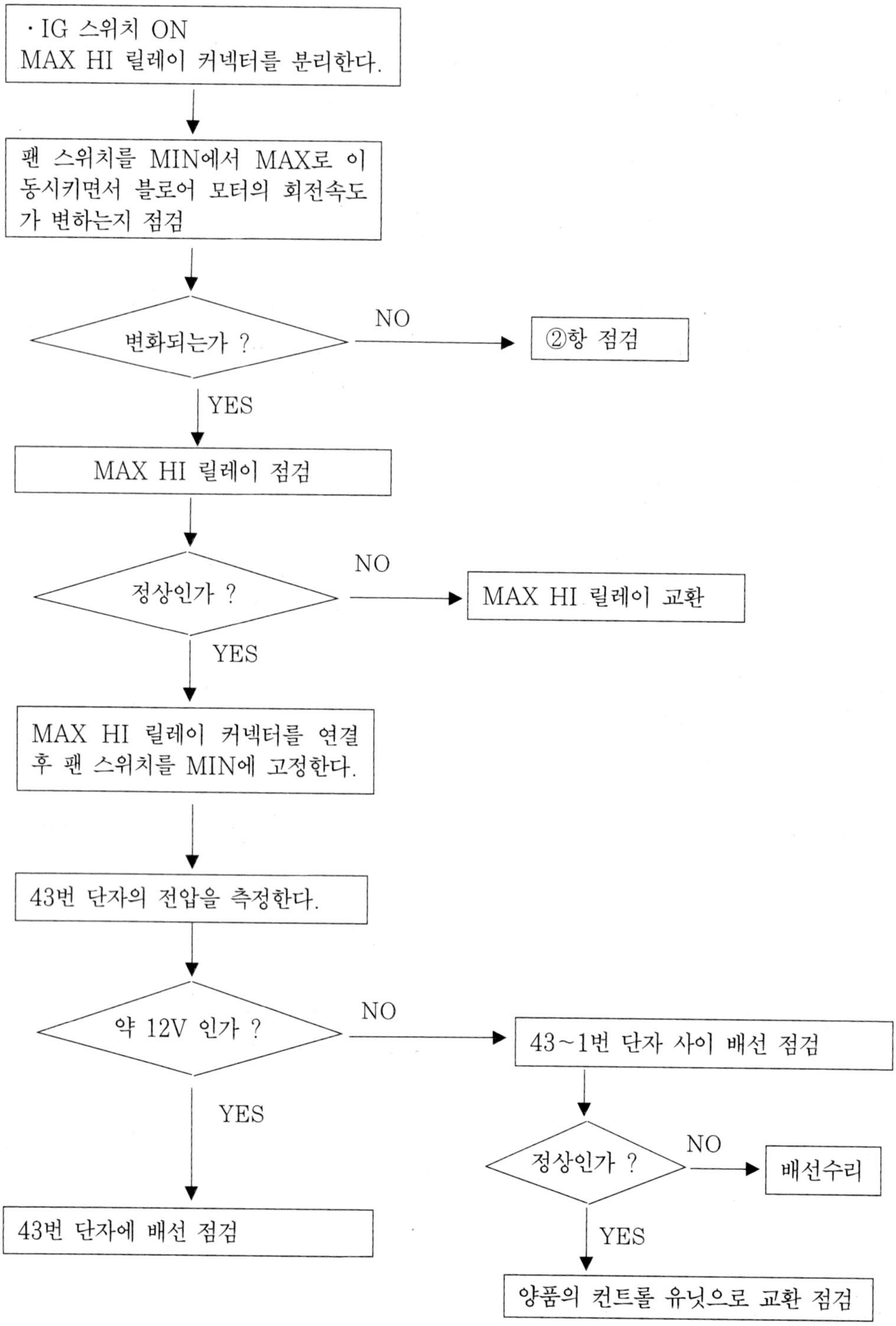

[11] 인테크 액추에이터 점검(진단 11)

내·외기 선택이 되지 않는다.

↓

IG 스위치 OFF 후 컨트롤 유닛의 커넥터를 분리한다.

↓

6번과 7번 단자에 배터리 12V를 극성을 바꾸어 가며 잠깐씩 연결하여 모터의 회전을 점검한다.

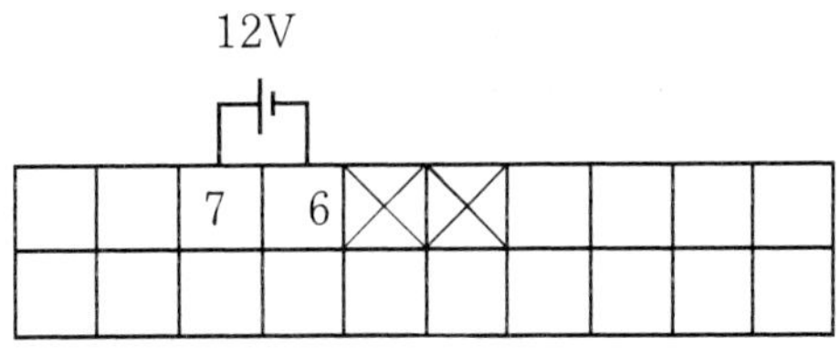

↓

각 방향으로 회전하는가 ?

- NO → 인테이크 액추에이터 단품점검
  - ↓ 정상인가 ?
    - NO → 액추에이터 교환
    - YES → 컨트롤 유닛에서 액추에이터까지 배선 점검
- YES → 11, 12번 단자에서 액추에이터까지 배선 점검

↓

정상인가 ?

- NO → 배선수리
- YES → 양품의 컨트롤 유닛으로 교환 점검

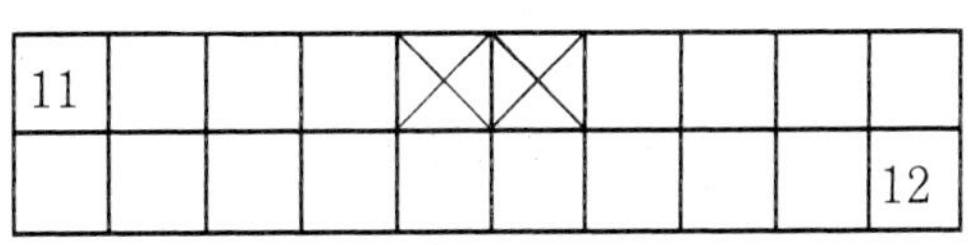

2.3. 고장진단(두원공조)

2.3.1. 센서류의 점검

자기진단 기능에 의한 센서류가 이상으로 진단될 때에는 아래의 흐름도에 따라서 점검을 실시한다.

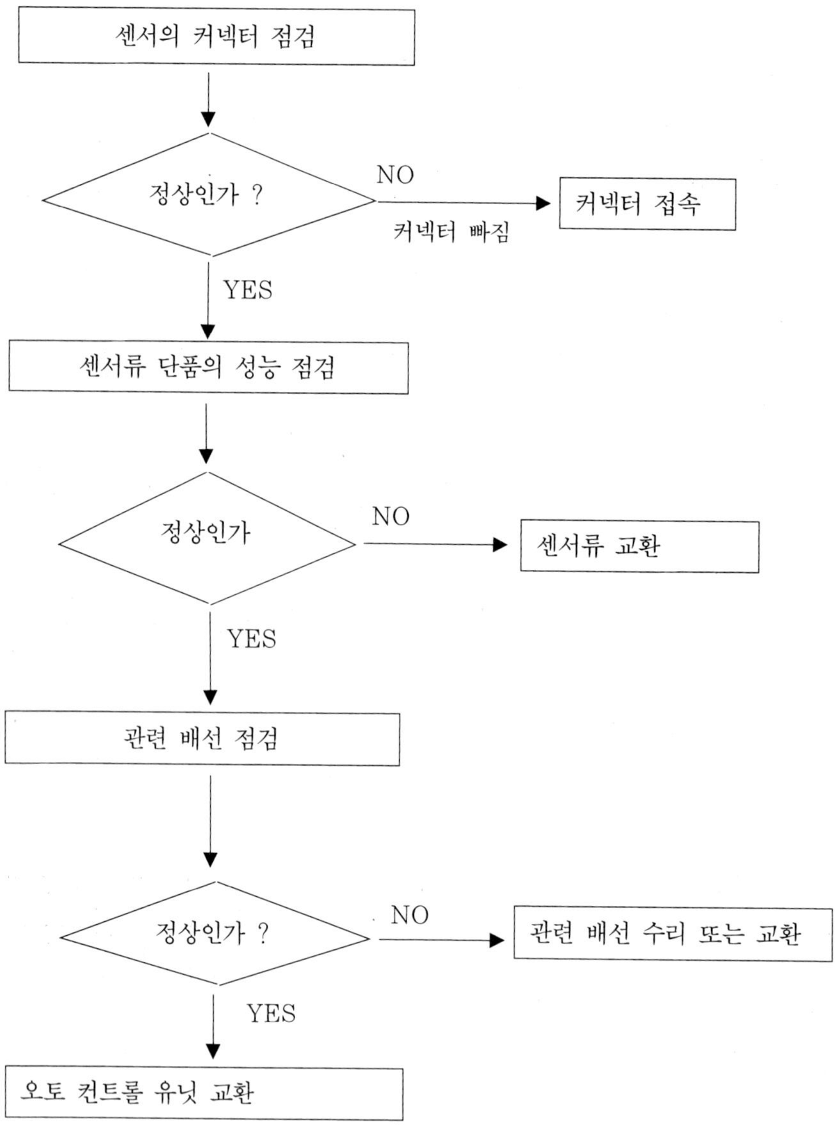

구 분	정상범위	점검방법
실내센서	센서 저항치 곡선 참조	[진단1]
외기센서 YES	센서 저항치 곡선 참조	[진단2]
수온센서	센서 저항치 곡선 참조	[진단3]
퍼텐쇼미터	최대전압치약 5V, 가변 전압치 약 0.5V~4.5V	[진단4]

[1] 실내센서의 점검(진단 1)

센서의 커넥터를 분리하고, 센서측 단자간의 저항값을 측정한다.

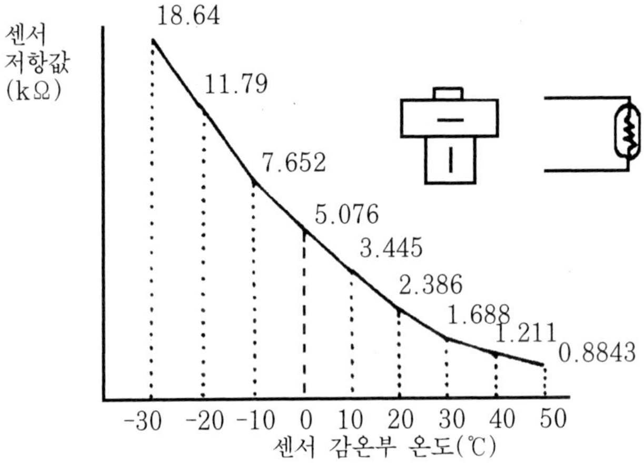

[2] 외기센서의 점검(진단 2)

센서의 커넥터를 분리하고, 센서측 단자간의 저항값을 측정한다.

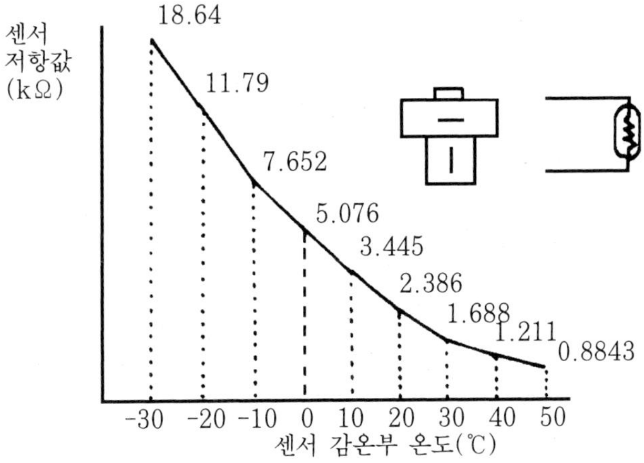

[3] 수온센서의 점검(진단 3)

센서의 커넥터를 분리하고, 센서측 단자간의 저항치를 측정한다.

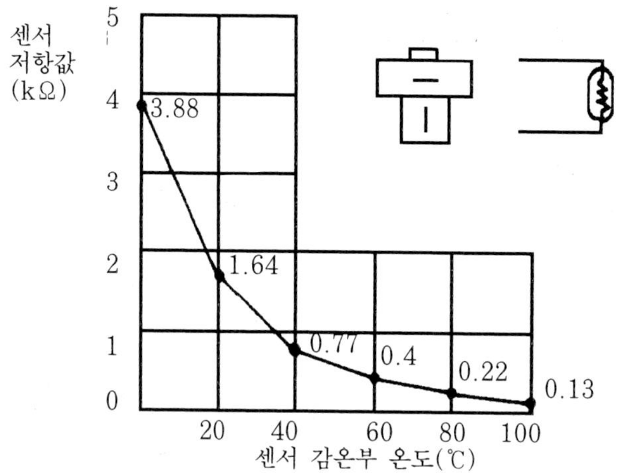

[4] 포텐쇼미터의 점검(진단 4)

① IG 스위치를 ON한다.

② 포텐쇼미터의 최대 전압치, 가변 전압치를 컨트롤 유닛, 커넥터 Ⓐ에서 측정한다.

㉮ 최대 전압치 J⊕ ~ Q⊖ 간 약 4.1V

㉯ 가변 전압치 B⊕ ~ Q⊖ 간 약 0.2V ~3.9V

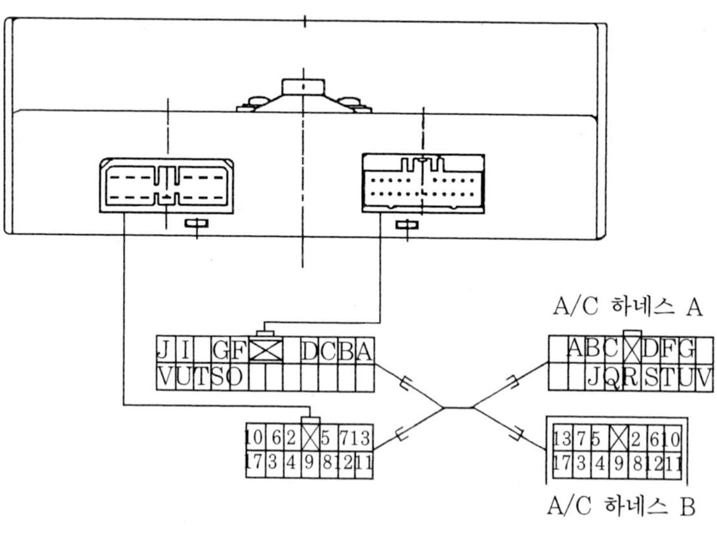

[출력계의 점검]

점검내용	확인 포인트	이상시 점검
인테이크 도어	풍절음의 변화(청각)	[진단5]
모드 도어	바람의 토출구 변화(손)	[진단6]
에어믹스 도어	토출 온도의 변화 (손)	[진단7]
컴프레서	마그네틱 클러치의 작동음(청각)	[진단8]
블로어 모터	토출 풍량의 변화(손, 귀)	[진단9]

[5] 인테크 액추에이터 점검(진단 5)

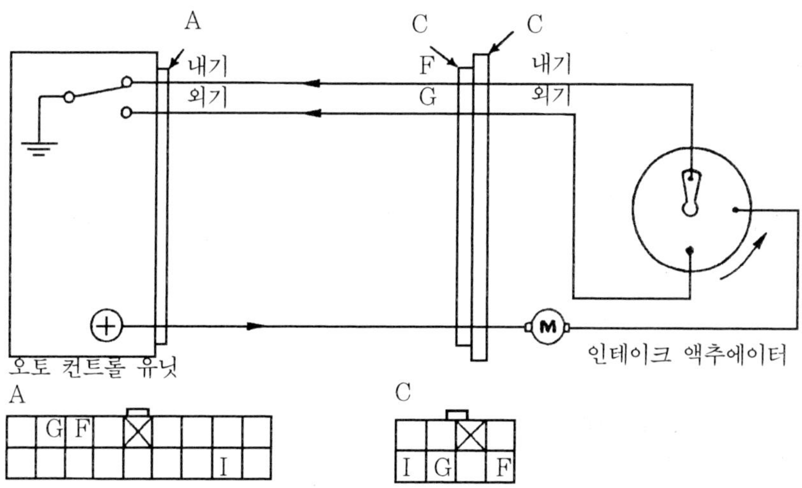

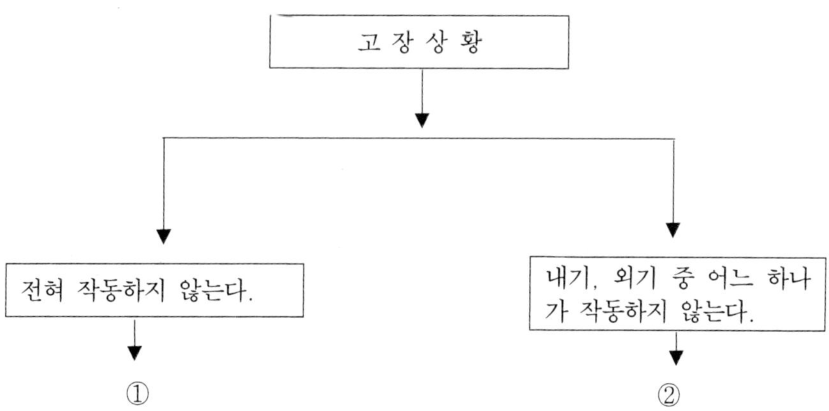

① 전혀 작동하지 않는다.

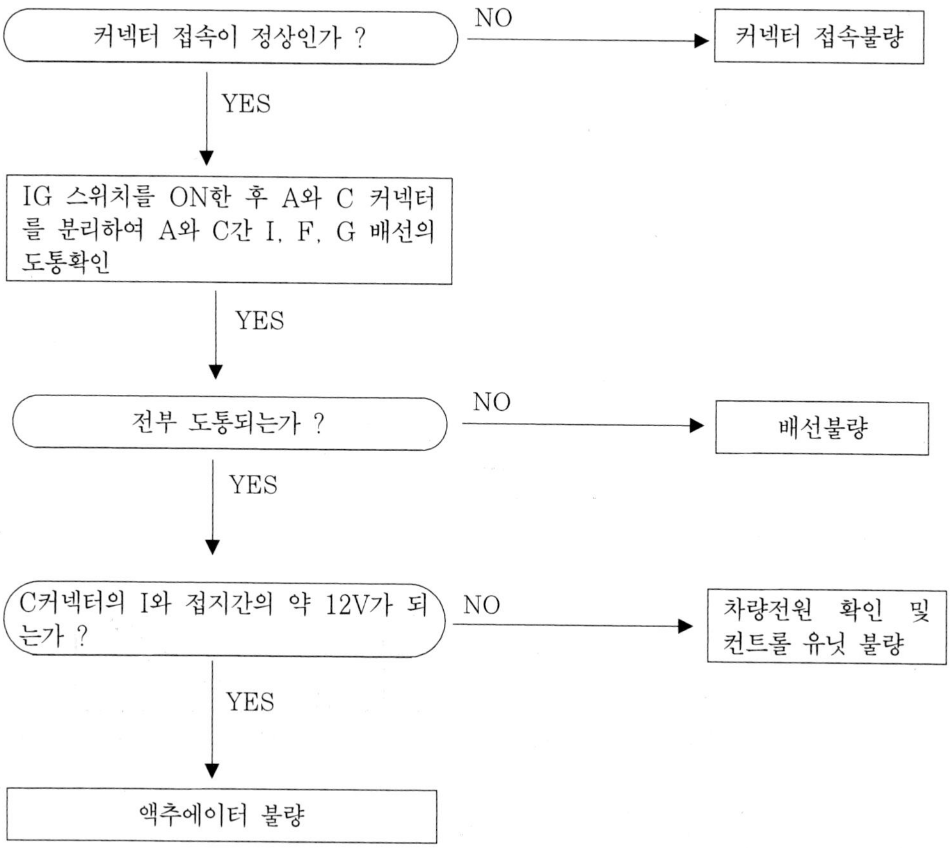

커넥터 접속이 정상인가 ?
NO
커넥터 접속불량
YES
IG 스위치를 ON한 후 A와 C 커넥터를 분리하여 A와 C간 I, F, G 배선의 도통확인
YES
전부 도통되는가 ?
NO
배선불량
YES
C커넥터의 I와 접지간의 약 12V가 되는가 ?
NO
차량전원 확인 및 컨트롤 유닛 불량
YES
액추에이터 불량

② 내기, 외기 중 어느 하나가 작동하지 않는다.

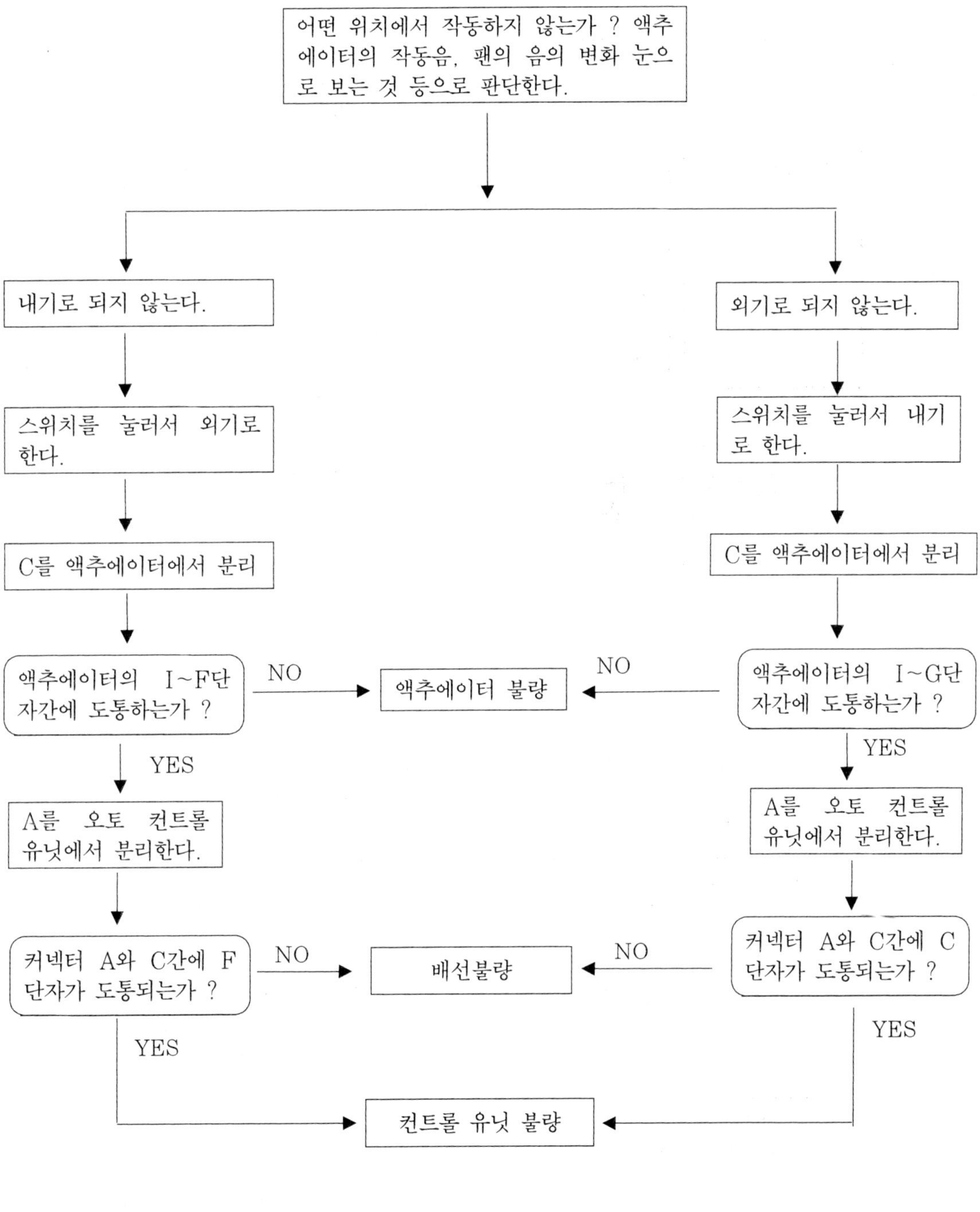

[6] 모드 액추에이터의 점검(진단 6)

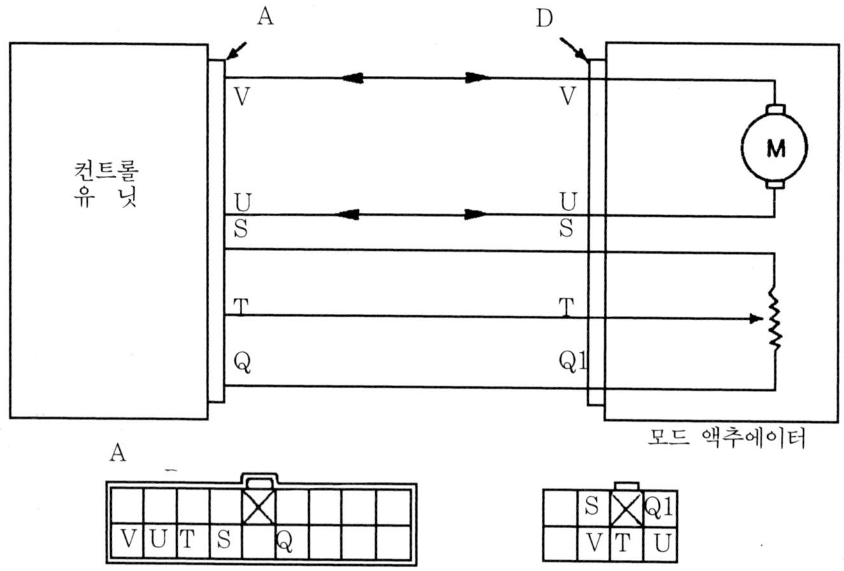

고 장 상 황

↓

액추에이터가 오작동하거나 전혀 움직이지 않는다.

자 기 진 단 실 시

↓

A/C 램프가 작동하는가 ? — YES → 포텐셔미터 점검

↓ NO

모든 스위치를 벤트에서 디프까지 변화 시킬 때 액추에이터는 움직이는 가 ? — NO → A로

↓ YES

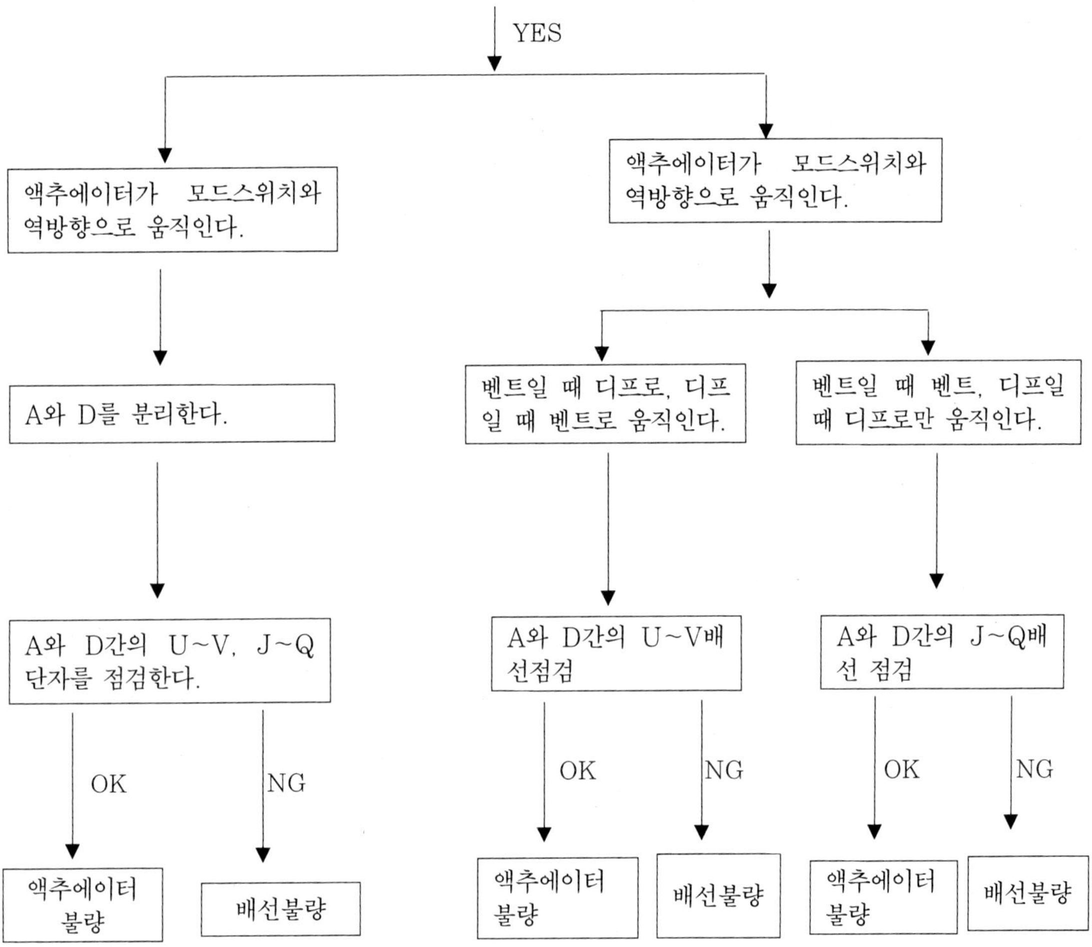
YES
액추에이터가 모드스위치와 역방향으로 움직인다.
액추에이터가 모드스위치와 역방향으로 움직인다.
A와 D를 분리한다.
벤트일 때 디프로, 디프일 때 벤트로 움직인다.
벤트일 때 벤트, 디프일 때 디프로만 움직인다.
A와 D간의 U~V, J~Q 단자를 점검한다.
A와 D간의 U~V배선점검
A와 D간의 J~Q배선 점검
OK
NG
OK
NG
OK
NG
액추에이터 불량
배선불량
액추에이터 불량
배선불량
액추에이터 불량
배선불량

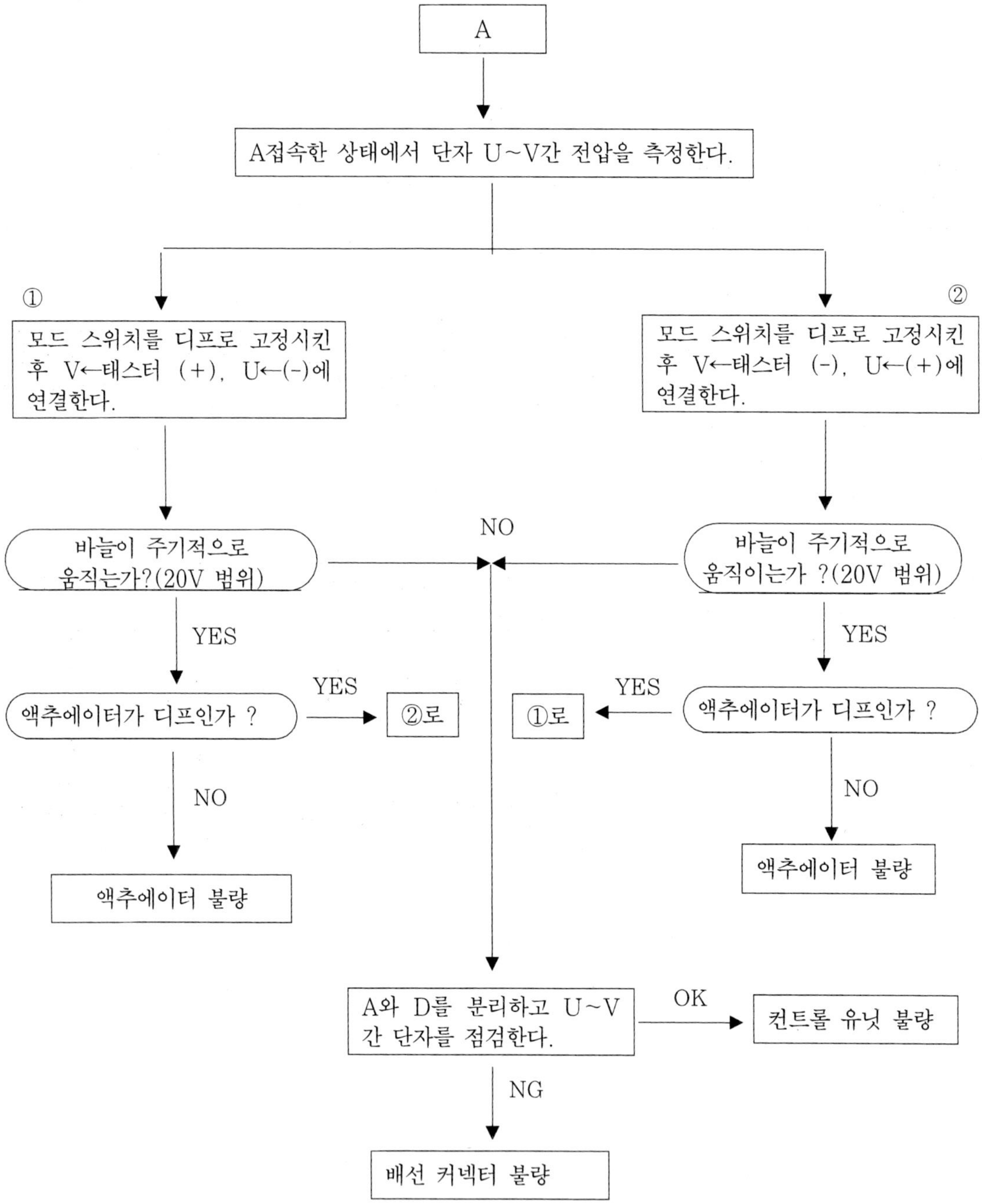
A
A접속한 상태에서 단자 U~V간 전압을 측정한다.
①
모드 스위치를 디프로 고정시킨 후 V←태스터 (+), U←(-)에 연결한다.
②
모드 스위치를 디프로 고정시킨 후 V←태스터 (-), U←(+)에 연결한다.
바늘이 주기적으로 움직는가?(20V 범위)
NO
바늘이 주기적으로 움직이는가 ?(20V 범위)
YES
YES
액추에이터가 디프인가 ?
YES
②로
①로
YES
액추에이터가 디프인가 ?
NO
NO
액추에이터 불량
액추에이터 불량
A와 D를 분리하고 U~V간 단자를 점검한다.
OK
컨트롤 유닛 불량
NG
배선 커넥터 불량

[7] 믹스 액추에이터 점검(진단 7)

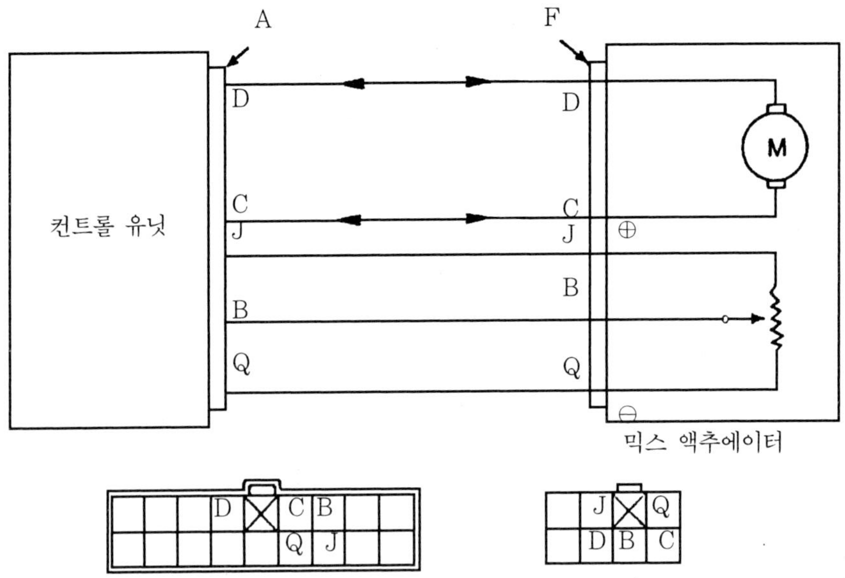

고 장 상 황

액추에이터가 전혀 작동하지 않는다. → ①

액추에이터가 FULL COOL, FULL HEAT에서만 정지한다. → ②

① 액추에이터가 전혀 작동하지 않는다.

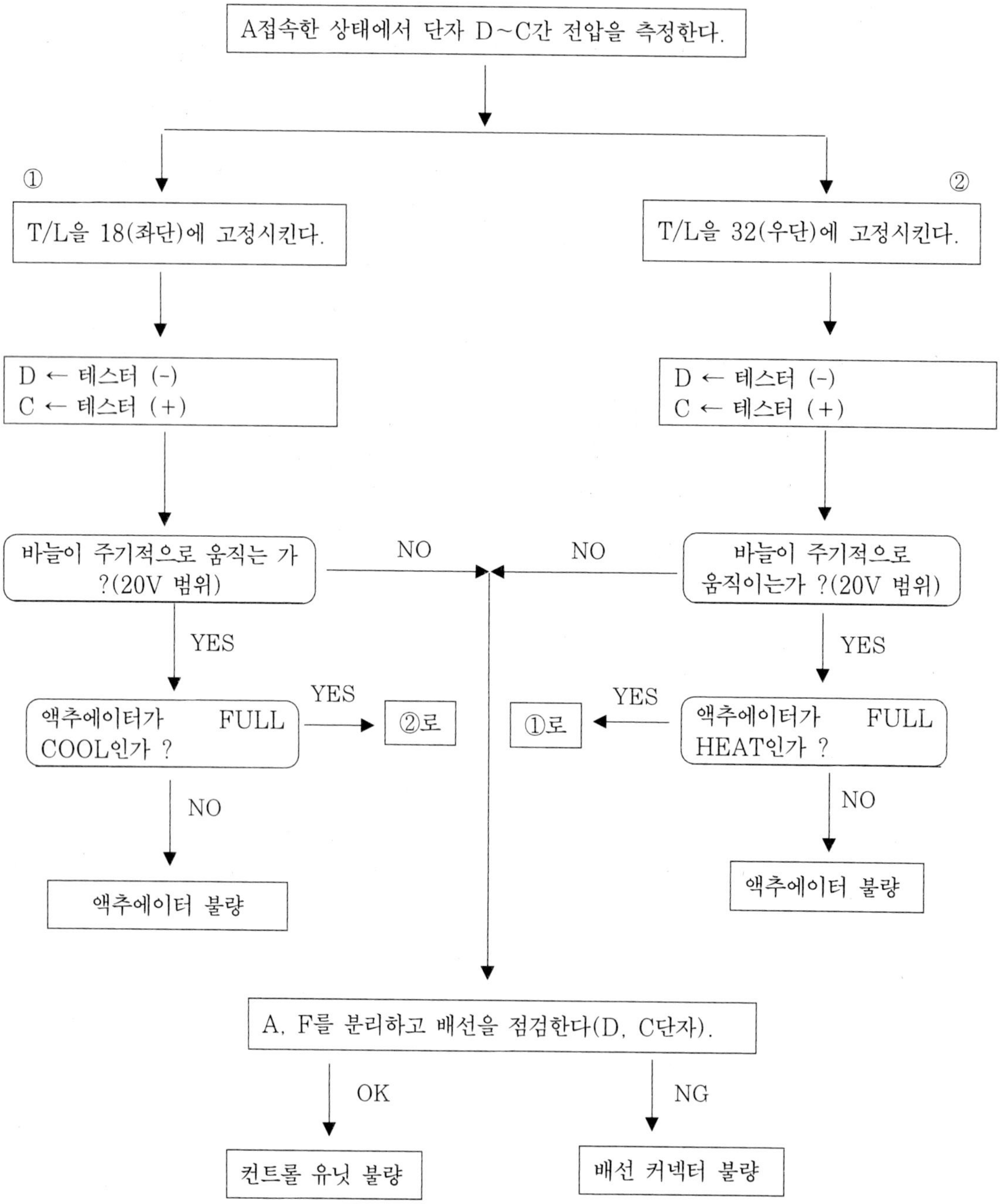

② 액추에이터가 FULL COOL, FULL HEAT에서만 정지하거나 오작동 한다.

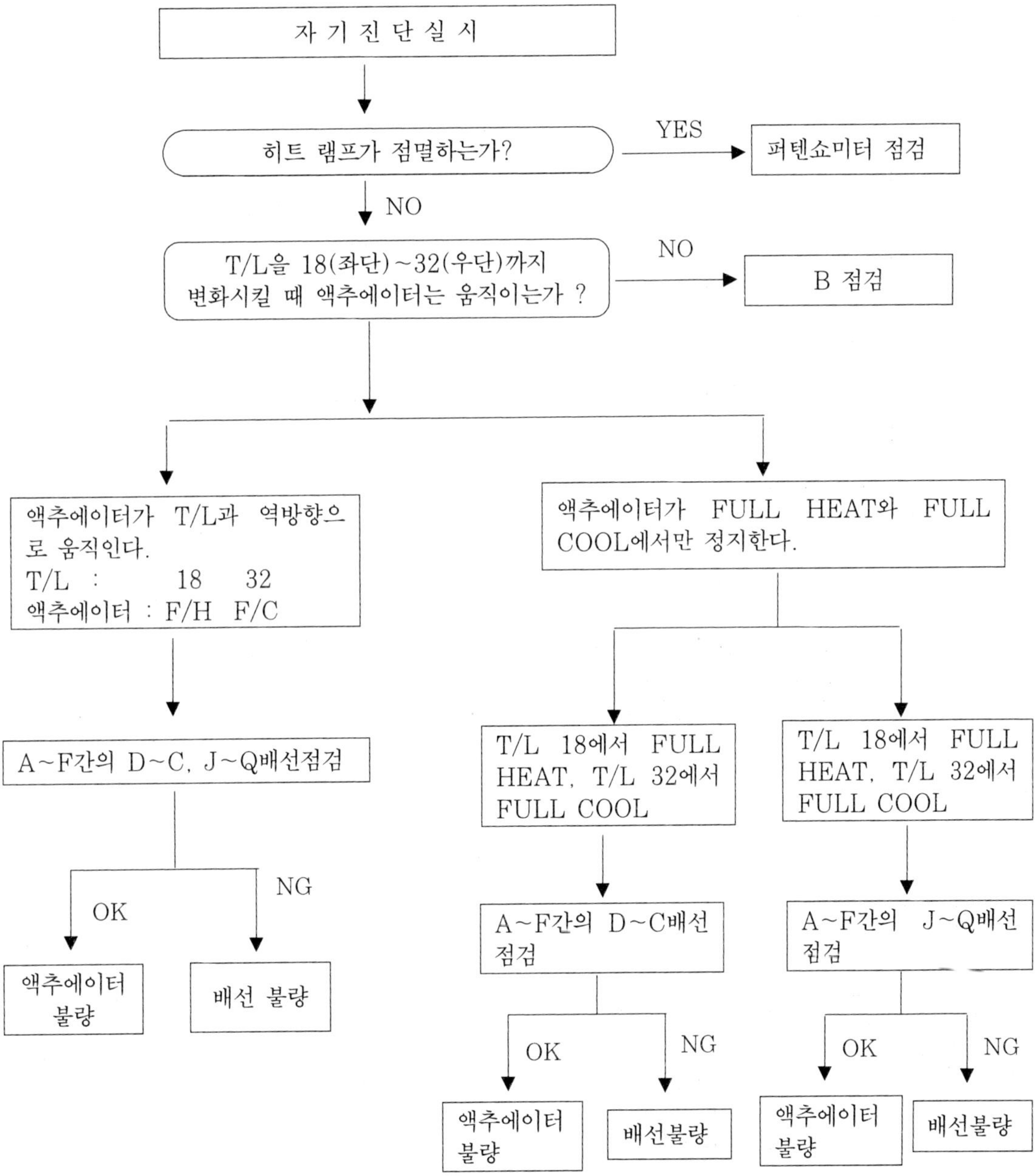

[8] 팬모터의 점검(진단 8)

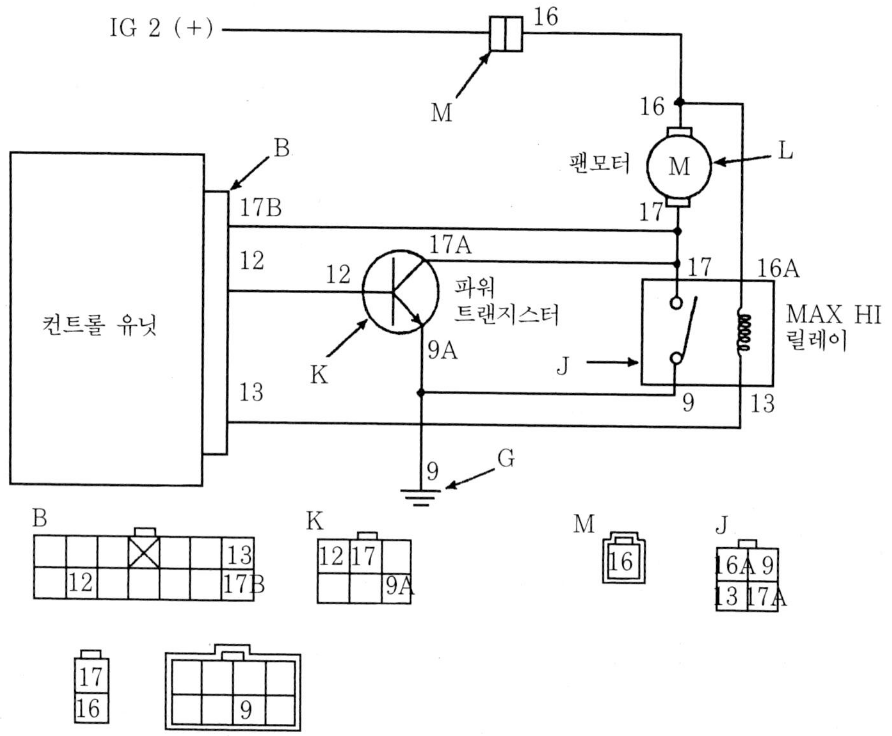

고 장 상 황

팬이 전혀 작동하지 않는다. → ①

팬스위치가 MAX시에만 팬이 회전하지 않거나 MAX HI로 되지 않는다. → ②

팬스위치가 MAX 이외(AUTO 또는 매뉴얼)에서 팬이 회전하지 않는다. → ③

팬스위치가 OFF에서 팬이 정지하지 않는다. → ④

① 팬이 전혀 작동하지 않는다.

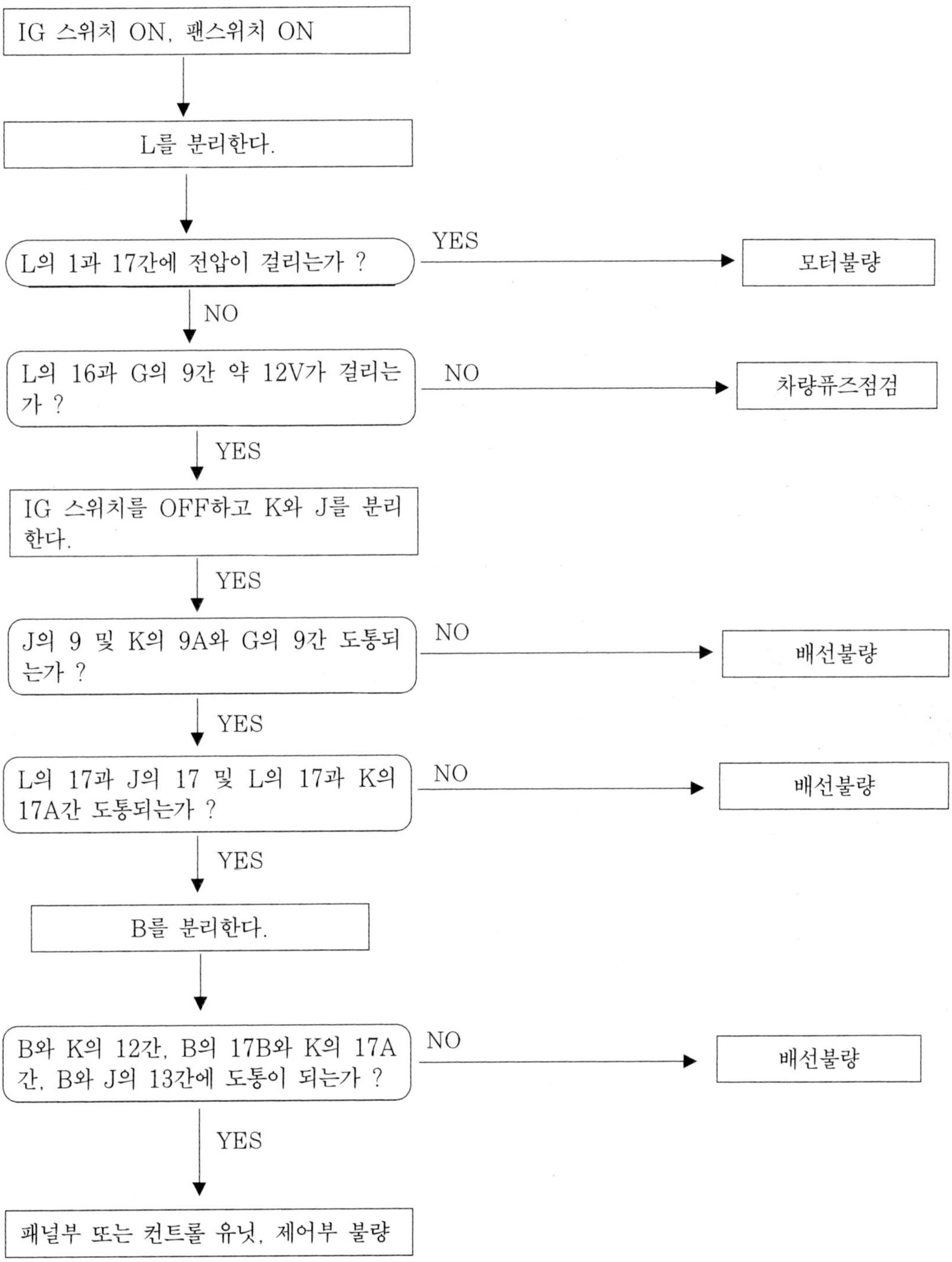

② 팬 스위치가 MAX 시에만 팬이 회전하지 않거나 MAX HI로 되지 않는다.

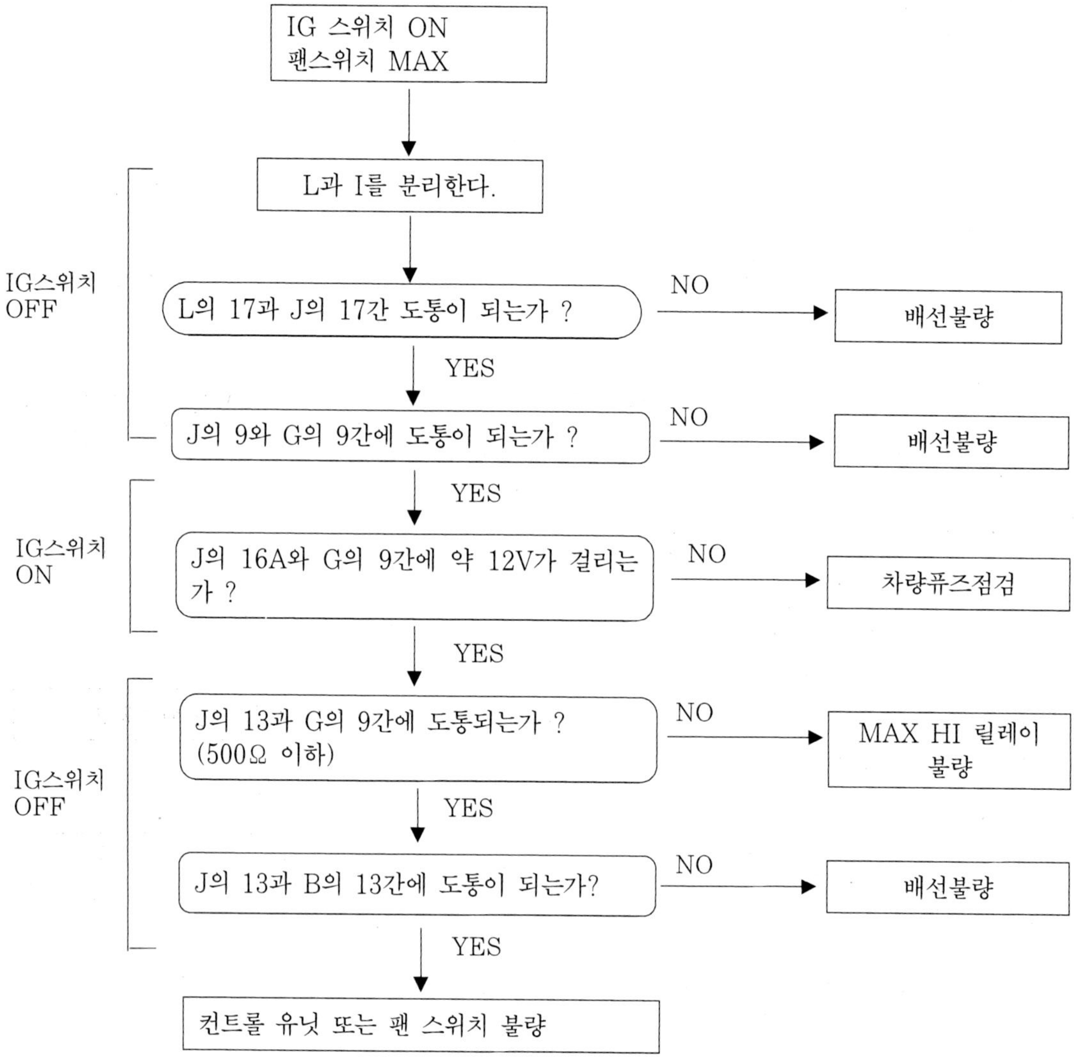

③ 팬 스위치가 MAX 이외(AUTO 또는 매뉴얼)에서 팬이 회전하지 않는다.

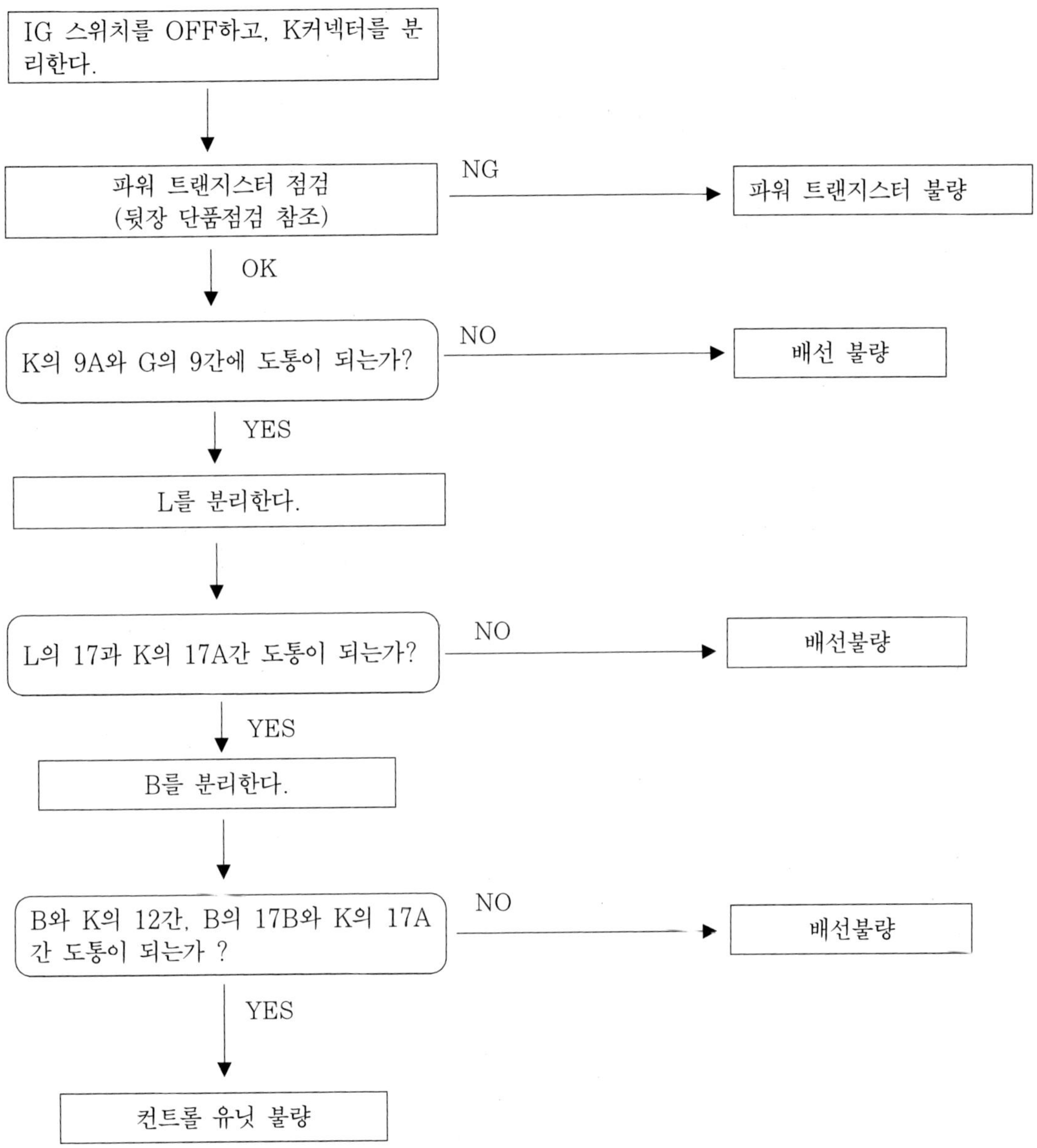

④ 팬 스위치가 OFF에서 팬이 정지하지 않는다.

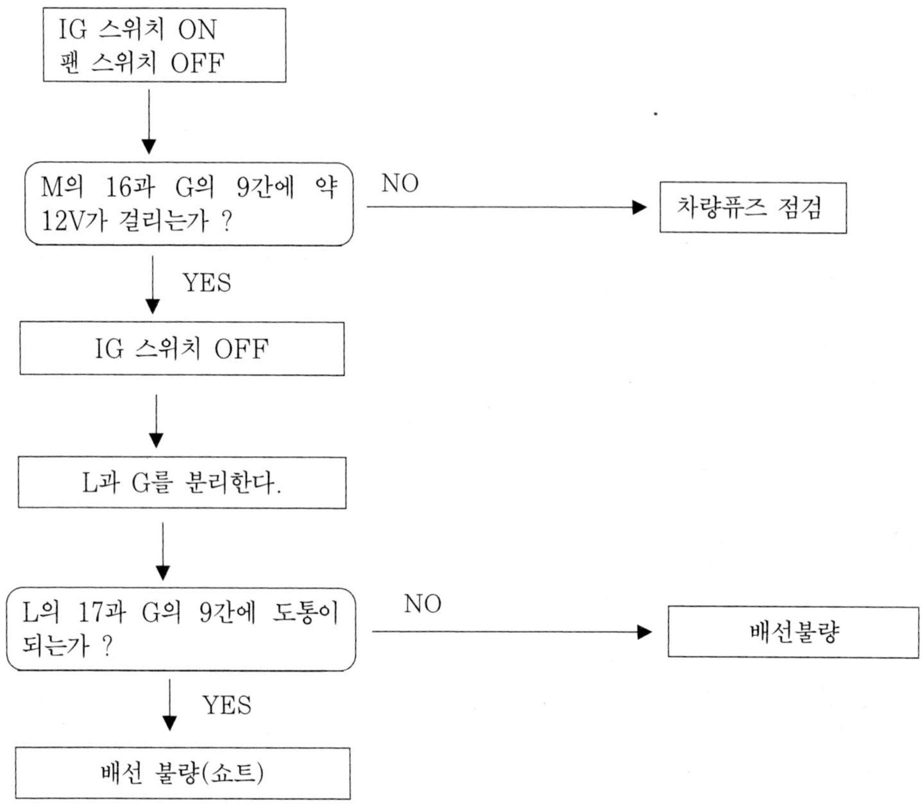

[9] 컴프레서의 점점(진단 9)

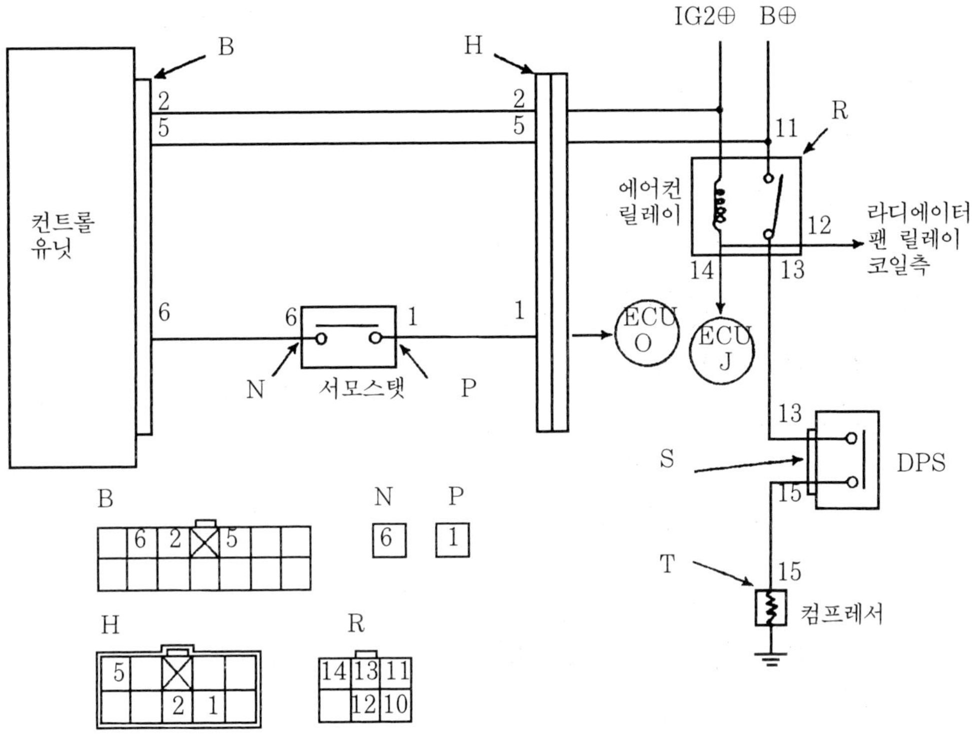

N, P, S, T는 정상인가 ? → NO → 커넥터 접속불량

↓ YES

IG 스위치 ON
팬 스위치 ON
에어컨 스위치 ON

↓

T의 15와 차체간에 약 12V가 걸리는가 ? → YES → 마그네틱 클러치 불량

↓ NO

S를 분리한다.

↓

↓

S의 13과 차체간에 약 12V가 걸리는가 ?
- YES → 냉매부족 또는 압력스위치 불량
- NO ↓

S를 접속한다.

↓

R의 10, 11과 차체간에 약 12V가 걸리는가 ?
- NO → 차량배선불량
- YES ↓

R의 13과 차체간에 약 12V가 걸리는가 ?
- NO → A/C릴레이 불량 또는 엔진 ECU 불량
- YES ↓

N과 P를 분리한다.

↓

서모스탯 6과 1간에 도통이 되는가 ?
- NO → 서모스탯 불량
- YES ↓

B와 N간의 6이 도통이 되는가 ?
- NO → 배선불량
- YES ↓

P와 H간의 1이 도통이 되는가 ?
- NO → 배선불량
- YES ↓

H를 분리한다.

↓

커넥터 H에서 2에 테스터 (+), 1에 테스터 (-)를 접속할 때 약 12V가 걸리는가 ?
- YES → 차량 배선불량 또는 ECU 불량
- NO ↓

컨트롤 유닛

2.3.2. 파워 트랜지스터 단품검사

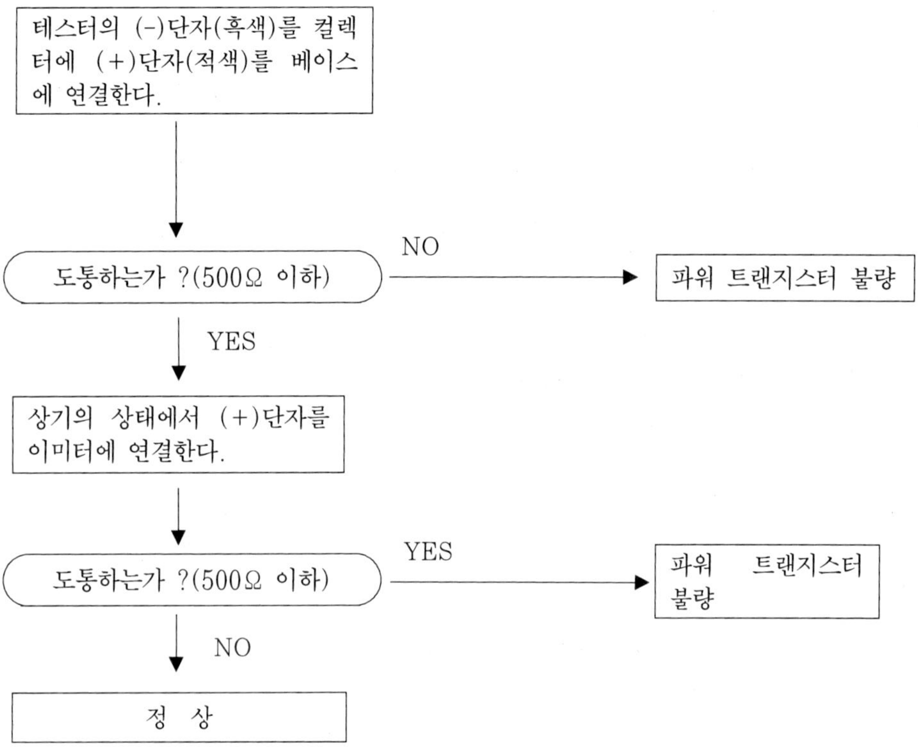

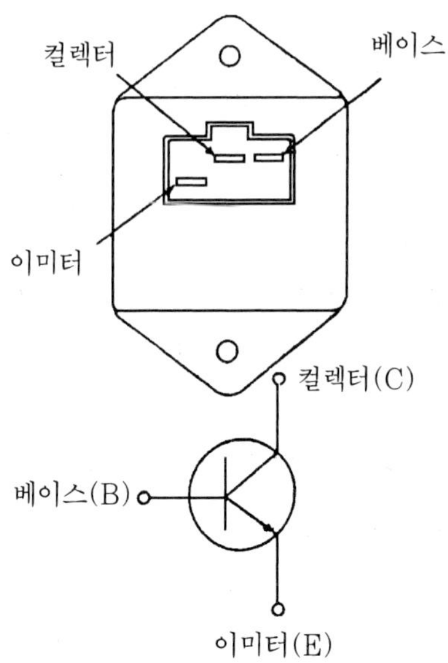

2.4. 고장 유형별 점검방법

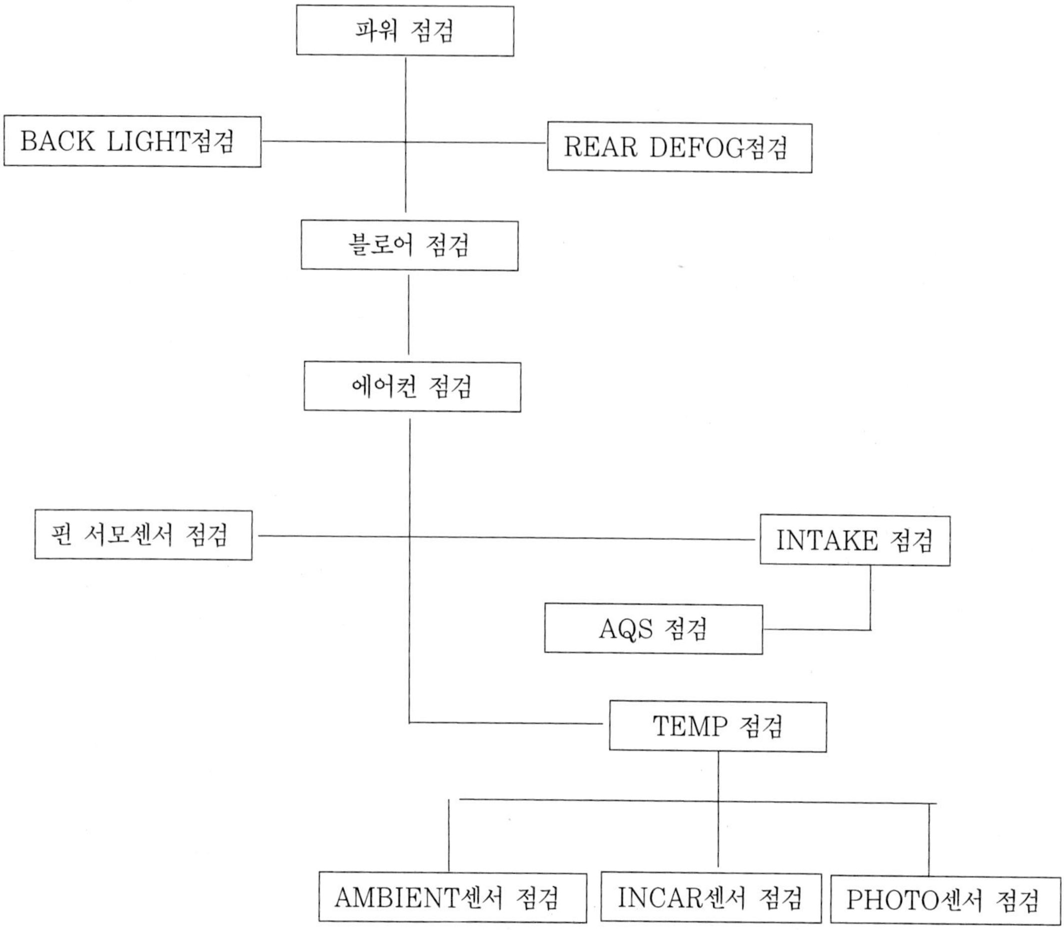

위의 CHART에서 보는 바와 같이 FACT 컨트롤러는 그 기능이 서로 얽혀 있기 때문에 어떠한 한 현상이 나타난다고 해서 불량원인이 이것 때문이라고 단정지어 말할 수 없다. 실력 있는 정비를 하려고 한다면 불량현상이 일어날 수 있는 모든 가능성을 염두해 두고 정비를 해 나가야한다.

여기서 소개하는 고장 유형별 점검방법에서 그 유형을 모두 소개할 수 없지만 FATC의 구동원리와 점검방법을 소개하고자 한다.

2.4.1. 전원 공급부분 점검

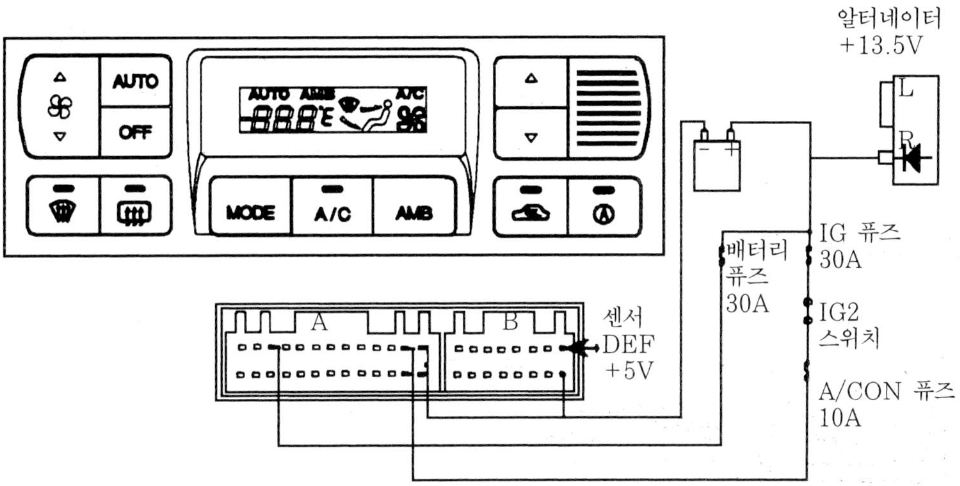

[1] 작동회로 설명

(1) 이그니션 키 OFF시의 전원공급

엔진룸 정션 박스 전원 공급용 퓨즈 30A를 거쳐 실내 정션 박스에 B+전원이 공급되면 NO25번 퓨즈 10A를 통해 FATC A 커넥터 3번 단자로 들어온다. 이와 같이 공급받은 B+ 전원의 FATC는 메모리 기능을 수행하게 된다.

(2) 이그니션 ON시 전원공급

배터리 전원은 BOX IG2를 거쳐 실내 정션 박스 NO12퓨즈 10A를 통해 FATC A 커넥터 12번과 25번으로 들어온다. IG2전원은 FATC를 작동시키기 위한 전원이다.

[2] 고장유형 및 점검방법

불량유형	불량원인	점검방법
IGNITION ON시 메모리 기능불량	배터리 전원 공급 불량	이그니션 OFF후 위 그림의 ← 배터리부분의 전압을 측정한다. · 10V 이상 이면 FATC 커넥터 부위를 점검하고 이상이 없으면 컨트롤러 내부 결함이다. · 10V 이하이면 위의 그림에 나타난 배터리 전원단의 퓨즈나 배선접촉상태를 점검한다.

불량유형	불량원인	점검방법
IGNITION ON시 시스템작동 불량	IG2전원공급 불량	이그니션 ON후 위 그림의←IG2부분의 전압을 측정한다. · 10V 이상 이면 FATC 커넥터 부위를 점검하고 이상이 없으면 컨트롤러 내부 결함이다. · 10V 이하이면 위의 그림에 나타난 IG2 전원단의 퓨즈나 배선접촉 상태를 점검한다.

2.4.2. 백라이트 부분 및 뒷 열선부분 점검

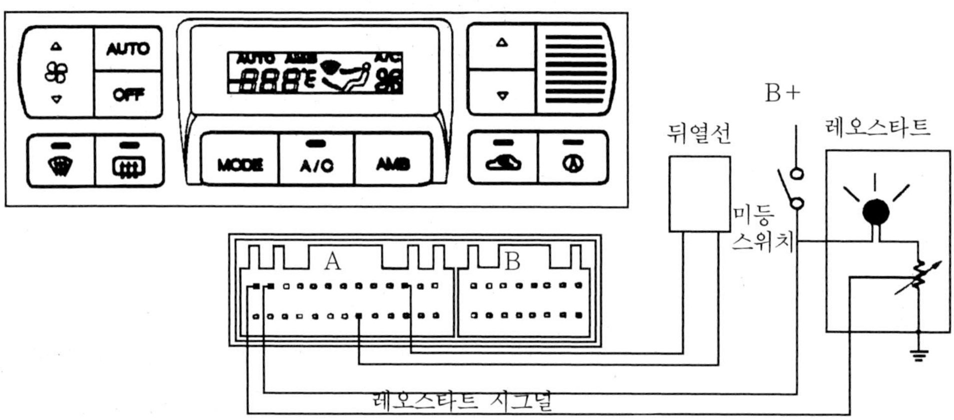

[1] 작동회로 설명

(1) 백라이트 조명제어

이그니션 ON후에 미등스위치를 ON하면 배터리 전원(12V)이 FATC A커넥터 2번 단자로 들어온다. 이와 같이 공급받은 전원은 FATC 내부에 있는 전구를 통하여 A커넥터 1번 단자로 나와서 레오스타트로 들어가 레오스타트 저항감소에 따라 에어 컨트롤 판넬의 액정 밝기가 조절된다.

(2) 뒷열선 인디게이터 점등

이그니션 ON후 뒷 열선 스위치를 누르면 FATC A커넥터 21번지 단자가 접지가 되면서 ETACS에 신호를 보내주면 뒷 열선이 작동되고 ETACS에서 FATC A커넥터 11번 단자에 12V가 인가되면서 뒷 유리열선 스위치의 인디케이터가 점등된다.

[2] 고장유형 및 점검방법

불량유형	불량원인	점검방법
미등스위치 ON시 BACK LIGHT가 부분적으로 불량	FATC내 BULB 점등 불량	
미등스위치 ON시 BACK LIGHT가 전체적으로 불량	LIGHT 전원공급 불량	라이트스위치 ON후 위 그림의↑ TAIL LAMP 전압을 측정한다. ·10V 이상 이면 FATC 커넥터부위를 점검하고 이상이 없으면 위 그림의 ↑ RHEOSTAT SIGNAL 전압을 측정한다. ·8V 이상이면 RHEOSAT쪽 배선과 RHEOSTAT를 점검한다. ↑ TAIL LAMP전압이 1V이하이면 TAIL LAMP배선을 점검한다.
REAR DEFOG 스위치 ON시 REAR DEFOG가 작동을 하지 않는 불량	REAR DEFOG 작동불량	REAR DEFOG 스위치를 ON한 상태에서 ← REAR DEFOG 전압을 측정한다. 0V 이면 REAR DEFOG를 점검한다.

2.4.3. 블로어 부분 점검

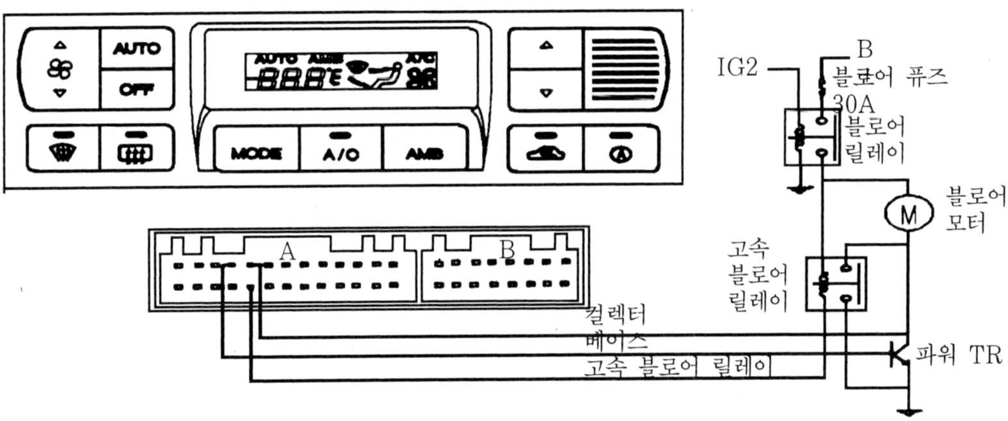

[1] 작동회로 설명

(1) 블로어 모터 제어

블로어는 AUTO모드시는 자동제어됨으로 점검하기가 어려우므로 블로워 수동 상태를 설명한다. 블로워는 버튼 조작에 따라 1단에서 7단까지 제어된다.

이그니션을 ON하면 블로워 릴레이가 ON되어 IG2 전원이 모터를 거쳐 파워 TR의 컬렉터까지 공급되고 FATC의 제어에(1단~7단까지 선택) 따라 FATC A커넥터 4단자에서 파워 TR의 베이스단에 1V에서 1.4V까지 전압을 인가하고 이때 파워 TR의 컬렉터로 공급되는 전압을 FATC 커넥터 5번 단자의 제어에 따라 블로워 모터 양단 전압이 결정되어 구동하게 된다. FATC에서 7단으로 제어시는 FATC A커넥터 18단자가 접지(OV)되고 HI블로어 릴레이가 ON되어 고속 7단으로 제어된다.

[2] 고장유형 및 점검방법

불량유형	불량원인	점검방법
블로어 MANUAL에서 풍량불량	POWER/TR불량	위 그림의 블로어 모터 양단간 전압을 체크한다(1단: 3.8V, 2단: 5.3V, 3단: 6.7V, 4단: 8.1V, 5단 : 9.5V, 6단 : 10.6V, 7단 : 13.5V(HI-릴레이 작동). 각 단마다 전압을 측정하고 ±0.6V이상 차이가 나면 파워 TR을 점검한다.
OFF 스위치를 눌렀는데도 블로어 풍량이 토출됨	POWER/TR불량	
블로어 수동 선택과 상관없이 일정한 풍량이 토출됨	POWER/TR불량 FATC내부결함	
HI 블로어 릴레이 작동불량	HI BLOWER RELAY 전원공급불량	BLOWER 7단을 선택한 후 ← HI블로워 릴레이 전압을 측정한다. 0V이면 HI 블로어 릴레이의 상태와 배선 연결상태를 점검한다. 5V 이상이면 FATC내부 결합니다.

2.4.4. 에어컨 부분 점검

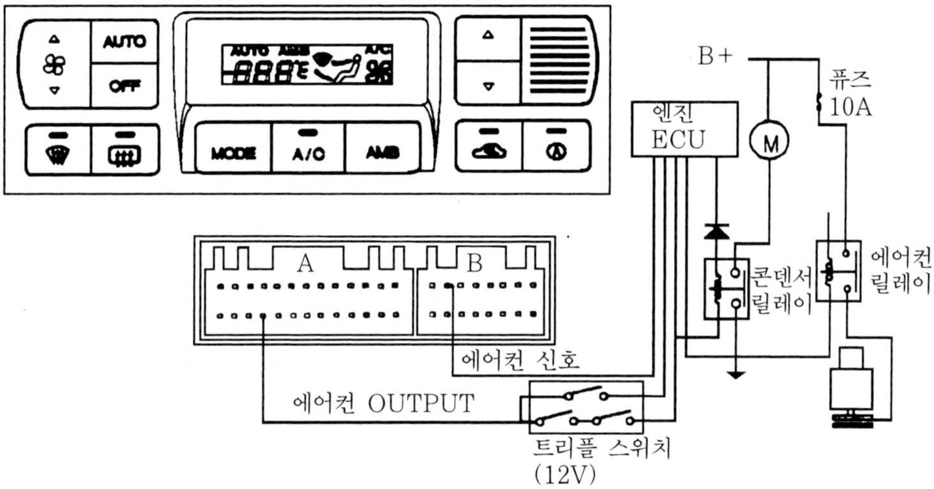

[1] 작동회로 설명

(1) 콤프레셔작동

이그니션 ON후 에어컨 스위치를 누르면 FATC A커넥터 17번 단자에서 12V가 출력된다. 이 신호는 트리플 스위치를 거쳐 엔진 ECU C13번 단자로 입력되어 이 신호를 엔진 ECU는 A커넥터 21번 단자를 접지시켜 에어컨 릴레이가 ON되므로 해서 에어컨 콤프레셔 클러치가 작동하게 된다. FATC A커넥터 17번 단자 제어는 핀 서모센서에 의해 제어된다.

[2] 고장유형 및 점검 방법

불량유형	불량원인	점검방법
A/CON 스위치를 ON하여도 A/CON 바람이 차내로 토출하지 않음	A/C OUTPUT 출력 불량	A/CON 스위치를 ON한 다음 위 그림의 FATC 커넥터 A-17단자의 전압을 측정한다. 9V 이상이면 TRIPLE SW, A/C 릴레이, 엔진 ECU와 주변 배선을 점검한다.
		A/CON 스위치를 ON한 다음 위 그림의 FATC 커넥터 A-17단자의 전압을 측정한다. 1V 이하이면 에바센서 입력을 점검한다.
	에바센서(핀서모센서) 입력불량	핀 서모센서가 OPEN이나 SHORT 되었거나, 핀 서모센서가 입력단의 전압이 2.9V 이상(0.5℃ 이하)이면 A/CON 출력이 되지 않는다.

2.4.5. 내 • 외기(INTAKE) 전환 부분 및 AQS 부분 점검

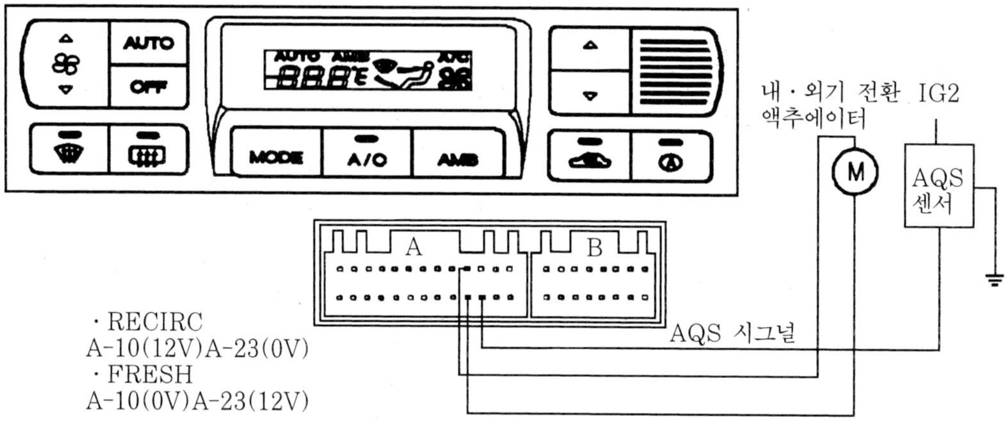

[1] 작동회로설명

(1) 내·외기 전환 모터 작동

이그니션 ON 후 스위치로 외기(FRESH)모드로 선택하게 되면 FATC A커넥터 23번 단자에서 12V 출력되고 커넥터 10단자가 접지되어 모터는 외기 방향으로 작동한다.

내기(RECIRC)모드 선택시는 A-10단자가 12V출력되고 A-23번 단자가 접지되어 내기방향으로 모터가 작동된다.

(2) AQSDP 의한 내·외기 전환

AQS스위치 선택시 AQS신호에 따라 자동으로 내. 외기 모드가 자동으로 제어되는데 유해가스 및 악취가스가 기준치 이상이며, AQS시그널 단자에서 LOW(OV)신호를 출력하여 FATC A커넥터 24번 단자로 입력되면 FATC는 내기 모드로 작동하고 기준치 이하이면 HIGH(3V 이상) 신호를 출력하여 A-24번 단자로 입력되면 FATC는 외기 모드로 작동하게 된다.

[2] 고장유형 및 점검 방법

불량유형	불량원인	점검방법
FRESH 모드작동불량	ACTUATOR에 전원공급불량	액추에이터와 연결된 커넥터를 분리한 후 RECIRC 스위치로 FRESH모드를 선택한 후 FATC커넥터 A-23단자의 전압을 측정한다. 9V 이상이면 액추에이터나 주변 배선 상태를 점검하고 9V 이하이면 FATC 내부 결함이다.
RECIRC 모드 작동 불량	액추에이터에 전원 공급 불량	위와 같은 방식으로 RECIRC모드를 선택한 후 FATC 커넥터 A-10단자의 전압을 측정한다. 9V 이상이면 액추에이터나 주변 배선상태를 점검하고 9V 이하이면 FATC내부 결함이다.
AQS 선태기 FRESH 모드나, RECIRC모드로 고정됨	AQS SIGNAL 단자 출력 불량	AQS 스위치를 선택한 후 위 그림의 AQS SIGNAL 단자의 전압을 측정한다. 10분 이상 전압의 변화가 없으면 AQS를 점검한다.

2.4.6. 모드 액추에이터 부분점검

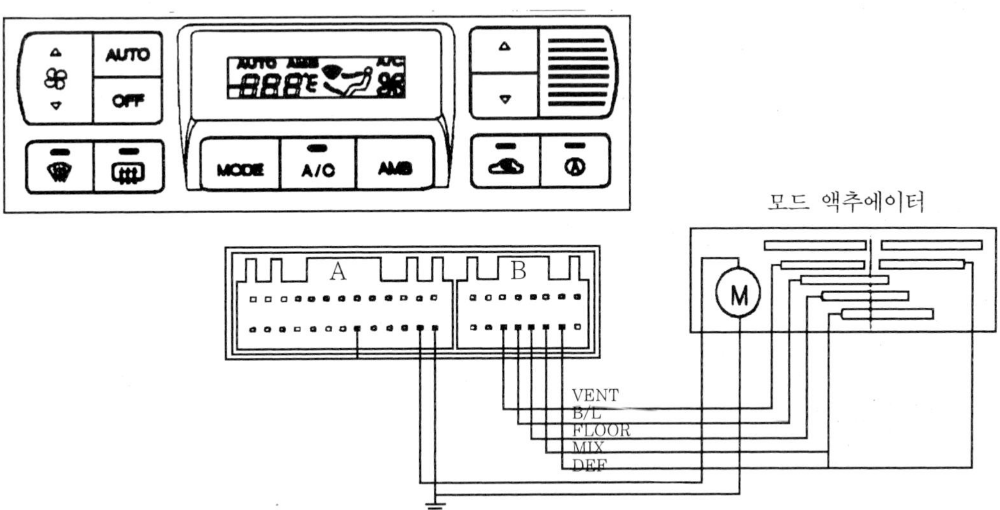

[1] 작동회로 설명

(1) 모드 액추에이터 작동

이그니션을 ON후 모드스위치를 선택하게 되면 VENT→B/L→FLOOR→MIX 순으로 순차적으로 작동하고 DEF모드는 DEF스위치를 선택할 대 순서와 상관없이 DEF모드로 작동하게 된다.

(2) VENT 모드작동시

모드 스위치로 VENT 모드 선택시 FATC B커넥터 11번 단자가 접지되고 나머지 단자(B-12, B-13, B-14, B-15)에는 12V 전압이 설정되어 있는데 이 신호 방향으로 작동하게 된다. 이와 같은 방식으로 다른 모드도 작동하게 된다.

[2] 고정유형 및 점검 방법

불량유형	불량원인	점검방법
특정한 한 모드가 선택되지 않음	선택된 모드의 신호전달불량	액추에이터와 연결된 커넥터를 분리하지 말고 선택되지 않는 모드를 선택한다. 이때 위의 그림에서 참조하여 선택한 모드배선의 전압을 측정한다. 8V 이상이면 FATC 내부 결함이다.
	MODE 액추에이터 구동불량	위와 같은 방식으로 측정하여 1V 이하이면 MODE 액추에이터와 주변 배선상태를 점검한다.
모드선택이 불가능함	MODE 액추에이터 내부 결함	MODE 액추에이터 내부에 장착된 모터드라이버 IC가 불량이면 모드 선택이 불가능함으로 FATC에서 모드를 선택하여 선택된 모드에 접지(0V)가 인가되는데도 작동하지 않으면 MODE 액추에이터 내부 결함이다.

2.4.7. 온도조절 액추에이터 부분점검

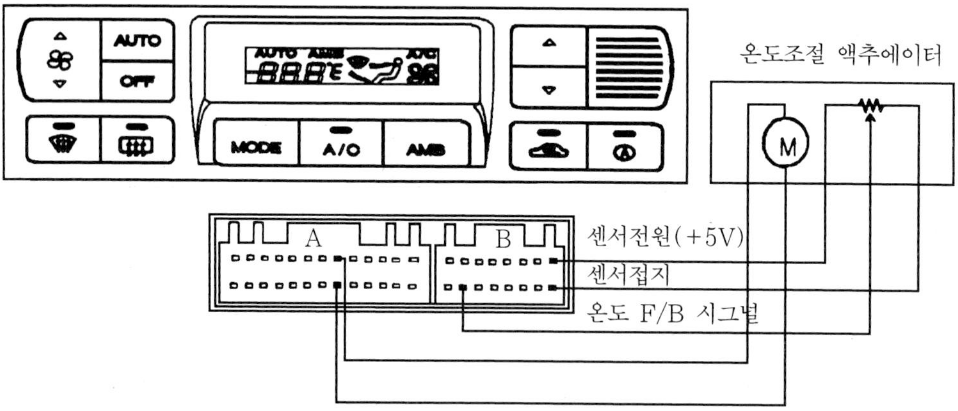

-32℃에서 17℃로 갈 때 A-9(12V)-22(0V)
-17℃에서 32℃로 갈 때 A-9(0V)A-22(12V)

[1] 작동회로설명

(1) 온도조절 액추에이터 작동

온도 스위치로 32℃에서 17℃ DOWN시 FATC A커넥터 9번 단자에서 12V가 출력되고 A-22번지 단자가 접지되어 온도조절모터는 COOL방향으로 작동한다. 17℃에서 32℃ 선택시는 그와 반대로 작동한다.

그 외 자동제어시는 온도조절 액추에이터 내의 피드백 시그널 단자(FATC B커넥터 10번 단자)를 통해 입력된 값과 설정된 값을 비교하여 같을 때까지 작동한다. 자기진단에서 B-10번 단자로 4.9V 이상, 0.1V 이하로 입력시 FAIL SAFE 기능으로 제어한다.

(2) 설정온도가 17℃에서 24.5℃일 경우

MAX COOL 위치고정

(3) 설정온도가 25℃에서 32℃일 경우

MAX WARM위치 고정

[2] 고장유형 및 점검 방법

불량유형	불량원인	점검방법
TEMP ACTUATOR 구동불량	TEMP ACTUATOR에 전원공급불량	위의 그림을 참고하여 17℃에서 32℃를 설정하여 A-22단자의 전압을 측정하고, 32℃에서 17℃를 설정하여 둘 다 9V 이상이면 TEMP ACTUATOR와 주변 배선 상태를 점검하고, 하나라도 5V 이하이면 FATC 내부 결함이다.
	센서전원(+5V) 전원공급불량	자동제어가 잘 안될 경우 FATC 커넥터 B-8단자의 전압을 측정한다. 4.8V 이하이거나 5.2V 이상이면 FATC내부 결함이다.
	TEMP ACTUATOR 구동계 불량	자기진단을 실시하여 20번 DISPLAY되면 TEMP CTUATOR 구동계가 불량이므로 TEMP ACTUATOR를 점검한다.

2.4.8. 각 센서 부분 점검

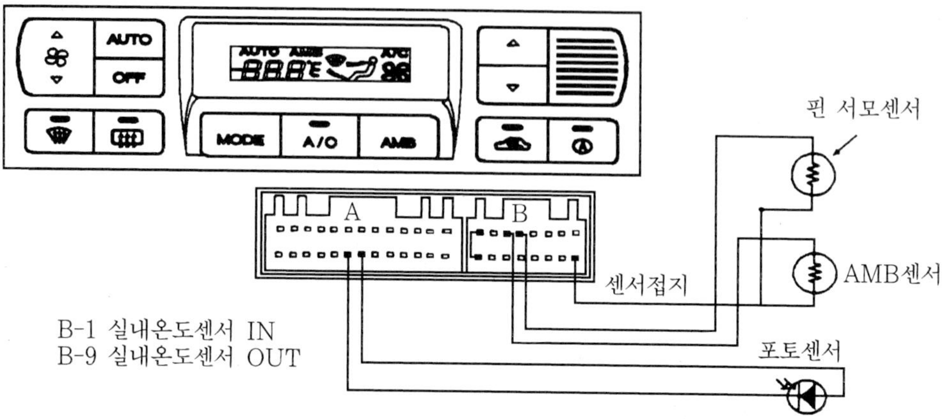

[1] 작동회로 설명

(1) 실내온도 자동제어

각 센서로부터 온도에 따라 저항값이 FATC에 입력되면 입력값을 연산하여 차 실내 온도를 자동제어 한다. 각 센서의 온도에 따른 저항값과 전압값은 특성표를 참고하시기 바랍니다.

(2) 센서의 자기진단

각 센서의 FATC 입력(B커넥터 1번, 3번, 4번, 5번)단자로 4.9V 이상시 OPEN 으로 FATC 입력(B커넥터 1번, 3번, 4번, 5번)단자로 0.1V 이하시 SHORT로 인식 자기진단은 AUTO스위치를 누를 상태에서 AMB스위치를 2초 이내에 4회 이상 누르면 자기진단을 실시하고 자기진단 중에 OFF스위치를 누르면 자기진단을 마치게 된다.

[2] 각 센서의 역할 및 FALL SAFE기능

센서 명칭	센서의 중요역할	자기진단시 디스플레이 NO	대체기능
내기온도센서	-차내 온도를 감지하여 자동제어 입력값으로 역할	OPEN시 11, SHORT시 12	25℃ 대체치 제어
외기온도센서	-외기온도를 감지하여 자동제어 입력값으로 역할 -AMB 스위치를 누를 때 외기온도를 알려줄 때의 입력값	OPEN시 13 SHORT시 14	20℃ 대체치 제어
핀 서모센서	-EVA 온도를 감지하여 0.5℃ 이하일 때에는 A/C을 OFF하고, 3.0℃이상일 때에는 A/C ON하여 빙결 현상을 방지함	OPEN 17 SHORT시 18	-2℃ 대체치 제어
포토센서	-여름철 일사량이 많을 때 이것을 정도에 따라 보상하는 입력값(냉각성능강화)		

Chapter 00

부록

HFC-134a 그래프 및 포화표

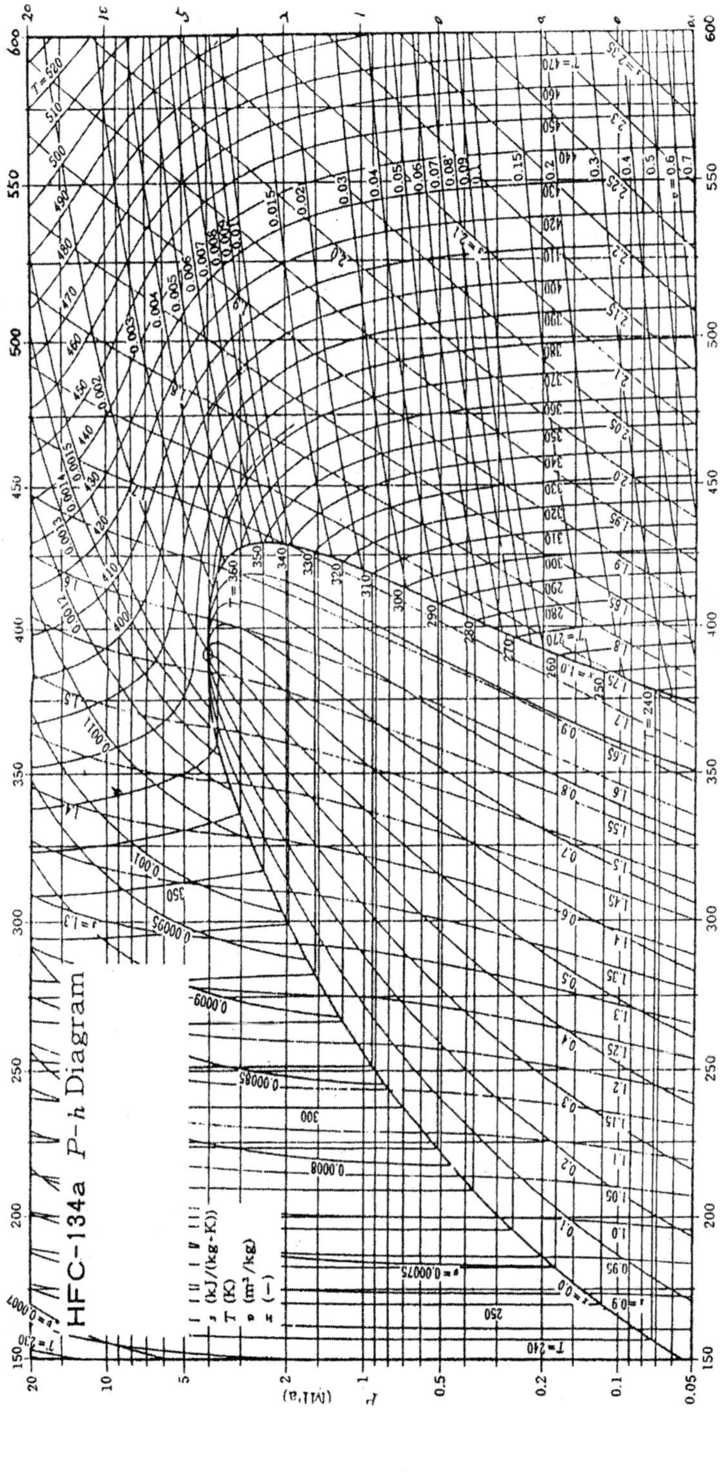
HFC-134a P-h Diagram
s (kJ/(kg·K))
T (K)
v (m³/kg)
x (−)
h (kJ/kg)
P (MPa)

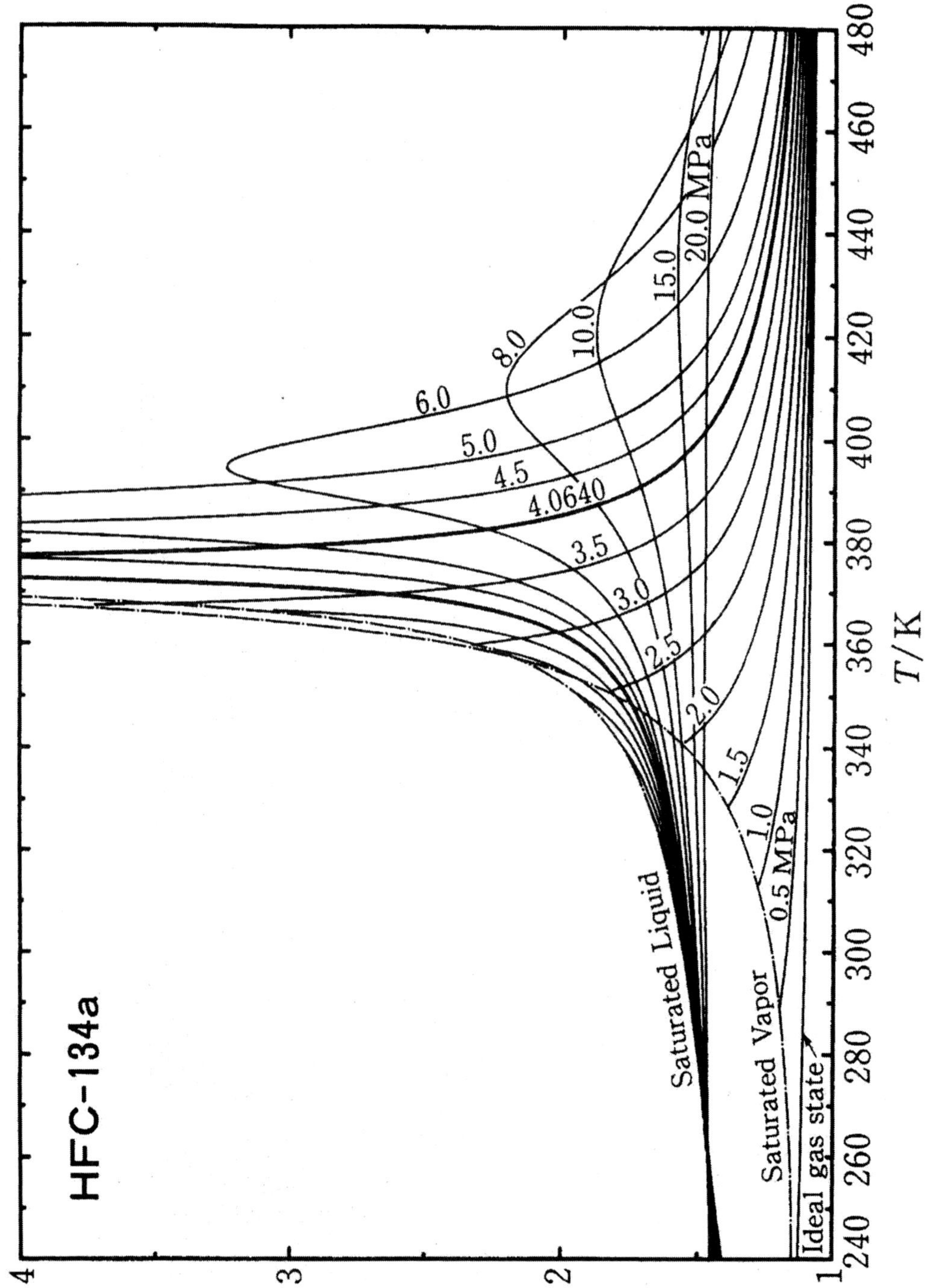
HFC-134a
λ
T/K
Saturated Liquid
Saturated Vapor
Ideal gas state
0.5 MPa
1.0
1.5
2.0
2.5
3.0
3.5
4.0640
4.5
5.0
6.0
8.0
10.0
15.0
20.0 MPa
240
260
280
300
320
340
360
380
400
420
440
460
480
1
2
3
4

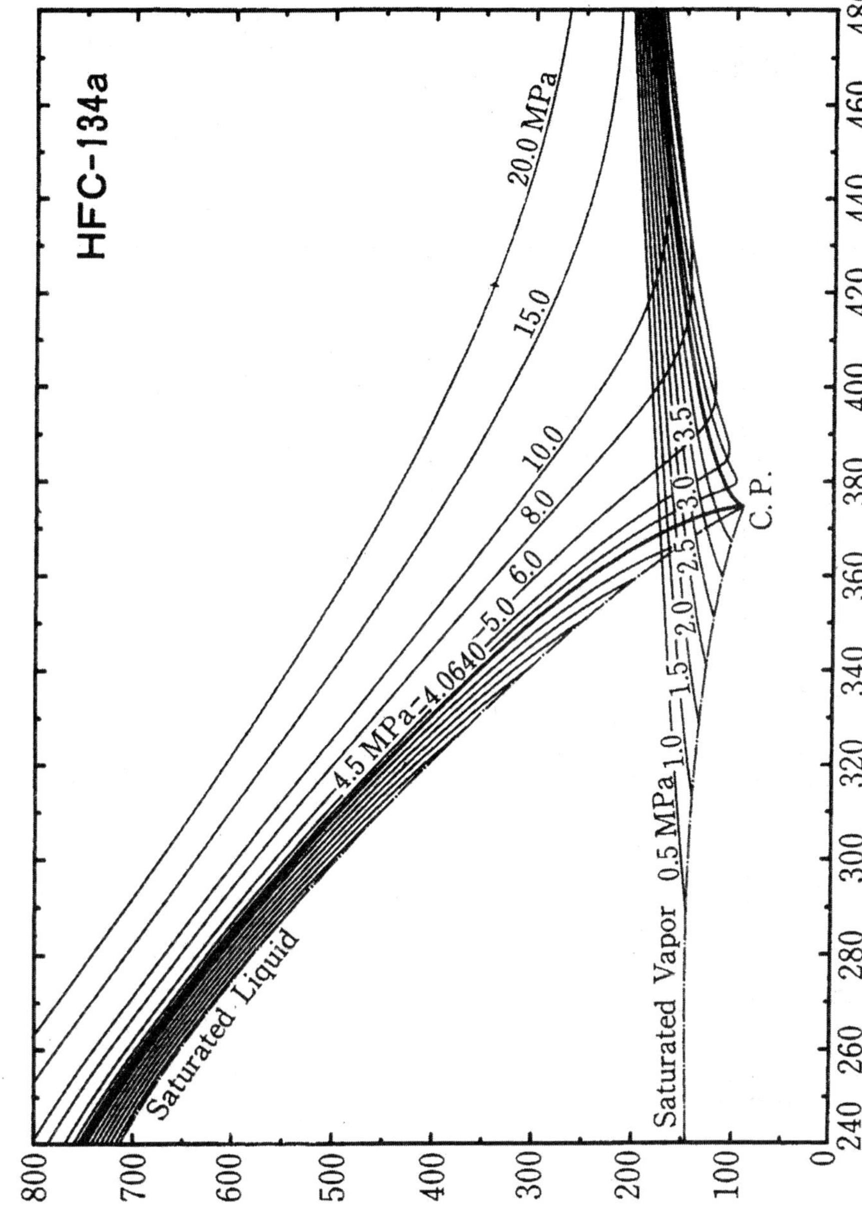

Fig. II C·5 Speed of Sound

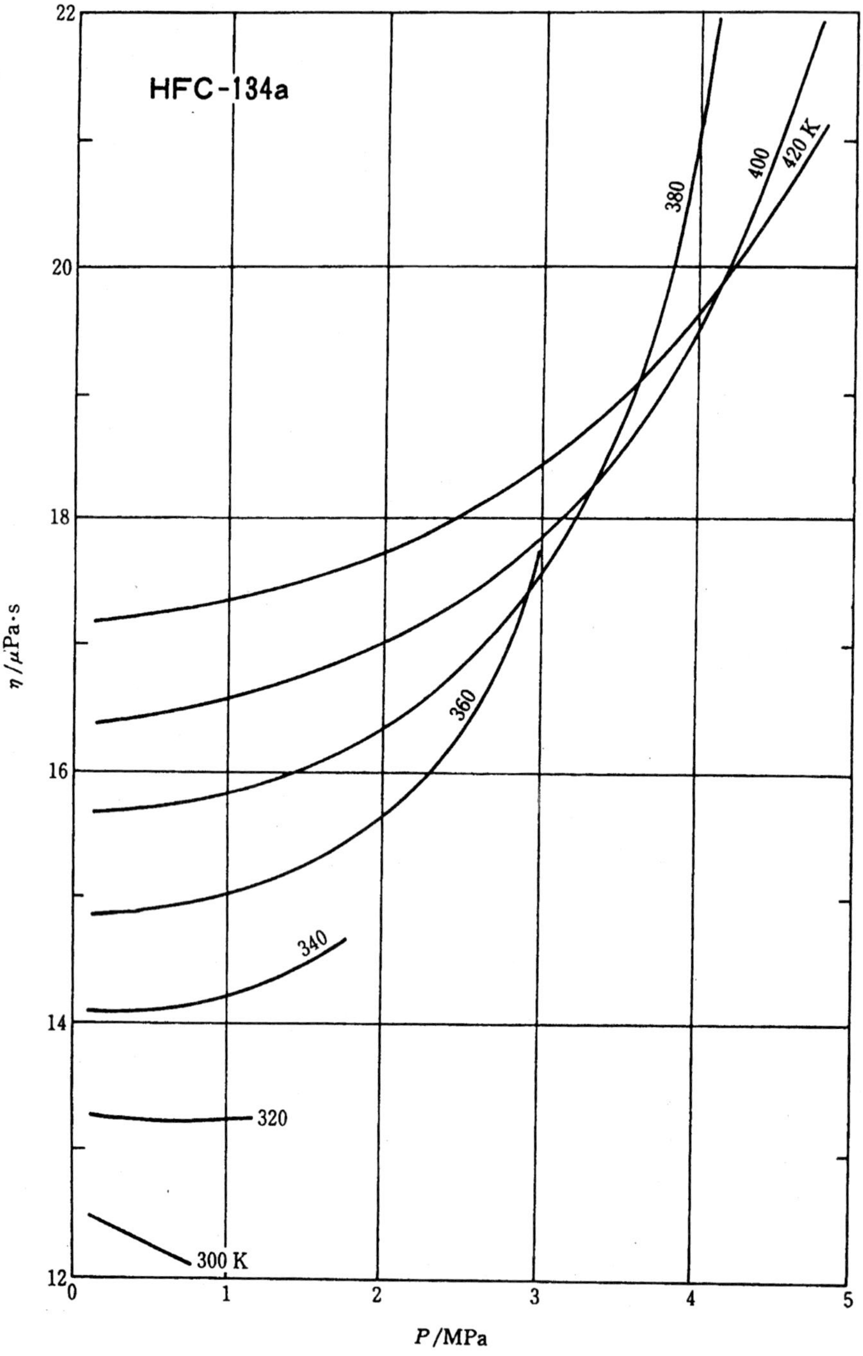
HFC-134a
22
20
18
16
14
12
0
1
2
3
4
5
η/μPa·s
P/MPa
300 K
320
340
360
380
400
420 K

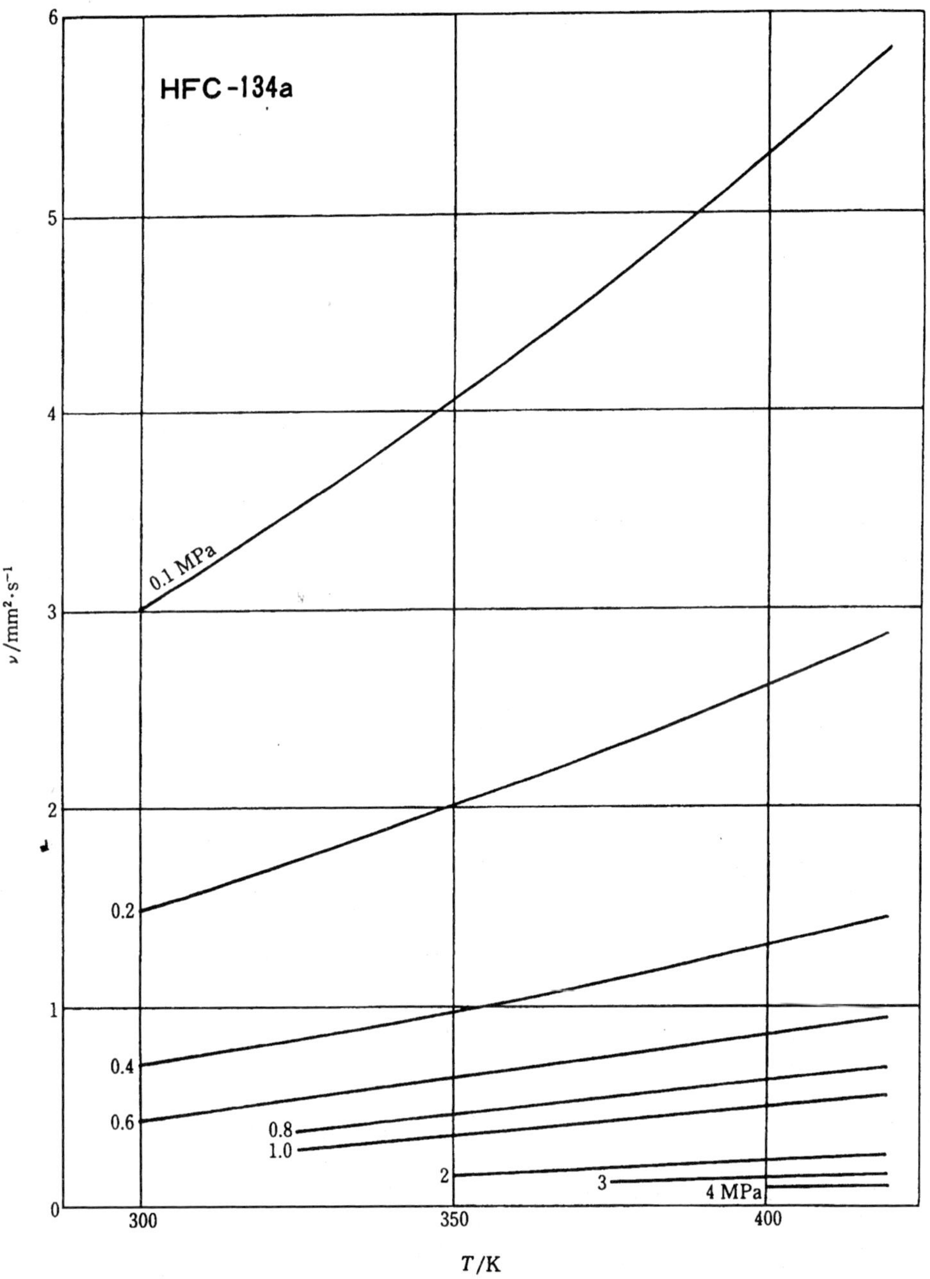
HFC-134a
0.1 MPa
0.2
0.4
0.6
0.8
1.0
2
3
4 MPa
ν/mm^2·s^{-1}
T/K
0
1
2
3
4
5
6
300
350
400

[표 1] HFC-134a의 포화표(온도기준)

Temperature		Pressure	Specific Volume		Density		Specific Enthalpy			Specific Entropy		Temp.
K	℃	MPa	m³/kg		kg/m³		kJ/kg			kJ/(kg·K)		K
			Liquid	Vapor	Liquid	Vapor	Liquid	Vapor	Latent	Liquid	Vapor	
T	t	P	v'	v''	ρ'	ρ''	h'	h''	$h''-h'$	s'	s''	T
240	-33.15	0.072979	0.00071738	0.25891	1394.0	3.8623	157.23	377.88	220.65	0.8339	1.7533	240
241	-32.15	0.076602	0.00071883	0.24741	1391.1	4.0419	158.46	378.52	220.06	0.8390	1.7522	241
242	-31.15	0.080367	0.00072030	0.23652	1388.3	4.2280	159.69	379.13	219.46	0.8441	1.7510	242
243	-30.15	0.084279	0.00072178	0.22620	1385.5	4.4208	160.93	379.78	218.85	0.8491	1.7499	243
244	-29.15	0.088342	0.00072327	0.21642	1382.6	4.6206	162.17	380.41	218.24	0.8542	1.7488	244
245	-28.15	0.092559	0.00072477	0.20715	1379.7	4.8275	163.42	381.04	217.62	0.8593	1.7477	245
246	-27.15	0.096936	0.00072629	0.19834	1376.9	5.0417	164.67	381.67	217.00	0.8644	1.7467	246
246.97	-26.18	0.101325	0.00072777	0.19026	1374.1	5.2561	165.89	382.28	216.39	0.8693	1.7457	246.97
247	-26.15	0.10148	0.00072782	0.18999	1374.0	5.2634	165.93	382.30	216.37	0.8695	1.7456	247
248	-25.15	0.10618	0.00072937	0.18206	1371.0	5.4927	167.19	382.93	215.74	0.8746	1.7446	248
249	-24.15	0.11106	0.00073093	0.17452	1368.1	5.7299	168.45	383.56	215.11	0.8797	1.7437	249
250	-23.15	0.11612	0.00073250	0.16736	1363.2	5.9752	169.72	384.19	214.46	0.8847	1.7427	250
251	-22.15	0.12135	0.00073408	0.16055	1362.2	6.2287	170.99	384.81	213.82	0.8898	1.7418	251
252	-21.15	0.12677	0.00073568	0.15407	1359.3	6.4906	172.27	385.44	213.17	0.8948	1.7409	252
253	-20.15	0.13238	0.00073730	1.14790	1356.3	6.7612	173.55	386.07	212.52	0.8999	1.7400	253
254	-19.15	0.13819	0.00073892	0.14203	1353.3	7.0407	174.83	386.69	211.86	0.9049	1.7392	254
255	-18.15	0.14419	0.00074057	0.13644	1350.3	7.3292	176.12	387.32	211.20	0.9100	1.7383	255
256	-17.15	0.15040	0.00074222	0.13111	1347.3	7.6270	177.41	387.94	210.53	0.9150	1.7375	256
257	-16.15	0.15681	0.00074389	0.12603	1344.3	7.9344	178.70	388.56	209.86	0.9200	1.7367	257
258	-15.15	0.16344	0.00074558	0.12119	1341.3	8.2514	180.00	389.18	209.19	0.9250	1.7360	258
259	-14.15	0.17028	0.00074728	0.11657	1338.2	8.5784	181.30	389.80	208.51	0.9300	1.7352	259
260	-13.15	0.17735	0.00074900	0.11216	1335.1	8.9156	182.60	390.42	207.82	0.9350	1.7345	260
261	-12.15	0.18464	0.00075073	0.10795	1332.0	9.2633	183.90	391.04	207.14	0.9400	1.7338	261
262	-11.15	0.19217	0.00075247	0.10393	1329.0	9.6215	185.21	391.66	206.44	0.9450	1.7331	262
263	-10.15	0.19993	0.00075424	0.10009	1325.8	9.9907	186.52	392.27	205.75	0.9500	1.7324	263
264	-9.15	0.20794	0.00075602	0.096422	1322.7	10.371	187.84	392.89	205.05	0.9550	1.7318	264
265	-8.15	0.21619	0.00075781	0.092912	1319.6	10.763	189.15	393.50	204.34	0.9599	1.7311	265
266	-7.15	0.22469	0.00075962	0.089556	1316.4	11.166	190.47	394.11	203.64	0.9649	1.7305	266
267	-6.15	0.23346	0.00076145	0.086344	1313.3	11.582	191.80	394.72	202.92	0.9698	1.7299	267
268	-5.15	0.24248	0.00076330	0.083270	1310.1	12.009	193.12	395.33	202.21	0.9747	1.7293	268
269	-4.15	0.25177	0.00076517	0.080327	1306.9	12.449	194.45	395364	201.48	0.9797	1.7288	269
270	-3.15	0.26134	0.00076705	0.077508	1303.7	12.902	195.79	396.54	200.76	0.9846	1.7282	270
271	-2.15	0.27119	0.00076895	0.074808	1300.5	13.368	197.12	397.14	200.02	0.9895	1.7277	271
272	-1.15	0.28132	0.00077087	0.072220	1297.2	13.847	198.46	397.75	199.29	0.9944	1.7271	272
273	-0.15	0.29173	0.00077281	0.069738	1294.0	14.339	199.80	398.35	198.55	0.9993	1.7266	273
273.15	0.00	0.29332	0.00077310	0.069375	1293.5	14.414	200.00	398.44	198.44	1.0000	1.7266	273.15
274	0.85	0.30245	0.00077477	0.067358	1290.7	14.846	201.14	398.94	187.80	1.0042	1.7261	274
275	1.85	0.31346	0.00077675	0.065075	1287.4	15.367	202.49	399.54	197.05	1.0090	1.7257	275
276	2.85	0.32478	0.00077874	0.062885	1284.1	15.902	203.84	400.13	196.29	1.0139	1.7232	276
277	3.85	0.33641	0.00078076	0.060781	1280.8	16.452	205.19	400.72	195.53	1.0188	1.7247	277
278	4.85	0.34836	0.00078280	0.058762	1277.5	17.018	206.55	401.31	194.77	1.0236	1.7243	278
279	5.85	0.36063	0.00078487	0.056822	1274.1	17.599	207.91	401.90	193.99	1.0285	1.7238	279
280	6.85	0.37322	0.00078695	0.054956	1270.7	18.196	209.27	402.49	193.22	1.0333	1.7234	280
281	7.85	0.38615	0.00078906	0.053167	1267.3	18.809	210.63	403.07	192.43	1.0381	1.7230	281
282	8.85	0.39943	0.00079118	0.051445	1263.9	19.438	212.00	403.65	191.64	1.0429	1.7226	282

Temperature		Pressure	Specific Volume		Density		Specific Enthalpy			Specific Entropy		Temp.
K	℃	MPa	m³/kg		kg/m³		kJ/kg			kJ/(kg·K)		K
			Liquid	Vapor	Liquid	Vapor	Liquid	Vapor	Latent	Liquid	Vapor	
T	t	P	v'	v''	ρ'	ρ''	h'	h''	$h''-h'$	s'	s''	T
283	9.85	0.41304	0.00079334	0.049789	1260.5	20.085	213.38	404.22	190.85	1.0478	1.7222	283
284	10.85	0.12701	0.00079551	0.048195	1257.0	20.749	214.75	404.80	190.05	1.0526	1.7218	284
285	11.85	0.44133	0.00079771	0.046662	1253.6	21.431	216.13	405.37	189.24	1.0574	1.7214	285
286	12.85	0.45602	0.00079994	0.045187	1250.1	22.130	217.51	405.94	188.43	1.0622	1.7210	286
287	13.85	0.17108	0.00080219	0.043766	1246.6	22.849	218.90	406.50	187.61	1.0670	1.7207	287
288	14.85	0.48651	0.00080447	0.042398	1243.1	23.586	220.29	407.07	186.78	1.0718	1.7203	288
289	15.85	0.50232	0.00080677	0.041080	1239.5	24.343	221.68	407.63	185.95	1.0765	1.7200	289
290	16.85	0.51852	0.00080911	0.039810	1235.9	25.119	223.08	408.18	185.11	1.0813	1.7196	290
291	17.85	0.53511	0.00081147	0.038586	1232.3	25.916	224.47	408.74	184.26	1.0861	1.7193	291
292	18.85	0.55210	0.00081385	0.037406	1228.7	26.734	225.88	409.29	183.41	1.0909	1.7190	292
293	19.85	0.56950	0.00081627	0.036268	1225.1	27.573	227.28	409.83	182.55	1.0956	1.7186	293
294	20.85	0.58730	0.00081872	0.035170	1221.4	28.433	228.70	410.37	181.68	1.1004	1.7183	294
295	21.85	0.60553	0.00082120	0.034111	1217.7	29.316	230.11	410.91	180.80	1.1051	1.7180	295
296	22.85	0.62418	0.00082371	0.033088	1214.0	30.222	231.53	411.45	179.92	1.1099	1.7177	296
297	23.85	0.64326	0.00082625	0.032102	1210.3	31.151	232.95	411.98	179.03	1.1146	1.7174	297
298	24.85	0.66277	0.00082883	0.031149	1206. 5	32.104	234.38	412.50	178.13	1.1194	1.7171	298
298.15	25.00	0.66574	0.00082922	0.031009	1206.0	32.249	234.59	412.58	177.99	1.1201	1.7170	298.15
299	25.85	0.68273	0.00083144	0.030229	1202.7	33.081	235.81	413.03	177.22	1.1241	1.7168	299
300	26.85	0.70314	0.00083408	0.029340	1198.9	34.084	237.24	413.54	176.30	1.1288	1.7165	300
301	27.85	0.72401	0.00083676	0.028480	1185.1	35.112	238.68	414.06	175.37	1.1336	1.7162	301
302	28.85	0.74534	0.00083948	0.027650	1191.2	36.166	240.13	414.57	174.44	1.1383	1.7159	302
303	29.85	0.76713	0.00084224	0.026847	1187.3	37.248	241.58	415.07	173.49	1.1430	1.7156	303
304	30.85	0.78941	0.00084503	0.026071	1183.4	38.357	243.03	415.57	172.54	1.1478	1.7153	304
305	31.85	0.81216	0.00084787	0.025320	1179.4	39.494	244.49	416.06	171.58	1.1525	1.7150	305
306	32.85	0.83541	0. 00085074	0.024594	1175.4	40.666	245.95	416.55	170.61	1.1572	1.7147	306
307	33.85	0.85915	0.00085366	0.023891	11741.4	41.857	247.41	417.04	169.62	1.1619	1.7144	307
308	34.85	0.88339	0.0 0085662	0.023211	1167.4	43.084	248.89	417.52	168.63	1.1666	1.7141	308
309	35.85	0.90815	0. 00085963	0.022552	1163.3	44.342	250.36	417.99	167.63	1.1714	1.7138	309
310	36.85	0.93342	0.00086268	0.021914	1159.2	45.633	251.84	418.46	166.61	1.1761	1.7135	310
311	37.85	0.95922	0.00086578	0.021296	1155.0	46.957	253.33	418.92	165.59	1.1808	1.7132	311
312	38.85	0.98555	0.00086892	0.020698	1150.8	48.314	254.82	419.37	164.55	1.1855	1.7129	312
313	39.85	1.0124	0.00087212	0.020118	1146.6	49.707	256.32	419.82	163.51	1.1902	1.7126	313
314	40.85	1.0398	0.00087537	0.019556	1142.4	51.136	257.82	420.27	162.45	1.1949	1.7122	314
315	41.85	1.0678	0.00087868	0.019011	1138.1	52.602	259.33	420.70	161.37	1.1996	1.7119	315
316	42.85	1.0963	0.00088204	0.018482	1133.7	54.106	260.84	421.13	160.29	1.2044	1.7116	316
317	43.85	1.1254	0.00088545	0.017970	1129.4	55.649	262.36	421.55	159.19	1.2091	1.7112	317
318	44.85	1.1551	0.00088893	0.017473	1125.0	57.232	263.88	421.97	158.08	1.2138	1.7109	318
319	45.85	1.1853	0.00089246	0.016990	1120.5	58.857	265.42	422.38	156.96	1.2185	1.7105	319
320	46.85	1.2162	0.00089606	0.016522	1116.0	60.525	266.95	422.78	155.83	1.2232	1.7102	320
321	47.85	1.2476	0.00089973	0.016068	1111.4	62.237	268.50	423.17	154.67	1.2280	1.7098	321
322	48.85	1.2797	0.00090346	0.015626	1106.9	63.994	270.04	423.55	153.51	1.2327	1.7094	322
323	49.85	1.3123	0.00090726	0.015198	1102.2	65.799	271.60	423.93	152.33	1.2374	1.7090	323
324	50.85	1.3456	0.00091114	0.014782	1097.5	67.652	273.16	421.30	151.14	1.2422	1.7086	324
325	51.85	1.3795	0.00091509	0.014377	1092.8	69.555	274.73	424.66	149.92	1.2469	1.7082	325
326	52.85	1.4141	0.00091911	0.013984	1088.0	71.510	276.31	425.01	148.70	1.2517	1.7078	326

Temperature		Pressure	Specific Volume		Density		Specific Enthalpy			Specific Entropy		Temp.
K	℃	MPa	m³/kg		kg/m³		kJ/kg			kJ/(kg·K)		K
			Liquid	Vapor	Liquid	Vapor	Liquid	Vapor	Latent	Liquid	Vapor	
T	t	P	v'	v''	ρ'	ρ''	h′	h″	h″-h′	s′	s″	T
327	53.85	1.4493	0.00092322	0.013602	1083.2	73.518	277.89	425.35	147.45	1.2564	1.7073	327
328	54.85	1.4852	0.00092742	0.013231	1078.3	75.582	279.48	425.68	146.19	1.2612	1.7069	328
329	55.85	1.5217	0.00093170	0.012869	1073.3	77.703	281.08	426.00	144.92	1.2659	1.7064	329
330	56.85	1.5589	0.00093607	0.012518	1068.3	79.884	282.69	426.31	143.62	1.2707	1.7059	330
331	57.85	1.5968	0.00094054	0.012176	1063.2	82.127	284.30	426.61	142.31	1.2755	1.7054	331
332	58.85	1.6354	0.00094511	0.011844	1058.1	84.434	285.92	426.89	140.97	1.2802	1.7049	332
333	59.85	1.6746	0.00094979	0.011520	1052.9	86.807	287.55	427.17	139.62	1.2850	1.7043	333
334	60.85	1.7146	0.00095457	0.011205	1047.6	89.249	289.19	427.43	138.24	1.2898	1.7037	334
335	61.85	1.7553	0.00095947	0.010898	1042.2	91.764	290.84	427.69	136.85	1.2947	1.7031	335
336	62.85	1.7968	0.00096448	0.010598	1036.8	94.353	292.50	427.92	135.43	1.2995	1.7025	336
337	63.85	1.8389	0.00096962	0.010307	1031.3	97.021	294.16	428.15	133.99	1.3043	1.7019	337
338	64.85	1.8819	0.00097490	0.010023	1025.7	99.770	295.84	428.36	132.52	1.3091	1.7012	338
339	65.85	1.9255	0.00098031	0.0097462	1020.1	102.60	297.53	428.56	131.03	1.3140	1.7005	339
340	66.85	1.9700	0.00098587	0.0094761	1014.3	105.53	299.22	428.74	129.52	1.3189	1.6998	340
341	67.85	2.0152	0.00099158	0.0092127	1008.5	108.55	300.93	428.91	127.97	1.3238	1.6990	341
342	68.85	2.0613	0.00099746	0.0089557	1002.5	111.66	302.65	429.05	126.40	1.3287	1.6983	342
343	69.85	2.1081	0.0010035	0.0087048	996.50	114.88	304.38	429.19	124.80	1.3336	1.6974	343
344	70.85	2.1557	0.0010097	0.0084598	990.35	118.21	306.13	429.30	123.17	1.3385	1.6966	344
345	71.85	2.2042	0.0010162	0.0082205	984.08	121.65	307.89	429.39	121.51	1.3435	1.6957	345
346	72.85	2.2535	0.0010228	0.0079867	977.70	125.21	309.66	429.47	119.81	1.3485	1.6947	346
347	73.85	2.3037	0.0010297	0.0077581	971.19	128.90	311.44	429.52	118.08	1.3535	1.6937	347
348	74.85	2.3547	0.0010368	0.0075346	964.54	132.72	313.24	429.55	116.31	1.3585	1.6927	348
349	75.85	2.4066	0.0010441	0.0073158	957.76	136.69	315.06	429.56	114.50	1.3636	1.6916	349
350	76.85	2.4594	0.0010517	0.0071017	950.82	140.81	316.89	429.54	112.64	1.3686	1.6905	350
351	77.85	2.5130	0.0010596	0.0068920	943.71	145.10	318.75	429.49	110.75	1.3738	1.6893	351
352	78.85	2.5676	0.0010679	0.0066864	936.43	149.56	320.62	429.42	108.80	1.3789	1.6880	352
353	79.85	2.6232	0.0010765	0.0064849	928.97	154.20	322.51	429.31	106.81	1.3841	1.6867	353
354	80.85	2.6796	0.0010854	0.0062871	921.30	159.06	324.42	429.18	104.75	1.3894	1.6853	354
355	81.85	2.7371	0.0010948	0.0060928	913.41	164.13	326.36	429.00	102.64	1.3946	1.6838	355
356	82.85	2.7955	0.0011046	0.0059019	905.29	169.44	328.32	428.79	100.47	1.4000	1.6822	356
357	83.85	2.8549	0.0011150	0.0057140	896.90	175.01	330.31	428.54	98.22	1.4054	1.6805	357
358	84.85	2.9153	0.0011258	0.0055290	888.23	180.87	332.33	428.24	95.90	1.4108	1.6787	358
359	85.85	2.9768	0.0011374	0.0053465	879.23	187.04	334.39	427.89	93.50	1.4164	1.6768	359
360	86.85	3.0393	0.0011496	0.0051662	869.89	193.56	336.48	427.48	91.00	1.4220	1.6748	360
361	87.85	3.1028	0.0011626	0.0049879	860.15	200.48	338.61	427.01	88.40	1.4277	1.6726	361
362	88.85	3.1675	0.0011765	0.0048112	849.96	207.85	340.79	426.47	85.68	1.4335	1.6702	362
363	89.85	3.2333	0.0011915	0.0046356	839.26	215.72	343.02	425.85	82.83	1.4395	1.6677	363
364	90.85	3.3002	0.0012078	0.0044607	827.97	224.18	345.31	425.14	79.83	1.4456	1.6649	364
365	91.85	3.3683	0.0012255	0.0042858	815.99	233.33	347.68	424.33	76.65	1.4518	1.6618	365
366	92.85	3.4376	0.0012450	0.0041102	803.19	243.30	350.12	423.39	73.26	1.4583	1.6584	366
367	93.85	3.5081	0.0012668	0.0039329	789.38	254.26	352.67	422.29	69.62	1.4650	1.6547	367
368	94.85	3.5798	0.0012914	0.0037527	774.33	266.48	355.35	421.01	65.66	1.4720	1.6504	368
369	95.85	3.6529	0.0013198	0.0035676	757.68	280.30	358.19	419.49	61.30	1.4795	1.6456	369
370	96.85	3.7274	0.0013534	0.0033748	738.86	296.31	361.25	417.64	56.39	1.4875	1.6399	370
371	97.85	3.8032	0.0013948	0.0031695	716.93	315.51	364.63	415.34	50.70	1.4963	1.6330	371

Temperature		Pressure	Specific Volume		Density		Specific Enthalpy			Specific Entropy		Temp.
K	℃	MPa	m³/kg		kg/m³		kJ/kg			kJ/(kg·K)		K
			Liquid	Vapor	Liquid	Vapor	Liquid	Vapor	Latent	Liquid	Vapor	
T	t	P	v'	v''	ρ'	ρ''	h′	h″	h″-h′	s′	s″	T
372	98.85	3.8806	0.0014491	0.0029426	690.08	339.84	368.52	412.30	43.78	1.5065	1.6242	372
373	99.85	3.9595	0.0015292	0.0026712	653.95	374.36	373.40	407.86	34.46	1.5193	1.6117	373
374	100.85	4.0403	0.0016913	0.0022128	591.26	451.91	381.18	397.77	16.60	1.5398	1.5841	374
374.30	101.15	4.0640	0.0019685	0.0019685	508.00	508.00	391.01	391.01	0.00	1.5659	1.5659	374.30

[표 2] HFC-134a의 포화표(압력기준)

Pressure	Temperature		Specific Volume		Density		Spercific Enthalpy			Specific Entropy		Press
MPa	K	℃	m³/kg		kg/m³		kJ/kg			kJ/(kg·K)		MPa
			Liquid	Vapor	Liquid	Vapor	Liquid	Vapor	Latent	Liquid	Vapor	
P	T	t	v'	v''	ρ'	ρ''	h'	h''	$h''-h'$	s'	s''	P
0.070	239.15	-34.00	0.00071615	0.26923	1396.4	3.7144	156.19	377.34	221.16	0.8295	1.7544	0.070
0.075	240.56	-32.59	0.00071819	0.25236	1392.4	3.9626	157.92	378.24	220.32	0.8367	1.7527	0.075
0.080	241.90	-31.25	0.00072016	0.23754	1388.6	4.2099	159.57	379.09	219.51	0.8436	1.7511	0.080
0.085	243.18	-29.97	0.00072204	0.22440	1385.0	4.4563	161.15	379.89	218.74	0.8501	1.7497	0.085
0.090	244.40	-28.75	0.00072387	0.21267	1381.5	4.7020	162.67	380.66	217.99	0.8563	1.7483	0.090
0.095	245.56	-27.59	0.00072563	0.20214	1378.1	4.9470	164.12	381.39	217.27	0.8622	1.7471	0.095
0.100	246.68	-26.47	0.00072733	0.19263	1374.9	5.1914	165.52	382.10	216.57	0.8679	1.7460	0.100
0.101325	246.97	-26.18	0.00072777	0.19026	1374.1	5.2560	165.89	382.28	216.39	0.8693	1.7457	0.101325
0.105	247.75	-25.40	0.00072898	0.18399	1371.8	5.4351	166.88	382.77	215.90	0.8733	1.7449	0.105
0.110	248.79	-24.36	0.00073059	0.17611	1368.8	5.6783	168.18	383.42	215.24	0.8786	1.7439	0.110
0.115	249.78	-23.37	0.00073216	0.16889	1365.8	5.9210	169.44	384.05	214.60	0.8836	1.7429	0.115
0.120	250.74	-22.41	0.00073368	0.16225	1363.0	6.1632	170.67	384.65	213.98	0.8885	1.7420	0.120
0.125	251.68	-21.47	0.00073517	0.15613	1360.2	6.4050	171.86	385.24	213.38	0.8932	1.7412	0.125
0.130	252.58	-20.57	0.00073662	0.15046	1357.6	6.6463	173.01	385.80	212.79	0.8978	1.7404	0.130
0.135	253.46	-19.69	0.00073804	0.14520	1354.9	6.8873	174.13	386.35	212.22	0.9022	1.7396	0.135
0.140	254.31	-18.84	0.00073942	0.14029	1352.4	7.1279	175.22	386.88	211.66	0.9065	1.7389	0.140
0.145	255.13	-18.02	0.00074078	0.13572	1349.9	7.3681	176.29	387.40	211.11	0.9106	1.7382	0.145
0.150	255.94	-17.21	0.00074212	0.13144	1347.5	7.6081	177.33	387.90	210.57	0.9147	1.7376	0.150
0.155	256.72	-16.43	0.00074343	0.12743	1345.1	7.8477	178.34	388.39	210.05	0.9186	1.7370	0.155
0.160	257.49	-15.66	0.00074471	0.12365	1342.8	8.0871	179.33	388.86	209.53	0.9225	1.7364	0.160
0.165	258.23	-14.92	0.00074597	0.12010	1340.5	8.3262	180.30	389.33	209.03	0.9262	1.7358	0.165
0.170	258.96	-14.19	0.00074721	0.11675	1338.3	8.5651	181.24	389.78	208.53	0.9298	1.7353	0.170
0.175	259.67	-13.48	0.00074843	0.11359	1336.1	8.8037	182.17	390.22	208.05	0.9334	1.7347	0.175
0.180	260.37	-12.78	0.00074963	0.11059	1334.0	9.0421	183.08	390.65	207.57	0.9369	1.7342	0.180
0.185	261.05	-12.10	0.00075081	0.10775	1331.9	9.2804	183.97	391.07	207.10	0.9403	1.7338	0.185
0.190	261.72	-11.43	0.00075197	0.10506	1329.8	9.5184	184.84	391.48	206.64	0.9436	1.7333	0.190
0.195	262.37	-10.78	0.00075312	0.10250	1327.8	9.7563	185.69	391.88	206.19	0.9469	1.7329	0.195
0.200	263.01	-10.14	0.00075425	0.10006	1325.8	9.9941	186.53	392.28	205.74	0.9500	1.7324	0.200
0.205	263.64	-9.51	0.00075537	0.097736	1323.9	10.232	187.36	392.66	205.30	0.9532	1.7320	0.205
0.210	264.25	-8.90	0.00075647	0.095519	1321.9	10.469	188.17	393.04	204.87	0.9562	1.7316	0.210
0.215	264.86	-8.29	0.00075756	0.093402	1320.0	10.706	188.97	393.41	204.45	0.9592	1.7312	0.215
0.220	265.45	-7.70	0.00075863	0.091377	1318.2	10.944	189.75	393.78	204.03	0.9621	1.7309	0.220
0.225	266.04	-7.11	0.00075969	0.089439	1316.3	11.181	190.52	394.13	203.61	0.9650	1.7305	0.225
0.230	266.61	-6.54	0.00076074	0.087583	1314.5	11.418	191.28	394.48	203.20	0.9679	1.7302	0.230
0.235	267.17	-5.98	0.00076177	0.085802	1312.7	11.655	192.03	394.83	202.80	0.9707	1.7298	0.235
0.240	267.73	-5.42	0.00076280	0.084093	1311.0	11.892	192.76	395.16	202.40	0.9734	1.7295	0.240
0.245	268.27	-4.88	0.00076381	0.082451	1309.2	12.128	193.49	395.50	202.01	0.9761	1.7292	0.245
0.250	268.81	-4.34	0.00076481	0.080873	1307.5	12.365	194.20	395.82	201.62	0.9787	1.7289	0.250
0.255	269.34	-3.81	0.00076581	0.079354	1305.8	12.602	194.91	396.14	201.24	0.9813	1.7286	0.255
0.260	269.86	-3.29	0.00076679	0.077892	1304.1	12.838	195.60	396.46	200.86	0.9839	1.7283	0.260
0.265	270.37	-2.78	0.00076776	0.076482	1302.5	13.075	196.29	396.77	200.48	0.9864	1.7280	0.265
0.270	270.88	-2.27	0.00076872	0.075123	1300.9	13.311	196.96	397.07	200.11	0.9889	1.7277	0.270
0.275	271.38	-1.77	0.00076968	0.073812	1299.2	13.548	197.63	397.37	199.75	0.9913	1.7275	0.275
0.280	271.87	-1.28	0.00077062	0.072546	1297.7	13.784	198.29	397.67	199.38	0.9937	1.7272	0.280
0.285	272.36	-0.79	0.00077156	0.071322	1296.1	14.021	198.94	397.96	199.02	0.9961	1.7270	0.285
0.290	272.84	-0.31	0.00077249	0.070139	1294.5	14.257	199.58	398.25	198.67	0.9985	1.7267	0.290

Pressure	Temperature		Specific Volume		Density		Spercific Enthalpy			Specific Entropy		Press
MPa	K	℃	m³/kg		kg/m³		kJ/kg			kJ/(kg·K)		MPa
			Liquid	Vapor	Liquid	Vapor	Liquid	Vapor	Latent	Liquid	Vapor	
p	T	t	v'	v''	ρ'	ρ''	h'	h''	$h''-h'$	s'	s''	p
0.29332	273.15	0.00	0.00077310	0.069375	1293.5	14.414	200.00	398.44	198.44	1.0000	1.7266	0.29332
0.30	273.77	0.62	0.00077432	0.067888	1291.4	14.730	200.84	398.81	197.97	1.0030	1.7262	0.30
0.31	274.69	1.54	0.00077613	0.065776	1288.4	15.203	202.07	399.35	197.28	1.0075	1.7258	0.31
0.32	275.58	2.43	0.00077790	0.063791	1285.5	15.676	203.27	399.88	196.61	1.0119	1.7254	0.32
0.33	276.45	3.30	0.00077966	0.061923	1282.6	16.149	204.45	400.40	195.95	1.0161	1.7250	0.33
0.34	277.30	4.15	0.00078138	0.060160	1279.8	16.622	205.60	400.90	195.30	1.0202	1.7246	0.34
0.35	278.14	4.99	0.00078308	0.058494	1277.0	17.096	206.73	401.39	194.66	1.0243	1.7242	0.35
0.36	278.95	5.80	0.00078476	0.056918	1274.3	17.569	207.84	401.87	194.03	1.0282	1.7239	0.36
0.37	279.75	6.60	0.00078642	0.055424	1271.6	18.043	208.92	402.34	193.41	1.0321	1.7235	0.37
0.38	280.53	7.38	0.00078806	0.054005	1268.9	18.517	209.99	402.79	192.80	1.0358	1.7232	0.38
0.39	281.29	8.14	0.00078968	0.052656	1266.3	18.991	211.03	403.24	192.20	1.0395	1.7229	0.39
0.40	282.04	8.89	0.00079128	0.051373	1263.8	19.466	212.06	403.67	191.61	1.0432	1.7226	0.40
0.41	282.78	9.63	0.00079286	0.050149	1261.3	19.940	213.07	404.10	191.03	1.0467	1.7223	0.41
0.42	283.50	10.35	0.00079443	0.048982	1258.8	20.416	214.06	404.51	190.45	1.0502	1.7220	0.42
0.43	284.21	11.06	0.00079598	0.047867	1256.3	20.891	215.04	404.92	189.88	1.0536	1.7217	0.43
0.44	284.91	11.76	0.00079751	0.046801	1253.9	21.367	216.00	405.32	189.32	1.0569	1.7215	0.44
0.45	285.59	12.44	0.00079903	0.045780	1251.5	21.843	216.95	405.71	188.76	1.0602	1.7212	0.45
0.46	286.27	13.12	0.00080054	0.044803	1249.2	22.320	217.88	406.09	188.21	1.0635	1.7209	0.46
0.47	286.93	13.78	0.00080203	0.043865	1246.8	22.797	218.80	406.46	187.67	1.0666	1.7207	0.47
0.48	287.58	14.43	0.00080351	0.042965	1244.5	23.275	219.70	406.83	187.13	1.0698	1.7205	0.48
0.49	288.22	15.07	0.00080498	0.042100	1242.3	23.753	220.60	407.19	186.60	1.0728	1.7203	0.49
0.50	288.85	15.70	0.00080664	0.041268	1240.0	24.232	221.48	407.55	186.07	1.0759	1.7200	0.50
0.51	289.48	16.33	0.00080788	0.040468	1237.8	24.711	222.34	407.89	185.55	1.0788	1.7198	0.51
0.52	290.09	16.94	0.00080932	0.039698	1235.6	25.190	223.20	408.23	185.03	1.0818	1.7196	0.52
0.53	290.69	17.54	0.00081074	0.038955	1233.4	25.671	224.05	408.57	184.52	1.0846	1.7194	0.53
0.54	291.29	18.14	0.00081216	0.038239	1231.3	26.151	224.88	408.90	184.01	1.0875	1.7192	0.54
0.55	291.88	18.73	0.00081356	0.037548	1229.2	26.633	225.71	409.22	183.51	1.0903	1.7190	0.55
0.56	292.46	19.31	0.00081495	0.036880	1227.1	27.115	226.52	409.53	183.02	1.0930	1.7188	0.56
0.57	293.03	19.88	0.00081634	0.036236	1225.0	27.597	227.32	409.85	182.52	1.0958	1.7186	0.57
0.58	293.59	20.44	0.00081772	0.035612	1222.9	28.080	228.12	410.15	182.03	1.0984	1.7185	0.58
0.59	294.15	21.00	0.00081909	0.035009	1220.9	28.564	228.91	410.45	181.55	1.1011	1.7183	0.59
0.60	294.70	21.55	0.00082045	0.034426	1218.8	29.048	229.68	410.75	181.07	1.1037	1.7181	0.60
0.61	295.24	22.09	0.00082180	0.033860	1216.8	29.533	230.45	411.04	180.59	1.1063	1.71479	0.61
0.62	295.78	22.63	0.00082315	0.033312	1214.8	30.019	231.21	411.33	180.11	1.1088	1.7178	0.62
0.63	296.31	23.16	0.00082449	0.032781	1212.9	30.505	231.97	411.61	179.64	1.1113	1.7176	0.63
0.64	296.83	23.68	0.00082582	0.032266	1210.9	30.992	232.71	411.89	179.18	1.1138	1.7174	0.64
0.65	297.35	24.20	0.00082714	0.031766	1209.0	31.480	233.45	412.16	178.71	1.1163	1.7173	0.65
0.66	297.86	24.71	0.00082846	0.031281	1207.1	31.968	234.18	412.43	178.25	1.1187	1.7171	0.66
0.66574	298.15	25.00	0.00082922	0.031009	1206.0	32.249	234.59	412.58	177.99	1.1201	1.7170	0.66574
0.67	298.36	25.21	0.00082977	0.030810	1205.1	32.457	234.90	412.69	177.79	1.1211	1.7170	0.67
0.68	298.86	25.71	0.00083108	0.030352	1203.3	32.947	235.61	412.96	177.34	1.1235	1.7168	0.68
0.69	299.36	26.21	0.00083238	0.029906	1201.4	33.438	236.32	413.21	176.89	1.1258	1.7167	0.69
0.70	299.85	26.70	0.00083368	0.029473	1199.5	33.929	237.03	413.46	176.44	1.1281	1.7165	0.70
0.75	302.22	29.07	0.00084007	0.027475	1190.4	36.397	240.44	414.68	174.24	1.1393	1.7158	0.75
0.80	304.47	31.32	0.00084635	0.025716	1181.5	38.886	243.71	415.80	172.09	1.1500	1.7152	0.80
0.85	306.62	33.47	0.00085254	0.024157	1173.0	41.395	246.85	416.85	170.00	1.1601	1.7145	0.85
0.90	308.67	35.52	0.00085864	0.022765	1164.6	43.927	249.88	417.84	167.96	1.1698	1.7139	0.90
0.95	310.64	37.49	0.00086467	0.021513	1156.5	46.483	252.80	418.76	165.95	1.1791	1.7133	0.95
1.00	312.54	39.39	0.00087065	0.020382	1148.6	49.063	255.63	419.62	163.99	1.1880	1.7127	1.00
1.05	314.37	41.22	0.00087658	0.019354	1140.8	51.668	258.37	420.43	162.06	1.1967	1.7121	1.05
1.10	316.13	42.98	0.00088247	0.018416	1133.2	54.300	261.03	421.19	160.15	1.2050	1.7115	1.10
1.15	317.83	44.68	0.00088833	0.017556	1125.7	56.960	263.63	421.90	158.27	1.2130	1.7110	1.15
1.20	319.48	46.33	0.00089418	0.016765	1118.3	59.649	266.15	422.57	156.42	1.2208	1.7104	1.20
1.25	321.07	47.92	0.00090000	0.016034	1111.1	62.367	268.61	423.20	154.59	1.2283	1.7098	1.25
1.30	322.62	49.47	0.00090582	0.015357	1104.0	65.115	271.02	423.79	152.77	1.2357	1.7092	1.30
1.35	324.13	50.98	0.00091164	0.014728	1096.9	67.896	273.37	424.35	150.98	1.2428	1.7086	1.35
1.40	325.59	52.44	0.00091747	0.014142	1090.0	70.710	275.67	424.87	149.20	1.2497	1.7079	1.40
1.45	327.02	53.87	0.00092330	0.013595	1083.1	73.558	277.92	425.35	147.43	1.2565	1.7073	1.45
1.50	328.41	55.26	0.00092915	0.013082	1076.2	76.441	280.13	425.81	145.67	1.2631	1.7067	1.50
1.55	329.76	56.61	0.00093503	0.012601	1069.5	79.361	282.30	426.23	143.93	1.2696	1.7060	1.55
1.60	331.08	57.93	0.00094092	0.012148	1062.8	82.318	284.44	426.63	142.19	1.2759	1.7053	1.60
1.65	332.37	59.22	0.00094685	0.011721	1056.1	85.315	286.53	427.00	140.47	1.2820	1.7046	1.65
1.70	333.64	60.49	0.00095282	0.011318	1049.5	88.353	288.59	427.34	138.74	1.2881	1.7039	1.70
1.75	334.87	61.72	0.00095882	0.010937	1042.9	91.433	290.62	427.65	137.03	1.2940	1.7032	1.75
1.80	336.08	62.93	0.00096488	0.010576	1036.4	94.557	292.63	427.94	135.32	1.2998	1.7025	1.80
1.85	337.26	64.11	0.00097098	0.010233	1029.9	97.726	294.60	428.21	133.61	1.3056	1.7017	1.85

Pressure	Temperature		Specific Volume		Density		Spercific Enthalpy			Specific Entropy		Press
MPa	K	℃	m³/kg		kg/m³		kJ/kg			kJ/(kg·K)		MPa
			Liquid	Vapor	Liquid	Vapor	Liquid	Vapor	Latent	Liquid	Vapor	
p	T	t	v'	v''	ρ'	ρ''	h'	h''	$h''-h'$	s'	s''	p
1.90	338.42	65.27	0.00097714	0.0099066	1023.4	100.94	296.56	428.44	131.90	1.3112	1.7009	1.90
1.95	339.55	66.40	0.00098336	0.0095962	1016.9	104.21	298.46	428.66	130.20	1.3167	1.7001	1.95
2.00	340.67	67.52	0.00098965	0.0093002	1010.5	107.52	300.36	428.85	128.49	1.3221	1.6993	2.00
2.05	341.76	68.61	0.00099602	0.0090176	1004.0	110.89	302.23	429.02	126.79	1.3275	1.6985	2.05
2.10	342.83	69.68	0.0010025	0.0087474	997.54	114.32	304.09	429.16	125.08	1.3327	1.6976	2.10
2.15	343.88	70.73	0.0010090	0.0084888	991.09	117.80	305.92	429.29	123.37	1.3379	1.6967	2.15
2.20	344.91	71.76	0.0010156	0.0082409	984.63	121.35	307.73	429.39	121.65	1.3431	1.6958	2.20
2.25	345.93	72.78	0.0010223	0.0080030	978.15	124.95	309.53	429.46	119.93	1.3481	1.6948	2.25
2.30	346.93	73.78	0.0010292	0.0077745	971.67	128.63	311.31	429.52	118.20	1.3531	1.6938	2.30
2.35	347.91	74.76	0.0010361	0.0075547	965.15	132.37	313.08	429.55	116.47	1.3580	1.6928	2.35
2.40	348.87	75.72	0.0010432	0.0073431	958.62	136.18	314.83	429.56	114.73	1.3629	1.6918	2.40
2.45	349.82	76.67	0.0010504	0.0071391	952.05	140.07	316.57	429.54	112.97	1.3677	1.6907	2.45
2.50	350.76	77.61	0.0010577	0.0069422	945.44	144.05	318.30	429.51	111.21	1.3725	1.6896	2.50
2.55	351.68	78.53	0.0010652	0.0067520	938.79	148.10	320.01	429.45	109.43	1.3773	1.6884	2.55
2.60	352.58	79.43	0.0010729	0.0065681	932.09	152.25	321.72	429.36	107.64	1.3820	1.6872	2.60
2.65	353.48	80.33	0.0010807	0.0063900	925.34	156.49	323.42	429.25	105.83	1.3866	1.6860	2.65
2.70	354.36	81.21	0.0010887	0.0062175	918.52	160.84	325.11	429.12	104.01	1.3912	1.6847	2.70
2.75	355.22	82.07	0.0010969	0.0060500	911.63	165.29	326.79	428.96	102.17	1.3958	1.6834	2.75
2.80	356.08	82.93	0.0011054	0.0058874	904.66	169.85	328.47	428.77	100.30	1.4004	1.6821	2.80
2.85	356.92	83.77	0.0011141	0.0057293	897.60	174.54	330.15	428.56	98.41	1.4049	1.6807	2.85
2.90	357.75	84.60	0.0011230	0.0055753	890.44	179.36	331.82	428.32	96.50	1.4095	1.6792	2.90
2.95	358.57	85.42	0.0011323	0.0054253	883.17	184.32	333.49	428.04	94.55	1.4140	1.6777	2.95
3.00	359.37	86.22	0.0011418	0.0052789	875.79	189.43	335.16	427.74	92.58	1.4185	1.6761	3.00
3.05	360.17	87.02	0.0011517	0.0051358	868.26	194.71	336.84	427.40	90.57	1.4230	1.6744	3.05
3.10	360.96	87.81	0.0011620	0.0049958	860.59	200.17	338.51	427.03	88.52	1.4275	1.6727	3.10
3.15	361.73	88.58	0.0011727	0.0048586	852.75	205.82	340.20	426.62	86.43	1.4320	1.6709	3.15
3.20	362.50	89.35	0.0011838	0.0047240	844.72	211.69	341.89	426.18	84.29	1.4365	1.6690	3.20
3.25	363.25	90.10	0.0011955	0.0045916	836.48	217.79	343.59	425.68	82.09	1.4410	1.6670	3.25
3.30	364.00	90.85	0.0012077	0.0044612	828.01	224.16	345.31	425.15	79.84	1.4455	1.6649	3.30
3.35	364.73	91.58	0.0012206	0.0043325	819.26	230.81	347.04	424.56	77.52	1.4501	1.6626	3.35
3.40	365.46	92.31	0.0012342	0.0042052	810.21	237.80	348.79	423.91	75.12	1.4548	1.6603	3.40
3.45	366.18	93.03	0.0012487	0.0040789	800.81	245.17	350.57	423.20	72.64	1.4594	1.6578	3.45
3.50	366.89	93.74	0.0012642	0.0039532	791.01	252.96	352.38	422.43	70.05	1.4642	1.6551	3.50
3.55	367.59	94.44	0.0012809	0.0038277	780.73	261.25	354.22	421.57	67.34	1.4691	1.6523	3.55
3.60	368.28	95.13	0.0012989	0.0037019	769.89	270.13	356.12	420.61	64.50	1.4740	1.6492	3.60
3.65	368.96	95.81	0.0013186	0.0035751	758.37	279.72	358.07	419.55	61.48	1.4792	1.6458	3.65
3.70	369.63	96.48	0.0013404	0.0034464	746.03	290.16	360.10	418.36	58.26	1.4845	1.6421	3.70
3.75	370.30	97.15	0.0013649	0.0033147	732.65	301.69	362.23	417.01	54.78	1.4900	1.6380	3.75
3.80	370.96	97.81	0.0013929	0.0031785	717.93	314.62	364.48	415.44	50.96	1.4959	1.6333	3.80
3.85	371.61	98.46	0.0014257	0.0030352	701.40	329.47	366.92	413.61	46.69	1.5023	16279	3.85
3.90	372.25	99.10	0.0014657	0.0028809	682.26	347.12	369.61	411.37	41.76	1.5094	1.6215	3.90
3.95	372.88	99.73	0.0015173	0.0027075	659.05	369.34	372.73	408.51	35.78	1.5175	1.6135	3.95
4.00	373.50	100.35	0.0015915	0.0024947	628.36	400.85	376.65	404.41	27.76	1.5278	1.6021	4.00
4.064	374.30	101.15	0.0019685	0.0019685	508.00	508.00	391.01	391.01	0.00	1.5659	1.5659	4.064

T/K	0.07 MPa Ts = 239.147K / -34.003℃			0.08 Mpa Ts = 241.904K / -31.246℃			0.09 Mpa Ts = 244.398K / -28.752℃			0.10 Mpa Ts = 246.679K / -26.471℃		
	v	*h*	*s*	*v*	*h*	*s*	*v*	*h*	*s*	*v*	*h*	*s*
•LIQUID	0.00071615	156.19	0.8295	0.00072016	159.57	0.8436	0.00072387	162.67	0.8563	0.00072733	165.52	0.8679
•VAPOR	0.26923	377.34	1.7544	0.23754	379.09	1.7511	0.21267	380.66	1.7483	0.19263	382.10	1.7460
240	0.27033	378.00	1.7571	0.00071737	157.13	0.8339	0.00071735	157.24	0.8338	0.00071734	157.24	0.8338
245	0.27677	381.88	1.7731	0.24107	381.51	1.7611	0.21329	381.14	1.7503	0.00072476	163.42	0.8593
246.97	0.27928	383.42	1.7793	0.24330	383.06	1.7674	0.21530	382.69	1.7566	0.19290	382.33	1.7469
250	0.28314	385.78	1.7889	0.24672	385.44	1.7770	0.21838	385.10	1.7663	0.19570	384.75	1.7566
255	0.28945	389.71	1.8044	0.25231	389.39	1.7926	0.22341	389.08	1.7821	0.20029	388.76	1.7725
260	0.29571	393.66	1.8198	0.25784	393.37	1.8080	0.22839	393.08	1.7976	0.20482	392.79	1.7882
265	0.30192	397.64	1.8349	0.26334	397.37	1.8233	0.23332	397.10	1.8129	0.20930	396.83	1.8036
270	0.30810	401.65	1.8499	0.26879	401.40	1.8383	0.23821	401.15	1.8281	0.21374	400.90	1.8188
273.15	0.31198	404.19	1.8593	0.27221	403.95	1.8477	0.24127	403.72	1.8375	0.21652	403.48	1.8283
275	0.34125	405.69	1.8647	0.27421	405.46	1.8532	0.24307	405.23	1.8430	0.21815	404.99	1.8338
280	0.32036	409.77	1.8794	0.27960	409.55	1.8680	0.24790	409.33	1.8578	0.22253	409.12	1.8487
285	0.32646	413.88	1.8940	0.28497	413.68	1.8826	0.25270	413.47	1.8725	0.22688	413.27	1.8634
290	0.33252	418.03	1.9084	0.29031	417.84	1.8971	0.25748	417.65	1.8870	0.23121	417.46	1.8779
295	0.33857	422.21	1.9227	0.29564	422.03	1.9114	0.26224	421.86	1.9014	0.23551	421.68	1.8923
298.15	0.34238	424.87	1.9317	0.29898	424.70	1.9204	0.26523	424.52	1.9104	0.23822	424.35	1.9014
300	0.34461	426.44	1.9369	0.30094	426.27	1.9256	0.26698	426.10	1.9156	0.23980	425.93	1.9066
305	0.35062	430.70	1.9510	0.30623	430.54	1.9398	0.27170	430.38	1.9298	0.24408	430.22	1.9208
310	0.35662	435.00	1.9650	0.31151	434.85	1.9538	0.27641	434.69	1.9438	0.24834	434.54	1.9349
315	0.36261	439.34	1.9789	0.31677	439.19	1.9677	0.28111	439.05	1.9578	0.25258	438.90	1.9488
320	0.36859	443.71	1.9927	0.32202	443.58	1.9815	0.28580	443.44	1.9716	0.25682	443.30	1.9627
325	0.37456	448.13	2.0064	0.32726	448.00	1.9952	0.29047	447.87	1.9853	0.26104	447.74	1.9764
330	0.38052	452.59	2.0200	0.33249	452.46	2.0088	0.29514	452.34	1.9990	0.26526	452.21	1.9901
335	0.38647	457.08	2.0335	0.33772	456.96	2.0224	0.29980	456.84	2.0125	0.26946	456.72	2.0037
340	0.39241	461.62	2.0469	0.34294	461.50	2.0358	0.30445	461.39	2.0260	0.27366	461.27	2.0172
345	0.39835	466.19	2.0603	0.34815	466.08	2.0492	0.30910	465.97	2.0394	0.27786	465.86	2.0305
350	0.40428	470.81	2.0736	0.35335	470.70	2.0625	0.31373	470.59	2.0527	0.28204	470.49	2.0439
355	0.41021	475.46	2.0868	0.35855	475.36	2.0757	0.31837	475.26	2.0659	0.28622	475.15	2.0571
360	0.41613	480.16	2.0999	0.36374	480.06	2.0888	0.32299	479.96	2.0790	0.29040	479.86	2.0703
365	0.42204	484.89	2.1130	0.36893	484.79	2.1019	0.32762	484.70	2.0921	0.29457	484.60	2.0833
370	0.42795	489.66	2.1259	0.37411	489.57	2.1149	0.33223	489.47	2.1051	0.29873	489.38	2.0963
374.30	0.43304	493.79	2.1371	0.37857	493.70	2.1260	0.33620	493.61	2.1162	0.30231	493.52	2.1075
375	0.43386	494.47	2.1389	0.37929	494.38	2.1278	0.33685	494.29	2.1180	0.30289	494.20	2.1093
380	0.43977	499.32	2.1517	0.38447	499.23	2.1407	0.34146	499.14	2.1309	0.30705	499.06	2.1222
385	0.44567	504.21	2.1645	0.38964	504.12	2.1534	0.34607	504.04	2.1437	0.31120	503.95	2.1350
390	0.45156	509.13	2.1772	0.39481	509.05	2.1662	0.35067	508.97	2.1564	0.31536	508.89	2.1477
395	0.45746	514.10	2.1899	0.39998	514.02	2.1788	0.35527	513.94	2.1691	0.31950	513.86	2.1604
400	0.46335	519.10	2.2024	0.40514	519.03	2.1914	0.35987	518.95	2.1817	0.32365	518.87	2.1730
405	0.46923	524.15	2.2150	0.41030	524.07	2.2040	0.36446	523.99	2.1942	0.32779	523.92	2.1855
410	0.47512	529.23	2.2274	0.41546	529.15	2.2164	0.36905	529.08	2.2067	0.33193	529.00	2.1980
415	0.48100	534.34	2.2398	0.42061	534.27	2.2288	0.37364	534.20	2.2191	0.33607	534.13	2.2104
420	0.48688	539.50	2.2522	0.42577	539.43	2.2412	0.37823	539.36	2.2315	0.34020	539.29	2.2228
425	0.49276	544.69	2.2645	0.43092	544.62	2.2535	0.38282	544.55	2.2438	0.34434	544.48	2.2351
430	0.49864	549.92	2.2767	0.43607	549.85	2.2657	0.38740	549.79	2.2560	0.34847	549.72	2.2473
435	0.50452	555.19	2.2889	0.44122	555.12	2.2779	0.39198	555.06	2.2682	0.35260	554.99	2.2595
440	0.51039	560.49	2.3010	0.44636	560.43	2.2900	0.39656	560.37	2.2803	0.35672	56.30	2.2716
445	0.51626	565.84	2.3131	0.45151	565.77	2.3021	0.40114	565.71	2.2924	0.36085	565.65	2.2837
450	0.52213	571.21	2.3251	0.45665	571.15	2.3141	0.40572	571.09	2.3044	0.36497	571.03	2.2957
455	0.52800	576.63	2.3371	0.46179	576.57	2.3261	0.41029	576.51	2.3164	0.36910	576.45	2.3077
460	0.53387	582.08	2.3490	0.46693	582.02	2.3380	0.41487	581.96	2.3283	0.37322	581.90	2.3196
465	0.53974	587.57	2.3609	0.47207	587.51	2.3499	0.41944	587.45	2.3402	0.37734	587.39	2.3315
470	0.54560	593.09	2.3727	0.47721	593.03	2.3617	0.42401	592.98	2.3520	0.38146	592.92	2.3433
475	0.55146	598.65	2.3844	0.48234	598.59	2.3735	0.42858	598.54	2.3638	0.38558	598.48	2.3551
480	0.55733	604.24	2.3961	0.48748	604.19	2.3852	0.43315	604.14	2.3755	0.38969	604.80	2.3668

T/K	0.101325 MPa Ts = 246.967K -26.183℃			0.11 Mpa Ts = 248.785K -24.365℃			0.12 Mpa Ts = 250.745K -22.405℃			0.13 Mpa Ts = 252.579K -20.571℃		
	v	*h*	*s*	*v*	*h*	*s*	*v*	*h*	*s*	*v*	*h*	*s*
• LIQUID	0.00072777	165.89	0.8693	0.00073059	168.18	0.8786	0.00073368	170.67	0.8885	0.00073662	173.01	0.8978
• VAPOR	0.19026	382.28	1.7457	0.17611	383.42	1.7439	0.16225	384.65	1.7420	0.15046	385.80	1.7404
240	0.00071734	157.24	0.8338	0.00071733	157.24	0.8338	0.00071731	157.25	0.8338	0.00071730	157.25	0.8338
245	0.00072476	163.42	0.8593	0.00072475	163.43	0.8593	0.00072473	163.43	0.8593	0.00072472	163.43	0.8593
246.97	0.19026	382.28	1.7457	0.00072776	165.89	0.8693	0.00072774	165.89	0.8693	0.00072773	169.90	0.8693
250	0.19303	384.71	1.7554	0.17714	384.40	1.7478	0.00073249	169.72	0.8847	0.00073248	169.73	0.8847
255	0.19756 *	388.72	1.7713	0.18136	388.44	1.7638	0.16558	388.12	1.7557	0.15222	387.79	1.7482
260	0.20204	392.75	1.7870	0.18552	392.49	1.7795	0.16944	392.19	1.7716	0.15583	391.89	1.7641
265	0.20647	396.79	1.8024	0.18964	396.56	1.7950	0.17325	396.28	1.7871	0.15938	396.00	1.7798
270	0.21086	400.87	1.8176	0.19372	400.65	1..8103	0.17703	400.39	1.8025	0.16290	400.13	1.7953
273.15	0.21361	403.44	1.8271	0.19627	403.23	1.8198	0.17938	402.99	1.8121	0.16509	402.75	1.8049
275	0.21522	404.96	1.8326	0.19776	404.76	1.8254	0.18076	404.52	1.8177	0.16638	404.28	1.8105
280	0.21954	409.09	1.8475	0.20177	408.90	1.8403	0.18447	408.68	1.8326	0.16982	408.45	1.8255
285	0.22384	413.24	1.8622	0.20575	413.07	1.8551	0.18814	412.86	1.8474	0.17324	412.65	1.8404
290	0.22812	417.43	1.8768	0.20971	417.26	1.8697	0.19180	417.07	1.8621	0.17663	416.87	1.8551
295	0.23237	421.65	1.8912	0.21365	421.49	1.8841	0.19543	421.31	1.8766	0.18001	421.13	1.8696
298.15	0.23504	424.33	1.9002	0.21612	424.18	1.8932	0.19771	424.00	1.8856	0.18212	423.82	1.8787
300	0.23661	425.91	1.9055	0.21757	425.76	1.8985	0.19904	425.59	1.8909	0.18336	425.41	1.8840
305	0.24083	430.20	1.9197	0.22147	430.06	1.9127	0.20264	429.89	1.9052	0.18670	429.73	1.8983
310	0.24503	434.52	1.9338	0.22536	434.39	1.9268	0.20622	434.23	1.9193	0.19002	434.08	1.9124
315	0.24923	438.88	1.9477	0.22924	438.76	1.9407	0.20979	438.61	1.9333	0.19333	438.46	1.9265
320	0.25341	443.28	1.9616	0.23311	443.16	1.9546	0.21335	443.02	1.9472	0.19662	442.88	1.9404
325	0.25758	447.72	1.9753	0.23696	447.60	1.9684	0.21689	447.47	1.9610	0.19991	447.34	1.9542
330	0.26174	452.19	1.9890	0.24081	452.08	1.9821	0.22043	451.96	1.9747	0.20319	451.83	1.9679
335	0.26589	456.71	2.0026	0.24464	456.60	1.9956	0.22396	456.48	1.9883	0.20646	456.36	1.9815
340	0.27004	461.26	2.0160	0.24847	461.16	2.0091	0.22748	461.04	2.0018	0.20972	460.92	1.9950
345	0.27418	465.85	2.0294	0.25229	465.75	2.0226	0.23099	465.64	2.0152	0.21297	465.52	2.0085
350	0.27831	470.47	2.0428	0.25611	470.38	2.0359	0.23450	470.27	2.0286	0.21622	470.16	2.0218
355	0.28244	475.14	2.0560	0.25992	475.05	2.0491	0.23800	474.94	2.0418	0.21946	474.84	2.0351
360	0.28656	479.84	2.0692	0.26373	479.76	2.6023	0.24150	479.66	2.0550	0.22269	479.55	2.0483
365	0.29068	484.59	2.0822	0.26753	484.50	2.0754	0.24499	484.40	2.0681	0.22592	484.31	2.0614
370	0.29479	489.37	2.0953	0.27132	489.29	2.0884	0.24848	489.19	2.0811	0.22915	489.10	2.0744
374.30	0.29832	493.51	2.1064	0.27458	493.43	2.0995	0.25147	493.34	2.0923	0.23192	493.25	2.0856
375	0.29890	494.19	2.1082	0.27511	494.11	2.1013	0.25196	494.02	2.0941	0.23237	493.93	2.0874
380	0.30300	499.04	2.1211	0.27890	498.97	2.1142	0.25544	498.88	2.1070	0.23559	498.79	2.1003
385	0.30710	503.94	2.1339	0.28268	503.87	2.1270	0.25891	503.78	2.1198	0.23880	503.70	2.1131
390	0.31120	508.88	2.1466	0.28646	508.80	2.1398	0.26239	508.72	2.1325	0.24201	508.64	2.1259
395	0.31529	513.85	2.1593	0.29024	513.78	2.1524	0.26586	513.70	2.1452	0.24522	513.62	2.1385
400	0.31939	518.86	2.1719	0.29402	518.79	2.1651	0.26932	518.71	2.1578	0.24848	518.63	2.1512
405	0.32347	523.91	2.1844	0.29779	523.84	2.1776	0.27278	523.76	2.1704	0.25163	523.69	2.1637
410	0.32756	528.99	2.1969	0.30156	528.93	2.1901	0.27625	528.85	2.1829	0.25483	528.78	2.1762
415	0.33165	534.12	2.2093	0.30532	534.05	2.2025	0.27970	533.98	2.1953	0.25803	533.91	2.1887
420	0.33573	539.28	2.2217	0.30909	539.22	2.2149	0.28316	539.15	2.2077	0.26122	539.07	2.2010
425	0.33981	544.48	2.2340	0.31285	544.42	2.2272	0.28661	544.35	2.2200	0.26441	544.28	2.2133
430	0.34389	549.71	2.2462	0.31661	549.65	2.2394	0.29007	549.59	2.2322	0.26760	549.52	2.2256
435	0.34796	554.98	2.2584	0.32037	554.93	2.2516	0.29352	554.86	2.2444	0.27079	554.79	2.2378
440	0.35204	560.29	2.2706	0.32413	560.24	2.2638	0.29697	560.17	2.2566	0.27398	560.11	2.2499
445	0.35611	565.64	2.2826	0.32788	565.58	2.2758	0.30041	565.52	2.2687	0.27717	565.46	2.2620
450	0.36018	571.02	2.2947	0.33164	570.97	2.2879	0.30386	570.91	2.2807	0.28035	570.84	2.2741
455	0.36425	576.44	2.3066	0.33539	576.39	2.2999	0.30730	576.33	2.2927	0.28353	576.27	2.2861
460	0.36832	581.89	2.3186	0.33914	581.84	2.3118	0.31074	581.78	2.3046	0.28671	581.73	2.2980
465	0.37238	587.39	2.3304	0.34289	587.34	2.3237	0.31418	587.28	2.3165	0.28989	587.22	2.3099
470	0.37645	592.91	2.3423	0.34664	592.86	2.3355	0.31762	592.81	2.3283	0.29307	592.75	2.3217
475	0.38051	598.48	2.3540	0.35039	598.43	2.3473	0.32106	598.37	2.3401	0.29625	598.32	2.3335
480	0.38458	604.07	2.3658	0.35413	604.03	2.3590	0.32450	603.97	2.3518	0.29943	603.92	2.3452

T/K	0.14 MPa Ts = 254.306K -18.844℃			0.15 Mpa Ts = 255.937K -17.213℃			0.16 Mpa Ts = 257.486K -15.664℃			0.17 Mpa Ts = 258.960K -14.190℃		
	v	*h*	*s*	*v*	*h*	*s*	*v*	*h*	*s*	*v*	*h*	*s*
• LIQUID	0.00073942	175.22	0.9065	0.00074212	177.33	0.9147	0.00074471	179.33	0.9225	0.00074721	181.24	0.9298
• VAPOR	0.14029	386.88	1.7389	0.13144	387.90	1.7376	0.12365	388.86	1.7364	0.11675	389.78	1.7353
240	0.00071728	157.25	0.8338	0.00071727	157.26	0.8337	0.00071725	157.26	0.8337	0.00071724	157.26	0.8337
245	0.00072470	163.44	0.8593	0.00072469	163.44	0.8592	0.00072467	163.44	0.8592	0.00072466	163.45	0.8592
246.97	0.00072771	165.90	0.8693	0.00072770	165.90	0.8693	0.00072768	165.91	0.8692	0.00072767	165.91	0.8692
250	0.00073246	169.73	0.8847	0.00073244	169.73	0.8847	0.00073243	169.74	0.8847	0.00073241	169.74	0.8846
255	0.14077	387.46	1.7412	0.00074056	176.12	0.9100	0.00074054	176.12	0.9100	0.00074052	176.13	0.9099
260	0.14416	391.59	1.7572	0.13403	391.28	1.7507	0.12517	390.97	1.7445	0.11735	390.65	1.7386
265	0.14749	395.72	1.7730	0.13718	395.44	1.7665	0.12816	395.16	1.7605	0.12019	394.87	1.7547
270	0.15079	399.87	1.7885	0.14029	399.61	1.7821	0.13109	399.35	1.7761	0.12298	399.08	1.7705
273.15	0.15284	402.50	1.7982	0.14222	402.25	1.7918	0.13292	402.00	1.7859	0.12472	401.74	1.7803
275	0.15404	404.04	1.8038	0.14335	403.80	1.7975	0.13399	403.56	1.7916	0.12573	403.31	1.7860
280	0.15727	408.23	1.8189	0.14638	408.00	1.8127	0.13686	407.78	1.8068	0.12845	407.55	1.8012
285	0.16046	412.44	1.8338	0.14939	412.23	1.8276	0.13970	412.02	1.8218	0.13114	411.80	1.8163
290	0.16364	416.68	1.8485	0.15237	416.48	1.8424	0.14251	416.28	1.8366	0.13381	416.08	1.8312
295	0.16679	420.94	1.8631	0.15533	420.76	1.8570	0.14530	420.57	1.8513	0.13645	420.38	1.8459
298.15	0.16876	423.65	1.8722	0.15718	423.47	1.8662	0.14705	423.29	1.8605	0.13810	423.11	1.8551
300	0.16992	425.24	1.8775	0.15827	425.06	1.8715	0.14807	424.89	1.8658	0.13907	424.71	1.8604
305	0.17303	429.56	1.8918	0.16119	429.40	1.8858	0.15082	429.23	1.8802	0.14168	429.07	1.8748
310	0.17613	433.92	1.9060	0.16409	433.77	1.9000	0.15356	433.61	1.8944	0.14427	433.45	1.8891
315	0.17922	438.32	1.9201	0.16699	438.17	1.9141	0.15628	438.02	1.9085	0.14684	437.87	1.9032
320	0.18229	442.74	1.9340	0.16987	442.60	1.9281	0.15900	442.46	1.9225	0.14940	442.32	1.9172
325	0.18535	447.20	1.9479	0.17274	447.07	1.9419	0.16170	446.93	1.9364	0.15196	446.80	1.9311
330	0.18841	451.70	1.9616	0.17560	451.57	1.9557	0.16439	451.44	1.9501	0.15450	451.31	1.9449
335	0.19145	456.23	1.9752	0.17845	456.11	1.9693	0.16707	455.99	1.9638	0.15703	455.86	1.9586
340	0.19449	460.80	1.9888	0.18129	460.69	1.9829	0.16974	460.57	1.9774	0.15955	460.45	1.9722
345	0.19752	465.41	2.0022	0.18413	465.30	1.9964	0.17241	465.18	1.9909	0.16207	465.07	1.9857
350	0.20054	470.05	2.0156	0.18696	469.95	2.0097	0.17507	469.84	2.0043	0.16458	469.73	1.9991
355	0.20356	474.74	2.0289	0.18978	474.63	2.0230	0.17773	474.53	2.0176	0.16709	474.42	2.0124
360	0.20657	479.45	2.0421	0.19260	479.35	2.0362	0.18037	479.25	2.0308	0.16959	479.15	2.0256
365	0.20958	484.21	2.0552	0.19541	484.11	2.0494	0.18302	484.01	2.0439	0.17208	483.92	2.0388
370	0.21258	489.00	2.0682	0.19822	488.91	2.0624	0.18566	488.81	2.0570	0.17457	488.72	2.0519
374.30	0.21516	493.16	2.0794	0.20063	493.06	2.0736	0.18792	492.97	2.0681	0.17671	492.88	2.0630
375	0.21558	493.83	2.0812	0.20103	493.74	2.0754	0.18829	493.65	2.0700	0.17706	493.56	2.0648
380	0.21857	498.70	2.0941	0.20383	498.62	2.0883	0.19092	498.53	2.0829	0.17954	498.44	2.0778
385	0.22156	503.61	2.1069	0.20662	503.52	2.1011	0.19355	503.44	2.0957	0.18201	503.35	2.0906
390	0.22455	508.55	2.1197	0.20942	508.47	2.1139	0.19617	508.39	2.1085	0.18449	508.30	2.1034
395	0.22753	513.54	2.1324	0.21221	513.45	2.1266	0.19879	513.37	2.1212	0.18696	513.29	2.1161
400	0.23052	518.55	2.1450	0.21499	518.48	2.1392	0.20141	518.40	2.1338	0.18943	518.32	2.1287
405	0.23349	523.61	2.1575	0.21778	523.53	2.1518	0.20403	523.46	2.1464	0.19189	523.38	2.1413
410	0.23647	528.70	2.1700	0.22056	528.63	2.1643	0.20664	528.56	2.1589	0.19435	528.48	2.1538
415	0.23944	533.84	2.1825	0.22334	533.76	2.1767	0.20925	533.69	2.1714	0.19681	533.62	2.1663
420	0.24241	539.00	2.1949	0.22612	538.93	2.1891	0.21186	538.86	2.1837	0.19927	538.79	2.1787
425	0.24538	544.21	2.2072	0.22889	544.14	2.2014	0.21446	544.07	2.1961	0.20173	544.00	2.1910
430	0.24835	549.45	2.2194	0.23167	549.38	2.2137	0.21706	549.32	2.2083	0.20418	549.25	2.2033
435	0.25132	554.73	2.2317	0.23444	554.66	2.2259	0.21967	554.60	2.2206	0.20663	554.53	2.2155
440	0.25428	560.04	2.2438	0.23721	559.98	2.2381	0.22227	559.91	2.2327	0.20908	559.85	2.2277
445	0.25724	565.39	2.2559	0.23997	565.33	2.2502	0.22486	565.27	2.2448	0.21153	565.21	2.2398
450	0.26020	570.78	2.2679	0.24274	570.72	2.2622	0.22746	570.66	2.2569	0.21398	570.60	2.2518
455	0.26316	576.21	2.2799	0.24551	576.15	2.2742	0.23006	576.09	2.2688	0.21642	576.03	2.2638
460	0.26612	581.67	2.2919	0.24827	581.61	2.2861	0.23265	581.55	2.2808	0.21887	581.49	2.2758
465	0.26907	587.16	2.3037	0.25103	587.10	2.2980	0.23524	587.05	2.2927	0.22131	586.99	2.2876
470	0.27203	592.69	2.3156	0.25379	592.64	2.3099	0.23783	592.58	2.3045	0.22375	592.52	2.2995
475	0.27498	598.26	2.3274	0.25655	598.21	2.3216	0.24042	598.15	2.3163	0.22619	598.10	2.3113
480	0.27794	603.86	2.3391	0.25931	603.81	2.3334	0.24301	603.76	2.3280	0.22863	603.70	2.3230

T/K	0.18 MPa Ts = 260.367K -12.783℃			0.19 Mpa Ts = 261.715K -11.435℃			0.20 Mpa Ts = 263.009K -10.141℃			0.21 Mpa Ts = 264.253K -8.897℃		
	v	*h*	*s*	*v*	*h*	*s*	*v*	*h*	*s*	*v*	*h*	*s*
•LIQUID	0.00074963	183.08	0.9369	0.00075197	184.84	0.9436	0.00075425	186.53	0.9500	0.00075647	188.17	0.9562
•VAPOR	0.11059	390.65	1.7342	0.10506	391.48	1.7333	0.10006	392.28	1.7324	0.095519	393.04	1.7316
240	0.00071723	157.27	0.8337	0.00071721	157.27	0.8337	0.00071720	157.28	0.8337	0.00071718	157.28	0.8337
245	0.00072464	163.45	0.8592	0.00072462	163.45	0.8592	0.00072461	163.46	0.8592	0.00072459	163.46	0.8592
246.97	0.00072765	165.91	0.8692	0.00072763	165.92	0.8692	0.00072762	165.92	0.8692	0.00072760	165.92	0.8692
250	0.00073239	169.74	0.8846	0.00073238	169.75	0.8846	0.00073236	169.75	0.8846	0.00073234	169.75	0.8846
255	0.00074050	176.13	0.9099	0.00074049	176.13	0.9099	0.00074047	176.14	0.9099	0.00074045	176.14	0.9099
260	0.00074899	182.60	0.9350	0.00074897	182.60	0.9350	0.00074895	182.60	0.9350	0.00074893	182.61	0.9350
265	0.11310	394.58	1.7492	0.10676	394.28	1.7439	0.10105	393.99	1.7389	0.095875	393.69	1.7341
270	0.11577	398.82	1.7650	0.10931	398.54	1.7599	0.10349	398.27	1.7549	0.098228	398.00	1.7502
273.15	0.11742	401.49	1.7749	0.11089	401.23	1.7698	0.10501	400.97	1.7649	0.099689	400.71	1.7602
275	0.11839	403.06	1.7806	0.11182	402.81	1.7755	0.10590	402.56	1.7707	0.10054	402.30	1.7660
280	0.12098	407.32	1.7960	0.11429	407.08	1.7909	0.10827	406.85	1.7861	0.10281	406.62	1.7815
285	0.12354	411.59	1.8111	0.11673	411.37	1.8061	0.11060	411.16	1.8014	0.10506	410.94	1.7968
290	0.12607	415.88	1.8260	0.11915	415.68	1.8211	0.11292	415.48	1.8164	0.10728	415.27	1.8119
295	0.12858	420.20	1.8408	0.12154	420.01	1.8359	0.11520	419.81	1.8312	0.10947	419.62	1.8268
298.15	0.13015	422.93	1.8500	0.12304	422.74	1.8451	0.11663	422.56	1.8405	0.11084	422.38	1.8360
300	0.13107	424.53	1.8553	0.12391	424.36	1.8505	0.11747	424.18	1.8459	0.11164	424.00	1.8415
305	0.13355	428.90	1.8698	0.12627	428.73	1.8650	0.11972	428.56	1.8604	0.11379	428.39	1.8560
310	0.13600	433.29	1.8841	0.12861	433.13	1.8793	0.12195	432.98	1.8747	0.11593	432.81	1.8704
315	0.13845	437.72	1.8982	0.13093	437.57	1.8935	0.12417	437.42	1.8889	0.11805	437.26	1.8846
320	0.14088	442.17	1.9123	0.13325	442.03	1.9075	0.12638	441.89	1.9030	0.12016	441.74	1.8987
325	0.14330	446.66	1.9262	0.13555	446.53	1.9215	0.12857	446.39	1.9170	0.12226	446.25	1.9127
330	0.14570	451.18	1.9400	0.13784	451.05	1.9353	0.13076	450.92	1.9308	0.12435	450.79	1.9266
335	0.14810	455.74	1.9537	0.14012	455.62	1.9490	0.13293	455.49	1.9446	0.12643	455.37	1.9403
340	0.15050	460.33	1.9673	0.14239	460.21	1.9626	0.13510	460.09	1.9582	0.12850	459.97	1.9540
345	0.15288	464.96	1.9808	0.14466	464.84	1.9762	0.13726	464.73	1.9717	0.13056	464.61	1.9675
350	0.15526	469.62	1.9942	0.14692	469.51	1.9896	0.13941	469.40	1.9852	0.13262	469.29	1.9810
355	0.15763	474.31	2.0075	0.14917	474.21	2.0029	0.14156	474.10	1.9985	0.13467	474.00	1.9943
360	0.16000	479.05	2.0208	0.15142	478.95	2.0162	0.14370	478.84	2.0118	0.13671	478.74	2.0076
365	0.16236	483.82	2.0339	0.15366	483.72	2.0293	0.14583	483.62	2.0250	0.13875	483.52	2.0208
370	0.16472	488.63	2.0470	0.15590	488.53	2.0424	0.14796	488.43	2.0381	0.14078	488.34	2.0339
374.30	0.16674	492.79	2.0582	0.15782	492.70	2.0536	0.14979	492.60	2.4093	0.14253	492.51	2.0451
375	0.16707	493.47	2.0600	0.15813	493.38	2.0554	0.15009	493.28	2.0511	0.14281	493.19	2.0469
380	0.16942	498.35	2.0729	0.16036	498.26	2.0684	0.15221	498.17	2.0640	0.14484	498.08	2.0599
385	0.17176	503.27	2.0858	0.16259	503.18	2.0812	0.15433	503.09	2.0769	0.14686	503.01	2.0728
390	0.17410	508.22	2.0986	0.16481	508.14	2.0940	0.15644	508.05	2.0897	0.14888	507.97	2.0856
395	0.17644	513.21	2.1113	0.16703	513.13	2.1067	0.15856	513.05	2.1024	0.15089	512.97	2.0983
400	0.17877	518.24	2.1239	0.16924	518.16	2.1194	0.16066	518.08	2.1151	0.15290	518.00	2.1110
405	0.18111	523.30	2.1365	0.17146	523.23	2.1320	0.16277	523.15	2.1277	0.15491	523.07	2.1236
410	0.18344	528.41	2.1491	0.17367	528.33	2.1445	0.16487	528.26	2.1402	0.15692	528.18	2.1361
415	0.18576	533.54	2.1615	0.17587	533.47	2.1570	0.16697	533.40	2.1527	0.15892	533.33	2.1486
420	0.18809	538.72	2.1739	0.17808	538.65	2.1694	0.16907	538.58	2.1651	0.16092	538.51	2.1610
425	0.19041	543.93	2.1862	0.18028	543.86	2.1817	0.17117	543.79	2.1774	0.16292	543.72	2.1733
430	0.19273	549.18	2.1985	0.18249	549.11	2.1940	0.17326	549.04	2.1897	0.16492	548.98	2.1856
435	0.19505	554.46	2.2107	0.18468	554.40	2.2062	0.17536	554.33	2.2019	0.16692	554.27	2.1978
440	0.19737	559.79	2.2229	0.18688	559.72	2.2184	0.17745	559.66	2.2141	0.16891	559.59	2.2100
445	0.19968	565.14	2.2350	0.18908	565.08	2.2305	0.17954	565.02	2.2262	0.17090	564.95	2.2221
450	0.20200	570.54	2.2471	0.19127	570.47	2.2426	0.18162	570.41	2.2383	0.17289	570.35	2.2342
455	0.20431	575.97	2.2591	0.19347	575.91	2.2546	0.18371	575.84	2.2503	0.17488	575.78	2.2462
460	0.20662	581.43	2.2710	0.19566	581.37	2.2665	0.18579	581.31	2.2622	0.17687	581.25	2.2582
465	0.20893	586.93	2.2829	0.19785	586.87	2.2784	0.18788	586.82	2.2741	0.17885	586.76	2.2701
470	0.21124	592.47	2.2947	0.20004	592.41	2.2902	0.18996	592.35	2.2860	0.18084	592.30	2.2819
475	0.21354	598.04	2.3065	0.20222	597.98	2.3020	0.19204	597.93	2.2978	0.18282	597.87	2.2937
480	0.21585	603.65	2.3183	0.20441	603.59	2.3138	0.19412	603.54	2.3095	0.18481	603.48	2.3055

T/K	0.22 MPa Ts = 265.452K -7.698℃			0.23 MPa Ts = 266.609K -6.541℃			0.24 MPa Ts = 267.728K -5.422℃			0.25 MPa Ts = 268.811K -4.339℃		
	v	h	s	v	h	s	v	h	s	v	h	s
• LIQUID	0.00075863	189.75	0.9621	0.00076074	191.28	0.9679	0.00076280	192.76	0.9734	0.00076481	194.20	0.9787
• VAPOR	0.091377	393.78	1.7309	0.087583	394.48	1.7302	0.084093	395.16	1.7295	0.080873	395.82	1.7289
240	0.00071717	157.28	0.8336	0.00071715	157.29	0.8336	0.00071714	157.29	0.8336	0.00071713	157.29	0.8336
245	0.00072458	163.46	0.8591	0.00072456	163.47	0.8591	0.00072455	163.47	0.8591	0.00072453	163.47	0.8591
246.97	0.00072759	165.93	0.8692	0.00072757	165.93	0.8691	0.00072756	165.93	0.8691	0.00072754	165.94	0.8691
250	0.00073233	169.76	0.8846	0.00073231	169.76	0.8845	0.00073230	169.76	0.8845	0.00073228	169.77	0.8845
255	0.00074043	176.14	0.9099	0.00074041	176.15	0.9098	0.00074040	176.15	0.9098	0.00074038	176.15	0.9098
260	0.00074891	182.61	0.9350	0.00074889	182.61	0.9350	0.00074887	182.62	0.9349	0.00074886	182.62	0.9349
265	0.00075780	189.16	0.9599	0.00075778	189.16	0.9599	0.00075776	189.16	0.9599	0.00075774	189.16	0.9599
270	0.093440	397.72	1.7456	0.089065	397.44	1.7412	0.085053	397.15	1.7369	0.08139	396.87	1.7328
273.15	0.094848	400.45	1.7556	0.090425	400.18	1.7513	0.086369	399.91	1.7471	0.082634	399.64	1.7430
275	0.095667	402.05	1.7615	0.091216	401.79	1.7571	0.087134	401.53	1.7530	0.083376	401.26	1.7489
280	0.097857	406.38	1.7771	0.093329	406.14	1.7728	0.089176	405.90	1.7687	0.085353	405.65	1.7647
285	0.10002	410.71	1.7924	0.095409	410.49	1.7882	0.091185	410.27	1.7842	0.087298	410.04	1.7802
290	0.10215	415.06	1.8076	0.097461	414.86	1.8034	0.093166	414.65	1.7994	0.089213	414.44	1.7955
295	0.10425	419.43	1.8225	0.099489	419.24	1.8184	0.095122	419.04	1.8144	0.091103	418.84	1.8106
298.15	0.10557	422.19	1.8318	0.10076	422.00	1.8277	0.096343	421.82	1.8238	0.092282	421.63	1.8200
300	0.10634	423.81	1.8372	0.10150	423.63	1.8332	0.097056	423.45	1.8292	0.092971	423.26	1.8255
305	0.10840	428.22	1.8518	0.10348	428.05	1.8478	0.098971	427.88	1.8439	0.094819	427.70	1.8401
310	0.11045	432.65	1.8662	0.10545	432.49	1.8622	0.10087	432.33	1.8584	0.096651	432.16	1.8546
315	0.11249	437.11	1.8805	0.10741	436.96	1.8765	0.10275	436.80	1.8727	0.098467	436.65	1.8690
320	0.11451	441.60	1.8946	0.10935	441.45	1.8907	0.10462	441.31	1.8869	0.10027	441.16	1.8832
325	0.11652	446.11	1.9086	0.11128	445.98	1.9047	0.10648	445.84	1.9009	0.10206	445.70	1.8973
330	0.11852	450.66	1.9225	0.11320	450.53	1.9186	0.10833	450.40	1.9148	0.10384	450.26	1.9112
335	0.12051	455.24	1.9363	0.11511	455.11	1.9324	0.11017	454.99	1.9286	0.10561	454.86	1.9250
340	0.12250	459.85	1.9499	0.11702	459.73	1.9461	0.11199	459.61	1.9423	0.10737	459.49	1.9388
345	0.12447	464.50	1.9635	0.11891	464.38	1.9596	0.11382	464.27	1.9559	0.10913	464.15	1.9524
350	0.12644	469.18	1.9770	0.12080	469.07	1.9731	0.11563	468.95	1.9694	0.11087	468.84	1.9659
355	0.12840	473.89	1.9903	0.12268	473.78	1.9865	0.11744	473.68	1.9828	0.11261	473.57	1.9793
360	0.13036	478.64	2.0036	0.12456	478.54	1.9998	0.11924	478.43	1.9961	0.11435	478.33	1.9926
365	0.13231	483.42	2.0168	0.12643	483.32	2.0130	0.12104	483.23	2.0093	0.11608	483.13	2.0058
370	0.13425	488.24	2.0299	0.12829	488.15	2.0261	0.12283	488.05	2.0225	0.11780	487.96	2.0190
374.30	0.13592	492.42	2.0411	0.12989	492.32	2.0373	0.12437	492.23	2.0337	0.11928	492.14	2.0302
375	0.13619	493.10	2.0430	0.13015	493.01	2.0392	0.12462	492.91	20355	0.11952	492.82	2.0320
380	0.13813	497.99	2.0559	0.13201	497.90	2.0521	0.12640	497.81	2.0485	0.12124	497.72	2.0450
385	0.14007	502.92	2.0688	0.13386	502.83	2.0650	0.12818	502.75	2.0614	0.12295	502.66	2.0579
390	0.14200	507.88	2.0816	0.13571	507.80	2.0778	0.12996	507.72	2.0742	0.12466	507.63	2.0707
395	0.14392	512.89	2.0944	0.13756	512.80	2.0906	0.13173	512.72	2.0870	0.12636	512.64	2.0835
400	0.14585	517.92	2.1070	0.13940	517.84	2.1033	0.13350	517.76	2.0997	0.12807	517.68	2.0962
405	0.14777	523.00	2.1196	0.14124	522.92	2.1159	0.13527	522.84	2.1123	0.12976	522.76	2.1088
410	0.14969	528.11	2.1322	0.14308	528.03	2.1284	0.13703	527.96	2.1248	0.13146	527.88	2.1214
415	0.15160	533.25	2.1447	0.14492	533.18	2.1409	0.13879	533.11	2.1373	0.13315	533.03	2.1339
420	0.15352	538.43	2.1571	0.14675	538.36	2.1533	0.14055	538.29	2.1497	0.13485	538.22	2.1463
425	0.15543	543.65	2.1694	0.14858	543.58	2.1657	0.14231	543.51	2.1621	0.13654	543.44	2.1587
430	0.15734	548.91	2.1817	0.15041	548.84	2.1780	0.14406	548.77	2.1744	0.13822	548.70	2.1710
435	0.15924	554.20	2.1939	0.15224	554.13	2.1902	0.14582	554.07	2.1866	0.13991	554.00	2.1832
440	0.16115	559.53	2.2061	0.15406	559.46	2.2024	0.14757	559.40	2.1988	0.14159	559.33	2.1954
445	0.16305	564.89	2.2182	0.15589	564.83	2.2145	0.14932	564.76	2.2110	0.14327	564.70	2.2075
450	0.16496	570.29	2.2303	0.15771	570.23	2.2266	0.15106	570.17	2.2230	0.14495	570.10	2.2196
455	0.16686	575.72	2.2423	0.15953	575.66	2.2386	0.15281	575.60	2.2350	0.14663	575.54	2.2316
460	0.16876	581.19	2.2543	0.16135	581.14	2.2506	0.15456	581.08	2.2470	0.14831	581.02	2.2436
465	0.17065	586.70	2.2662	0.16316	586.64	2.2625	0.15630	586.58	2.2589	0.144998	586.53	2.2555
470	0.17255	592.24	2.2780	0.16498	592.19	2.2743	0.15804	592.13	2.2708	0.15166	592.07	2.2674
475	0.17444	597.82	2.2898	0.16680	597.76	2.2861	0.15978	597.71	2.2826	0.15333	597.65	2.2792
480	0.17634	603.43	2.3016	0.16861	603.38	2.2979	0.16152	603.32	2.2943	0.15500	603.27	2.2909

T/K	0.26 MPa Ts = 269.862K -3.288℃			0.27Mpa Ts = 270.881K -2.269℃			0.28 Mpa Ts = 271.872K -1.278℃			0.29 Mpa Ts = 272.836K -0.314℃		
	v	h	s	v	h	s	v	h	s	v	h	s
•LIQUID	0.00076679	195.60	0.9839	0.00076872	196.96	0.9889	0.00077062	198.29	0.9937	0.00077249	199.58	0.9985
•VAPOR	0.077892	396.46	1.7283	0.075123	397.07	1.7277	0.072546	397.67	1.7272	0.070139	398.25	1.7267
240	0.00071711	157.30	0.8336	0.00071710	157.30	0.8336	0.00071708	157.31	0.8336	0.00071707	157.31	0.8335
245	0.00072452	163.94	0.8591	0.00072450	163.48	0.8591	0.00072449	163.49	0.8590	0.00072447	163.49	0.8590
245.97	0.00072752	165.94	0.8691	0.00072751	165.95	0.8691	0.00072749	165.95	0.8691	0.00072748	165.95	0.8690
250	0.00073226	169.77	0.8845	0.00073225	169.77	0.8845	0.00073223	169.78	0.8845	0.00073221	169.78	0.8844
255	0.00074036	176.15	0.9098	0.00074034	176.16	0.9098	0.00074033	176.16	0.9098	0.00074031	176.16	0.9097
260	0.00074884	182.62	0.9349	0.00074882	182.63	0.9349	0.00074880	182.63	0.9349	0.00074878	182.63	0.9349
265	0.00075772	189.17	0.9598	0.00075770	189.17	0.9598	0.00075768	189.17	0.9598	0.00075766	189.17	0.9598
270	0.077946	396.58	1.7287	0.00076703	195.79	0.9846	0.00076701	195.79	0.9845	0.00076698	195.79	0.9845
273.15	0.79185	399.37	1.7390	0.075989	399.09	1.7352	0.073020	398.81	1.7314	0.070253	398.53	1.7278
275	0.079905	401.00	1.7450	0.076689	400.73	1.7411	0.073701	400.46	1.7374	0.070917	400.19	1.7338
280	0.081823	405.41	1.7609	0.078553	405.16	1.7571	0.075515	404.91	1.7535	0.072684	404.66	1.7499
285	0.083708	409.82	1.7765	0.080382	409.59	1.7728	0.077293	409.36	1.7692	0.074415	409.12	1.7657
290	0.085563	414.23	1.7918	0.082182	414.01	1.7882	0.079041	413.80	1.7846	0.076115	413.58	1.7812
295	0.087392	418.65	1.8069	0.083955	418.45	1.8033	0.080762	418.25	1.7999	0.077789	418.04	1.7965
298.15	0.088533	421.44	1.8163	0.085060	421.25	1.8128	0.081835	421.05	1.8093	0.078831	420.86	1.8060
300	0.089199	423.08	1.8218	0.085705	422.89	1.8183	0.082461	422.70	1.8148	0.079439	422.52	1.8115
305	0.090986	427.53	1.8365	0.087436	427.35	1.8330	0.084139	427.18	1.8296	0.081068	427.00	1.8263
310	0.092756	432.00	1.8511	0.089149	431.83	1.8476	0.085799	431.67	1.8442	0.082680	431.50	1.8410
315	0.094511	436.49	1.8654	0.090847	436.34	1.8620	0.087444	436.18	1.8587	0.084276	436.02	1.8554
320	0.096252	441.01	1.8797	0.092531	440.86	1.8763	0.089075	440.71	1.8730	0.085858	440.57	1.8698
325	0.097981	445.56	1.8938	0.094203	445.42	1.8904	0.090694	445.27	1.8871	0.087427	445.13	1.8839
330	0.099699	450.13	1.9077	0.095863	450.00	1.9044	0.092302	449.86	1.9011	0.088985	449.73	1.8979
335	0.1041	454.73	1.9216	0.097514	454.61	1.9182	0.093899	454.48	1.3150	0.090533	454.35	1.9118
340	0.10311	459.37	1.9353	0.099157	459.24	1.9320	0.095488	459.12	1.9287	0.092072	459.00	1.9256
345	0.10480	464.03	1.9489	0.10079	463.92	1.9456	0.097069	463.80	1.9424	0.093603	463.68	1.9393
350	0.10648	468.73	1.9624	0.10242	468.62	1.9591	0.098643	468.51	1.9559	0.095127	468.36	1.9529
355	0.10816	473.46	1.9759	0.10404	473.35	1.9726	0.10021	473.25	1.9694	0.096644	473.14	1.9663
360	0.10983	478.23	1.9892	0.10565	478.12	1.9859	0.10177	478.02	1.9827	0.098155	477.91	1.9797
365	0.11150	483.03	2.0024	0.10726	482.93	1.9992	0.10333	482.83	1.9960	0.099661	482.72	1.9929
370	0.11316	487.86	2.0156	0.10887	487.76	2.0123	0.10488	487.67	2.0092	0.10116	487.57	2.0061
374.30	0.11459	492.04	2.0268	0.11024	491.95	2.0236	0.10621	491.86	2.0204	0.10245	491.76	2.0174
375	0.11482	492.73	2.0287	0.11047	492.63	2.0254	0.10642	492.54	2.0223	0.10266	492.45	2.0192
380	0.11647	497.69	2.0416	0.11206	497.54	2.0384	0.10796	497.45	2.0353	0.10415	497.36	2.0322
385	0.11812	502.57	2.0546	0.11365	502.48	2.0513	0.10950	502.40	2.0482	0.10564	502.31	2.0452
390	0.11977	507.55	2.0674	0.11524	507.46	2.0642	0.11104	507.38	2.0610	0.10712	507.29	2.0580
395	0.12141	512.56	2.0802	0.11682	512.48	2.0769	0.11257	512.39	2.0738	0.10860	512.31	2.0708
400	0.12305	517.60	2.0929	0.11841	517.52	2.0896	0.11409	517.44	2.0865	0.11008	517.39	2.0835
405	0.12469	522.63	2.1055	0.11998	522.61	2.1023	0.11562	522.53	2.0992	0.11155	522.45	2.0962
410	0.12632	527.80	2.1180	0.12156	527.73	2.1148	0.11714	527.65	2.1117	0.11303	527.58	2.1088
415	0.12795	532.96	2.1305	0.12313	532.89	2.1273	0.11866	532.81	2.1243	0.11449	532.74	2.1213
420	0.12958	538.15	2.1430	0.12470	538.08	2.1398	0.12018	538.01	2.1367	0.11596	537.93	2.1337
425	0.13121	543.38	2.1553	0.12627	543.31	2.1522	0.12169	543.24	2.1491	0.11743	543.17	2.1461
430	0.13283	568.64	2.1677	0.12784	548.57	2.1645	0.12320	548.50	2.1614	0.11889	548.43	2.1584
435	0.13445	553.93	2.1799	0.12940	553.87	2.1767	0.12472	553.80	2.1736	0.12035	553.74	2.1707
440	0.13608	559.27	2.1921	0.13097	559.20	2.1889	0.12622	559.14	2.1858	0.12181	559.07	2.1829
445	0.13769	564.64	2.2042	0.13253	564.57	2.2010	0.12773	564.51	2.1980	0.12327	564.45	2.1950
450	0.13931	570.04	2.2163	0.13409	569.98	2.2131	0.12924	569.92	2.2101	0.12472	569.86	2.2071
455	0.14093	575.48	2.2283	0.13565	575.42	2.2252	0.13074	575.36	2.2221	0.12618	575.30	2.2191
460	0.14254	580.96	2.2403	0.13720	580.90	2.2371	0.13224	580.84	2.2341	0.12763	580.78	2.2311
465	0.14415	586.47	2.2522	0.13876	586.41	2.2490	0.13374	586.35	2.2460	0.12908	586.30	2.2430
470	0.14577	592.02	2.2641	0.14031	591.96	2.2609	0.13524	591.90	2.2579	0.13053	591.85	2.2549
475	0.14738	597.60	2.2759	0.14186	597.54	2.2727	0.13674	597.49	2.2697	0.13198	597.43	2.2667
480	0.14899	603.21	2.2876	0.14341	603.16	2.2845	0.13824	603.10	2.2814	0.13342	603.05	2.2785

T/K	0.30 MPa Ts = 273.774K 0.624℃			0.35 Mpa Ts = 278.136K 4.986℃			0.40 Mpa Ts = 282.043K 8.893℃			0.45 Mpa Ts = 285.593K 12.443℃		
	v	h	s	v	h	s	v	h	s	v	h	s
•LIQUID	0.00077432	200.84	1.0030	0.00078308	206.73	1.0243	0.00079128	212.06	1.0432	0.00079903	216.95	1.0602
•VAPOR	0.067888	398.81	1.7262	0.058494	401.39	1.7242	0.51373	403.67	1.7226	0.045780	405.71	1.7212
240	0.00071706	157.31	0.8335	0.00071698	157.33	0.8335	0.00071691	157.35	0.8334	0.00071684	157.37	0.8333
245	0.00072446	163.49	0.8590	0.00072438	163.51	0.8589	0.00072431	163.53	0.8589	0.00072423	163.35	0.8588
245.97	0.00072746	165.96	0.8690	0.00072738	165.97	0.8690	0.00072731	165.99	0.8689	0.00072723	166.01	0.8688
250	0.00073220	169.78	0.8844	0.00073212	169.80	0.8844	0.00073203	169382	0.8843	0.00073195	169.83	0.8842
255	0.00074029	176.17	0.9097	0.00074020	176.18	0.9096	0.00074011	176.20	0.9096	0.00074003	176.22	0.9095
260	0.00074876	182.63	0.9348	0.00074866	182.65	0.9347	0.00074857	182.66	0.9347	0.00074847	182.68	0.9346
265	0.00075764	189.18	0.9598	0.00075753	189.19	0.9597	0.00075743	189.21	0.9596	0.00075732	189.22	0.9595
270	0.00076696	195.79	0.9845	0.00076685	195.81	0.9844	0.00076673	195.82	0.9843	0.00076662	195.83	0.9842
273.15	0.00077309	200.00	1.0000	0.00077296	200.01	0.9999	0.00077284	200.02	0.9998	0.00077272	200.04	0.9997
275	0.068317	399.91	1.7303	0.00077665	202.50	1.0090	0.00077653	202.51	1.0089	0.00077640	202.52	1.0088
280	0.070041	404.41	1.7465	0.059067	403.11	1.7304	0.00078687	209.27	1.0332	0.00078674	209.28	1.0331
285	0.071728	408.89	1.7623	0.060577	407.69	1.7466	0.052185	406.44	1.7323	0.00079769	216.13	1.0574
290	0.073384	413.36	1.7779	0.062052	412.25	1.7624	0.053530	411.10	1.7485	0.046878	409.90	1.7358
295	0.075013	417.84	1.7932	0.063498	416.81	1.7780	0.054852	415.74	1.7644	0.048091	414.63	1.7519
298.15	0.076026	420.67	1.8027	0.064936	419.68	1.7877	0.055655	418.65	1.7742	0.048839	417.60	1.7619
300	0.076618	422.33	1.8083	0.064919	421.36	1.7933	0.056127	420.37	1.7799	0.049273	419.34	1.7678
305	0.078202	426.82	1.8231	0.066317	425.92	1.8084	0.057388	424.99	1.7952	0.050431	424.03	1.7833
310	0.079768	431.33	1.8378	0.067696	430.48	1.8232	0.058629	429.61	1.8103	0.051565	428.71	1.7985
315	0.081318	435.86	1.8523	0.069057	435.06	1.8379	0.059851	434.24	1.8251	0.052681	433.40	1.8135
320	0.082854	440.42	1.8666	0.070404	439.66	1.8524	0.061058	438.88	1.8397	0.053780	438.09	1.8283
325	0.084377	444.99	1.8808	0.071738	444.27	1.8667	0.062250	443.54	1.8541	0.054863	442.79	1.8428
330	0.085889	449.59	1.8949	0.073059	448.91	1.8808	0.063430	448.21	1.8684	0.055934	447.50	1.8572
335	0.087391	454.22	1.9088	0.074370	453.57	1.8948	0.064599	452.90	1.8825	0.056993	452.23	1.8715
340	0.088884	458.88	1.9226	0.075672	458.25	1.9087	0.065758	457.62	1.8965	0.058042	456.98	1.8855
345	0.090369	463.56	1.9363	0.076965	452.97	1.9225	0.066908	462.36	1.9103	0.059082	461.75	1.8995
350	0.091846	468.28	1.9499	0.078250	467.71	1.9361	0.068050	467.13	1.9241	0.060113	466.55	1.9133
355	0.093317	473.03	1.9633	0.079529	472.48	1.9497	0.069185	471.93	1.9377	0.061136	471.37	1.9269
360	0.094781	477.81	1.9767	0.080801	477.28	1.9631	0.070313	476.75	1.9512	0.062153	476.21	1.9405
365	0.096240	482.62	1.9900	0.082067	482.12	1.9764	0.071435	481.61	1.9646	0.063164	481.09	1.9539
370	0.097694	487.47	2.0032	0.083329	486.98	1.9897	0.072552	486.49	1.9778	0.064169	485.99	1.9673
374.30	0.098941	491.67	2.0145	0.084409	491.20	2.0010	0.073509	490.72	1.9892	0.065029	490.23	1.9787
375	0.099143	492.35	2.0163	0.084585	491.88	2.0028	0.073664	491.41	1.9910	0.065169	490.93	1.9805
380	0.10059	497.27	2.0293	0.085837	496.81	2.0159	0.074771	496.36	2.0042	0.066164	495.89	1.9937
385	0.10203	502.22	2.0423	0.087085	501.78	2.0289	0.075875	501.34	2.0172	0.067155	500.89	2.0067
390	0.10347	507.21	2.0551	0.088329	506.78	2.0418	0.076974	506.35	2.0301	0.068141	505.92	2.0197
395	0.10490	512.23	2.0679	0.089569	511.81	2.0546	0.078070	511.40	2.0430	0.069125	510.98	2.0326
400	0.10633	517.28	2.0806	0.090807	516.88	2.0674	0.079162	516.48	2.0558	0.070105	516.07	2.0454
405	0.10776	522.38	2.0933	0.092041	521.99	2.0800	0.080252	521.59	2.0685	0.071081	521.20	2.0582
410	0.10918	527.50	2.1059	0.093273	527.12	2.0926	0.081338	526.74	2.0811	0.072055	526.36	2.0708
415	0.11061	532.66	2.1184	0.094502	532.30	2.1052	0.082422	531.92	2.0937	0.073026	531.55	2.0834
420	0.11203	537.86	2.1308	0.095728	537.50	2.1177	0.083503	537.14	2.1062	0.073995	536.78	2.0959
425	0.11345	543.10	2.1432	0.096953	542.75	2.1301	0.084582	542.39	2.1186	0.074961	542.04	2.1084
430	0.11486	548.36	2.1555	0.098175	548.02	2.1424	0.085659	547.68	2.1310	0.075925	547.34	2.1208
435	0.11628	553.667	2.1678	0.099395	553.34	2.1547	0.086734	553.00	2.1433	0.076887	552.67	2.1331
440	0.11769	559.01	2.1800	0.10061	558.68	2.1669	0.087807	558.36	2.1555	0.077847	558.03	2.1454
445	0.11910	564.38	2.1922	0.10183	564.07	2.1791	0.088878	563.75	2.1677	0.078805	563.43	2.1576
450	0.12051	569.79	2.2042	0.10304	569.48	2.1912	0.089948	569.17	2.1798	0.079761	568.86	2.1697
455	0.12191	575.24	2.2163	0.10426	574.94	2.2032	0.091015	574.63	2.1919	0.080716	574.33	2.1818
460	0.12332	580.72	2.2283	0.10547	580.42	2.2152	0.092082	580.13	2.2039	0.081669	579.83	2.1938
465	0.12472	586.24	2.2402	0.10668	585.95	2.2272	0.093146	585.66	2.2158	0.082621	585.37	2.2058
470	0.12613	591.79	2.2521	0.10789	591.50	2.2391	0.094210	591.22	2.2277	0.083571	590.94	2.2177
475	0.12753	597.37	2.2639	0.10910	597.10	2.2509	0.095272	596.82	2.2396	0.084520	596.54	2.2296
480	0.12893	603.00	2.2757	011030	602.72	2.2627	0.096332	602.45	2.2514	0.085467	602.18	2.2414

T/K	0.50 MPa Ts = 288.855K 15.705℃			0.53 Mpa Ts = 291.878K 18.728℃			0.60Mpa Ts = 294.699K 21.549℃			0.65Mpa Ts = 297.348K 24.198℃		
	v	h	s	v	h	s	v	h	s	v	h	s
• LIQUID	0.00080644	221.48	1.0759	0.00081356	225.71	1.0903	0.00082045	229.68	1.1037	0.00082714	233.45	1.1163
• VAPOR	0.042168	407.55	1.7200	0.037548	409.22	1.7190	0.034426	410.75	1.7181	0.031766	412.16	1.7173
240	0.00071677	157.39	0.8332	0.00071670	157.41	0.8332	0.00071663	157.42	0.8331	0.00071656	157.44	0.8330
245	0.00072416	163.36	0.8587	0.00072408	163.58	0.8586	0.00072400	163.60	0.8586	0.00072393	163.62	0.8585
245.97	0.00072715	166.02	0.8687	0.00072707	166.04	0.8686	0.00072700	166.06	0.8686	0.00072692	166.08	0.8685
250	0.00073187	169.85	0.8841	0.00073179	169.87	0.8840	0.00073171	169.88	0.8840	0.00073163	169.90	0.8839
255	0.00073994	176.23	0.9094	0.00073985	176.25	0.9093	0.00073976	176.26	0.9092	0.00073968	176.28	0.9091
260	0.00074838	182.69	0.9345	0.00074828	182.71	0.9344	0.00074819	182.72	0.9343	0.00074809	182.74	0.9342
265	0.00075722	189.23	0.8594	0.00075712	189.25	0.9593	0.00075701	189.26	0.9592	0.00075691	189.27	0.9591
270	0.00076650	195.85	0.9841	0.00076639	195.86	0.9840	0.00076628	195.87	0.9839	0.00076616	195.88	0.9838
273.15	0.00077260	200.05	0.9996	0.00077248	200.06	0.9995	0.00077236	200.07	0.9994	0.00077224	200.08	0.9993
275	0.00077628	202.53	1.0087	0.00077615	202.54	1.0085	0.00077603	202.55	1.0084	0.00077590	202.56	1.0083
280	0.00078660	209.29	0.0330	0.00078646	209.30	1.0329	0.00078632	209.31	1.0328	0.00078618	209.32	1.0327
285	0.00079753	216.14	0.0572	0.00079838	216.15	1.0571	0.00079722	216.15	1.0570	0.00079707	216.16	1.0569
290	0.041534	408.66	0.7239	0.00080900	223.08	1.0812	0.00080882	223.08	1.0811	0.00080865	223.09	1.0810
295	0.042671	413.49	0.7404	0.038217	412.29	1.7295	0.034487	411.05	1.7191	0.00082102	230.11	1.1050
298.15	0.043370	416.51	1.7506	0.038878	415.38	1.7399	0.035118	414.20	1.7298	0.031920	412.98	1.7200
300	0.043775	418.28	1.7565	0.039260	417.18	1.7459	0.035482	416.04	1.7359	0.032270	414.85	1.7263
305	0.044851	423.04	1.7222	0.040273	422.02	1.7619	0.036445	420.97	1.7522	0.033193	419.88	1.7429
310	0.045903	427.79	1.7877	0.041260	426.84	1.7776	0.037380	425.87	1.7681	0.034086	424.86	1.7591
315	0.046935	432.53	1.8029	0.042225	431.65	1.7930	0.038291	430.74	1.7837	0.034953	429.80	1.7749
320	0.047949	437.28	1.8178	0.043171	436.45	1.8081	0.039182	435.59	1.7990	0.035799	434.72	1.7904
325	0.048947	442.02	1.8325	0.044100	441.24	1.8230	0.040055	440.44	1.8140	0.036625	439.62	1.8056
330	0.049932	446.78	1.8470	0.045015	446.04	1.8376	0.040912	445.29	1.8288	0.037435	444.52	1.8206
335	0.050904	451.54	1.8614	0.045917	450.85	1.8521	0.041756	450.13	1.8434	0.038231	449.41	1.8353
340	0.051865	456.33	1.8755	0.046807	455.66	1.8663	0.042588	454.99	1.8578	0.039014	454.30	1.8498
345	0.052817	461.13	1.8896	0.047687	460.50	1.8805	0.043409	459.86	1.8720	0.039787	459.21	1.8641
350	0.053760	465.95	1.9034	0.048558	465.35	1.8944	0.044221	464.74	1.8861	0.040549	464.12	1.8782
355	0.054695	470.80	1.9172	0.049422	470.22	1.9082	0.045025	469364	1.9000	0.041302	469.05	1.8922
360	0.055623	475.67	1.9308	0.050277	475.12	1.9219	0.045821	474.56	1.9137	0.042048	474.00	1.9061
365	0.056544	480.57	1.9443	0.051126	480.04	1.9355	0.046610	479.50	1.9274	0.042786	478.96	1.9198
370	0.057160	485.49	1.9577	0.051969	484.98	1.9490	0.047392	484.47	1.9409	0.043518	483.95	1.9333
374.30	0.058243	489.75	1.9692	0.052690	489.26	1.9605	0.048061	488.76	1.9524	0.044143	488.26	1.9449
375	0.058370	490.44	1.9710	0.052807	489.95	1.9623	0.048169	489.46	1.9543	0.044244	488.96	1.9468
380	0.059276	495.43	1.9842	0.053640	494.95	1.9756	0.048941	494.48	1.9676	0.044965	494.00	1.9601
385	0.060177	500.44	1.9973	0.054468	499.98	1.9887	0.049709	499.52	1.9808	0.045681	499.06	1.9734
390	0.061075	505.48	2.0103	0.055292	505.04	2.0018	0.050472	504.60	1.9939	0.046392	504.15	1.9865
395	0.061968	510.56	2.0233	0.056112	510.13	2.0147	0.051231	509.70	2.0069	0.047100	509.27	1.9996
400	0.062858	515.66	2.0361	0.056928	515.25	2.0276	0.051986	514.84	2.0198	0.047804	514.42	2.0125
405	0.063745	520.80	2.0489	0.057741	520.40	2.0404	0.052738	520.00	2.0326	0.048504	519.60	2.0254
410	0.064628	525.97	2.0616	0.058551	525.59	5.0531	0.053487	525.20	2.0454	0.049201	524.81	2.0381
415	0.065509	531.18	2.0742	0.059359	530.80	2.0658	0.054233	530.42	2.0580	0.049895	530.04	2.0508
420	0.066388	536.42	2.0867	0.060163	536.05	2.0783	0.054976	535.68	2.0706	0.050587	535.31	2.0635
425	0.067264	541.69	2.0992	0.060966	541.33	2.0908	0.055717	540.97	2.0831	0.051275	540.62	2.0760
430	0.068137	546.99	2.1116	0.061765	546.65	2.1033	0.056455	546.30	2.0956	0.051962	545.95	2.08885
435	0.069009	552.33	2.1240	0.062563	551.99	2.1156	0.057192	551.66	2.1080	0.052646	551.32	2.1009
440	0.069879	557.70	2.1362	0.063359	557.37	2.1279	0.057926	557.03	2.1203	0.053328	556.71	2.1132
445	0.070746	563.11	2.1485	0.064153	562.79	2.1402	0.058658	562.47	2.1326	0.054009	562.15	2.1255
450	0.071612	568.55	2.1606	0.064945	568.24	2.1524	0.059388	567.92	2.1448	0.054687	567.61	2.1377
455	0.072476	574.02	2.1727	0.065735	573.72	2.1645	0.060117	573.41	2.1569	0.055364	573.11	2.1499
460	0.073339	579.53	2.1848	0.066524	579.23	2.1765	0.060844	578.94	5.1690	0.056039	578.64	2.1620
465	0.074200	585.08	2.1967	0.067311	584.78	2.1885	0.061570	584.49	2.1810	0.056712	584.20	2.1740
470	0.075060	590.65	2.2087	0.068097	590.37	2.2005	0.062294	590.08	2.1929	0.057384	589.80	2.1860
475	0.075919	596.26	2.2205	0.068881	595.98	2.2124	0.063017	595.71	2.2048	0.058054	595.43	2.1979
480	0.076776	601.91	2.2324	0.069664	601.63	2.2242	0.063738	601.36	2.2167	0.058724	601.09	2.2097

T/K	0.70 MPa Ts = 299.847K / 26.697℃			0.75 Mpa Ts = 302.216K / 29.066℃			0.80 Mpa Ts = 304.468K / 31.318℃			0.85 Mpa Ts = 306.617K / 33.467℃		
	v	*h*	*s*	*v*	*h*	*s*	*v*	*h*	*s*	*v*	*h*	*s*
• LIQUID	0.00083368	237.03	1.1281	0.00084007	240.44	1.1393	0.00084635	243.71	1.1500	0.00085254	246.85	1.1601
• VAPOR	0.029473	413.46	1.7165	0.027475	414.68	1.7158	0.025716	415.80	1.7152	0.024157	416.85	1.7145
240	0.00071649	157.46	0.8330	0.00071642	157.48	0.8329	0.00071635	157.50	0.8328	0.00071628	157.52	0.8327
245	0.00072385	163.63	0.8584	0.00072378	163.65	0.8583	0.00072670	163.67	0.8583	0.00072363	163.69	0.8582
245.97	0.00072684	166.09	0.8684	0.00072676	166.11	0.8683	0.00072669	166.13	0.8683	0.00072661	166.15	0.8682
250	0.00073155	169.92	0.8838	0.00073147	169.93	0.8837	0.00073139	169.95	0.8836	0.00073131	169.97	0.8836
255	0.00073959	176.30	0.9091	0.00073950	176.31	0.9090	0.00073942	176.33	0.9098	0.00073933	176.34	0.9088
260	0.00071800	182.75	0.9341	0.00074790	182.77	0.9341	0.00074781	182.78	0.9340	0.00074772	182.80	0.9339
265	0.00075681	189.29	0.9590	0.00075670	189.30	0.9589	0.00075660	189.32	0.9589	0.00075650	189.33	0.9588
270	0.00076605	195.90	0.9837	0.00076594	195.91	0.9836	0.00076583	195.92	0.9835	0.00076571	195.93	0.9835
273.15	0.00077212	200.10	0.9992	0.00077200	200.11	0.9991	0.00077188	200.12	0.9990	0.00077176	200.13	0.9989
275	0.00077578	202.58	1.0082	0.00077566	202.59	1.0081	0.00077553	202.60	1.0081	0.00077541	202.61	1.0080
280	0.00078605	209.33	1.0326	0.00078591	209.34	1.0325	0.00078577	209.35	0.0324	0.00078563	209.36	1.0323
285	0.00079692	216.17	1.0568	0.00079677	216.18	1.0567	0.00079661	216.19	0.0566	0.00079646	216.19	1.0565
290	0.00080848	223.09	1.0809	0.00080831	223.10	1.0808	0.00080814	223.11	1.0806	0.00080797	223.11	1.0805
295	0.00082083	230.12	1.1049	0.00082064	230.12	1.1048	0.00082044	230.12	1.1046	0.00082025	230.13	1.1045
298.15	0.00082907	234.59	1.1200	0.00082886	234.60	1.1199	0.00082865	234.60	1.1197	0.00082844	234.60	1.1196
300	0.029501	413.62	1.7171	0.00083388	237.24	1.1287	0.00083366	237.25	1.1286	0.00083344	237.25	1.1284
305	0.030393	418.76	1.7340	0.027953	417.59	1.7254	0.025805	416.37	1.7170	0.00084767	244.48	1.1524
310	0.031253	423.82	1.7505	0.028786	422.75	1.7422	0.026617	421.64	1.7342	0.024692	420.49	1.7263
315	0.032084	428.84	1.7666	0.029588	427.85	1.7585	0.027369	426.83	1.7508	0.025453	425.77	1.7432
320	0.032892	433.83	1.7823	0.030365	432.91	1.7745	0.028148	431.96	1.7669	0.026184	430.99	1.7597
325	0.033680	438.79	1.7977	0.031121	437.93	1.7900	0.028876	437.05	1.7827	0.026889	436.15	1.7757
330	0.034450	443.73	1.8128	0.031858	442.93	1.8053	0.029585	442.11	1.7982	0.027574	441.27	1.7913
335	0.03520 6	448.67	1.8276	0.032579	447.91	1.8203	0.030277	447.14	1.8133	0.028241	446.36	1.8066
340	0.03 5948	453.60	1.8422	0.033286	452.89	1.8350	0.03954	452.17	1.8282	0.028892	451.43	1.8216
345	0.03 6678	458.54	1.8566	0.033981	457.87	1.8496	0.031618	457.19	1.8428	0.029530	456.49	1.8364
350	0.037398	463.49	1.8709	0.034665	462.85	1.8639	0.032271	462.20	1.8573	0.030156	461.55	1.8509
355	0.038109	468.45	1.8850	0.035339	467.84	1.8781	0.032914	467.23	1.8715	0.030772	466.60	1.8633
360	0.038812	473.42	1.8989	0.036005	472.85	1.8921	0.033548	472.26	1.8856	0.031378	471.66	1.8795
365	0.039507	478.42	1.9126	0.036663	477.86	1.9059	0.034174	477.30	1.8995	0.031976	476.74	1.8934
370	0.040196	483.43	1.9263	0.037315	482.90	1.9196	0.034793	482.36	1.9133	0.032566	481.82	1.9073
374.30	0.040783	487.75	1.9379	03037870	487.24	1.9313	0.035320	486.73	1.9250	0.033069	486.21	1.9191
375	0.040878	488.46	1.9398	0.037960	487.95	1.9332	0.035405	487.44	1.9269	0.033150	486.92	1.9210
380	0.041555	493.52	1.9532	0.038599	493.03	1.9466	0.036012	492.54	1.9404	0.033728	482.04	1.9345
385	0.042227	498.60	1.9665	0.039234	498.13	1.9600	0.036613	497.65	1.9538	0.034301	497.18	1.9480
390	0.042895	503.70	1.9796	0.039863	503.25	1.9732	0.037210	502.80	1.9671	0.034868	502.34	1.9613
395	0.042559	508.84	1.9927	0.040489	508.40	1.9863	0.037802	507.96	1.9802	0.035431	507.52	1.9745
400	0.044218	514.00	2.0057	0.041110	513.58	1.9993	0.038390	513.16	1.9933	0.035990	512.73	1.9876
405	0.044874	519.19	2.0186	0.041728	518.78	2.0123	0.038975	548.37	2.0063	0.036545	517.96	2.0006
410	0.045527	524.41	2.0314	0.042343	524.02	2.0251	0.039556	523.62	2.0191	0.037097	523.22	2.0135
415	0.046177	529.66	2.0441	0.042954	529.28	2.0379	0.040134	528.90	2.0319	0.037645	528.51	2.0263
420	0.046824	534.94	2.0568	0.043563	534.57	2.0505	0.040709	534.20	2.0446	0.038191	533.83	2.0391
425	0.047468	540.26	2.0694	0.044169	539.25	2.0631	0.041281	539.53	2.0573	0.038733	539.17	2.0517
430	0.048110	545.60	2.0819	0.044722	545.25	2.0757	0.041831	544.90	2.0698	0.039274	544.55	2.0643
435	0.048750	550.98	2.0943	0.045373	550.64	2.0881	0.042419	550.29	2.0823	0.039811	549.95	2.0768
440	0.049388	556.38	2.1067	0.045972	556.05	2.1005	0.042984	555.72	2.0947	0.040347	555.38	2.0892
445	0.050023	561.82	2.1190	0.046569	561.50	2.1128	0.043547	561.18	2.1070	0.040880	560.85	2.1015
450	0.050657	567.30	2.1312	0.047164	566.98	2.1251	0.044108	566.66	2.1193	0.041412	566.35	2.1138
455	0.051289	572.80	2.1433	0.047758	572.49	2.1372	0.044668	572.18	2.1315	0.041942	571.88	2.1260
460	0.051919	578.34	2.1555	0.048349	578.04	2.1494	0.043226	577.74	2.1436	0.042469	577.44	2.1382
465	0.052548	583.91	2.1675	0.048939	583.62	2.1614	0.045782	583.32	2.1557	0.042996	593.03	2.1503
470	0.053175	589.51	2.1795	0.049528	589.22	2.1734	0.046337	588.94	2.1677	0.043521	588.65	2.1623
475	0.053801	595.15	2.1914	0.050115	594.87	2.1854	0.046890	594.59	2.1797	0.044044	594.31	2.1743
480	0.054426	600.82	2.2033	0.051701	600.54	2.1972	0.047442	600.27	2.1916	0.044566	600.00	2.1862

T/K	0.90 MPa Ts = 308.673K 35.523℃			0.95 Mpa Ts = 310.645K 37.495℃			1.00 Mpa Ts = 312.540K 39.390℃			1.20 Mpa Ts = 319.478K 46.328℃		
	v	*h*	*s*	*v*	*h*	*s*	*v*	*h*	*s*	*v*	*h*	*s*
•LIQUID	0.00085864	249.88	1.1698	0.00086467	252.80	1.1791	0.00087065	255.63	1.1880	0.00089418	266.15	1.2208
•VAPOR	0.022765	417.84	1.7139	0.21513	418.76	1.7133	0.020382	419.62	1.7127	0.016765	422.57	1.7104
240	0.00071621	157.54	0.8327	0.00071614	157.55	0.8326	0.00071607	157.57	0.8325	0.00071580	157.65	0.8322
245	0.00072356	163.71	0.8581	0.00072348	163.72	0.8580	0.00072341	163.74	0.8580	0.00072311	163.81	0.8577
245.97	0.00072653	166.16	0.8681	0.00072646	166.18	0.8680	0.00072638	166.20	0.8680	0.00072608	166.27	0.8677
250	0.00073123	169.99	0.8835	0.00073115	170	0.8834	0.00073107	170.02	0.8833	0.00073075	170.09	0.8830
255	0.00073924	176.36	0.9087	0.00073916	176.38	0.9086	0.00073907	176.39	0.9086	0.00073873	176.46	0.9082
260	0.00074762	182.81	0.9338	0.00074753	182.83	0.9337	0.00074744	1852.84	0.9336	0.00074706	182.91	0.9333
265	0.00075640	189.34	0.9587	0.00075629	189.36	0.9586	0.00075619	189.37	0.9585	0.00075579	189.43	0.9581
270	0.00076560	195.95	0.9834	0.00076549	195.96	0.9833	0.00076538	195.97	0.9832	0.00076494	198.02	0.9828
273.15	0.00077164	200.14	0.9988	0.00077153	200.16	0.9987	0.00077141	200.17	0.9986	0.00077094	200.22	0.9982
275	0.00077528	202.62	1.0079	0.00077516	202.63	1.0078	0.00077504	202.64	1.0077	0.00077455	202.69	1.0073
280	0.00078550	209.37	1.0322	0.00078536	209.38	1.0321	0.00078523	209.39	1.0320	0.00078469	209.43	1.0315
285	0.00079631	216.20	1.0564	0.00079616	216.21	1.0562	0.00079601	216.22	1.0561	0.00079541	216.25	1.0557
290	0.00080780	223.12	1.0804	0.00080763	223.12	1.0803	0.00080746	223.13	1.0802	0.00080679	223.16	1.0797
295	0.00082006	230.13	1.1044	0.00081987	230.13	1.1043	0.00081968	230.14	1.1041	0.00081892	230.15	1.1036
298.15	0.00082824	234.60	1.1195	0.00082803	234.60	1.1193	0.00082782	234.60	1.1192	0.00082700	234.61	1.1187
300	0.00083322	237.48	1.1283	0.00083300	237.25	1.1282	0.00083278	237.25	1.1280	0.00083192	237.25	1.1275
305	0.00084742	244.48	1.1522	0.00084717	244.48	1.1521	0.00084692	244.48	1.1519	0.00084593	244.47	1.1513
310	0.022969	419.29	1.7186	0.00086258	251.84	1.1760	0.00086229	251.83	1.1759	0.00086114	251.81	1.1752
315	0.023716	424.68	1.7359	0.022153	423.55	1.7286	0.020736	422.37	1.7215	0.00087778	259.30	1.1992
320	0.024430	429.99	1.7526	0.022854	428.95	1.7456	0.021428	427.88	1.7389	0.016834	423.19	1.7123
325	0.025118	435.22	1.7688	0.023526	434.27	1.7621	0.022088	433.29	1.7556	0.017472	429.04	1.7305
330	0.025782	440.41	1.7846	0.024174	439.52	1.7782	0.022721	438.62	1.7719	0.018074	434.74	1.7479
335	0.026428	445.55	1.8001	0.024801	444.73	1.7938	0.023333	443.89	1.7878	0.018646	440.32	1.7646
340	0.027057	450.68	1.8153	0.025411	449.91	1.8092	0.023926	449.12	1.8032	0.019194	445.81	1.78[illegible]
345	0.027672	455.78	1.8302	0.026006	455.06	1.8242	0.024504	454.32	1.8184	0.019721	451.24	1.7967
350	0.028274	460.88	1.8449	0.026587	460.20	1.8390	0.025067	459.50	1.8333	0.020232	456.61	1.8122
355	0.028865	465.97	1.8593	0.027158	465.33	1.8536	0.025619	464.67	1.8480	0.020728	461.95	1.8274
360	0.029447	471.06	1.8736	0.027718	470.45	1.8679	0.026160	469.83	1.8624	0.021212	467.27	1.8422
365	0.030020	476.16	1.8876	0.028269	475.58	1.8821	0.026692	475.00	1.8767	0.021685	472.57	1.8569
370	0.030586	481.27	1.9015	0.028813	480.72	1.8960	0.027216	480.16	1.8907	0.022148	477.86	1.8713
374.30	0.031067	485.68	1.9134	0.029274	485.15	1.9079	0.027660	484.61	1.9027	0.022540	482.40	1.8835
375	0.031145	486.40	1.9153	0.029349	485.87	1.9099	0.027732	485.34	1.9046	0.022603	483.14	1.8854
380	0.031697	491.54	1.9289	0.029879	491.03	1.9235	0.028242	490.52	1.9184	0.023050	488.43	1.8994
385	0.032244	496.70	1.9424	0.030403	496.21	1.9371	0.028746	495.72	1.9320	0.023491	493.72	1.9133
390	0.032786	501.87	1.9558	0.030922	501.41	1.9505	0.029244	500.94	1.9454	0.023925	199.02	1.9270
395	0.033323	507.07	1.9690	0.031436	506.63	1.9638	0.029738	506.17	1.9588	0.024354	504.33	1.9405
400	0.033856	512.30	1.9822	0.031946	511.87	1.9770	0.030227	511.43	1.9720	0.024778	509.66	1.9539
405	0.034385	517.55	1.9952	0.032452	517.13	1.9900	0.030712	516.71	1.9851	0.025198	515.00	1.9672
410	0.034911	522.82	2.0081	0.032954	522.42	2..0030	0.031193	522.01	1.9881	0.025614	520.37	1.9803
415	0.035433	528.12	2.0210	0.033453	527.73	2.0159	0.031671	527.34	2.0110	0.026026	525.75	1.9934
420	0.035952	533.45	2.0337	0.033949	533.07	2.0287	0.032146	532.69	2.0239	0.026434	531.16	2.0063
425	0.036469	538.81	2.0464	0.034442	538.44	2.0414	0.032618	538.07	2.0366	0.026840	536.58	2.0192
430	0.036982	544319	2.0590	0.034932	543.84	2.0540	0.033087	543.48	2.0492	0.027242	542.04	2.0319
435	0.037494	549.61	2.0715	0.035420	549.26	2.0666	0.033553	548.91	2.0618	0.027642	547.52	2.0446
440	0.038003	555.05	5.0840	0.035905	554.71	2.0790	0.034018	554.38	2.0743	0.028039	553.02	2.0572
445	0.038510	560.53	5.0964	0.036389	560.20	2.0914	0.034480	559.87	2.0867	0.028434	558.55	2.0697
450	0.039015	566.03	2.1087	0.036870	565.71	2.1037	0.034940	565.39	2.0990	0.028827	564.11	2.0821
455	0.039518	571.57	2.1209	0.037350	571.26	2.1160	0.035398	570.95	2.1113	0.029218	569.70	2.0945
460	0.040020	577.13	2.1331	0.037827	576.83	2.1282	0.035855	576.53	2.1235	0.029607	575.32	2.1067
465	0.040519	582.73	2.1452	0.038303	582.44	2.1403	0.036309	582.14	2.1357	0.029994	280.96	2.1189
470	0.041018	588.36	2.1572	0.038778	588.08	2.1524	0.036762	587.79	2.1477	0.030380	586.64	2.1311
475	0.041514	594.03	2.1692	0.039251	593.75	2.1644	0.037214	593.47	2.1597	03030764	592.34	2.1431
480	0.042010	599.72	2.1811	0.039723	599.45	2.1763	0.037664	599.17	2.1717	03031146	598.07	2.1552

T/K	1.40 MPa Ts = 325.594K 52.444℃			1.60 Mpa Ts = 331.084K 57.934℃			1.80 Mpa Ts = 336.077K 62.927℃			2.00 Mpa Ts = 340.665K 67.515℃		
	v	h	s	v	h	s	v	h	s	v	h	s
• LIQUID	0.00091747	275.67	1.2497	0.00094092	288.44	1.2759	0.00096488	292.63	1.2998	0.00098965	300.36	1.3221
• VAPOR	0.014142	424.87	1.7079	0.012148	426.63	1.7053	0.010576	427.94	1.7025	0.0093002	428.85	1.6993
240	0.00071552	157.72	0.8320	0.000715225	157.80	0.8317	0.00071498	157.87	0.8314	0.00071470	157.95	0.8311
245	0.00072282	163.88	0.8574	0.00072252	163.95	0.8571	0.00072223	164.03	0.8568	0.00072194	164.10	0.8565
246.97	0.00072577	166.34	0.8673	0.00072547	166.41	0.8670	0.00072517	166.48	0.8667	0.00072488	166.55	0.8664
250	0.00073043	170.16	0.8827	0.00073012	170.22	0.8824	0.00072981	170.29	0.8821	0.00072949	170.36	0.8808
255	0.00073838	176.52	0.9079	0.00073805	176.59	0.9076	0.00073771	176.65	0.9073	0.00073737	176.72	0.9069
260	0.00074669	182.97	0.9329	0.00074633	183.03	0.9326	0.00074596	183.09	0.9323	0.00074560	183.15	0.9319
265	0.00075538	189.49	0.9578	0.00075498	189.54	0.9574	0.00075459	189.60	0.9571	0.00075419	189.66	0.9567
270	0.00076450	196.08	0.9824	0.00076406	196.13	0.9820	0.00076362	196.18	0.9817	0.00076319	196.23	0.9813
273.15	0.00077047	200.26	0.9978	0.00077001	200.31	0.9975	0.00076955	200.36	0.9971	0.00076909	200.41	0.9967
275	0.00077407	202.74	1.0069	0.00077359	202.78	1.0065	0.00077311	202.83	1.0061	0.00077264	202.88	1.0057
280	0.00078415	209.47	1.0311	0.00078362	209.51	1.0307	0.00078310	209.55	1.0303	0.00078258	209.60	1.0299
285	0.00079481	216.28	1.0552	0.00079423	216.32	1.0548	0.00079364	216.35	1.0544	0.00079307	216.39	1.0539
290	0.00080612	223.18	1.0729	0.00080547	223.21	1.0788	0.00080482	223.23	1.0783	0.00080417	223.26	1.0778
295	0.00081817	230.17	1.1031	0.00081743	230.19	1.1026	0.00081670	230.20	1.1021	0.00081598	230.22	1.1016
298.15	0.00082619	234.62	1.1181	0.00082539	234.63	1.1176	0.00082460	234.64	1.1171	0.00082382	234.66	1.1166
300	0.00083107	237.26	1.1270	0.00083023	237.26	1.1264	0.00082941	237.27	1.1259	0.00082859	237.28	1.1254
305	0.00084496	244.46	1.1508	0.00084400	244.45	1.1502	0.00084305	244.45	1.1496	0.00084212	244.44	1.1490
310	0.00086001	251.78	1.1746	0.00085890	251.76	1.1740	0.00085781	251.74	1.1733	0.00085673	251.72	1.1727
315	0.00087646	259.25	1.1985	0.00087505	259.21	1.1978	0.00087388	259.18	1.1971	0.00087262	259.14	1.1965
320	0.00089460	266.89	1.2225	0.00089305	266.83	1.2218	0.00089154	266.77	1.2210	0.00089005	266.71	1.2203
325	0.00091489	274.72	1.2468	0.00091300	274.63	1.2460	0.00091117	274.54	1.2451	0.00090938	274.45	1.2443
330	0.014671	430.33	1.7246	0.00093560	282.66	1.2705	0.00093331	282.53	1.2695	0.00093111	282.41	1.2686
335	0.015234	436.33	1.7427	0.012598	431.78	1.7208	0.00095882	290.80	1.2944	0.00095600	290.63	1.2933
340	0.015762	442.16	1.7599	0.013131	438.08	1.7395	0.011013	433.40	1.7186	0.00098532	299.19	1.3187
345	0.016264	447.88	1.7766	0.013527	444.17	1.7573	0.011523	440.02	1.7380	0.0097735	435.25	1.7180
350	0.016745	453.50	1.7928	0.014094	450.10	1.7743	0.011992	446.36	1.7562	0.010263	442.17	1.7379
355	0.017208	459.05	1.8085	0.014538	455.91	1.7908	0.012431	452.51	1.7736	0.010710	448.76	1.7566
360	0.017655	464.54	1.8239	0.014964	461.63	1.8068	0.012846	458.50	1.7904	0.011125	455.10	1.7743
365	0.018089	470.00	1.8390	0.015374	457.28	1.8224	0.013242	464.38	1.8066	0.011515	461.27	1.7913
370	0.018512	475.44	1.8538	0.015770	472.88	1.8376	0.013621	470.18	1.8224	0.011885	467.30	1.8078
374.30	0.018868	480.09	1.8663	0.06102	477.67	1.8505	0.013936	475.11	1.8357	0.012190	472.41	1.8215
375	0.018926	480.85	1.8683	0.016155	478.77	1.8526	0.013987	475.91	1.8378	0.012239	473.23	1.8237
380	0.019331	486.25	1.8826	0.016530	483.97	1.8672	0.014341	481.59	1.8528	0.012579	479.09	1.8392
385	0.019728	491.64	1.8967	0.016897	489.48	1.8816	0.014686	487.24	1.8676	0.012908	484.89	1.8543
390	0.020118	497.04	1.9106	0.018961	494.98	1.8958	0.015021	492.85	1.8821	0.013227	490.64	1.8692
395	0.020502	502.43	1.9244	0.019288	500.48	1.9098	0.015350	498.45	1.8964	0.013537	496.35	1.8838
400	0.020881	535.07	1.9380	0.017953	505.97	1.9236	0.015671	540.04	1.9104	0.013840	502.05	1.8981
405	0.021255	540.58	1.9514	0.018294	511.46	1.9373	0.015986	509.62	1.9243	0.014136	507.72	1.9122
410	0.021625	546.10	1.9648	0.016897	516.96	1.9508	0.016297	515.20	1.9380	0.014427	513.39	1.9261
415	0.021990	551.65	1.9780	0.017255	522.47	1.9641	0.016602	520.78	1.9515	0.013227	519.05	1.9398
420	0.022352	557.22	1.9910	0.019288	528.00	1.9774	0.016903	526.37	1.9649	0.013537	524.71	1.9534
425	0.022711	535.07	2.0040	0.019612	533.54	1.9905	0.017200	531.97	1.9781	0.013840	530.38	1.9668
430	0.023066	540.58	2.0169	0.019932	539.09	2.0035	0.017493	537.58	1.9913	0.014136	536.05	1.9800
435	0.023418	546.10	2.0297	0.020249	544.67	2.0164	0.0177840.	543.21	2.0043	0.014427	541.73	1.9932
440	0.023768	551.65	2.0423	0.020564	550.26	2.0291	0.018071	548.85	2.0172	0.014712	547.43	2.0062
445	0.024116	557.22	2.0549	0.020876	555.87	2.0418	0.018355	554.51	2.0300	0.014992	553.14	2.0191
450	0.024461	562.82	2.0674	0.021185	561.51	2.0544	0.018637	560.19	2.0427	0.016599	558.86	2.0319
455	0.024804	568.44	2.0799	0.021492	567.17	2.0669	0.018917	565.89	2.0553	0.016856	564.60	2.0446
460	0.025145	574.09	2.0922	0.021798	572.86	2.0794	0.019194	571.62	2.0678	0.017112	570.37	2.0572
465	0.025484	579.77	2.1045	0.022101	578.57	2.0917	0.019470	577.36	2.0802	0.017365	567.15	2.0697
470	0.025821	585.47	2.1167	0.022402	584.31	2.1040	0.019743	583.14	2.0925	0.017616	518.96	2.0821
475	0.026157	519.21	2.1288	0.022702	590.07	2.1162	0.020015	588.93	2.1048	0.017866	587.78	2.0944
480	0.026491	596.97	2.1409	0.023000	595.86	2.1283	0.020285	594.75	2.1170	0.018113	593.64	2.1067

T/K	2.20 MPa Ts = 344.914K 71.764℃			2.40 Mpa Ts = 348.874K 75.724℃			2.60 Mpa Ts = 352.585K 79.435℃			2.80 Mpa Ts = 356.077K 82.927℃		
	v	h	s	v	h	s	v	h	s	v	h	s
•LIQUID	0.0010156	158.02	1.3431	0.0010432	314.83	1.3629	0.0010729	321.72	1.3820	0.0011054	328.47	1.4004
•VAPOR	0.0082409	429.39	1.6958	0.0073431	429.56	1.6918	0.0065681	429.36	1.6872	0.0058874	428.77	1.6821
240	0.00071444	158.02	0.8308	0.00071417	158.10	0.8305	0.00071390	158.17	0.8303	0.00071364	158.25	0.8300
245	0.00072165	164.17	0.8562	0.00072137	164.24	0.8559	0.00072108	164.31	0.8556	0.00072080	164.39	0.8553
246.97	0.00072458	166.62	0.8661	0.00072429	166.69	0.8658	0.00072399	166.76	0.8655	0.00072370	166.83	0.8652
250	0.00072919	170.43	0.8815	0.00072888	170.50	0.8812	0.00072852	170.57	0.8809	0.00072827	170.64	0.8805
255	0.00073704	176.78	0.9066	0.00073671	176.85	0.9063	0.00073638	176.91	0.9060	0.00073605	176.98	0.9057
260	0.00074524	183.21	0.9316	0.00074488	183.27	0.9313	0.00074452	183.34	0.9309	0.00074417	183.40	0.9306
265	0.00075380	189.72	0.9564	0.00075341	189.77	0.9560	0.00075303	189.83	0.9557	0.00075264	189.89	0.9553
270	0.00076277	196.29	0.9809	0.00076234	196.34	0.9806	0.00076192	196.39	0.9802	0.00076250	196.45	0.9798
273.15	0.00076864	200.46	0.9963	0.00076819	200.51	0.9959	0.00076774	200.56	0.9956	0.00076730	200.62	0.9952
275	0.00077217	202.93	1.0053	0.00077171	202.98	1.0049	0.00077124	203.03	1.0045	0.00077079	203.07	1.0042
280	0.00078206	209.64	1.0295	0.00078155	209.68	1.0291	0.00078104	209.73	1.0287	0.00078054	209.77	1.0283
285	0.00079249	216.42	1.0535	0.00079193	216.46	1.0531	0.00079137	216.50	1.0527	0.00079081	216.54	1.0522
290	0.00080354	223.29	1.0774	0.00080290	223.32	1.0769	0.00080228	223.35	1.0765	0.00080166	223.38	1.0760
295	0.00082527	230.24	1.1012	0.00081456	230.26	1.1007	0.00081386	230.28	1.1002	0.00081317	230.31	1.0997
298.15	0.00082305	234.67	1.1161	0.00082229	234.64	1.1156	0.00082154	234.70	1.1151	0.00082079	234.72	1.1146
300	0.00082778	237.29	1.1248	0.00082698	237.30	1.1243	0.00082620	237.31	1.1238	0.00082542	237.32	1.1233
305	0.00084120	244.44	1.1485	0.00084030	244.44	1.1479	0.00083940	244.44	1.1474	0.00083852	244.44	1.1468
310	0.00085568	251.71	1.1721	0.00085464	251.69	1.1715	0.00085361	251.68	1.1709	0.00085260	251.67	1.1703
315	0.00087139	259.11	1.1958	0.00087018	259.07	1.1951	0.00086900	259.05	1.1945	0.00086783	259.02	1.1939
320	0.00088860	266.65	1.2196	0.00088718	266.60	1.2188	0.00088578	266.55	1.2181	0.00088442	266.50	1.2174
325	0.00090763	274.37	1.2435	0.00090593	274.29	1.2427	0.00090427	274.22	1.2419	0.00090265	274.15	1.2411
330	0.00092896	282.29	1.2677	0.00092688	282.18	1.2668	0.00092486	282.07	1.2659	0.00092290	281.97	1.2650
350	0.00095329	29.46	1.2923	0.00095068	290.31	1.2912	0.00094816	290.16	1.2902	0.00094573	290.02	1.2892
340	0.00098174	298.95	1.3174	0.00097833	298.74	1.3162	0.00097507	298.53	1.3150	0.00097195	298.33	1.3139
345	0.0082509	429.53	1.6962	0.0010115	307.57	1.3420	0.0010071	307.28	1.3406	0.0010029	307.00	1.3392
350	0.0087885	437.35	1.7187	0.0074747	431.55	1.6975	0.0010471	316.58	1.3673	0.0010411	316.17	1.3656
355	0.0092593	444.56	1.7391	0.0079967	439.73	1.7207	0.0068516	433.92	1.7001	0.0010917	326.15	1.3939
360	0.0096851	451.36	1.7582	0.0084484	447.19	1.7415	0.0073546	442.40	1.7239	0.0063502	436.69	1.7042
365	0.010078	457.89	1.7762	0.0088542	454.19	1.7609	0.0077865	450.08	1.7450	0.0068306	445.39	1.7282
370	0.010446	464.22	1.7934	0.0092270	460.89	1.7791	0.0081725	457.25	1.7646	0.0072413	453.23	1.7495
374.30	0.010746	469.54	1.8077	0.0095273	466.47	1.7941	0.0084781	463.15	1.7804	0.0075584	459.55	1.7665
375	0.010794	470.39	1.8100	0.0095747	467.36	1.7965	0.0085259	464.29	1.7829	0.0076076	460.55	1.7692
380	0.011126	476.45	1.8260	0.0099028	473.66	1.8132	0.0085549	470.69	1.8004	0.0079423	467.51	1.7876
385	0.011444	482.43	1.8416	0.010215	479.84	1.8293	0.0091646	477.11	1.8172	0.0082535	474.21	1.8051
390	0.011751	488.33	1.8569	0.010514	485.92	1.8450	0.0094588	483.39	1.8334	0.0085462	480.73	1.8220
395	0.012048	494.18	1.8718	0.010802	491.92	1.8603	0.0097402	489.56	1.8491	0.0088240	487.10	1.8382
400	0.012337	499.99	1.8864	0.011080	497.86	1.8752	0.010011	495.65	1.8644	0.0090895	493.36	1.8539
405	0.012619	505.77	1.9008	0.011350	503.76	1.8899	0.010272	501.68	1.8794	0.0093446	499.53	1.8693
410	0.012894	511.53	1.9149	0.011613	509.62	1.9043	0.010526	507.66	1.8941	0.0095910	505.63	1.8842
415	0.013163	517.28	1.9288	0.011870	515.46	1.9184	0.010773	513.60	1.9085	0.0098297	511.69	1.8989
420	0.013427	523.02	1.9426	0.012121	521.29	1.9324	0.011013	519.51	1.9227	0.010062	517.70	1.9133
425	0.013687	528.75	1.9562	0.012367	527.10	1.9461	0.011249	525.41	1.9366	0.010288	523.68	1.9275
430	0.013942	534.49	1.9696	0.012609	532.90	1.9597	0.011479	531.29	1.9504	0.010509	529.64	1.9414
435	0.014194	540.23	1.9828	0.012847	538.71	1.9731	0.011705	537.16	1.9639	0.010726	535.59	1.9552
440	0.014443	545.98	1.9960	0.013081	544.52	1.9864	0.011928	543.03	1.9774	0.010939	541.52	1.9687
445	0.014688	551.74	2.0090	0.013312	550.33	1.9996	0.012147	548.90	1.9906	0.011148	547.45	1.9821
450	0.014930	557.51	2.0219	0.013540	556.15	2.0126	0.012362	554.78	2.0038	0.011353	553.38	1.9954
455	0.015170	563.30	2.0347	0.013765	561.99	2.0255	0.012575	560.66	2.0168	0.011556	559.32	2.0085
460	0.015408	569.11	2.0474	0.013987	567.83	2.0382	0.012786	566.55	2.0296	0.011755	565.26	2.0215
465	0.015648	574.93	2.0600	0.014208	573.70	2.0509	0.012993	572.46	2.0424	0.011953	571.21	2.0344
470	0.015876	580.77	2.0725	0.014426	579.58	2.0635	0.013199	578.37	2.0551	0.012147	577.17	2.0471
475	0.016107	586.63	2.0849	0.014642	585.47	2.0760	0.013402	584.31	2.0676	0.012340	583.14	2.0597
480	0.016337	592.52	2.0972	0.014586	591.39	2.0884	0.013604	590.26	2.0801	0.012531	589.13	2.0723

T/K	3.00 MPa Ts = 359.374K 86.224℃			3.20 Mpa Ts = 362.496K 89.346℃			3.40 Mpa Ts = 365.460K 92.310℃			3.60 Mpa Ts = 368.278K 95.128℃		
	v	h	s	v	h	s	v	h	s	v	h	s
·LIQUID	0.0011418	335.16	1.4185	0.0011838	341.89	1.4365	0.0012342	348.79	1.4365	0.0015989	356.12	1.4740
·VAPOR	0.0052789	427.74	1.6761	0.0047240	426.18	1.6690	0.0042052	423.91	1.6690	0.0037019	420.61	1.6492
240	0.00071997	158.32	0.8297	0.00071311	158.40	0.8294	0.00071285	158.47	0.8291	0.00071259	158.55	0.8289
245	0.00072052	164.46	0.8550	0.00072024	164.53	0.8547	0.0071996	164.61	0.8544	0.00072986	164.68	0.8541
246.97	0.00072341	166.91	0.8649	0.00072313	166.98	0.8647	0.00072284	167.05	0.8644	0.00072256	167.12	0.8641
250	0.00072797	170.71	0.8802	0.00072767	170.78	0.8799	0.00072737	170.85	0.8796	0.00072707	170.92	0.8793
255	0.00073573	177.05	0.9253	0.00073541	177.11	0.9050	0.00073058	177.18	0.9047	0.00073476	177.25	0.9044
260	0.00074382	183.46	0.9303	0.00074347	183.52	0.9299	0.00074312	183.59	0.9296	0.00074278	183.65	0.9293
265	0.00075226	189.95	0.9550	0.00075188	190.01	0.9546	0.00075151	190.07	0.9543	0.00075113	190.13	0.9539
270	0.00076109	196.50	0.9795	0.00076068	196.56	0.9791	0.00076027	196.61	0.9788	0.00075986	196.67	0.9784
273.15	0.00076686	200.67	0.9948	0.00076643	200.72	0.9944	0.00076599	200.77	0.9941	0.00076556	20082	0.9937
275	0.00077033	203.12	1.0038	0.00076988	203.17	1.0034	0.00076944	203.22	1.0030	0.00076899	203.82	1.0026
280	0.00078004	209.81	1.0279	0.00077954	209.86	1.0275	0.00077905	209.90	1.0271	0.00077857	209.95	1.0267
285	0.00079026	216.57	1.0518	0.00078917	216.61	1.0514	0.00078917	216.65	1.0510	0.00078863	216.69	1.0506
290	0.00080105	223.41	1.0756	0.00080044	223.44	1.0752	0.00079984	223.47	1.0747	0.00079925	223.51	1.0743
295	0.00081249	230.33	1.0993	0.00081181	230.35	1.0988	0.0008114	230.38	1.0983	0.00081048	230.40	1.0978
298.15	0.00082006	234.73	1.1141	0.00081933	234.75	1.1136	0.00081861	234.77	1.1131	0.00081790	234.70	1.1126
300	0.00082465	237.34	1.1228	0.00082389	237.35	1.1223	0.00082314	237.37	1.1218	0.00082240	237.39	1.1213
305	0.00083765	244.44	1.1463	0.00083679	244.45	1.1458	0.00083594	244.45	1.1452	0.00083510	244.46	1.1447
310	0.00085161	251.66	1.1698	0.00085062	251.65	1.1692	0.00084966	251.64	1.1686	0.00084871	251.64	1.1680
315	0.00086668	258.99	1.1932	0.00086555	258.97	1.1926	0.00086444	258.95	1.1920	0.00086335	258.93	1.1914
320	0.00088308	266.46	1.2168	0.00088176	266.42	1.2161	0.00088047	266.38	1.2154	0.00087920	266.34	1.2147
325	0.00090106	274.08	1.2404	0.00089951	274.02	1.2396	0.00089799	273.96	1.2389	0.00089650	273.90	1.2382
330	0.00092099	281.88	1.2642	0.00091912	281.79	1.2634	0.00091737	281.70	1.2625	0.00091554	281.62	1.2617
335	0.00094337	289.88	1.2883	0.00094108	289.76	1.2873	0.00093887	289.63	1.2864	0.00093672	289.52	1.2855
340	0.00096895	298.15	1.3127	0.00096607	297.97	1.3117	0.00096330	297.80	1.3106	0.00096063	297.64	1.3096
345	0.00099894	306.74	1.3378	0.00099516	306.49	1.3365	0.00099157	306.26	1.3353	0.00098813	306.05	1.3341
350	0.0010354	315.79	1.3639	0.0010302	315.44	1.3623	0.0010253	315.11	1.3608	0.0010206	314.80	1.3593
355	0.0010827	325.55	1.3916	0.0010747	325.01	1.3894	0.0010674	324.52	1.3874	0.0010607	324.07	1.3856
360	0.0053673	429.29	1.6804	0.0011375	335.70	1.4193	0.0011246	334.86	1.4164	0.0011136	334.13	1.4137
365	0.0059459	436.84	1.7095	0.0050814	432.82	1.6872	0.0012205	347.38	1.4509	0.0011948	345.82	1.4460
370	0.0064002	448.68	1.7335	0.0056185	443.37	1.7160	0.0048595	436.83	1.6954	0.0042513	427.71	1.6684
374.30	0.0067374	455.56	1.7520	0.0059894	451.08	1.7367	0.0052903	445.90	1.7198	0.0045121	439.62	1.7004
375	0.0067889	455.64	1.7549	0.0060448	452.27	1.7398	0.0053521	447.24	1.7234	0.0046851	441.22	1.7047
380	0.0071354	464.06	1.7746	0.0064108	460.30	1.7611	0.0057492	456.13	1.7470	0.0051334	451.42	1.7317
385	0.0074521	471.12	1.7930	0.0067377	467.80	1.7807	0.0060925	464.20	1.7680	0.0055016	460.25	1.7548
390	0.0077463	477.91	1.8106	0.0070368	474.93	1.7991	0.0064003	471.74	1.7875	0.0058227	468.31	1.7756
395	0.0080230	484.51	1.8274	0.0073150	481.80	1.8166	0.0066825	478.92	1.8058	0.0061119	475.88	1.7949
400	0.0082855	490.96	1.8436	0.0075766	488.46	1.8334	0.0069452	485.85	1.8232	0.0063779	483.09	1.8130
405	0.0085364	497.30	1.5893	0.0078248	494.98	1.8496	0.0071926	492.57	1.8399	0.0066261	490.05	1.8303
410	0.0087773	503.54	1.8747	0.0080621	501.38	1.8653	0.0074276	499.14	1.8561	0.0068601	496.82	1.8469
415	0.0090099	509.72	1.8896	0.0082900	507.96	1.8806	0.0076522	505.60	1.8717	0.0070825	503.45	1.8630
420	0.0092353	515.84	1.9043	0.0085100.	513.93	1.8955	0.0078680	511.97	1.8870	0.0072953	509.95	1.8786
425	0.0094544	521.92	1.9187	0.0087232	520.11	1.9102	0.0080764	518.26	1.9019	0.0075000	516.37	1.8938
430	0.0096680	527.96	1.9328	0.0089304	526.25	1.9245	0.0082784	524.50	1.9165	0.0076977	522.71	1.9286
435	0.0098766	533.98	1.9468	0.0091323	532.35	1.9386	0.0084747	530.69	1.9308	0.0078893	529.00	1.9231
440	0.010081	539.99	1.9605	0.0093296	538.43	1.9525	0.0086661	536.85	1.9449	0.0080756	535.25	1.9374
445	0.010281	545.98	1.9740	0.0095227	544.50	1.9662	0.0088530	542.99	1.9587	0.0082573	541.45	1.9514
450	0.010478	551.97	1.9874	0.0097121	550.55	1.9798	0.0090360	549.10	1.9724	0.0084347	547.64	1.9653
455	0.010672	557.96	2.0006	0.0098982	556.59	1.9931	0.0092155	555.21	1.9859	0.0086085	553.80	1.9789
460	0.010863	563.95	2.0137	0.010081	562.63	2.0063	0.0093918	561.30	1.9992	0.0087789	559.96	1.9923
465	0.011051	569.94	2.0267	0.010261	568.67	2.0194	0.0095651	567.39	2.0124	0.0089463	566.10	2.0056
470	0.011236	575.95	2.0395	0.010439	574.72	2.0323	0.0097359	573.49	2.0254	0.0091109	572.24	2.0188
475	0.011420	581.96	2.0523	0.010614	580.78	2.0451	0.0099042	579.58	2.0383	0.0092730	578.38	2.0317
480	0.011601	587.99	2.0649	0.010788	586.84	2.0578	0.010070	585.69	2.0511	0.0094329	584.53	2.0446

T/K	3.80 MPa Ts = 370.958K 97.808℃			4.00 Mpa Ts = 373.504K 100.354℃			4.20 Mpa			4.40 Mpa		
	v	*h*	*s*	*v*	*h*	*s*	*v*	*h*	*s*	*v*	*h*	*s*
• LIQUID	0.0013929	364.48	1.4959	0.0015915	376.65	1.5278						
• VAPOR	0.0031785	415.44	1.6333	0.0024947	404.41	1.6021						
240	0.00071233	158.62	0.8286	0.00071208	158.70	0.8283	0.00071182	158.78	0.8280	0.00071157	158.85	0.8277
245	0.00071941	164.75	0.8538	0.00071914	164.82	0.8536	0.00071886	164.90	0.8533	0.00071859	164.97	0.8530
246.97	0.00072227	167.19	0.8638	0.00072199	167.27	0.8635	0.00072171	167.34	0.8632	0.00072143	167.41	0.8629
250	0.00072678	170.99	0.8790	0.00072648	171.06	0.8787	0.00072619	171.13	0.8784	0.00072590	171.20	0.8781
255	0.00073445	177.31	0.9041	0.00073413	177.38	0.9038	0.00073382	177.45	0.9035	0.00073351	177.51	0.9032
260	0.00074244	183.71	0.9290	0.00074210	183.78	0.9286	0.00074618	183.84	0.9283.	0.00074141	183.91	0.9280
265	0.00075076	190.19	0.9536	0.00075039	190.25	0.9533	0.00075003	190.31	0.9529	0.00074966	190.37	0.9526
270	0.00075946	195.72	0.9780	0.00075906	196.78	0.9777	0.00075866	196.84	0.9773	0.00075826	196.89	0.9770
273.15	0.00076514	200.88	0.9933	0.00076471	200.93	0.9930	0.00076429	200.98	0.9926	0.00076388	201.04	0.9922
275	0.00076855	203.33	1.0023	0.00076811	203.38	1.0019	0.00076768	203.43	1.0015	0.00076725	203.48	1.0012
280	0.00077808	209.99	1.0263	0.00077760	210.04	1.0259	0.00077713	210.09	1.0255	0.00077666	210.14	1.0251
285	0.00078810	216.73	1.0502	0.00078757	216.77	1.0497	0.00078705	216.81	1.0493	0.00078653	210.86	1.0489
290	0.00079866	223.54	1.0738	0.00079808	223.58	1.0734	0.00079750	223.61	1.0730	0.00079692	223.65	1.0725
295	0.00080982	230.43	1.0974	0.00080917	230.46	1.0969	0.00080853	230.48	1.0965	0.00080789	230.51	1.0960
298.15	0.00081720	243.81	1.1122	0.00081650	234.83	1.1117	0.00081581	234.86	1.1112	0.00081513	234.88	1.1107
300	0.00082166	234.40	1.1208	0.00082094	237.42	1.1203	0.00082022	237.44	1.1199	0.00081951	237.46	1.1194
305	0.00084327	244.47	1.1442	0.00083346	244.48	1.1437	0.00083265	244.49	1.1431	0.00083185	244.50	1.1426
310	0.00084777	251.63	1.1675	0.00084684	251.63	1.1669	0.00084592	251.63	1.1664	0.00084052	251.63	1.1658
315	0.00086227	258.91	1.1908	0.00086121	258.89	1.1902	0.00086017	258.88	1.1896	0.00085914	258.86	1.1890
320	0.00087796	266.31	1.2141	0.00087673	266.28	1.2134	0.00087553	266.25	1.2128	0.00087435	266.22	1.2121
325	0.00089504	273.84	1.2374	0.00089361	273.79	1.2367	0.00089221	273.74	1.2360	0.00089085	273.70	1.2353
330	0.00091380	281.54	1.2609	0.00091211	281.46	1.2601	0.00091046	281.39	1.2594	0.00090884	281.32	1.2586
335	0.00093463	289.41	1.2846	0..00093259	289.30	1.2837	0.00093061	289.20	1.2829	0.00092868	289.11	1.2820
340	0.00095804	297.49	1.3086	0.00095554	297.35	1.3076	0.00095312	297.21	1.3066	0.00095077	297.08	1.3057
345	0.00098484	305.84	1.3329	0.00098168	305.64	1.3318	0.00097865	305.46	1.3307	0.00097573	305.28	1.3296
350	0.0010163	314.52	1.3579	0.0010121	314.25	1.3566	0.0010082	314.00	1.3552	0.0010044	313.76	1.3540
355	0.0010545	323.66	1.3838	0.0010488	323.28	1.3822	0.0010434	322.92	1.3806	0.0010383	322.59	1.3490
360	0.0011038	333.49	1.4113	0.0010951	332.92	1.4091	0.0010872	332.39	1.4071	0.0010799	331.92	1.4051
365	0.0011752	344.61	1.4420	0.0011593	343.61	1.4386	0.0011459	342.75	1.4356	0.0011342	342.00	1.4330
370	0.0013223	359.62	1.4828	0.0012705	356.78	1.4744	0.0012380	354.91	1.4687	0.0012140	353.49	1.4642
374.30	0.0039062	431.25	1.6758	0.0029860	416.22	1.6337	0.0014294	370.62	1.5109	0.0013408	366.21	1.4984
375	0.0040039	433.43	1.6816	0.0031915	421.01	1.6465	0.0015171	375.52	1.5240	0.0013760	368.93	1.5056
380	0.0045456	445.92	1.7147	0.0039632	439.19	1.6947	0.0033468	430.19	1.6691	0.0025967	415.54	1.6290
385	0.0049521	455.85	1.7406	0.0044317	450.85	1.7252	0.0039271	444.99	1.7078	0.0034216	437.82	1.6873
390	0.0052926	464.59	1.7632	0.0048003	460.50	1.7501	0.0043369	455.95	1.7361	0.0038943	450.80	1.7208
395	0.0055923	472.62	1.7837	0.0051148	469.12	1.7721	0.0045707	465.33	1.7600	0.0042566	461.19	1.7473
400	0.0058638	480.19	1.8027	0.0053943	477.11	1.7922	0.0049622	473.83	1.7814	0.0045615	470.32	1.7702
405	0.0061144	487.42	1.8207	0.0056490	484.66	1.8109	0.0052228	481.75	1.8011	0.0048301	478.68	1.7910
410	0.0063488	494.41	1.8378	0.0058850	491.90	1.8287	0.0054618	489.28	1.8196	0.0050733	486.54	1.8103
415	0.0065702	501.22	1.8543	0.0061064	498.91	1.8457	0.0056841	496.52	1.8371	0.0052976	494.03	1.8285
420	0.0067809	507.88	1.8703	0.0063159	505.74	1.8621	0.0058933	503.54	1.8539	0.0055072	501.26	1.8458
425	0.0069827	514.43	1.8858	0.0065157	512.43	1.8779	0.0069734	510.39	1.8701	0.0057049	508.28	1.8624
430	0.0071770	520.89	1.9009	0.0067073	519.02	1.8933	0.0062812	547.11	1.8859	0.0058929	515.15	1.8785
435	0.0073647	527.28	1.9157	0.0068918	525.52	1.9083	0.0064632	523.72	1.9011	0.0060728	521.89	1.8941
440	0.0075468	533.61	1.9301	0.0070703	531.95	1.9230	0.0066386	530.25	1.9161	0.0062458	528.53	1.9092
445	0.0077239	539.90	1.9444	0.0072434	538.32	1.9374	0.0068085	536.72	1.9307	0.0064128	535.09	1.9241
450	0.0078965	546.16	1.9583	0.0074120	544.65	1.9516	0.0069734	543.13	1.9450	0.0065746	541.59	1.9386
455	0.0080653	552.39	1.9721	0.0075764	550.95	1.9655	0.0071342	549.50	1.9591	0.0067318	548.03	1.9528
460	0.0082306	558.60	1.9857	0.0077371	557.23	1.9792	0.0072907	555.84	1.9730	0.0068850	554.44	1.9668
465	0.0083927	564.80	1.9991	0.0078946	563.48	1.9925	0.0074440	562.16	1.9866	0,0070346	560.82	1,9806
470	0.0085519	570.99	2.0123	0.0080490	569.73	2.0061	0.0075942	568.45	2.0001	0,0071810	567,17	1.9942
475	0.0087086	577.18	2.0254	0.0082008	575.96	2.0193	0.0077416	574.74	2.0134	0.0073245	573.51	2.0076
480	0.0088628	583.36	2.0384	0.0083501	582.19	2.0324	0.0078864	581.01	2.0265	0.0074635	579.83	2.0209

T/K	4.60 MPa			4.80 Mpa			5.00 Mpa			5.50 Mpa		
	v	h	s	v	h	s	v	h	s	v	h	s
240	0.00010032	158.93	0.8275	0.00071106	159.01	0.8272	0.00071081	159.08	0.8269	0.00071020	159.27	0.8262
245	0.00071832	165.04	0.8527	0.00071805	165.12	0.8524	0.00071779	165.19	0.8521	0.00071713	165.38	0.8514
246.97	0.00072116	164.48	0.8626	0.00072088	167.55	0.8623	0.00072061	167.63	0.8620	0.00071993	167.81	0.8613
250	0.00072561	171.27	0.8778	0.00072533	171.34	0.8775	0.00072504	171.41	0.8772	0.00072433	171.59	0.8765
255	0.00073320	177.58	0.9028	0.00073289	177.65	0.9025	0.00073258	177.72	0.9022	0.00073182	177.89	0.9015
260	0.00074109	183.97	0.9277	0.00074075	184.04	0.9273	0.00074042	184.10	0.9270	0.00073961	184.26	0.9262
265	0.00074930	190.43	0.9523	0.00074894	190.49	0.9519	0.00074859	190.55	0.9516	0.00074770	190.71	0.9508
270	0.00075787	196.95	0.9766	0.00075748	197.01	0.9763	0.00075709	197.07	0.9759	0.00075613	197.21	0.9751
273.15	0.00076346	201.09	0.9919	0.00076305	201.15	0.9915	0.00076264	201.20	0.9912	0.00076163	201.34	0.9903
275	0.00076682	203.53	1.0008	0.00076639	203.59	1.0004	0.00076597	203.64	1.0001	0.00076493	203.78	0.9992
280	0.00077619	210.18	1.0248	0.00077572	210.23	1.0244	0.00077526	210.28	1.0240	0.00077412	210.40	1.0230
285	0.00078602	216.90	1.0485	0.00078551	216.94	1.0481	0.00078500	216.98	1.0477	0.00078375	217.09	1.0467
290	0.00079636	223.68	1.0721	0.00079579	223.72	1.0717	0.00079523	223.76	1.0713	0.00079386	223.85	1.0702
295	0.00082726	230.54	1.0956	0.00080664	230.57	1.0951	0.00080602	230.60	1.0947	0.00080450	230.68	1.0936
298.15	0.00081445	234.90	1.1103	0.00081379	234.93	1.1098	0.00081313	234.95	1.1094	0.00081150	235.02	1.1082
300	0.00081880	237.48	1.1189	0.00081811	237.50	1.1184	0.00081742	237.52	1.1180	0.00081573	237.58	1.1168
305	0.00083106	244.51	1.1421	0.00083028	244.52	1.1416	0.00082951	244.53	1.1411	0.00082762	244.57	1.1399
310	0.00084413	251.63	1.1653	0.00084325	251.63	1.1647	0.00084238	251.63	1.1642	0.00084026	251.65	1.1629
315	0.00085812	258.85	1.1884	0.00085712	258.84	1.1878	0.00085614	258.83	1.1873	0.00085373	258.82	1.1858
320	0.00087318	266.19	1.2115	0.00087204	266.17	1.2109	0.00087091	266.14	1.2103	0.00086817	266.09	1.2088
325	0.00088949	273.65	1.2347	0.00088861	273.61	1.2340	0.00088686	273.57	1.2333	0.00088371	273.48	1.2317
330	0.00092729	281.25	1.2579	0.00090571	281.19	1.2571	0.00090420	281.13	1.2564	0.00090053	281.00	1.2546
335	0.00092680	289.01	1.2812	0.00092496	288.93	1.2804	0.00092317	288.84	1.2796	0.00091886	288.65	1.2776
340	0.00094850	296.96	1.3047	0.0.0094628	296.84	1.3038	0.00094413	296.72	1.3029	0.00093900	296.46	1.3008
345	0.00097291	305.11	1.3285	0.00097019	304.95	1.3275	0.00096755	304.80	1.3265	0.00096133	304.44	1.3241
350	0.0010009	313.53	1.3528	0.00099741	313.31	1.3516	0.00099411	313.11	1.3514	0.00098640	312.64	1.3477
355	0.0010336	322.28	1.3776	0.0010291	321.99	1.3762	0.0010248	321.71	1.3748	0.0010150	321.09	1.3716
360	0.0010733	331.48	1.4033	0.0010671	331.07	1.4016	0.0010613	330.69	1.4000	0.0010483	329.85	1.3961
365	0.0011239	341.34	1.4305	0.0011147	340.74	1.4283	0.0011063	340.20	1.4262	0.0010881	339.02	1.4215
370	0.0011949	352.33	1.4604	0.0011790	351.35	1.4571	0.0011654	350.50	1.4542	0.0011379	348.77	1.4480
374.30	0.0012940	363.69	1.4909	0.0012619	361.89	1.4854	0.0012374	360.47	1.4810	0.0011934	357.84	1.4723
375	0.0013174	365.88	1.4968	0.0012799	363.82	1.4906	0.0012522	362.24	1.4857	0.0012041	359.40	1.4765
380	0.0017879	392.70	1.5677	0.0015160	382.06	1.5389	0.0014153	377.40	1.5259	0.0013023	371.56	1.5087
385	0.0028957	428.53	1.6615	0.0023484	416.18	1.6281	0.0019018	403.24	1.5934	0.0014781	386.92	1.5488
390	0.0034645	444.84	1.7036	0.0030416	437.19	1.6839	0.0026278	429.46	1.6611	0.0018401	407.80	1.6027
395	0.0038641	456.62	1.7336	0.0034898	451.52	1.7189	0.0031313	445.80	1.7027	0.0023314	428.95	1.6566
400	0.0041875	466.54	1.7586	0.0038362	462.45	1.7464	0.0035047	458.01	1.7334	0.0027585	445.23	1.6976
405	0.0044662	475.43	1.7807	0.0041272	417.97	1.7700	0.0038101	468.29	1.7590	0.0031019	458.01	1.7293
410	0.0047149	483.67	1.8009	0.0043828	480.65	1.7913	0.0040739	477.48	1.7815	0.0033887	468.82	1.7559
415	0.0049421	491.45	1.8198	0.0046137	488.76	1.8110	0.0043094	485.96	1.8021	0.0036378	478.44	1.7792
420	0.0051528	498.91	1.8377	0.0048262	496.48	1.8295	0.0045242	493.96	1.8213	0.0038602	487.28	1.8004
425	0.0053504	506.12	1.8547	0.0050243	503.89	1.8470	0.0047232	501.60	1.8394	0.0040630	495.58	1.8200
430	0.0055375	513.14	1.8711	0.0052109	511.09	1.8639	0.0049097	508.98	1.8566	0.0042507	503.48	1.8385
435	0.0057158	520.02	1.8870	0.0053880	518.11	1.8801	0.0050861	516015	1.8732	0.0044262	511.09	1.8561
440	0.0058867	526.77	1.9025	0.0055573	524.98	1.8958	0.0052540	523.16	1.8892	0.0045919	518.46	1.8730
445	0.0060513	533.43	1.9175	0.0057198	531.75	1.9111	0.0054147	530.05	1.9048	0.0047494	525.66	1.8892
450	0.0062104	540.02	1.9323	0.0058765	538.43	1.9260	0.0055694	536.82	1.9199	0.0049000	532.70	1.9050
455	0.0063646	546.55	1.9467	0.0060282	545.04	1.9407	0.0057188	543.52	1.9347	0.0050447	539.64	1.9203
460	0.0065147	553.03	1.9608	0.0061754	551.60	1.9550	0.0085635	550.15	1.9492	0.0051843	546.48	1.9352
465	0.0066610	559.47	1.9748	0.0063188	558.10	1.9690	0.0060042	556.73	1.9634	0.0053194	553.24	1.9499
470	0.0068040	565.88	1.9885	0.0064587	564.58	1.9829	0.0061413	563.26	1.9774	0.0054506	559.94	1.9642
475	0.0069439	572.27	2.0020	0.0065954	571.02	1.9965	0.0062752	569.76	1.9912	0.0055782	566.59	1.9783
480	0.0070811	578.64	2.0154	0.0067293	577.44	2.0100	0.0064061	576.24	2.0047	0.0057027	573.20	1.9921

T/K	6.00 MPa			6.50 Mpa			7.00 Mpa			7.50 Mpa		
	v	h	s	v	h	s	v	h	s	v	h	s
240	0.00070958	159.47	0.8256	0.00070898	159.66	0.8249	0.00070838	159.85	0.8242	0.00070779	160.05	0.8236
245	0.00071648	165.56	0.8507	0.00071583	165.75	0.8500	0.00071520	165.94	0.8493	0.00071457	166.12	0.8486
246.97	0.00071926	167.99	0.8606	0.00071860	168.18	0.8599	0.00071795	168.39	0.8592	0.00071730	168.55	0.8181
250	0.00072364	171.77	0.8758	0.00072295	171.95	0.8750	0.00072227	172.13	0.8743	0.00072160	172.31	0.8736
255	0.00073107	178.06	0.9007	0.00073034	178.23	0.8999	0.00072961	178.41	0.8992	0.00072889	178.58	0.8984
260	0.00073880	184.43	0.9254	0.00073801	184.59	0.9246	0.00073722	184.76	0.9239	0.00073645	184.93	0.9231
265	0.00074683	190.86	0.9499	0.00074598	191.02	0.9491	0.00074513	191.18	0.9483	0.00074430	191.34	0.9475
270	0.00075519	197.36	0.9742	0.00075426	197.50	0.9734	0.00075335	197.65	0.9725	0.00075245	197.80	0.9717
273.15	0.00076064	201.48	0.9894	0.00075966	201.62	0.9885	0.00075870	201.76	0.9877	0.00075775	201.91	0.9868
275	0.00076391	203.91	0.9983	0.00076290	204.05	0.9974	0.00076191	204.19	0.9965	0.00076093	204.33	0.9956
280	0.00077300	210.53	1.0221	0.00077191	210.65	1.0212	0.00077083	210.78	1.0203	0.00076977	210.91	1.0194
285	0.00078253	217.20	1.0458	0.00078133	217.32	1.0448	0.00078015	217.44	1.0438	0.00077899	217.56	1.0429
290	0.00079251	223.95	1.0692	0.00079119	224.05	1.0682	0.00078990	224.15	1.0672	0.00078863	224.26	1.0662
295	0.00080301	230.76	1.0925	0.00080156	230.85	1.0914	0.00080014	230.93	1.0904	0.00079874	231.03	1.0893
298.15	0.00080991	235.09	1.1071	0.00080836	235.16	1.1060	0.00080685	235.24	1.1049	0.00080537	235.33	1.1038
300	0.00081408	237.65	1.1156	0.00081247	237.71	1.1145	0.00081090	237.79	1.1134	0.00080936	237.86	1.1123
305	0.00082578	244.61	1.1387	0.00082399	244.66	1.1375	0.00082225	244.71	1.1363	0.00082054	244.77	1.1351
310	0.00083819	251.66	1.1616	0.00083619	251.69	1.1603	0.00083424	251.72	1.5191	0.00083235	251.76	1.5179
315	0.00085141	258.81	1.1845	0.00084915	258.81	1.1831	0.00084697	258.82	1.1818	0.00084485	258.83	1.1805
320	0.00086553	266.05	1.2073	0.00086298	266.02	1.2058	0.00086051	266.00	1.204	0.00085813	265.99	1.2030
325	0.00088068	273.40	1.2301	0.00087777	273.34	1.2285	0.00087498	273.29	1.2270	0.00087228	273.24	1.2255
330	0.00089703	280.88	1.2529	0.00082399	280.77	1.2512	0.00089049	280.68	1.2496	0.00088742	280.60	1.2480
335	0.00091478	288.48	1.2757	0.00083619	288.32	1.2739	0.00090721	288.18	1.2722	000090368	288.06	1.2704
340	0.00093417	296.22	1.2987	0.00084915	296.01	1.2967	0.00092533	295.82	1.2948	0.00092124	295.65	1.2929
345	0.00095555	304.13	1.3218	0.00086298	303.85	1.3196	0.00094508	303.59	1.3175	0.00094031	303.36	1.3154
350	0.00097934	312.22	1.3451	0.00097283	311.85	1.3426	0.00096679	311.52	1.3403	0.00096114	311.2	1.3381
355	0.0010062	320.54	1.3687	0.00099818	320.06	1.3659	0.00099085	319.63	1.3633	0.00098408	319.24	1.3608
360	0.0010369	329.13	1.3927	0.0010269	328.50	1.3895	0.0010178	327.94	1.3865	0.0010096	327.45	1.3838
365	0.0010730	338.05	1.4173	0.0010599	337.21	1.4136	0.0010485	336.49	1.4101	0.0010382	335.86	1.4070
370	0.0011164	347.41	1.4428	0.0010988	346.29	1.4382	0.0010839	345.34	1.4342	0.0010709	344.53	1.4306
374.30	0.0011626	355.94	1.4657	0.0011388	354.46	1.4602	0.0011194	353.24	1.4554	0.0011030	352.22	1.4512
375	0.0011711	357.39	1.4696	0.0011460	355.83	1.4639	0.0011257	354.56	1.4590	0.0011087	353.50	1.4546
380	0.0012443	368.29	1.4984	0.0012055	366.01	1.4908	0.0011765	364.26	1.4846	0.0011534	362.84	1.4794
385	0.0013516	380.72	1.5309	0.0012848	377.11	1.5198	0.0012404	374.59	1.5117	0.0012076	372.67	1.5051
390	0.0015278	395.70	1.5696	0.0013977	389.59	1.5521	0.0013244	385.80	1.5406	0.0012752	383.10	1.5320
395	0.0018149	413.52	1.6150	0.0015663	403.91	1.5885	0.0014392	398.15	1.5721	0.0013622	394.31	1.5606
400	0.0021724	431.27	1.6596	0.0018028	419.67	1.6282	0.0015964	411.78	1.6062	0.0014756	406.41	1.5910
405	0.0025157	446.45	1.6974	0.0020803	435.18	1.6667	0.0017967	426.01	1.6417	0.0016206	419.28	1.6230
410	0.0028152	459.17	1.7286	0.0023574	449.16	1.7010	0.0020223	439.97	1.6760	0.0017937	432.44	1.6553
415	0.0030752	470.18	1.7553	0.0026127	461.46	1.7308	0.0022507	452.92	1.7074	0.0019832	445.29	1.6864
420	0.0033049	480.05	1.7789	0.0028430	472.41	1.7571	0.0024683	464.69	1.7355	0.0021759	457.40	1.7154
425	0.0035119	489.14	1.8004	0.0030510	482.35	1.7806	0.0026702	475.42	1.7609	0.0023629	468.65	1.7420
430	0.0037013	497.66	1.8204	0.0032409	491.56	1.8021	0.0028566	485.30	1.7841	0.0025400	479.08	1.7665
435	0.0038769	505.77	1.8391	0.0034161	500.22	1.8222	0.0030292	494.53	1.8054	0.0027064	488.83	1.7890
440	0.0040414	513.56	1.8569	0.0035793	508.47	1.8410	0.0031899	503.26	1.8254	0.0028625	498.02	1.8100
445	0.0041967	521.10	1.8740	0.0037325	516.40	1.8590	0.0033406	511.60	1.8442	0.0030093	506.75	1.8297
450	0.0043443	528.45	1.8904	0.0038775	524.08	1.8761	0.0034828	519.62	1.8621	0.0031480	515.13	1.8485
455	0.0044853	535.65	1.9063	0.0040155	531.56	1.8926	0.0036178	527.40	1.8793	0.0032795	523.21	1.8663
460	0.0046208	542.71	1.9217	0.0041475	538.87	1.9086	0.0037465	534.97	1.8959	0.0034048	531.05	1.8835
465	0.0047514	549.68	1.9368	0.0042743	546.05	1.9242	0.0038698	542.39	1.9119	0.0035246	538.69	1.9000
470	0.0048778	556.56	1.9515	0.0043966	553.13	1.9393	0.0039884	549.66	1.9275	0.0036397	546.18	1.9160
475	0.0050003	563.37	1.9659	0.0045149	560.11	1.9541	0.0041029	556.83	1.9426	0.0037506	553.53	1.9316
480	0.0051196	570.13	1.9801	0.0046296	567.03	1.9686	0.0042137	563.90	1.9574	0.0038577	560.77	1.9467

T/K	8.00 MPa			8.50 Mpa			9.00 Mpa			9.50 Mpa		
	υ	*h*	*s*	*υ*	*h*	*s*	*υ*	*h*	*s*	*υ*	*h*	*s*
240	0.00070721	160.24	0.8229	0.00070663	160.44	0.8222	0.00070607	160.63	0.8216	0.00070550	160.83	0.8209
245	0.00071395	166.31	0.8479	0.00071333	166.50	0.8472	0.00071273	166.69	0.8466	0.00071213	166.88	0.8459
246.97	0.00071667	168.73	0.8578	0.00071604	168.92	0.8571	0.00071542	169.11	0.8564	0.00071480	169.30	0.8557
250	0.00072094	172.49	0.8729	0.00072028	172.67	0.8722	0.00071963	172.86	0.8715	0.00071900	173.04	0.8708
255	0.00072818	178.76	0.8977	0.00072748	178.93	0.8970	0.00072679	179.11	0.8962	0.00072610	179.29	0.8955
260	0.00073569	185.10	0.9223	0.00073494	185.26	0.9216	0.00073419	185.44	0.9208	0.00073346	185.61	0.9201
265	0.00074348	191.50	0.9467	0.00074267	19166	0.9459	0.00074187	191.82	0.9451	0.00074108	191.99	0.9444
270	0.00075156	197.96	0.9709	0.00075069	198.11	0.9700	0.00074983	198.27	0.9692	0.00074898	198.42	0.9684
273.15	0.00075682	202.06	0.9860	000075590	20221	0.9851	0.00075500	202.35	0.9843	0.00075411	202.51	0.9835
275	0.00075997	204.47	0.9948	0.00075903	204.62	0.9939	0.00075809	204.77	0.9931	0.00075718	204.91	0.9922
280	0.00076872	211.05	1.1085	0.00076770	211.18	1.0176	0.00076669	211.32	1.0167	0.00076569	211.46	1.0158
285	0.00077785	217.68	1.0419	0.00077673	217.80	1.0410	0.00077564	217.93	1.0401	0.00077456	218.06	1.0392
290	0.00078739	224.37	1.0652	0.00078617	224.48	1.0642	0.00078497	224.60	1.0633	0.00078380	224.91	1.062
295	0.00079738	231.12	1.0883	0.00079604	231.22	1.0873	0.00079473	231.32	1.0863	0.00079344	231.63	1.0853
298.15	0.00080392	235.41	1.1028	0.00080250	235.50	1.1017	0.00080111	235.59	1.1007	0.00079975	235.69	1.0997
300	0.00080786	237.94	1.1112	0.00080639	238.03	1.1102	0.00080495	238.11	1.1091	0.00080354	238.20	1.1081
305	0.00081888	244.83	1.1340	0.00081726	244.90	1.1329	0.00081567	244.97	1.1318	0.00081412	245.05	1.1307
310	0.00083050	251.80	1.1567	0.00082870	251.85	1.1555	0.00082695	251.90	1.1543	0.00082524	251.96	1.1532
315	0.00084279	258.85	1.1792	0.00084079	258.88	1.1780	0.0008.884	258.91	1.1767	0.00083694	258.94	1.1755
320	0.00085582	265.98	1.2017	0.00085358	268.98	1.2004	0.00085140	265.99	1.1991	0.00084929	266.01	1.1978
325	0.00086967	273.21	1.2241	0.00086715	273.18	1.2227	0.00086472	273.16	1.2213	0.00086235	273.15	1.2199
330	0.00088446	280.53	1.2464	0.00088161	280.47	1.2449	0.00087887	280.43	1.2435	0.00087621	280.39	1.2420
335	0.00090031	287.96	1.2688	0.00089707	287.86	1.2672	0.00089395	287.78	1.2656	0.00089096	287.71	1.2640
340	0.00091736	295.50	1.2911	0.00091364	295.36	1.2894	0.00091009	295.24	1.2877	0.00090669	295.13	1.2860
345	0.00093579	303.16	1.3135	0.00093151	302.97	1.3116	0.00092743	302.81	1.3098	0.00092354	302.66	1.308Q
350	0.00075584	310.95	1.3359	0.00095085	310.71	1.3339	0.00094614	310.49	1.3319	0.00094166	310.30	1.3300
355	0.00097780	318.90	1.3595	0.00097193	318.59	1.3562	0.00096642	318.30	1.3541	0.00096123	318.05	1.3520
360	0.0010020	327.01	1.3811	0.00099503	326.61	1.3787	0.00098854	326.25	1.3763	0.00098247	325.93	1.3740
365	0.0010290	335.30	1.4040	0.0010206	334.80	1.4013	0.0010128	334.36	1.3986	0.0010056	333.95	1.3962
370	0.0010594	343.82	1.4272	0.0010490	343.19	1.4241	0.0010397	342.63	1.4212	0.0010311	342.13	1.4184
374.30	0.0010889	351.34	1.4474	0.0010764	350.58	1.4439	0.0010652	349.90	1.4407	0.0010552	349.30	1.4377
375	0.0010940	352.59	1.4507	0.0010811	351.80	1.4472	0.0010696	351.10	1.4439	0.0010593	350.48	1.4408
380	0.0011342	361.67	1.4748	0.0011177	360.66	1.4707	0.0011034	359.79	1.4669	0.0010907	359.02	1.4634
385	0.0011816	371.12	1.4995	0.0011601	369.83	1.4946	0.0011419	368.73	1.4903	0.0011261	367.78	1.4864
390	0.0012388	381.03	1.5251	0.0012100	379.36	1.5192	0.0011864	377.98	1.5141	0.0011664	376.80	1.5096
395	0.0013092	391.51	1.5518	0.0012696	389.33	1.5446	0.0012383	387.56	15386	0.0012126	386.09	1.5333
400	0.0013973	402.63	1.5797	0.0013417	399.78	1.5709	0.0012996	397.53	1.8636	0.0012661	395.69	1.5575
405	0.0015073	414.40	1.6090	0.0014295	410.75	1.5982	0.0013724	407.91	1.5894	0.0013285	405.64	1.5821
410	0.0016404	426.62	1.6390	0.0015347	422.16	1.6262	0.0014586	418.68	1.6159	0.0014011	415.90	1.6073
415	0.0017925	438.93	1.6688	0.0016570	433.82	1.6544	0.0015586	429.74	1.6427	0.0014848	426.45	1.6329
420	0.0019556	450.93	1.6976	0.0017924	445.45	1.6823	0.0016711	440.92	1.6694	0.0015794	437.18	1.6586
425	0.0021214	462.39	1.7246	0.0019353	456.80	1.7092	0.0017929	452.00	1.6957	0.0016832	447.93	1.6841
430	0.0022840	493.14	1.7499	0.0020804	467.68	1.7346	0.0019200	462.81	1.7210	0.0017937	458.55	1.7089
435	0.0024403	483.28	1.7733	0.0022235	478.05	1.7586	0.0020486	473.25	1.7451	0.0019080	468.94	1.7329
440	0.0025890	492.86	1.7952	0.0023624	487.90	1.7811	0.0021760	483.26	1.7680	0.0020234	479.00	1.7559
445	0.0027301	501.95	1.8157	0.0024958	497.29	1.8023	0.0023004	492.85	1.7897	0.0021379	488.70	1.7779
450	0.0028639	510.65	1.8352	0.0026236	506.27	1.8224	0.0024208	502.06	1.8102	0.0022502	498.07	1.7988
455	0.0029912	519.03	1.8537	0.0027457	514.91	1.8415	0.0025369	510.92	1.8298	0.0023595	507.10	1.8187
460	0.0031126	527.13	1.8714	0.0028626	523.26	1.8597	0.0026486	517.48	1.8485	0.0024654	515.84	1.8378
465	0.0032288	535.01	1.8884	0.0029746	531.36	1.8772	0.0027560	527.78	1.8665	0.0025679	524.32	1.8562
470	0.0033403	542.70	1.9049	0.0030823	539.25	1.8941	0.0028595	535.87	1.8838	0.0026669	532.57	1.8738
475	0.0034476	550.24	1.9208	0.0031860	546.97	1.9105	0.0029594	543.76	1.9005	0.0027627	540.62	1.8909
480	0.0035515	557.65	1.9364	0.0032860	554.55	1.9263	0.0030558	551.49	1.9167	0.0028554	548.51	1.9074

T/K	10.00 MPa			10.50 Mpa			11.00 Mpa			11.50 Mpa		
	v	h	s	v	h	s	v	h	s	v	h	s
240	0.00070495	161.03	0.8203	0.00070439	161.22	0.8196	0.00070385	161.42	0.8190	0.00070331	161.62	0.8183
245	0.00071154	167.07	0.8452	0.00071095	167.27	0.8445	0.00071037	167.46	0.8439	0.00070980	167.65	0.8432
246.97	0.00071420	169.48	0.8550	0.00071360	169.67	0.8543	0.00071300	169.86	0.8537	0.00071242	170.05	0.8530
250	0.00071836	173.23	0.8701	0.00071774	173.41	0.8694	0.00071712	173.60	0.8687	0.00071651	173.79	0.8680
255	0.00072543	179.65	0.8948	0.00072476	179.65	0.8941	0.00072410	179.83	0.8934	0.00072345	180.01	0.8927
260	0.00073274	185.95	0.9193	0.00073202	185.95	0.9186	0.00073132	186.13	0.9178	0.00073062	186.30	0.9171
265	0.00074031	192.15	0.9436	0.00073954	192.32	0.9428	0.00073878	192.49	0.9421	0.00073803	192.66	0.9413
270	0.00074814	198.58	0.9676	0.00074732	198.74	0.9668	0.00074650	198.90	0.9660	0.00074570	199.06	0.9653
273.15	0.00075323	202.66	0.9826	0.00075236	202.81	0.9818	0.00075151	202.97	0.9810	0.00075067	203.13	0.9802
275	0.00075627	205.06	0.9914	0.00075538	205.21	0.9906	0.00075451	205.37	0.9898	0.00075364	205.52	0.9890
280	0.00076472	211.60	1.0150	0.00076375	211.74	1.0141	0.00076280	211.89	1.0133	0.00076187	212.03	1.0124
285	0.00077350	218.19	1.0383	0.00077245	218.32	1.0374	0.00077142	218.45	1.0365	0.00077041	218.59	1.0356
290	0.00078264	224.83	1.0614	0.00078150	224.95	1.0605	0.00078039	225.08	1.0595	0.00077929	225.20	1.0586
295	0.00079218	231.53	1.0843	0.00079094	231.64	1.0833	0.00078973	231.76	1.0824	0.00078853	231.87	1.0814
298.15	0.00079841	235.79	1.0986	0.00079710	235.89	1.0977	0.00079582	235.99	1.0967	0.00079456	236.10	1.0957
300	0.00080216	238.30	1.1070	0.00080080	238.39	1.1060	0.00075451	238.49	1.1050	0.00079817	238.60	1.1040
305	0.00081260	245.12	1.1296	0.00081112	245.21	1.1285	0.00076280	245.29	1.1275	0.00080824	245.38	1.1265
310	0.00082356	252.02	1.1520	0.00082193	252.09	1.1509	0.00077142	252.15	1.1498	0.00081876	252.23	1.1487
315	0.00083509	258.99	1.1743	0.00083328	259.03	1.1732	0.00078039	259.09	1.1720	0.00082980	259.14	1.1709
320	0.00084723	266.03	1.1965	0.00084523	266.06	1.1953	0.00078973	266.09	1.1941	0.00084138	266.13	1.1929
325	0.00086006	273.15	1.2186	0.00085784	273.16	1.2173	0.00085567	273.17	1.2160	0.00085357	273.19	1.2147
330	0.00087365	280.36	1.2406	0.00087116	280.34	1.2392	0.00086875	280.32	1.2379	0.00086641	280.32	1.2365
335	0.00088807	287.65	1.2625	0.00088528	287.60	1.2611	0.00088258	287.56	1.2596	0.00087997	287.53	1.2582
340	0.00090342	295.04	1.2844	0.00090028	294.96	1.2829	0.00089725	294.89	1.2813	0.00089433	294.83	1.2798
345	0.00091983	302.53	1.3063	0.00091626	302.41	1.2046	0.00091284	302.30	1.3030	0.00090955	302.21	1.3014
350	0.00093741	310.12	1.3281	0.00093335	309.96	1.3263	0.00092947	309.81	1.3246	0.00092575	309.68	1.3229
355	0.00095632	317.82	1.3500	0.00095167	31761	1.3480	0.00094724	317.42	1.3462	000094302	317.25	1.3444
360	0.00097677	325.64	1.37019	0.00097140	325.37	1.3698	0.00096632	325.13	1.3678	0.00096150	324.92	1.3658
365	0.00099897	333.59	1.3938	0.00099273	333.26	1.3915	0.00098686	332.96	1.3893	0.00098133	332.69	1.3872
370	0.0010232	341.68	1.4158	0.0010159	341.27	14133	0.0010091	340.91	1.4110	0.0010027	340.57	1.4087
374.30	0.0010460	348.76	1.4348	0.0010375	348.28	1.4321	0.0010297	347.84	1.4296	0.0010224	347.44	1.4272
375	0.0010499	349.93	1.4379	0.0010412	349.43	1.4352	0.0010332	348.98	1.4326	0.0010258	348.57	1.4302
380	0.0010793	358.34	1.4602	0.0010690	357.74	1.4572	0.0010595	357.19	1.4544	0.0010508	356.70	1.4517
385	0.0011122	366.95	1.4827	0.0010997	366.21	1.4794	0.0010885	365.56	1.4763	.0.0010782	364.96	1.4733
390	0.0011491	375.77	1.5055	0.0011339	374.88	1.5017	0.001203	374.09	1.4983	0.0011081	373.38	1.4950
395	0.0011909	384.83	1.5286	0.0011722	383.75	1.5243	0.0011557	382.79	1.5204	0.0011411	381.95	1.5169
400	0.0012386	394.15	1.5520	0.0012153	392.84	1.5472	0.0011952	391.69	1.5428	0.0011775	390.69	1.5388
405	0.0012932	403.75	1.5759	0.0012640	402.16	1.5704	0.0012393	400.79	1.5654	0.0012179	399.60	1.5610
410	0.0013560	413.63	1.6001	0.0013193	411.72	1.5938	0.0012888	410.10	1.5883	0.0012628	408.70	1.5833
415	0.0014276	423.76	1.6247	0.0013819	421.51	1.6176	0.0013443	419.61	1.6113	0.0013127	417.97	1.6058
420	0.0015084	434.08	1.6494	0.0014520	431.49	1.6415	0.0014061	429.29	1.6345	0.0013680	427.41	1.6284
425	0.0015976	444.49	1.6740	0.0015295	441.58	1.6654	0.0014743	439.10	1.6578	0.0014287	436.97	1.6510
430	0.0016938	454.88	1.6983	00016137	451.71	1.6890	0.0015486	448.98	1.6809	0.0014948	446.62	1.6736
435	0.0017948	465.12	1.7220	0.0017031	461.78	1.7123	0.0016279	458.85	1.7037	0.0015657	456.29	1.6960
440	0.0018986	475.14	1.7449	0.0017960	471.70	1.7350	0.0017113	468.64	1.7261	0.0016406	465.93	1.7180
445	0.0020031	484.89	1.7670	0.0018909	481.42	1.7570	0.0017973	478.29	1.7479	0.0017186	475.48	1.7396
450	0.0021069	494.34	1.7881	0.0019863	490.90	1.7782	0.0018846	487.75	1.7690	0.0017985	484.89	1.7606
455	0.0022090	503.49	1.8083	0.0020811	500.12	1.7985	0.0019723	497.00	1.7895	0.0018794	494.13	1.7810
460	0.0023087	512.37	1.8277	0.0021746	509.09	1.8181	0.0020594	506.03	1.8092	0.0019604	503.18	1.8008
465	0.0024059	520.99	1.8463	0.0022661	517.83	1.8370	0.0021455	514.84	1.8282	0.0020410	512.04	1.8200
470	0.0025002	529.39	1.8643	0.0023556	526.34	1.8552	0.0022300	523.44	1.8466	0.0021206	52071	1.8385
475	0.0025917	537.58	1.8816	0.0024428	534.65	1.8728	0.0023127	531.86	1.8644	0.0021990	529.20	1.8565
480	0.0026805	545.60	1.8784	0.0025276	542.79	1.8899	0.0023936	540.09	1.8817	0.0022758	537.52	1.8739

T/K	12.00 MPa			12.50 Mpa			13.00 Mpa			13.50 Mpa		
	v	*h*	*s*	*v*	*h*	*s*	*v*	*h*	*s*	*v*	*h*	*s*
240	0.00070278	161.82	0.8177	0.00070225	162.02	0.8171	0.00070173	162.22	0.8164	0.00070121	162.42	0.8158
245	0.00070923	167.84	0.8426	0.00070867	168.04	0.8419	0.00070812	168.23	0.8413	0.00070757	168.43	0.8406
246.97	0.00071183	170.25	0.8523	0.00071126	170.44	0.8517	0.00071069	170.63	0.8510	0.00071013	170.82	0.8503
250	0.00071591	173.98	0.8673	0.00071531	174.16	0.8667	0.00071472	174.35	0.8660	0.00071414	174.54	0.8653
255	0.00072281	180.19	0.8920	0.00072217	180.38	0.8913	0.00072154	180.56	0.8906	0.00072092	180.74	0.8899
260	0.00072993	186.48	0.9164	0.00072925	186.66	0.9156	0.00072858	186.83	0.9149	0.00072792	187.01	0.9142
265	0.00073730	192.83	0.9405	0.00073657	193	0.9398	0.00073585	193.17	0.9391	0.00073513	193.34	0.9383
270	0.00074491	199.23	0.9645	0.00074412	199.39	0.9637	0.00074335	199.55	0.9629	0.00074259	199.72	0.9622
273.15	0.00074984	203.28	0.9794	0.00074902	203.44	0.9786	0.00074821	203.60	0.9778	0.00074741	203.77	0.9771
275	0.00075279	205.68	0.9881	0.00075194	205.83	0.9874	0.00075111	205.99	0.9866	0.00075029	206.15	0.9858
280	0.00076095	212.18	1.0116	0.00076004	212.33	1.0107	0.00075914	212.48	1.0099	0.00075826	212.63	1.0091
285	0.00076941	218.73	1.0348	0.00076843	218.87	1.0339	0.00076746	219.01	1.0331	0.00076651	219.15	1.0322
290	0.00077821	225.33	1.0577	0.00077715	225.46	1.0568	0.00077610	225.59	1.0560	0.00077507	225.73	1.0551
295	0.00078736	231.99	1.0805	0.00078620	232.11	1.0796	0.00078507	232.23	1.0786	0.00078395	232.35	1.0777
298.15	0.00079332	236.21	1.0947	0.00079210	236.32	1.0938	0.00079090	236.44	1.0928	0.00078973	236.55	1.0919
300	0.00079689	238.70	1.1031	0.00079563	238.81	1.1021	0.00079440	238.92	1.1011	0.00079319	239.03	1.1002
305	0.00080684	245.47	1.1254	0.00080547	245.57	1.1244	0.00080412	245.66	1.1234	0.00080280	245.77	1.1224
310	0.00081723	252.31	1.1477	0.00081573	252.39	1.1466	0.00081426	252.47	1.1456	0.00081282	252.56	1.1445
315	0.00082812	259.20	1.1697	0.00082647	259.27	1.1686	0.00082486	259.34	1.1675	0.00082328	259.41	1.1665
320	0.00083953	266.17	1.1917	0.00083772	266.22	1.1905	0.00083595	266.27	1.1894	0.00083422	266.33	1.1883
325	0.00085152	273.21	1.2135	0.00084952	273.24	1.2123	0.00084757	273.27	1.2111	0.00084567	273.31	1.2099
330	0.00086414	280.32	1.2352	0.00086193	280.33	1.2339	0.0085978	280.34	1.2327	0.00085766	280.36	1.2314
335	0.00087744	287.51	1.2568	0.00087499	287.49	1.2555	0.00087261	287.49	1.2542	0.00087029	287.48	1.2529
340	0.00089150	294.78	1.2784	0.00088877	294.74	1.2769	0.00088612	294.70	1.2755	0.00088355	294.48	1.2742
345	0.00090638	302.13	1.2998	0.00090333	302.06	1.2983	0.00090038	302.00	1.2968	0.00089752	301.95	1.2954
350	0.00092218	309.57	1.3212	0.00091875	309.47	1.3196	0.00091545	309.37	1.3181	0.00091226	309.29	1.3165
355	0.00093899	317.10	1.3426	0.00093512	316.96	1.3409	0.00093141	316.83	1.3392	0.00092785	31672	1.3376
360	0.00095691	324.72	1.3639	0.00095254	324.54	1.3621	0.00094836	324.38	1..3603	0.0009443	324.23	1.3586
365	0.00097609	332.44	1.3852	0.00097112	332.21	1.3833	0.00096639	332.01	1.3814	0.00096187	331.82	1.3796
370	0.00099667	340.27	1.4065	0.00099099	339.99	1.4044	0.00098561	339.73	1.4024	0.00098051	339.50	1.4004
374.30	0.0010156	347.08	1.4248	0.00100923	346.75	1.4226	0.00100320	346.45	1.4205	0.00099751	346.18	1.4184
375	0.0010188	348.20	1.4278	0.0010123	347.86	1.4256	0.0010062	347.55	1.4234	0.0010004	347.27	1.4213
380	0.0010428	356.25	1.4492	0.0010352	355.85	1.467	0.0010282	355.48	1.4444	0.0010216	355.14	1.4421
385	0.0010687	354.43	1.4705	0.0010600	363.95	1.4679	0.0010519	363.51	1.4654	0.0010443	363.10	1.4630
390	0.0010970	372.74	1.4920	0.0010868	372.17	1.4891	0.0010774	371.65	1.4864	0.0010687	371.17	1.4838
395	0.0011279	381.19	1.5135	0.0011160	380.52	1.5104	0.0011051	379.90	1.5074	0.0010950	379.35	1.5046
400	0.0011619	389.80	1.5352	0.0011478	389.00	1.5317	0.0011350	388.28	1.5285	0.0011233	387.63	1.5255
405	0.0011992	398.55	1.5569	0.0011825	397.62	1.5531	0.0011676	396.79	1.8496	0.0011540	396.04	1.5463
410	0.0012403	407.47	1.5788	0.0012206	406.39	1.5747	0.0012030	405.42	1.8708	0.0011872	404.55	1.5672
415	0.0012857	416.55	1.6008	0.0012622	415.29	1.5962	0.0012415	414.18	1.5921	0.0012231	413.19	1.5882
420	0.0013356	425.77	1.6229	0.0013078	424.34	1.6179	0.0012835	423.07	1.6133	0.0012620	421.94	1.6091
425	0.0013903	435.12	1.6450	0.0013575	433.49	1.6396	0.0013290	432.06	1.6346	0.0013041	430.79	1.6301
430	0.0014497	444.56	1.6671	0.0014113	442.75	1.6612	0.0013782	441.15	1.6559	0.0013493	439.73	1.6510
435	0.0015135	454.04	1.6890	0.0014691	452.06	1.6828	0.0014310	450.30	1.6771	0.0013978	448.74	1.6718
440	0.001512	463.53	1.7107	0.0015306	461.39	1.7041	0.0014871	459.49	1.6981	0.0014494	457.79	1.6925
445	0.0016520	472.96	1.7320	0.0015952	470.70	1.7251	0.0015463	468.46	1.7188	0.0015038	466.86	1.7130
450	0.0017251	482.29	1.7529	0.0016622	479.95	1.7458	0.0016079	477.83	1.8393	0.0015606	475.91	1.7332
455	0.0017991	491.50	1.7732	0.0017310	489.09	1.7660	0.0016714	486.90	1.7593	0.0016194	484.91	1.7531
460	0.0018750	500.55	1.7930	0.0018008	498.12	1.7857	0.0017363	495.89	1.7790	0.0016797	493.84	1.7726
465	0.0019503	509.43	1.8122	0.0018712	507.00	1.8049	0.0018019	504.75	1.7981	0.0017410	502.67	1.7917
470	0.0020251	518.14	1.8308	0.0019414	515.73	1.8236	0.0018679	513.49	1.8168	0.0018029	511.40	1.8104
475	0.0020991	526.68	1.8489	0.0020113	524.31	1.8418	0.0019337	522.09	1.8350	0.0018650	520.00	1.8286
480	00021721	535.07	1.8665	0.0020804	532.75	1.8594	0.0019992	530.55	1.8527	0.0019269	528.49	1.8464

T/K	14.00 MPa			14.50 Mpa			15.00 Mpa		
	v	h	s	v	h	s	v	h	s
240	0.00070070	162.62	0.8152	0.00070019	162.82	0.8146	0.00069969	163.02	0.8140
245	0.00070703	168.62	0.8400	0.00070649	168.82	0.8393	0.00070596	169.02	0.8387
246.97	0.00070957	171.02	0.8497	0.00070902	171.21	0.8490	0.00070848	171.41	0.8484
250	0.0071356	174.73	0.8647	0.00071299	174.93	0.8640	0.00071243	175.12	0.8633
255	0.00072030	180.93	0.8892	0.00071970	181.11	0.8885	0.00071909	181.30	0.8878
260	0.00072726	187.19	0.9135	0.00072661	187.37	0.9128	0.00072597	187.55	0.9121
265	0.00073443	193.51	0.9376	0.00073374	19369	0.9369	0.00073305	193.86	0.9361
270	0.00274183	199.89	0.9614	0.00074109	200.06	0.9607	0.00074035	200.23	0.9599
273.15	0.00074662	203.93	0.9763	0.00074584	204.09	0.9755	0.00074508	204.26	0.9748
275	0.00074948	206.31	0.9850	0.00074868	206.47	0.9842	0.00074789	206.63	0.9834
280	0.00075739	212.78	1.0083	0.00075653	212.93	1.0075	0.00075568	213.09	1.0067
285	0.00076557	219.30	1.0314	0.00076465	219.44	1.0305	0.00076373	219.59	1.0297
290	0.00077405	225.86	1.0542	0.00077305	226.00	1.0534	0.00077207	226.14	1.0525
295	0.00078285	232.48	1.0768	1.00078177	232.61	1.0759	0.00078070	232.74	1.0751
298.15	0.00078857	236.67	1.0310	0.00078743	236.79	1.0901	0.00078631	236.92	1.0892
300	0.00079199	239.15	1.0992	0.00079082	239.26	1.0983	0.00078967	239.38	1.0974
305	0.00080150	245.87	1.1215	0.00080023	245.97	1.1205	0.00079898	246.08	1.1195
310	0.00081141	252.65	1.1435	0.00081002	252.74	1.1425	0.00080866	252.84	1.1415
315	0.00082174	259.49	1.1654	0.00082023	259.57	1.1644	0.00081874	259.65	1.1633
320	0.00083253	266.39	1.1871	0.00083088	266.45	1.1860	0.00082926	266.52	1.1850
325	0.00084382	273.36	1.2087	0.00084201	273.40	1.2076	0.00084023	273.46	1.2065
330	0.00085564	280.39	1.2302	0.00085365	280.42	1.2290	0.00085170	280.46	1.2278
335	0.00086804	287.49	1.2516	0.00086584	287.50	1.2503	000086371	287.52	1.2491
340	0.00088106	294.66	1.2728	0.00087564	294.65	1.2715	0.00087629	294.65	1.2702
345	0.00089476	301.91	1.2940	0.00089208	301.87	1.2926	0.00088948	301.85	1.2912
350	0.00090919	309.23	1.3150	0.00090622	309.17	1.3136	0.00090334	309.12	1.3121
355	0.00092442	316.62	1.3360	0.00092111	316.53	1.3345	0.00091791	316.46	1.3330
360	0.00094051	324.10	1.3569	0.00093682	323.98	1.3553	0.00093327	323.87	1.3537
365	0.00095756	331.65	1.3778	0.00095343	331.50	1.3760	0.00094946	331.36	1.3744
370	0.00097564	339.29	1.3986	0.00097100	339.10	1.3967	0.00096657	338.92	1.3949
374.30	0.00099210	345.93	1.4164	0.00098696	345.70	1.4145	0.00098207	345.49	1.4126
375	0.00099487	347.02	1.4193	0.00098964	346.78	1.4173	0.00098466	346.56	1.4155
380	0.0010153	354.83	1.4400	0.0010094	354.55	1.4379	0.0010038	354.29	1.4359
385	0.0010372	362.74	1.4607	0.0010305	362.40	1.4584	0.0010242	362.09	1.4563
390	0.0010606	370.74	1.4813	0.0010530	370.34	1.4789	0.0010458	369.98	1.4767
395	0.0010857	378.84	1.5020	0.0010770	378.38	1.4994	0.0010689	377.96	1.4970
400	0.0011126	387.05	1.5226	0.0011027	386.51	1.5199	0.0010935	386.02	1.5173
405	0.0011416	395.36	1.5432	0.0011302	394.74	1.5403	0.0011197	394.17	1.5375
410	0.0011729	403.77	1.5639	0.0011598	403.06	1.5608	0.0011478	402.42	1.5578
415	0.0012065	412.30	1.5846	0.0011915	411.49	1.5812	0.0011778	410.76	1.5780
420	0.0012428	420.92	1.6052	0.0012256	420.01	1.6016	0.0012099	419.18	1.5982
425	0.0012819	429.65	1.6259	0.0012621	428.62	1.6220	0.0012442	427.69	1.6183
430	0.0013239	438.46	1.6465	0.0013012	437.32	1.6423	0.0012808	436.28	1.6384
435	0.0019687	447.34	1.6670	0.0013428	446.08	1.6626	0.0013197	444.94	1.6584
440	0.0014163	456.27	1.6874	0.0013871	454.89	1.6827	0.0013610	453.65	1.6783
445	0.0014666	465.22	1.7077	0.0014337	463.74	1.7027	0.0014045	462.39	1.6981
450	0.0015192	474.17	1.7277	0.0014826	472.59	1.7225	0.0014500	471.16	1.7177
455	0.0015737	483.09	1.7474	0.0015334	481.43	1.7420	0.0014975	479.92	1.7370
460	0.0016299	491.96	1.7668	0.0015858	490.23	1.7613	0.0015465	488.65	1.7561
465	0.0016873	500.75	1.7858	0.0016395	498.98	1.7802	0.0015969	497.35	1.7749
470	0.0017454	509.46	1.8044	0.0016941	507.65	1.7987	0.0016483	505.98	1.7934
475	0.0018039	518.06	1.8226	0.0017493	516.24	1.8169	0.0017003	514.55	1.8115
480	0.0018624	526.55	1.8404	0.0018047	524.73	1.8347	0.0017528	523.03	1.8293